中央高校教育教学改革基金(本科教学工程)
“复杂系统先进控制与智能自动化”高等学校学科创新引智计划　　联合资助
中国地质大学(武汉)“双一流”建设经费

现代运动控制理论与应用技术

XIANDAI YUNDONG KONGZHI LILUN YU YINGYONG JISHU

陈　鑫　郑世祺　方支剑
吴　涛　李勇波　宗小峰　编著

图书在版编目(CIP)数据

现代运动控制理论与应用技术/陈鑫等编著.—武汉:中国地质大学出版社,2023.12
中国地质大学(武汉)自动化与人工智能精品课程系列教材
ISBN 978-7-5625-5869-9

Ⅰ.①现… Ⅱ.①陈… Ⅲ.①自动控制系统-高等学校-教材 Ⅳ.①TP273

中国国家版本馆 CIP 数据核字(2024)第 104696 号

现代运动控制理论与应用技术 陈 鑫 郑世祺 方支剑 吴 涛 李勇波 宗小峰 **编著**

责任编辑:周 旭 选题策划:毕克成 张晓红 周 旭 王凤林 责任校对:徐蕾蕾

出版发行:中国地质大学出版社(武汉市洪山区鲁磨路 388 号) 邮编:430074
电 话:(027)67883511 传 真:(027)67883580 E-mail:cbb@cug.edu.cn
经 销:全国新华书店 http://cugp.cug.edu.cn

开本:787 毫米×1092 毫米 1/16 字数:538 千字 印张:21
版次:2023 年 12 月第 1 版 印次:2023 年 12 月第 1 次印刷
印刷:湖北睿智印务有限公司

ISBN 978-7-5625-5869-9 定价:88.00 元

自动化与人工智能精品课程系列教材

编委会名单

序

为适应新工科建设要求，推动自动化与人工智能融合发展，中国地质大学（武汉）自动化学院联合教育部高等学校自动化类专业教学指导委员会和中国自动化学会教育工作委员会的有关专家，依托先进模块化的课程体系，有机融入“课程思政”的相关要求，突出前沿性、交叉性与综合性的新内容，组织编写了自动化与人工智能精品课程系列教材，以服务于新时代自动化与人工智能领域的人才培养。

本系列教材涵盖了专业基础课、专业主干课、专业选修课、课程设计等教学内容。教材设置上依托教育部高等学校自动化类专业教学指导委员会首批自动化专业课程体系改革与建设试点项目（全国五个试点项目之一）和中国地质大学（武汉）教育教学改革项目的研究成果，以“重视基础理论、突出实际应用、强化工程实践”的课程体系设计为主线。在教材设置上增强知识点教学的连贯性，提高对自动化系统结构认知的完整性；知识点对应的工具成体系，提高对主流技术和工具认知的完整性；面对特定应用环境的设计技术成体系，提高对行业背景下设计过程认知的完整性。它充分体现以控制理论、运动控制、过程控制、嵌入式系统、测控软件技术、人工智能与大数据技术等为模块的教材设计。

本系列教材由教育部高等学校自动化类专业教学指导委员会委员、中国自动化学会教育工作委员会委员、高校教学主管领导和教学名师担任编审委员会委员，并对教材进行严格论证和评审。

本系列教材的组织和编写工作从 2019 年 5 月开始启动。中国地质大学（武汉）自动化学院与中国地质大学出版社达成合作协议，拟在 3～5 年内出版 20 种左右的教材。

本系列教材主要面向自动化、测控技术与仪器及相关专业的本科生，控制科学与工程相关专业的研究生以及相关领域和部门的科技工作者。本系列教材一方面为广大在校学生的学习提供先进且系统的知识内容，另一方面为相关领域科技工作者的学习和工作提供参考。欢迎使用本系列教材的读者提出批评意见和建议，我们将认真听取意见，并作修订。

自动化与人工智能精品课程系列教材编委会

2020 年 12 月

前　言

在国家大力推进实施《中国制造 2025》制造强国战略和中国人工智能发展战略的背景下，如何适应现代数字化、智能化装备发展，改进和提升运动控制系统课程教学知识体系，成为新时期高水平自动化人才培养的重要问题之一。

运动控制系统课程群包含自动化专业的核心主干课程，主要由电机与电力拖动、电力电子技术、运动控制系统等课程组成，从广义角度看还包括单片机原理、微机控制、DSP 原理及应用、传感器与检测技术以及 ARM 嵌入式等先导课程。该课程群知识点多，内容复杂，是一个有机系统集成专业知识体系。

2016 年自动化类专业教学指导委会启动“自动化专业课程体系改革与建设试点”，我们针对运动控制系统课程教学提出全新大课制方案，融合电机与电力拖动、运动控制系统教学内容，形成控制对象(电机)＋驱动装置(电力电子技术)＋控制原理的有机整体教学方式。全新大课制方案增强了运控知识体系的内在逻辑，贯穿多门课程的教学，增大了现代控制电机、数字伺服等主流运动控制系统的教学内容。基于这一理念，我们完成了本书的编写工作。

本书主要通过介绍运动控制系统的常用对象和装置、控制系统构成、运行原理和控制方法，使学生从控制论、信息论的角度充分了解运动控制的对象(包括电机学、电力电子技术、执行器等)、检测、建模、控制方法和系统技术的综合知识；充分了解目前主流的数字运动控制核心器件、系统架构，并能初步掌握利用多种数字化、智能化器件及网络化方法实现运动控制系统设计的能力和知识，为进一步面向数控加工和智能机器人相关知识的学习打下良好的基础。同时拓宽学生的知识面，培养学生分析问题、解决问题的能力，启动学生的创造性思维。本书试图在运动控制系统教学方面进行改进的同时，强化与现代制造业主流机器人、数控机床轨迹控制与数字伺服环节的教学衔接。

本书可作为高等院校自动化类本科专业“运动控制系统”及其相关课程的教材，也可以作为工业自动化、机器人等相关学科研究生用书，以及从事电力拖动控制系统或制造业工程技术人员的参考用书。

本书的编撰是对大课制教学的重要尝试，在内容组织、实践对象等方面难免有疏漏遗忘或不妥之处，望广大读者批评指正。

目　录

第一章　绪　论

运动控制技术是自动化技术的一个重要分支，于20世纪末进入快速发展时期，现已成为电力拖动技术、电力电子技术、微电子技术、计算机控制技术与控制理论、信号检测与处理技术等多学科交叉领域的研究热点。运动控制的控制对象主要涉及速度、位移、姿态等。目前运动控制技术广泛应用于数控、机器人控制、工厂自动化控制领域。制造业对加工速度及精度的高要求，也为运动控制技术提供了更广阔的发展空间及市场需求。

第一节　运动控制系统概述

一、运动控制系统基本概念

（一）基本定义

运动控制就是在复杂条件下，基于控制理论，利用计算机控制技术，实现对机械运动部件的位置、速度等进行控制，使其能够按照预定的轨迹或目标运动参数（如速度、加速度等）完成指定动作。

按能量的提供方式，运动控制系统可分为电气传动系统、气压传动系统、液压传动系统。本书涉及的运动控制系统仅为电气传动系统，它将电能转换为机械能，并对被控机械实现精确的速度、位置、转矩、力控制。这类运动控制系统以电动机的转矩、转速和转角为控制对象，将传感器的反馈信号与期望信号的偏差输入至控制器，再将控制器的输出信号通过电力电子器件、功率变换装置等驱动或放大器装置转换为更高功率的电流或电压信号，从而使得电动机按照预期规划执行动作。

（二）分类

运动控制系统可按运动轨迹、控制方式、被控物理量等进行分类。

1. 按运动轨迹分类

按运动轨迹，运动控制系统可分为点位运动控制、连续运动控制、同步运动控制。点位运动控制仅对终点位置有要求，而对从起点到终点之间的运动轨迹不作要求。点位运动控制需要在加速、减速段有不同的加速度，从而达到较高的速度，使得定位时间尽可能短。点位运动控制要求系统具有在线可变控制参数和可变加减速能力。连续运动控制也称轮廓控制，主要运用于数控系统的运动轮廓控制，在电机高速运动的过程中，既要保证轮廓加工精度，又要保证刀具沿轮廓运动时的切向速度恒定。同步运动控制指多个轴之间的运动协调控制，就是一个坐标的运动指令能够驱动多个电动机同时运行，通过对多个电动机移动量的检测，将位移偏差反馈到数控系统获得同步误差补偿。该系统主要应用在有电子齿轮和电子凸轮的控制系统中，如印刷、印染、造纸、轧钢等行业。

2. 按控制方式分类

按控制方式，运动控制系统可分为开环控制、半闭环控制、全闭环控制。开环控制系统无检测反馈装置，执行点击一般采用步进电机，系统结构简单，控制容易，但没有偏差校正，精度较低。半闭环控制系统的位置反馈采用转角检测装置，直接安装在伺服电机或丝杠端部，通过检测转角，间接得到运动位移，并通过软件给予定值补偿的方式来提高控制精度。全闭环控制系统采用光栅等检测反馈装置直接测量被控机械的位置状态，可以消除电动机到被控单元之间的机械传动误差，从而使得系统具有较高的定位精度，但控制器设计较复杂，稳定性较差。

3. 按被控物理量分类

按被控物理量，运动控制系统可分为调速系统和伺服系统。调速系统要求系统在一定误差范围内将速度稳定下来，使得系统能够顺利完成指定的工作。在电机的启动和制动阶段，往往要求运动系统能够尽快地到达稳定运行状态或从稳定状态到静止、停机。而伺服系统强调跟随性能，当给定信号发生变化时，系统输出能够以较高的精度跟随给定信号变化。

二、运动控制系统的构成

运动控制系统多种多样，但从基本结构看，一个典型的运动控制系统主要由上位计算机、运动控制器、驱动器、电动机、执行机构和反馈装置构成，如图 1-1 所示。

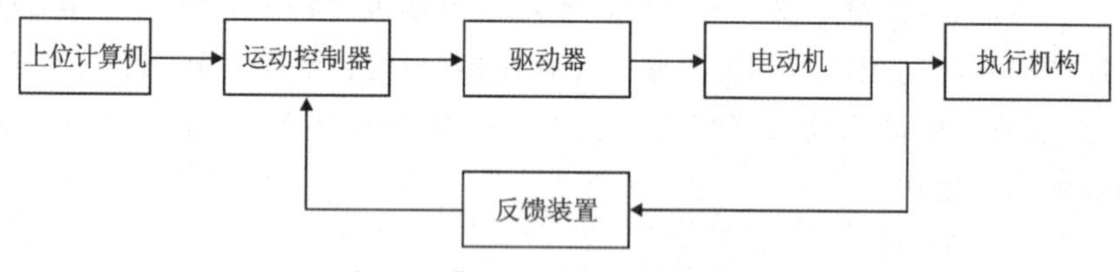

图 1-1　典型运动控制系统构成图

其中，上位计算机进行系统管理、任务协调和人机交互。运动控制器的主要任务是根据作业的要求和传感器件的信号进行必要的逻辑/数学运算，将分析、计算所得出的运动命令以数字脉冲信号或模拟量的形式送到驱动器中，为电动机驱动装置提供正确的控制信号。驱动器进行功率变换，并驱动电动机按照控制指令转动。电动机一般有步进电动机、数字式交流电动机和直流电动机等。执行机构为机械运动部件，包括传动部件和导向部件，实现所规划的位置、速度和加速度运动。反馈装置将检测到的速度或位置反馈到驱动器或控制器中，构成半闭环或全闭环控制，其检测元件有脉冲编码器、旋转变压器、感应同步器、光栅尺、磁尺及激光干涉仪等。

电动机及其控制方法的发展极大地促进了运动控制系统的广泛应用，下面将从电动机和控制方法的角度介绍运动控制系统的发展。

第二节 运动控制系统发展历史及未来趋势

早在我国古代指南车上，运动控制系统就已初现模型，而真正将运动控制装置用于工业化生产则是在工业革命之后，最早是对于蒸汽机的控制。电机的出现则为电力拖动运动控制系统的发展奠定了基础，随着控制理论的不断发展，新型控制方式不断运用于运动控制的各个方面，为现代化工业生产起到了巨大的推动作用。

一、直流运动控制系统

直流电机是人类历史上最早发明、最早获得实际应用的电机。直流电机为推动世界工业化进程和电气工业的发展作出了重大贡献，为电机理论和电机工业的发展作出了开拓性贡献。由于直流电机数学模型较为简单，容易控制，且直流电机对控制器功能的要求较低，因此较交流电机发展迅速。

（一）直流电机

直流电机由于转速易于控制和调节，20 世纪 80 年代以前在调速系统中占据主导地位。

1821 年，法拉第进行水银杯转动实验，首次利用电流磁效应将电能转换为机械能。

1823 年，斯特金制成圆盘式直流电动机。

1831 年，亨利引入“电动机”这一名词，提出了制造电动机的设想，并预言电动机将有广泛应用前景。同年，亨利制成首台摆动式直流电动机。

1832 年，斯特金制成首台具有换向器的直流电动机。

1833 年，里奇发明旋转电磁针。同年，他制成 1 台旋转直流电动机，该电动机已具有现代旋转电动机的雏形。

1834 年，达文波特尝试使用直流电动机作为原动机，驱动轮子前进，开创了电动机应用的先河。

早期直流电动机均为磁铁励磁电动机，使用电池供电，电动机功率很小，十分笨重，实际应用价值较低。1866 年发现的电机自激现象以及 1873 年发现的发电机发出的电可直接作为电动机电源的现象，使得直流电动机开始进入工业及社会应用领域。

1884—1886 年，在斯普拉克完成的多项发明中，带固定电刷的恒速无火花直流电动机解决了当时直流电动机在改变负荷时转速不稳的问题；可以反馈回收的直流电动机驱动系统，为直流电动机在电气机车、电梯上应用、制动减速时回收电能创造了条件，推动了直流电动机在电气牵引、电梯等领域的应用。

19 世纪 70 年代制造的格拉姆电动机是世界上第一批商用直流电动机（图 1-2）。

19 世纪末期开始，许多科学家、工程师对直流电机换向问题进行了大量的理论和实验研究，提出了多种换向理论以及解决换向问题的措施。其中较典型的有 1898 年的古典换向理论和 1929 年的平均线性换向理论等。

1911 年，金属封装水银整流器诞生，20 世纪 30 年代至 50 年代，水银整流器逐渐进入工业领域。

电刷换向是直流电机特有的现象（图 1-3），电刷与换向器周期性的机械接触换向引起的磨损、电磁干扰和噪声，对敏感设备产生不利影响，而电机机械结构繁琐，维修难度大且维护频率高。无刷直流电机的出现解决了机械换向所带来的这些问题。

图 1-2　早期格拉姆电动机模型

图 1-3　Portescap 有刷直流电机

1925 年，美国人哈里斯发明了用电子管换向的直流电机。1934 年，出现了采用电子管换向的无刷直流电机。但是由于受当时电子管水平和生产成本的限制，无刷直流电机没有得到广泛应用。

1957 年，美国通用电气公司开发出世界上第一款晶闸管，取代了有刷直流电机中的接触式机械换向装置。

1962 年，随着“固态换向直流电机”专利的申请，标准意义上的无刷直流电机才开始真正面世（图 1-4）。它由功率放大单元、信号检测单元和晶体管开关电路等组成，当电机运行，转子开始旋转后，就与空间磁场作用生成了感应电动势，并呈周期性变化，给逆变器中的功率管施加触发信号，使绕组以合适的通电顺序来完成换向功能。无刷直流电机具有较好的稳定性和可控性，由于电子换向取代机械换向解决了直流电机的噪音问题，维护成本降低。

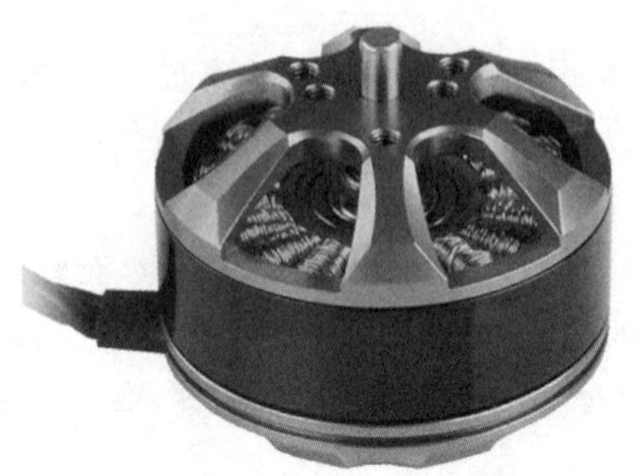

图 1-4　无刷直流电机

20 世纪 80 年代以来，随着永磁材料的发展、全控型功率器件的出现、电子技术的革新、控制理论的迅猛发展，无刷直流电机已从最初的电子换向发展到具备所有有刷直流电机电子特性的永磁无刷直流电机。

（二）直流调速系统

直流调速系统从最早的旋转变流机组控制，逐渐发展为磁放大器控制，再进一步用静止的晶闸管装置和模拟调节器实现直流调速；而可控整流以及 PWM 控制电路的出现则实现了数字化的直流调速。20 世纪 80 年代末期，由模拟电路控制的直流调速系统被全数字控制的直流调速系统所取代。

直流电机易于控制，在额定转速以下，保持励磁电流恒定，通过改变电枢电压就能实现恒转矩调速。它最早应用于感应电机的矢量控制，即基于转子磁场的方向建立同步旋转坐标系，并将定子电流分别分解到该同步旋转坐标系的两个坐标轴方向上，进而得到转矩电流和磁场电流两个分量，并对其进行独立控制，该方法也可应用于无刷直流电机。控制电动机最终还是需要控制电动机的转矩，通常采用定子磁场定向，根据转矩和磁链的大小选择合理的电压空间矢量，实现对转矩的直接控制。

直流调速系统普遍应用于如下小功率、高精度的场景。

（1）办公计算机外围设备、电子数码消费品领域。例如打印机、传真机、复印机、硬盘驱动器、电影摄影机等，在它们的主轴和附属运动的带动控制中，都有无刷直流电机的身影。

（2）医疗设备领域。无刷直流电机可以用来驱动人工心脏中的小型血泵；手术用高速离心机、热像仪和测温仪的红外激光调制器都使用了无刷直流电机。

（3）家用电器领域。“变频”概念深入人心，“直流变频”受到生产厂商的青睐，已有逐渐替换掉“交流变频”的趋势。这种转变实质上就是家电所用的电动机由感应电动机向无刷直流电机及其控制器的过渡，以满足节能环保、低噪智能、舒适性高的需求。

随着无刷直流电机大规模的研发和技术的逐渐成熟，在纺织、冶金、印刷、自动化生产流水线、数控机床等工业生产方面，无刷直流电机都有涉及。

无刷直流电机的发展方向与电力电子、传感器、控制理论等技术的发展方向相同，它是多种技术相结合的产物，它的发展取决于与之相关的每一种技术的革新与进步。每种无刷直流电机产品都是为了适应特定的用途和环境所设计的，不可能有一种通用型无刷直流电机符合各式各样的市场要求。随着设计、结构和工艺技术的不断革新，不同的无刷直流电机呈现出不同的机械性能，以满足不同应用场合的需求。无刷直流电机将会向专用化、多样化发展。对于无刷直流电机来说，转子位置信号的获取必须通过位置传感器来实现，传感器通过输出控制信号来指导电子换向电路进行换向工作。传感器一般选用霍尔传感器，霍尔元件无形中加大了电机体积，限制了电机在一些高磁高温环境下的使用，降低了电机的可靠性。未来在无刷直流电机控制研究领域，无位置传感器控制技术会成为热点之一。此外，性能更加优越的数字信号处理技术（digital signal processing，DSP）也是无刷直流电机满足高精确度、高稳定性和响应及时性要求的关键。

受电磁、电机齿槽、电机换向等因素影响而产生的转矩脉动问题使得直流电机无法广泛使用于高精度、高速度的伺服控制系统。直流伺服电机存在机械结构复杂、维护工作量大等缺点，并且在直流伺服电机运行过程中转子容易发热，影响与其连接的其他机械设备的精度，难以应用到高速及高精度的场合。目前，伺服技术已经有从直流伺服完全转向交流伺服的趋势，在国内外市场上，几乎所有的伺服控制新产品都采用交流伺服控制系统，因此在不久的将来，除了某些微型电动机领域，交流伺服系统可能完全取代直流伺服系统。

二、交流运动控制系统

与直流电机相比，交流电机没有换向器，结构简单，制造方便，比较牢固，容易做成高转速、高电压、大电流、大容量的电机。交流电机功率的覆盖范围很大，从几瓦到几十万千瓦，甚至上百万千瓦。20 世纪 80 年代初，最大的汽轮发电机已达 150 万 kW。随着交流电力系统的发展，交流电机已成为最常用的电机。

交流电机按品种可以分为异步电机和同步电机两大类。

（一）异步电机

1885 年，意大利物理学家和电气工程师费拉里斯发明了异步电机。

1888 年，费拉里斯对旋转磁场作了严格的科学描述，为后续开发异步电机、自起动电机奠定了基础。

1889 年，Mikhail Dolivo-Dobrovolsky 发明了笼型异步电机，如图 1-5 所示。

图 1-5　笼型异步电机

异步电机发展迅速，对于相同大小的异步电机，额定功率由 1897 年的 5.5kW 发展到 1976 年的 74.6kW。笼型异步电机是目前使用最广泛的异步电机。

当异步电机用于高性能调速系统和伺服系统时，系统需要较高甚至很高的动态性能，仅用基于稳态模型的各种控制系统不能满足要求。而为了实现高动态性能，必须研究异步电机的动态数学模型。

直流电机的磁通由励磁绕组产生，可以在电枢合上电源以前建立起来而不参与系统的动态过程（弱磁调速时除外），因此它的动态数学模型只是一个单输入和单输出系统。而交流异步电机比直流电机的模型复杂得多，它的动态数学模型是一个多变量、非线性、强耦合的高阶系统。这些特性使得对它的分析和求解十分困难，所以在实际应用中，需要首先采用坐标变换的方式对其数学模型进行降阶。通常采用的方法有 Park 变换，即通过坐标变换的方式将交流电机的数学和物理模型等效变换成类似直流电机的模型，达到化简模型的目的。20 世纪 70 年代，德国工程师 Blaschke 提出"感应电机磁场定向控制原理"，美国的 Custman 和 Clark 提出"定子电压坐标变换控制"，这些都是矢量控制的基本设想。1980 年，日本难波江章教授等提出"转差型矢量控制"，在以往的基础上进一步简化了系统结构。经研究人员的不断改进和完善，形成了现在通用的高性能矢量控制系统。

而在异步电机的动态数学模型问题得以解决之后，它就被广泛应用到以下多个方面：

(1)工业中的中小型的轧钢设备、各种金属切开机床、轻工机械、矿山上的卷扬机和通风机等。

(2)农业中水泵、脱粒机、损坏机和其他农副商品加工机械等。

(3)生活中电扇、冷冻机、多种医疗器械等。

总之，异步电机被广泛应用于各行各业，随着电气自动化的发展，它在工农业等方面占着越来越重要的地位。但是，异步电机也有缺陷，与同步电机相比，它的调速范围较小，功率因数较低且效率不高，所以在伺服控制中往往使用同步电机。

(二)同步电机

1883 年，英国电工技师霍普金森在进行两台单相同步发电机并联运行试验时发现，当一台发电机与原动机脱开时，它会作为电动机反向运行，但当时由于没有解决同步电机的自启动问题，很大程度上限制了同步电机的应用。直到 1889 年，特斯拉发现单相电机的启动方法，才解决了该问题。

1883 年，特斯拉制成一台两相同步电机模型。

1887 年，哈舍尔汪德提出了三相同步发电机和三相同步电机的概念。同年，他制成一台三相凸极同步电动机投入运行。

1902 年，瑞典工程师丹尼尔用磁铁或电磁铁取代感应电动机的转子笼条，制成了三相同步电动机。

一般同步电机需要通过气隙磁场来实现电能到机械能的转换，产生气隙磁场的方法主要有两种：一种是将电源与励磁绕组连接，由该电源产生励磁电流，再由励磁电流产生磁场；另一种就是利用高密度的稀土材料代替传统绕线型励磁绕组产生气隙磁场，使用此方法的同步电机便是永磁同步电机。永磁同步电机刚出现的时候所采用的磁材料是天然磁铁，这导致它并不能投入实际使用。在同步电机刚开始应用时，使用的励磁方法都是传统的电励磁，后来稀土永磁材料迅速发展，使得永磁同步电机作为伺服电机成为可能。

稀土永磁材料在电机领域的应用可分为以下 3 个阶段。

1967 年，美国 Strnat 教授发现了第一代稀土永磁材料——钐钴合金材料，磁能积可达 $199kJ/m^3$。

1973 年，第二代稀土永磁物质被发现，化学式为 R_2Co_{17}，磁能积可达 $258.6kJ/m^3$。

第三代稀土永磁材料为钕铁硼(NdFeB)，其磁性能相比前两代更好，价格却大幅度降低，并且矿藏量巨大，受到全球电磁学界的极大关注。

在20世纪50年代，稀土永磁同步电机就出现了（图1-6）。然而受当时微处理器技术、交流变频控制技术所限，工频交流电源直接输入时，永磁同步电机无法自启动。要想启动，一般要在永磁电机转子上安装辅助启动部件，以异步运行状态启动，转速达到一定值后才能进入同步运行状态，启动过程复杂，因此永磁同步电机一直不能得到大面积推广。随后得益于高速微处理器技术、电力电子技术的飞速发展，基于永磁同步电机的交流伺服驱动系统成为可能。永磁同步电机伺服系统良好的稳态性能和动态性能，使其逐渐取代传统的直流伺服系统全面进入实用化阶段，目前已经成为国外电机伺服驱动系统的首要选择。

图1-6　永磁同步电机

为了对同步电机进行动态控制，需要得到其动态模型，建模方法与异步电机的动态建模方法一样，都需要通过坐标变换的方式来对模型进行简化。同样，在动态模型得到简化之后，随着研究的深入，多种控制方法和技术被广泛应用到同步电机之中，如变频调速控制、矢量控制、直接转矩控制等。随着上述问题的解决，以及新材料、机电一体化、电力电子技术、计算机等各种相关新技术的发展，永磁同步电机控制系统已经成为高速、高精度、高稳定度、快速响应、高效节能的运动控制，其应用主要体现在以下3个方面。

1. 定速

工农业生产中有大量的生产机械被要求连续以相对稳定的速度单方向运行，如风机、泵、压缩机、普通机床等。这类机械以往大多采用三相或单相异步电动机来驱动，但是异步电动机效率、功率因数低，损耗大，且该类电机使用面广、量大，故有大量的电能在使用中被浪费了。相比之下，同步电机虽然成本较高，但其效率、功率因数都较高，所以在同步电机得以发展后，便被广泛应用于风机、泵等的驱动（图1-7）。

图1-7　同步电机在风机和泵上的应用

2. 调速

有相当多的工作机械运行速度需要任意设定和调节，但对速度控制精度的要求并不是非常高。永磁同步电机由于体积小、重量轻、高效节能等一系列优点，成为当今社会的低碳电机，已越来越引起人们重视。由于同步电机的运行特性及其控制技术的日趋成熟，中小功率的直流电动机、异步电动机变频调速正逐步被永磁同步电动机调速系统所取代。

3. 精密控制

伺服控制系统可满足工业设备等对精度、快速性、稳定性等的高要求，伺服电机在工业自动化领域的运行控制中扮演着十分重要的角色。最近几年各类进口的自动化设备、自动加工装置和机器人等绝大多数都采用永磁同步电机的交流伺服系统。

三、交流运动控制系统与直流运动控制系统的对比

交流运动控制系统与直流运动控制系统的差距主要体现在调速系统和伺服系统上。与直流调速系统相比，交流调速系统应用越来越广，主要原因在于直流电机有很多缺点，限制了其在许多领域的应用。直流电机的主要缺点有：①机械换向器由很多铜片组成，铜片之间用云母片隔离绝缘，因此制造工艺复杂、成本高；②换向器的换向能力限制了直流电机的容量和速度；③电刷火花和环火限制了直流电机的安装环境，在易燃、易爆、多尘以及环境恶劣的地方都不能使用直流电机；④换向器和电刷易于磨损，需要经常更换，降低了系统的可靠性，增加了维修和保养的工作量。

而交流电机虽然控制系统比较复杂，但其结构简单、成本低、安装环境要求低，适于易燃、易爆、多尘的环境，尤其是在大容量、高转速应用领域，备受人们青睐。直流电机和交流电机的比较如表 1-1 所示。由表可知，直流电机仅在转矩控制简单这一点上优于交流电机。但是，

表 1-1 直流电机与交流电机比较

比较内容	直流电机	交流电机
结构及制造	有电刷，制造复杂	无电刷，结构简单
重量/功率	≈2	<1
体积/功率	≈2	1
最大容量	12～14MW（双电枢）	几十兆瓦
最大转速	<10 000r/min	≥10 000r/min
最高电枢电压	1kV	6～10kV
安装环境	要求高	要求低
维护	较多	较少
转矩控制	简单	复杂

随着交流电机调速理论和技术的进步，交流电机的这一弱点已被克服。目前，交流调速系统的性能已经能达到直流调速系统的水平。在实际应用中，交流调速系统在以下方面优于直流调速系统。

(1)在大功率负载，如电力机车、卷扬机、厚板轧机等控制系统中，采用交流调速系统的性价比最优。在中压(6～10kV)调速系统中，现阶段只能采用交流电机的变频调速系统。在对“功率/重量比”“功率/体积比”要求高的领域，如电动自行车、电动汽车、飞机中的电机拖动等，永磁同步电机已经成为主流。高速运行的设备，如高速磨头、离心机、高速电钻等的控制系统中，转速要每分钟达到数千转到上万转，交流电机转动惯量小，交流调速系统可满足高速运行的要求。交流调速系统适用于易燃、易爆、多尘的场合，无需过多维护。

(2)从控制系统成本上看，现阶段交流调速系统的成本比直流调速系统的成本明显降低。随着大功率器件技术的发展，交流调速设备的成本也会大幅度降低，而直流调速装置的成本几乎无法再降低了。

对于伺服系统，按驱动装置的执行元件类型，大致分为直流(DC)伺服系统和交流(AC)伺服系统两大类。下面就以 DC 伺服电机和 AC 伺服电机为比较对象粗略地说明这两类伺服系统的优缺点。

从技术上看，20 世纪 60 年代末 70 年代初，DC 伺服电机就已经实用化了，在各类机电一体化产品中，大量使用着各种结构的 DC 伺服电机。在 20 世纪 70 年代末期，随着微处理器技术、电动机控制技术的发展和大功率高性能半导体器件、电动机永磁材料成本的降低，由 AC 伺服电机及其控制装置所组成的 AC 伺服系统开始应用。AC 伺服系统由于具有明显的优越性，目前已成为工厂自动化(FA)的基础技术之一，并将逐步取代 DC 伺服系统。

AC 伺服系统又分为永磁同步型和异步型(感应)AC 伺服系统两种。两种类型的 AC 伺服电机与 DC 伺服电机的主要性能比较见表 1-2。

表 1-2　AC 伺服电机与 DC 伺服电机性能比较

比较内容	机种		
	永磁同步型 AC 伺服电机	异步型(感应)AC 伺服电机	DC 伺服电机
电机构造	比较简单	简单	结构复杂
发热情况	只有定子线圈发热，有利	定子、转子均发热，需采取措施	转子发热，不利
高速化	比较容易	容易	稍有困难
大容量化	稍微困难	容易	困难
制动	容易	困难	容易
控制方法	稍复杂	稍复杂	简单
环境适应性	好	好	差
维护性	无	无	较麻烦

四、伺服控制系统的应用

（一）数控技术

数控技术是指用数字、字符或者其他符号组成的数字指令来实现对一台或多台机械设备进行编程控制的技术。数控技术应用广泛，其主要应用领域为以下几个行业。

1. 机械制造行业

机械制造行业是最早应用数控技术的行业，它担负着为国民经济各行业提供先进装备的重任。图 1-8～图 1-10 所示为常用的几种数控机床。现代化生产中需要的重要设备都是数控设备，如高性能三轴和五轴高速立式加工中心、五坐标加工中心、大型五坐标龙门铣等；汽车行业发动机、变速箱、曲轴柔性加工生产线上用的数控机床和高速加工中心，以及焊接、装配、喷漆机器人、板件激光焊接机和激光切割机等；航空、船舶、发电行业加工螺旋桨、发动机、发电机和水轮机叶片零件用的高速五坐标加工中心、重型车铣复合加工中心等。

图 1-8 DMG MORI NTX 系列铣/车复合加工中心

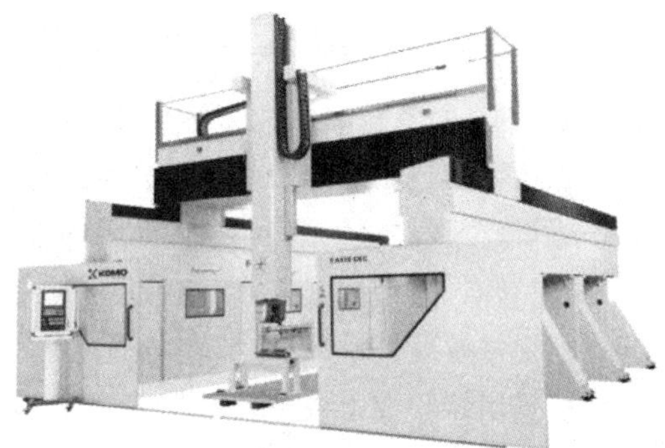

图 1-9 柯沐 MASS 五轴加工中心

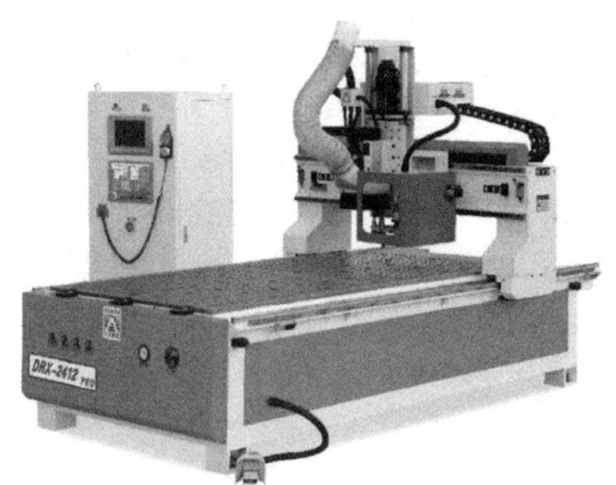

图 1-10 大荣数控 DRX-2412PRO 龙门式自动换刀数控雕刻机

2. 信息行业

在信息行业中，从计算机到网络、移动通信、遥测、通控等设备，都需要采用基于超精技术、纳米技术的制造装备，如芯片制造的引线键合机、晶片键合机和光刻机等，这些装备的控制都需要采用数控技术。

3. 医疗设备行业

在医疗设备行业中，许多现代化的医疗诊断、治疗设备都采用了数控技术，如 CT 诊断仪、全身刀治疗机以及基于视觉引导的微创手术机器人等。

4. 军事设备

在军事装备中，大量装置都采用伺服控制系统，如火炮的自动瞄准控制、雷达的跟踪控制和导弹的自动跟踪控制等。

5. 其他应用行业

在建材行业中，使用数控水刀切割机进行石材加工，使用数控玻璃雕花机进行玻璃加工；在轻工行业中，有许多采用多轴伺服控制的机械，如印刷机械、纺织机械以及木工机械等。

现代数控技术主要使用计算机实现数字化程序控制，预先设定控制程序存储于计算机内，通过执行程序来实现对数控机床的控制。通过计算机可实现输入数据的存储、处理、运算、逻辑判断等，功能强大，因此计算机数控的主要优点有：①程序易于修改，不同于数字逻辑电路需要修改硬件，计算机数控只通过修改控制子程序就可以满足不同的任务，灵活性更强；②数字控制器相较于模拟控制精度更高，仅与计算机的控制算法及字长有关；③数控计算机的输出只有"0""1"状态，抗干扰能力强，稳定性较好；④计算机控制程序具有可重复性，可以进行复用，节省成本。

利用数控技术施加控制的机床就是数控机床，它是机电一体化的典型产品，是集机床、计算机、电动机及拖动、运动控制、检测等技术于一体的自动化设备。数控机床一般由输入装置、输出装置、数控装置、伺服系统、测量反馈装置和机床本体等组成。数控机床可较容易地组成各种先进制造系统，如柔性制造系统（FMS）和计算机集成制造系统（CIMS）等，能最大限度地提高工业生产效率；利用硬件和软件相组合，能实现信息反馈、补偿、自动加减速等功能，可进一步提高机床的加工精度、效率和自动化程度。与普通加工设备相比，数控机床有如下特点：

（1）具有广泛适应性和较大灵活性。数控机床具有多轴联动功能，可针对零件的加工需求改变控制程序，由于数控机床能实现多个坐标的联动，因此可以实现复杂型面的加工，此外采用成组技术的成套夹具，可根据不同零件进行调整，以实现多品种、小批量生产。现今社会对产品多样化和换代速度有了更高的要求，因此使用数控机床以及以数控机床为基础的柔性制造系统能很好地适应市场需求变化。

（2）加工精度高，产品质量稳定。数控机床按照预先设定好的程序自动加工，重复加工精度高，零件一致性更高。此外数控机床具有硬件和软件的误差补偿能力，可进一步提高零件加工精度。

(3)自动化程度高，生产效率高。数控机床的主轴转速与进给范围一般都较大，同时精度高、刚性大，可以采用较大的切削用量，停机检测次数少，加工准备时间短。此外还具有自动换速、自动换刀和其他辅助操作自动化等功能，人工辅助时间大幅缩短，无需工序间的检测与测量。

(4)工序集中，一机多用。加工中心多采用多主轴、车铣复合，分度工作台或数控回转等复合工艺，可实现一机多用功能，实现在一次零件定位装夹中完成多工位、多面、多刀加工，省去工序间工件运输、传递的过程，减少工件装夹和测量次数、时间，既可以提高加工精度，又可以节省厂房面积，提高生产效率。

数控机床是一种高度自动化机床，其设计要求较普通机床高，控制系统更加复杂，部分元器件精密度较高，技术含量高，因此数控机床制造成本比较高，且调试及维修较困难。

数控机床的整体性能极大依赖于伺服系统及控制技术。效率、质量是先进制造技术的主体，因此数控机床需向高速、高精度化方向发展，用来提高智能制造的效率，增大产量，提高市场竞争能力。数控机床高速化和高精度化一方面要求电机具有较好的调速性能，反馈装置具有较高的检测灵敏度和精确度，另一方面要求控制算法具有较好的稳定性、快速性、准确性。

(二)机器人伺服控制

以关节机器人为代表的高端智能装备行业，在伴随现代制造业和高新技术产业不断融合的趋势下飞速发展。机器人往往具有多个关节轴，是典型的多轴运动控制系统。机器人挥臂、拾取、前进、后退等动作需要多个轴的配合协调，从而完成精准复杂的任务。

机器人的关节驱动主要由伺服电机、伺服驱动器、位置传感器和减速机构等组成，关节驱动用的伺服电机需具有小惯量、高转速、高功率密度等特点。这种利用伺服控制进行关节驱动的机器人广泛应用于工业环境，即工业机器人。工业机器人具有可编程、拟人化和通用性等显著特点，具有拟人手臂、手腕和手功能的机械电子装置，可将任意物体或工具按空间位置和姿态的时变要求进行移动，从而完成某项工业生产作业，如夹持焊钳或焊枪对汽车车体进行点焊或弧焊，搬运压铸或冲压成型的零件或构件，进行激光切割、装配机械零部件等。

根据所需完成的任务，机器人运动控制主要分为点位运动控制和连续轨迹运动控制两类。点位运动控制对运动轨迹不做要求，按照点位方式进行控制的工业机器人，其运动为空间中点到点之间的轨迹运动，在作业过程中只控制几个特定工作点的位置，不对点与点之间的运动过程进行控制，中间过程不需要复杂的轨迹插补。在点位控制机器人中，所能控制点数的多少取决于控制系统的性能扩展程度，其中典型实例包括点焊、搬运机器人(图 1-11、图 1-12)。点焊机器人是用于制造领域点焊作业的工业机器人，它常用交流伺服电机驱动，具有维修简便、能耗低、速度高和安全性好等优点。随着汽车工业的发展，焊接生产线要求焊钳一体化，重量也越来越大。日益增长的点焊机器人市场以及巨大的市场潜力吸引世界著名机器人生产厂家的目光。搬运机器人用于自动化搬运作业，即使用末端执行器夹持工具握持工

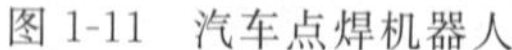
图 1-11　汽车点焊机器人

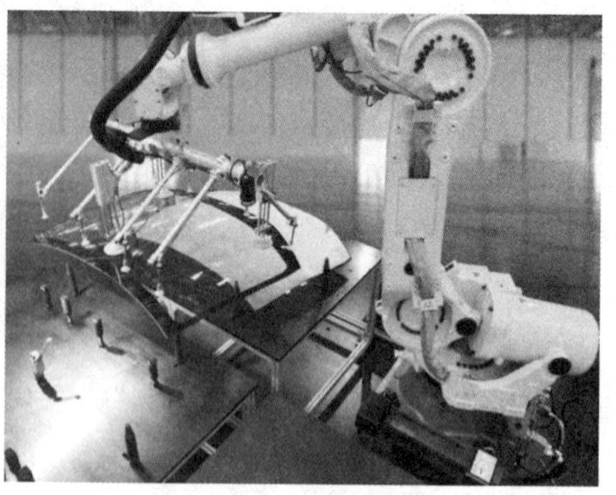

图 1-12　搬运机器人

件，从一个加工位置移到另一个加工位置，可以通过改变末端的执行器来适应不同的工件，提高机器人的灵活性。搬运机器人广泛运用于机床上下料、冲压机自动化生产线、自动装配流水线、码垛搬运以及集装箱等的自动搬运。

连续轨迹运动控制要求机械臂按照特定轨迹运动，其运动轨迹可以是空间中任意连续曲线，机器人在空间中的整个运动过程都处于控制之下，能同时控制两个及以上的运动轴，使得手部位置可沿任意形状的空间曲线运动，而手部姿态也可以通过腕关节的运动得以控制，便于工业机器人完成指定作业，如完成切割、弧焊、喷涂等任务。弧焊机器人(图 1-13)可在计算机控制下实现连续轨迹控制和点位控制，利用直线插补和圆弧插补功能焊接由直线及圆弧所组成的空间焊缝，可在长期进行焊接作用情况下保证焊接作业的高生产效率、高质量和高稳定性。随着智能化技术的发展，弧焊机器人采用激光传感器或视觉传感器在焊接过程中进行焊缝跟踪，提高焊接机器人对复杂工件的适应性，提高焊接精度，获得最佳的焊接质量。喷涂机器人(图 1-14)一般用于自动喷漆，由于喷涂工艺的特殊性，喷涂机器人往往具有较高的自由度，从而实现各种运动轨迹，实现在工作空间内的自由运动。要实现末端喷枪的固定规划轨迹运动，需要使用机器人坐标变换、运动学正反解以及空间轨迹插补等知识。

图 1-13　ABB 弧焊机器人

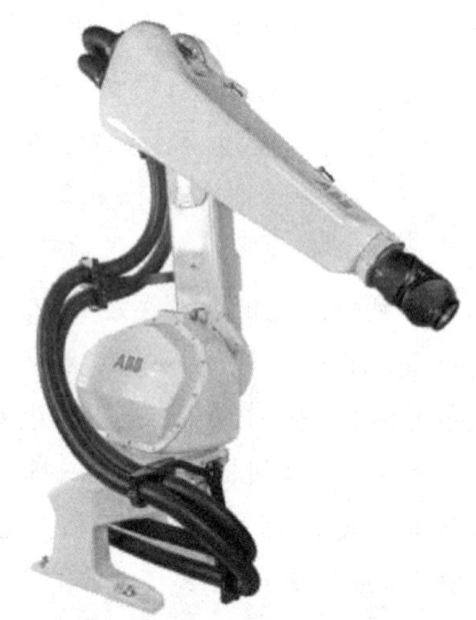

图 1-14　ABB 喷涂机器人

随着机器人应用领域的发展，高速度、高精度、智能化、模块化、网络化成为发展趋势，这既要提高机械结构组装精度，应用位置精度更高的伺服电机，也需要优化运动控制系统，探索更精确的运动插补算法。

通过本章学习，读者已经对运动控制系统的基本概念有了大致了解，本教材将通过与以往传统运动控制教材不同的角度对运动控制系统进行阐述。传统的运动控制教材，在阐述现代运动控制系统时，将各课程独立设置，单独设置电机拖动、器件与装置、建模、控制方法等专业课程，知识较为零散，难以使读者形成系统的知识体系。本教材着重强调“系统”这一主线，将电机与电力拖动、电力电子技术、运动控制系统、微机控制技术等课程整合，从“系统”这一视角出发阐述交直流调速、数字交流伺服、现代交流伺服等控制技术的运用，便于读者形成较为系统的知识体系。

第二章　直流电机

直流电机是一种能量转换装置，将机械能转变为直流电能的电机是直流发电机；反之，将直流电能转变为机械能的电机是直流电动机。在电机的发展史上，直流电机发明得较早，它的电源是电池，后来才出现了交流电机。当三相交流电被发明以后，交流电机得到迅速的发展。但是，迄今为止，工业领域里直流电机仍在使用，这是由于直流电机具有如下突出的优点：调速范围广，易于平滑调速；启动、制动和过载转矩大；易于控制，可靠性较高。直流发电机可用作直流电动机以及交流发电机的励磁直流电源；直流电动机多用于对调速要求较高的生产机械上，如轧钢机、电车、电气铁道牵引、挖掘机械、纺织机械等。

本章主要讲述直流电机的基本知识，包括直流电机的基本原理与结构，直流电机的磁路、电路和电磁转矩，直流电动机运行原理，直流电动机启动、调速方法、制动方法及其计算分析。学习时应重点着眼于直流电动机。

第一节　直流电机的结构和铭牌数据

本节主要介绍直流电机的结构和铭牌数据的相关内容。

一、直流电机的结构

直流发电机和直流电动机从主要结构上看，没有差别。

直流电机的结构多种多样，下面仅叙述它的主要结构。图 2-1 所示为一台常用的小型直

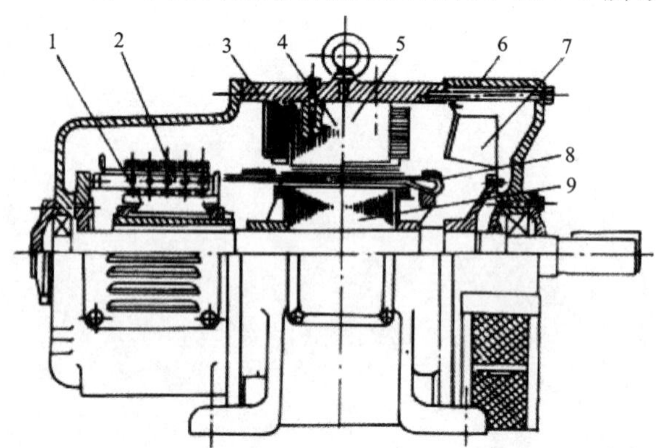

1. 换向器；2. 电刷杆；3. 机座；4. 主磁极；5. 换向极；6. 端盖；7. 风扇；8. 电枢绕组；9. 电枢铁心。

图 2-1　小型直流电机的结构图

流电机的结构图，图 2-2 所示为一台两极直流电机从面对轴端看的剖面图。直流电机由定子部分和转子部分构成，定子和转子靠两个端盖连接。

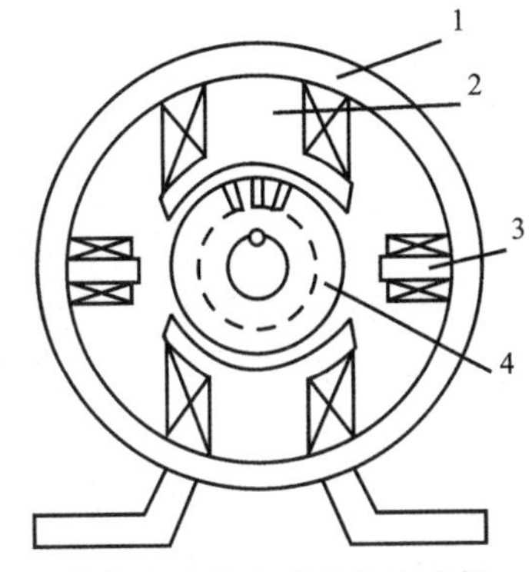

1. 机座；2. 主极；3. 换向极；4. 电枢。

图 2-2　两极直流电机剖面图

（从面对轴端看）

（一）定子部分

定子部分主要包括机座、主磁极、换向极和电刷装置等。

1. 机座

一般直流电机都用整体机座。所谓整体机座，就是一个机座同时起两方面的作用：一方面起导磁的作用；另一方面起机械支撑的作用。由于机座要起导磁的作用，所以它是主磁路的一部分，叫定子磁轭，一般多用导磁效果较好的铸钢材料制成，在小型直流电机中也有用厚钢板的。主磁极、换向极以及两个端盖（中、小型电机）都固定在电机的机座上，所以机座又起到机械支撑的作用。

2. 主磁极

主磁极又叫主极，它的作用是在电枢表面外的气隙空间里产生一定形状分布的气隙磁密。绝大多数直流电机的主磁极都是由直流电流来励磁的，所以主磁极上还应装有励磁线圈。只有小直流电机的主磁极才用永久磁铁，这种电机叫永磁直流电机。

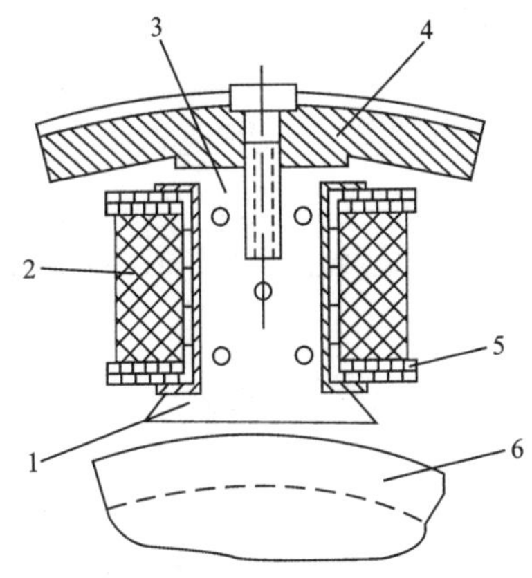

1. 极靴；2. 励磁线圈；3. 极身；4. 机座；5. 框架；6. 电枢。

图 2-3　主磁极装配图

图 2-3 所示是主磁极的装配图。主极铁心用 1～1.5mm厚的低碳钢板冲片叠压紧固而成。把事先绕制好的励磁线圈套在主极铁心的外面，整个主磁极再用螺钉紧固在机座的内表面上。

励磁线圈有两种，即并励和串励。并励线圈的导线细，匝数多；串励线圈的导线粗，匝数少。磁极上的各励磁线圈可分别连成并励绕组和串励绕组。

为了让气隙磁密沿电枢的圆周方向的气隙空间里分布得更加合理，主磁极的铁心做成图 2-3所示形状，其中较窄的部分叫极身，较宽的部分叫极靴。

3. 换向极

容量在 1kW 以上的直流电机，在相邻两主磁极之间要装上换向极。换向极又称附加极，作用是改善直流电机的换向。

换向极的形状比主磁极的简单，一般用整块钢板制成。换向极的外面套有换向极绕组。由于换向极绕组里流的是电枢电流，所以导线截面积较大，匝数较少。

4. 电刷装置

电刷装置可以把电机转动部分的电流引出到静止的电路，或者反过来把静止电路里的电流引入到旋转的电路里。电刷装置与换向器配合才能使交流电机获得直流电机的效果。电刷放在电刷盒里，用弹簧压紧在换向器上，电刷上有个铜辫，可以引入、引出电流。直流电机里，常常把若干个电刷盒装在同一个绝缘的刷杆上，在电路连接上，把同一个绝缘刷杆上的电刷盒并联起来，成为一组电刷。一般直流电机中，电刷组的数目可以用电刷杆数表示，刷杆数与电机的主极数相等。各电刷杆在换向器外表面上沿圆周方向均匀分布，正常运行时，电刷杆相对于换向器表面有一个正确的位置，如果电刷杆的位置放得不合理，将直接影响电机的性能。

（二）转子部分

直流电机转子部分包括电枢铁心、电枢绕组、换向器、风扇、转轴和轴承等。

电枢铁心是直流电机主磁路的一部分。当电枢旋转时，铁心中磁通方向发生变化，会在铁心中引起涡流与磁滞损耗。为了减小这部分损耗，通常用0.5mm厚的低硅硅钢片或冷轧硅钢片冲成一定形状的冲片，然后把这些冲片两面涂上漆再叠装起来，成为电枢铁心，安装在转轴上。电枢铁心沿圆周上有均匀分布的槽，里面可嵌入电枢绕组。

用包有绝缘层的导线绕制成一个个电枢线圈，线圈也称为元件，每个元件有两个出线端。电枢线圈嵌入电枢铁心的槽中，每个元件的两个出线端都与换向器的换向片相连，连接时都有一定的规律，构成电枢绕组。图2-4所示为直流电机电枢装配示意图。换向器安装在转轴上，主要由许多换向片组成，每两个相邻的换向片中间是绝缘片。换向片数与线圈元件数相同。转子上还有轴承和风扇等。

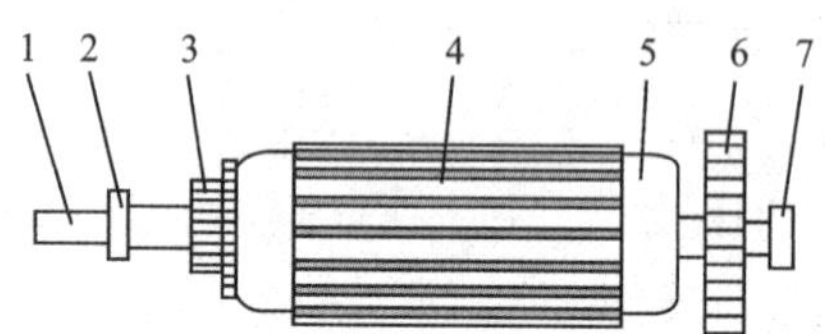

1. 转轴；2. 轴承；3. 换向器；4. 电枢铁心；5. 电枢绕组；6. 风扇；7. 轴承。

图2-4　直流电机电枢装配示意图

（三）端盖

端盖把定子和转子连为一个整体，两个端盖分别固定在定子机座的两端，并支撑着转子，端盖还起保护等作用。此外，电刷杆也固定在端盖上。

二、直流电机的铭牌数据

根据国家标准，直流电机的额定数据包括额定容量（功率）P_N(kW)、额定电压U_N(V)、额定电流I_N(A)、额定转速n_N(r/min)、励磁方式和额定励磁电流I_{fN}(A)。

有些物理量虽然不标在铭牌上，但也是额定值，如在额定运行状态的转矩、效率分别称为额定转矩、额定效率等。电机的铭牌固定在电机机座的外表面上，供使用者参考。

对直流发电机来说，额定容量是指电刷端的输出电功率；对直流电动机来说，它是指转轴上输出的机械功率。因此，直流发电机的额定容量应为

$$P_N = U_N I_N \tag{2-1}$$

而直流电动机的额定容量为

$$P_N = U_N I_N \eta_N \tag{2-2}$$

式中：η_N为直流电动机的额定效率，它是直流电动机额定运行时输出机械功率与电源输入电功率之比。

电动机轴上输出的额定转矩用 T_{2N}(N · m)表示，其大小应是额定功率除以转子角速度的额定值，即

$$T_{2N} = \frac{P_N}{\Omega_N} = \frac{P_N}{\frac{2\pi n_N}{60}} = 9.55\frac{P_N}{n_N} \tag{2-3}$$

其中，P_N 的单位为 W；若 P_N 的单位用 kW，系数 9.55 便改为 9550。此式不仅适用于直流电动机，也适用于交流电动机。

直流电机运行时，若各个物理量都与它的额定值一样，就称为额定运行状态。在额定运行状态下工作，电机能可靠地运行，并具有良好的性能。

实际运行中，电机不可能总是运行在额定状态。如果流过电机的电流小于额定电流，称为欠载运行；超过额定电流，则称为过载运行。长期过载或欠载运行都不好。长期过载有可能因过热而损坏电机；长期欠载，运行效率不高，浪费能量。为此选择电机时，应根据负载的要求，尽量让电机工作在额定状态。

例题 2-1　一台直流发电机，其额定功率 $P_N=145\text{kW}$，额定电压 $U_N=230\text{V}$，额定转速 $n_N=1450\text{r/min}$，额定效率 $\eta_N=90\%$，求该发电机的输入功率 P_1 及额定电流 I_N各为多少？

解：额定输入功率　$P_1 = \frac{P_N}{\eta_N} = \frac{145\text{kW}}{0.9} = 161\text{kW}$

额定电流　$I_N = \frac{P_N}{U_N} = \frac{145\text{kW}}{230\text{V}} = 630.4\text{A}$

例题 2-2　一台直流电动机，其额定功率 $P_N=160\text{kW}$，额定电压 $U_N=220\text{V}$，额定效率 $\eta_N=90\%$，额定转速 $n_N=1500\text{r/min}$，求该电动机的输入功率、额定电流及额定输出转矩各是多少？

解：额定输入功率　$P_1 = \frac{P_N}{\eta_N} = \frac{160\text{kW}}{0.9} = 177.8\text{kW}$

额定电流　$I_N = \frac{P_1}{U_N} = \frac{177.8\text{kW}}{220\text{V}} = 808.1\text{A}$

或　$I_N = \frac{P_N}{U_N \eta_N} = \frac{160\text{kW}}{220\text{V} \times 0.9} = 808.1\text{A}$

额定输出转矩　$T_{2N} = 9.55\frac{P_N}{n_N} = 9550 \times \frac{160\text{kW}}{1500\text{r/min}} = 1\,018.7\text{N} \cdot \text{m}$

第二节　直流电机的磁路、电路和电磁转矩

本节首先对直流电机的磁路进行分析，然后讲解不同种类直流电机电路的形式，最后讲述直流电机电磁转矩的计算方法和计算过程。

一、直流电机的磁路

前面已经说过，直流电机的磁场可以由永久磁铁或直流励磁绕组产生。一般来讲，永久磁铁的磁场比较弱，所以现在绝大多数直流电机的主磁场都是对励磁绕组通以直流励磁电流产生的。

实际上，直流电机在负载运行时，它的磁场是由电机中各个绕组，包括励磁绕组、电枢绕组、换向极绕组等共同产生的，其中励磁绕组起着主要作用。为此，先研究励磁绕组里有励磁电流而其他绕组无电流时的磁场情况，这种情况叫做电机的空载运行，又叫无载运行。至于其他绕组有电流时产生的影响，后面陆续加以介绍。

图 2-5 所示是一台四极直流电机（没有换向极）空载时的磁场示意图。当励磁绕组流过励磁电流 I_f 时，每极的励磁磁通势为

$$F_f = I_f N_f$$

式中：N_f 为一个磁极上励磁绕组的串联匝数。

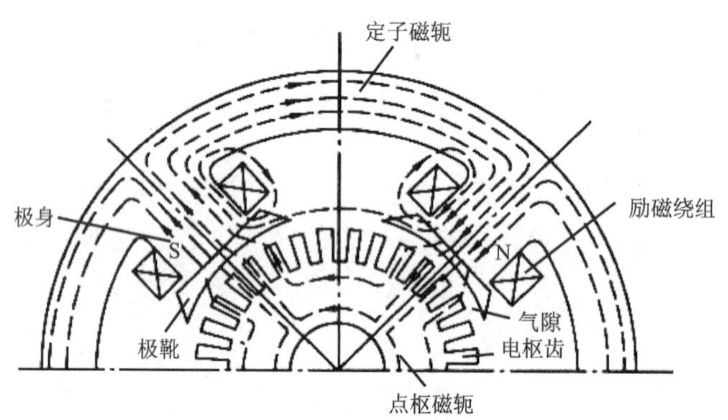

图 2-5　四极直流电机空载时的磁场示意图

励磁磁通势 F_f 在电机的磁路里产生的磁感应线的情况如图 2-5 所示。从图中看出，大部分磁感应线的路径是由 N 极出来，经气隙进入电枢齿部，再经过电枢铁心的磁轭到另一个部分的电枢齿，又通过气隙进入 S 极，再经定子磁轭回到原来的 N 极。这部分磁路通过的磁通称为主磁通，磁路称为主磁路。还有一小部分磁感应线，它们不进入电枢铁心，直接经过相邻的磁极或者定子磁轭形成闭合回路，这部分磁通称漏磁通，所经过的磁路称漏磁路。直流电机中，进入电枢里的主磁通能在电枢绕组中感应电动势，或者产生电磁转矩，而漏磁通却没有这个作用，它只是增加主磁极磁路的饱和程度。主磁通和主极漏磁通的定义为：同时链着励磁绕组和电枢绕组的磁通是主磁通；只链着励磁绕组本身的是主极漏磁通。由于两个磁极之间的气隙较大，主极漏磁通在数量上比主磁通要小，大约是主磁通的 20%。

从图 2-5 可看出，直流电机的主磁路可以分为 5 段：定子、转子之间的气隙，电枢齿，电枢磁轭，主磁极和定子磁轭。其中，除了气隙是空气介质，其磁导率 μ_0 是常数外，其余各段磁路用的材料均为铁磁材料，它们的磁导率彼此并不相等，即使是同一种铁磁材料，磁导率也并非常数。

在直流电机中，为了产生感应电动势或电磁转矩，气隙里需要有一定数量的每极磁通 Φ，这就要求在设计电机时进行磁路计算，以确定产生一定数量气隙每极磁通需要加多大的励磁磁通势，或者当励磁绕组匝数一定时，需要加多大的励磁电流 I_f。一般把空载时气隙每极磁通 Φ 与空载励磁磁通势 F_f 或空载励磁电流 I_f 的关系[$\Phi = f(F_f)$ 或 $\Phi = f(I_f)$]，称为直流电机的空载磁化特性。

对直流电机进行磁路计算的方法与简单磁路的计算方法是一致的，都是把安培环路定律运用到具体的磁路当中去。所不同的是，直流电机的磁路在结构上以及各段磁路使用的材料上都比简单磁路要复杂些。分析时，应先把直流电机的主磁路按结构和材料分段，并标出各段磁路的几何尺寸，然后分别对直流电机主磁路中的各段磁路进行计算。

已知气隙每极磁通为 Φ，求出直流电机主磁路各段中的磁位差，各段磁位差的总和便是励磁磁通势 F_f。对于给定不同大小的 Φ，用同一方法计算，得到与 Φ 相应的 F_f，经多次计算，便得到了空载磁化特性，即 $\Phi = f(F_f)$。

对于每一段磁路，都是根据已知的 Φ，算出磁密 B，再找出相应的磁场强度 H，分别乘以各段磁路长度后便得到磁位差。气隙部分的磁导率是常数，不随 Φ 而变，或者说气隙磁位差与 Φ 成正比。但其他各段磁路都是由铁磁材料构成的，它们的 B 与 H 之间是非线性关系，具有磁饱和的特点。也就是说，它们的磁位差与 Φ 不成正比，具有饱和现象，当 Φ 大到一定程度后，出现饱和，Φ 再增大，H 或磁位差就急剧增大。因此，直流电机 Φ 大到一定程度后，F_f 急剧增大，空载磁化特性出现饱和现象，如图 2-6 中曲线 1所示。

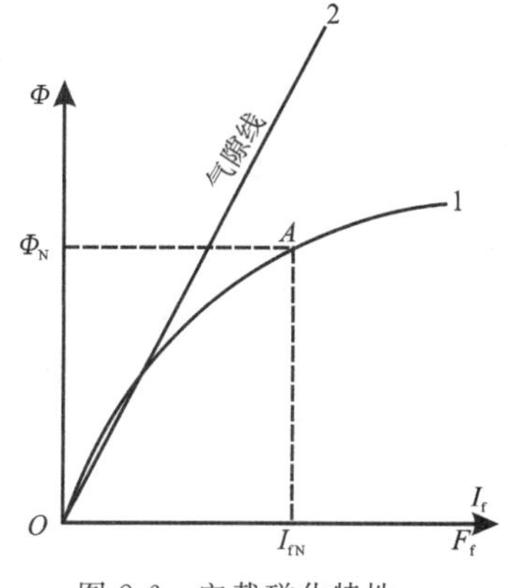

图 2-6　空载磁化特性

直流电机空载磁化特性具有饱和的特点，还可以这样理解：当气隙每极磁通 Φ 较小时，铁磁材料的磁位差较小，总磁位差主要是气隙磁位差，或者说励磁磁通势主要消耗在气隙里，μ_0 为常数，空载特性呈直线关系。当气隙每极磁通 Φ 较大时，铁磁材料出现饱和，磁位差剧增，消耗的磁通势剧增，空载特性呈饱和特点。图 2-6中的斜直线 2 是气隙消耗的磁通势，称气隙线。空载特性的横坐标可以用励磁磁通势 F_f 表示，也可以用励磁电流 I_f 表示，二者相差励磁绕组的匝数。

为了经济地利用材料，直流电机额定运行的磁通额定值的大小取在空载磁化特性开始拐弯的地方，即图 2-6 中的 A 点。

上述介绍的是直流电机空载运行时的磁场，但是当电机带上负载后，如电动机拖动生产机械运行或发电机发出电功率，情况就会有变化。电机负载运行，电枢绕组中就有电流，电枢电流也产生磁通势，叫电枢磁通势。电枢磁通势的出现必然会影响空载时只有励磁磁通势单独作用的磁场，有可能改变气隙磁密分布情况及每极磁通量的大小。这种现象称为电枢反应，电枢磁通势也称为电枢反应磁通势。

当直流电机负载运行时，电刷在几何中线上，在一个磁极下电枢导体的电流都是一个方向，相邻的不同极性的磁极下，电枢导体电流方向相反。在电枢电流产生的电枢反应磁通势作用下，电机的电枢反应磁场如图 2-7 所示。电枢是旋转的，但是电枢导体中电流分布情况不变，因此电枢磁通势的方向是不变的，相对静止。电枢反应磁场轴线与电刷轴线重合，与励磁磁通势产生的主磁场相互垂直。

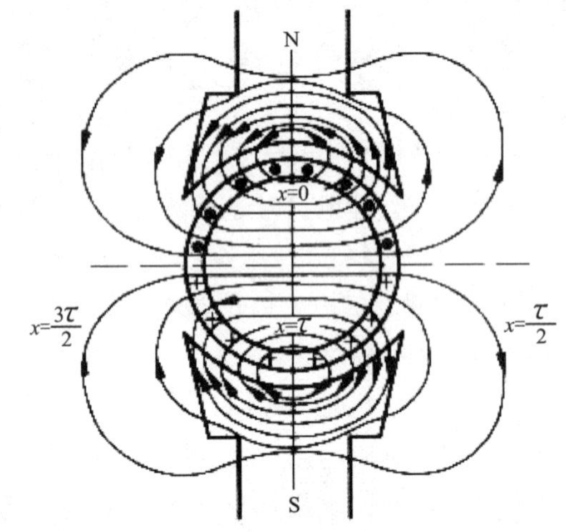

图 2-7　电枢磁通势产生的磁力线

当直流电机负载运行时，电机内的磁通势由励磁磁通势与电枢反应磁通势两部分合成，电机内的磁场也由主磁极磁场和电枢反应磁场合成。下面分析一下合成的磁场的情况。

由于主磁极磁场和电枢反应磁场两者垂直，由它们合成的磁场轴线必然不在主磁极中心线上，而是发生了磁场歪扭，气隙磁密过零的地方偏离了几何中线。

图 2-8(c)和图 2-7 所示的两个磁场合成时，每个主磁极下，半个磁极范围内两磁场磁力线方向相同，另半个磁极范围内两磁场磁力线方向相反。假设电机磁路不饱和，可以直接把磁密相加减，这样半个磁极范围内合成磁场磁密增加的数值与另半个磁极范围内合成磁场磁密减少的数值相等，合成磁密的平均值不变，每极磁通的大小不变。若电机的磁路饱和，合成磁场的磁密就不能用磁密直接加减，而是应找出作用在气隙上的合成磁通势，再根据磁化特性求出磁密。实际上直流电机空载工作点通常取在磁化特性的拐弯处，磁通势增加，磁密增加得很少，而磁通势减少，磁密跟着减少。因此，造成半个磁极范围内合成磁密增加得少，而半个磁极范围内合成磁密减少得多，使得一个磁极下平均磁密减少了。可见，因磁路饱和，电枢反应使每极总磁通减少，这种现象称为电枢反应的去磁效应。

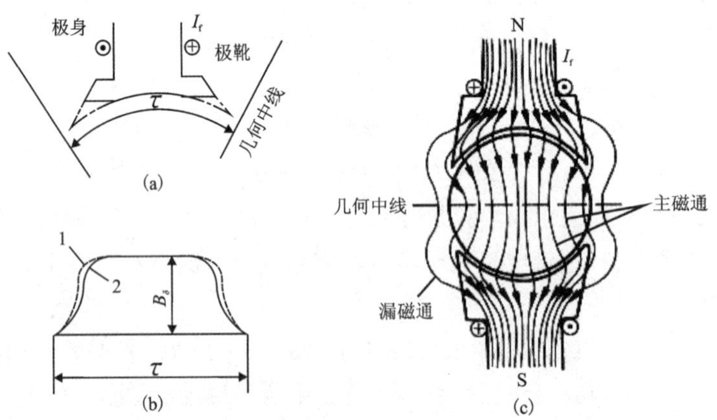

1. 均匀气隙时的气隙磁密；2. 不均匀气隙时的气隙磁密。

图 2-8　空载气隙磁密分布波形

二、直流电机的电路

电机的励磁电流由其他直流电源单独供给的称为他励直流电机，接线如图 2-9(a)所示。图中 M 表示电动机，若为发电机，则用 G 表示。

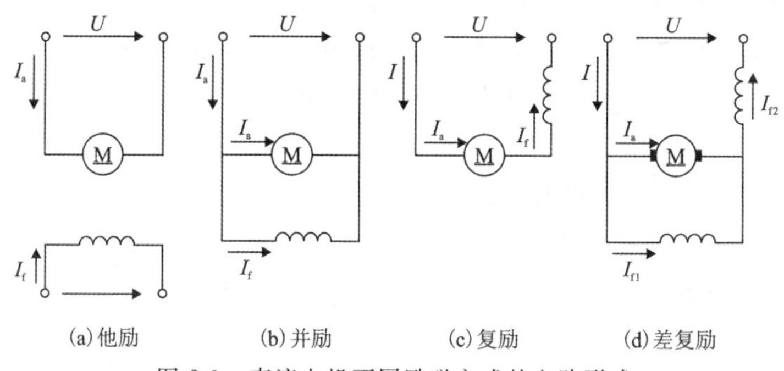

图 2-9　直流电机不同励磁方式的电路形式

三、直流电机的电磁转矩

(一)电枢电动势

直流电机运行时，电枢元件在磁场中运动产生切割电动势，同时由于元件中有电流，因此会受到电磁力。下面对电枢电动势及电磁转矩进行定量计算。

电枢电动势是指直流电机正、负电刷之间的感应电动势，也就是电枢绕组每个支路里的感应电动势。

电枢旋转时，就某一个元件来说，它一会儿在这个支路里，一会儿在另一个支路里，其感应电动势的大小和方向都在变化着。但是各个支路所含元件数量相等，各支路的电动势相等且方向不变。于是，可以先求出一根导体在一个极距范围内切割气隙磁密的平均电动势，再乘上一个支路里总导体数 $z/2a$，便是电枢电动势了。

一个磁极极距范围内，平均磁密度用 B_{av} 表示，极距为 τ，电枢的轴向有效长度为 l_i，每极磁通为 Φ，则

$$B_{av} = \frac{\Phi}{\tau l_i} \tag{2-4}$$

一根导体的平均电动势为

$$e_{av} = B_{av} l_i v \tag{2-5}$$

线速度 v 可以写成

$$v = 2p\tau \frac{n}{60} \tag{2-6}$$

式中：p 为极对数；n 为电枢的转速。

将式(2-4)、式(2-6)代入式(2-5)后，可得

$$e_{av} = 2p\Phi \frac{n}{60} \tag{2-7}$$

导体平均感应电动势 e_{av} 的大小只与导体每秒所切割的总磁通量 $2p\Phi$ 有关，与气隙磁密的分布波形无关。于是当电刷放在几何中线上，电枢电动势为

$$E_a = \frac{z}{2a}e_{av} = \frac{z}{2a}2p\Phi\frac{n}{60} = \frac{pz}{60a}\Phi n = C_e\Phi n \tag{2-8}$$

式中：$C_e = pz/60a$ 是一个常数，称为电动势常数。

如果每极磁通 Φ 的单位为 Wb，转速 n 的单位为 r/min，则感应电动势 E_a 的单位为 V。

从式(2-8)看出，已经制造好的电机，它的电枢电动势正比于每极磁通 Φ 和转速 n 的乘积。

例题 2-3 已知一台 10kW、4 极、2850r/min 的直流发电机，电枢绕组是单波绕组，整个电枢总导体数为 372。当发电机发出的电动势 E_a =250V 时，求气隙每极磁通量 Φ。

解：已知这台直流电机的极对数 $p = 2$，单波绕组的并联支路对数 $a = 1$，于是可以算出系数

$$C_e = \frac{pz}{60a} = \frac{2\times 372}{60\times 1} = 12.4$$

根据感应电动势公式 $E_a = C_e\Phi n$，气隙每极磁通 Φ 为

$$\Phi = \frac{E_a}{C_e n} = \frac{250\text{V}}{12.4\times 2850\text{r/min}} = 70.7\times 10^{-4}\ \text{Wb}$$

(二)电磁转矩

先求一根导体所受的平均电磁力。根据载流导体在磁场里的受力原理，一根导体所受的平均电磁力为

$$f_{av} = B_{av}l_i i_a \tag{2-9}$$

式中：$i_a = \frac{I_a}{2a}$ 为导体里流过的电流；I_a 为电枢总电流；a 为支路对数。

转矩 T_1 为一根导体所受平均电磁力 f_{av} 乘以电枢的半径 $\frac{D}{2}$，即

$$T_1 = f_{av}\frac{D}{2} \tag{2-10}$$

式中：$D = \frac{2p\tau}{\pi}$ 为电枢的直径。

总电磁转矩用 T 表示，则

$$T = B_{av}l_i\frac{I_a}{2a}z\frac{D}{2} \tag{2-11}$$

将 $B_{av} = \frac{\Phi}{\tau l_i}$ 代入(2-11)，得

$$T = \frac{pz}{2a\pi}\Phi I_a = C_t\Phi I_a \tag{2-12}$$

式中：$C_t = \frac{pz}{2a\pi}$ 为常数，称为转矩常数。

如果每极磁极 Φ 的单位为 Wb，电枢电流的单位为 A，则电磁转矩 T 的单位为 N·m。

由电磁转矩表达式看出，直流电动机制成后，它的电磁转矩的大小正比于每极磁通和电枢电流。

电动势常数 $C_e = \frac{pz}{60a}$，转矩常数 $C_t = \frac{pz}{2a\pi} = 9.55C_e$。

例题 2-4　已知一台四极直流电动机额定功率为 100kW，额定电压为 330V，额定转速为 730r/min，额定效率为 0.915，单波绕组电枢总导体数为 186，额定每极磁通为 6.98×10^{-2} Wb，求额定电磁转矩。

解：　转矩常数　$C_t = \frac{pz}{2a\pi} = \frac{2\times186}{2\times1\times3.1416} = 59.2$

额定电流　$I_N = \frac{P_N}{U_N\eta_N} = \frac{100\text{kW}}{330\text{V}\times0.915} = 331\text{A}$

额定电磁转矩　$T_N = C_t\Phi_N I_N = 59.2\times6.98\times10^{-2}\text{Wb}\times331\text{A} = 1\,367.7\text{N}\cdot\text{m}$

以上分析了电枢电动势和电磁转矩的大小，它们的方向分别用右手定则和左手定则确定。图 2-10 所示直流发电机物理模型中，转速 n 的方向是原动机拖动的方向，从电刷 B 指向电刷 A 的方向就是电枢电动势的实际方向，对外电路来说，电刷 A 为高电位，电刷 B 为低电位，分别可用正、负号表示。再用左手定则判断一下电磁转矩的方向，电流与电动势方向一致，显然导体 ab 受力向右，导体 cd 受力向左，电磁转矩的方向与转速方向相反，亦与原动机输入转矩方向相反。电磁转矩与转速方向相反，是制动性转矩。图 2-11 所示直流电动机的物理模型中，电刷 A 接电源的正极，电刷 B 接负极，电流方向与电压一致。导体受力产生的电磁转矩是逆时针方向的，故转子转速也是逆时针方向的，电磁转矩是拖动性转矩。用右手定则判断一下电枢电动势方向，导体 ab 中电动势方向从 b 到 a，导体 cd 中电动势方向从 d 到 c，电枢电动势从电刷 B 到电刷 A，恰好与电流或电压的方向相反。

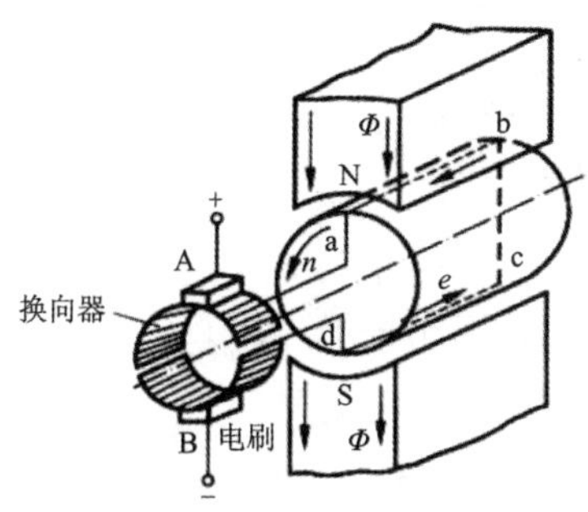

图 2-10　直流发电机的物理模型

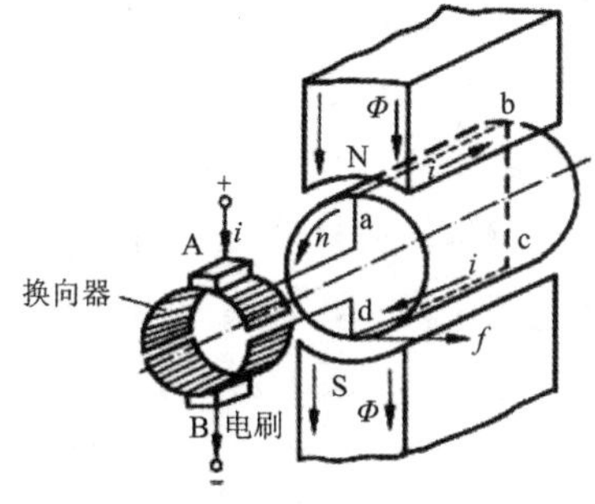

图 2-11　直流电动机的物理模型

电枢电动势的方向由电机的转向和主磁场方向决定，其中只要有一个方向改变，电动势方向也就随之改变，但两个方向同时改变时，电动势方向不变。电磁转矩的方向由电枢的转向和电流方向决定，同样，只要改变其中一个的方向，电磁转矩方向将随之改变，但两个方向同时改变，电磁转矩方向不变。对各种励磁方式的直流电动机或发电机，要改变它们的转向或电压方向，都要对电枢电动势和电磁转矩的方向加以考虑。

第三节　直流电动机运行原理

直流电动机的运行原理与直流发电机的运行原理相通，为更好理解直流电动机运行原理，本节首先介绍直流发电机稳定运行时的基本方程式和功率关系，并以此为基础，介绍直流电动机稳定运行时的基本方程式和功率关系，再着重讲述直流电动机机械特性的相关知识。

一、直流发电机稳定运行时的基本方程式和功率关系

（一）基本方程式

在列写直流电机运行时的基本方程式之前，各有关物理量，如电压、电流、磁通、转速、转矩等，都应事先规定好正方向。正方向的选择是任意的，但是一经选定就不能再改变。有了正方向后，各有关物理量都变成代数量，即各量有正、有负。这就是说，各有关物理量如果其瞬时实际方向与它规定的正方向一致，就为正，否则为负。

图 2-12 标出了直流发电机各量的正方向。图中 U 是电机负载两端的端电压，I_a 是电枢电流，T_1 是原动机的拖动转矩，T 是电磁转矩，T_0 是空载转矩，n 是电机电枢的转速，Φ 是主磁通，U_f 是励磁电压，I_f 是励磁电流。

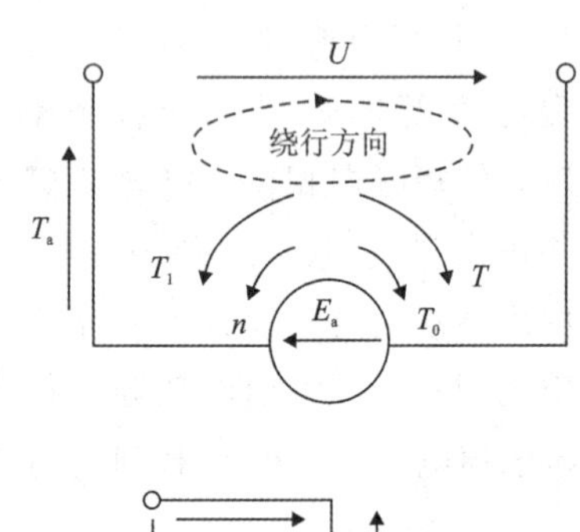

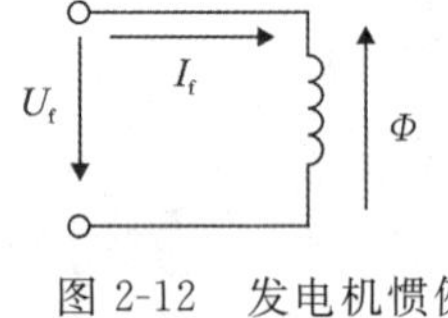

图 2-12　发电机惯例

在列写电枢回路方程式时，要用到基尔霍夫第二定律，即对任一有源的闭合回路，所有电动势之和等于所有压降之和（$\sum E = \sum U$）。首先在图 2-12 中确定绕行的方向，如按图中虚线方向绕行。其中共有 3 个压降及 1 个电动势 E_a 。这 3 个压降分别是负载上压降 U，正、负电刷与换向器表面的接触压降，电枢电流 I_a 在电枢回路串联的各绕组（包括电枢绕组、换向极绕组和补偿绕组等）总电阻上的压降。实际应用中，用 R_a 代表电枢回路总电阻，包括电刷接触电阻在内。电枢回路方程式可写成

$$E_a = U + I_a R_a \tag{2-13}$$

电枢电动势为

$$E_a = C_e \Phi n \tag{2-14}$$

电磁转矩为

$$T = C_t \Phi I_a \tag{2-15}$$

直流发电机在稳态运行时，电机的转速为 n ，作用在电枢上的转矩共有 3 个：一个是原动机输入给发电机转轴上的转矩 T_1 ；一个是电磁转矩 T ；还有一个是电机的机械摩擦以及铁损耗引起的转矩，叫空载转矩，用 T_0 表示。空载转矩 T_0 是一个制动性的转矩，即永远与转速 n 的方向相反。根据图 2-12 所示各转矩的正方向，可以写出稳态运行时转矩关系式为

$$T_1 = T + T_0 \tag{2-16}$$

并励或他励发电机的励磁电流为

$$I_f = \frac{U_f}{R_f} \tag{2-17}$$

式中：U_f 为励磁绕组的端电压（他励时为给定值，并励时 $U_f = U$）；R_f 为励磁回路总电阻。

气隙每极磁通为

$$\Phi = f(I_f, I_a) \tag{2-18}$$

由空载磁化特性和电枢反应而定。

式(2-13)～式(2-18)是分析直流发电机稳态运行的基本方程式。

上述 6 个方程式中，式(2-13)～式(2-16)使用较多，而式(2-18)中由于磁路的非线性，一般用磁化特性曲线来代替。

（二）功率关系

下面分析直流发电机稳态运行时的功率关系。把式(2-13)乘以电枢电流 I_a 得

$$E_a I_a = U I_a + I_a^2 R_a = P_2 + p_{Cua} \tag{2-19}$$

式中：$P_2 = U I_a$ 为直流发电机输出给负载的电功率；$p_{Cua} = I_a^2 R_a$ 为电枢回路总铜损耗，包括电枢回路所有相串联的绕组以及电刷与换向器表面电损耗。

把式(2-16)乘以电枢机械角速度 Ω，得

$$T_1 \Omega = T\Omega + T_0 \Omega$$

写成

$$P_1 = P_M + p_0 \tag{2-20}$$

式中：$P_1 = T_1 \Omega$ 为原动机输给发电机的机械功率；$P_M = T\Omega$ 为电磁功率；$p_0 = T_0 \Omega = p_m + p_{Fe}$ 为发电机空载损耗功率，其中 p_m 为发电机机械摩擦损耗，p_{Fe} 为铁损耗。

所谓铁损耗是指电枢铁心在磁场中旋转时，硅钢片中的磁滞与涡流损耗。这两种损耗与磁密大小以及交变频率有关。当电机的励磁电流和转速不变时，铁损耗几乎不变。

机械摩擦损耗包括轴承摩擦、电刷与换向器表面摩擦，电机旋转部分与空气的摩擦以及风扇所消耗的功率。这个损耗与电机的转速有关。当转速固定时，它几乎也是常数。

从式(2-20)中看出，原动机输给发电机的机械功率 P_1 分成两部分：一部分供给发电机的空载损耗 p_0；另一部分转变为电磁功率 P_M。或者说，输入给发电机的功率 P_1 中，扣除空载损耗 p_0 后，都转变为电磁功率 P_M。值得注意的是，式(2-20)中 $P_M = T\Omega$ 虽然叫做电磁功率，但仍属于机械性质的功率。

下面分析这部分具有机械性质的功率，即 $P_M = T\Omega$ 究竟传送到哪里。为了清楚起见，进行下面的推导。

$$P_M = T\Omega = \frac{pz}{2a\pi}\Phi I_a \frac{2\pi n}{60} = \frac{pz}{60a}\Phi n I_a = E_a I_a \tag{2-21}$$

从式(2-21)中可以看出，电动势 E_a 与电枢电流 I_a 的乘积显然是电功率，当然 $E_a I_a$ 也叫作

电磁功率。电机在发电机状态运行时，具有机械功率性质而被叫做电磁功率的 P_M 转变为电功率 $E_a I_a$ 后输出给负载。这就是直流发电机中，由机械能转变为电能用功率表示的关系式。

综合以上功率关系，可得

$$P_1 = P_M + p_0 = P_2 + p_{Cua} + p_m + p_{Fe} \tag{2-22}$$

图 2-13 给出他励直流发电机功率流程，以及励磁功率 p_{Cuf} 。在他励时，p_{Cuf} 应由其他直流电源供给；并励时，p_{Cuf} 应由发电机本身供给。励磁功率也就是励磁损耗，它包括励磁绕组的铜损耗和励磁回路外串电阻中的损耗。

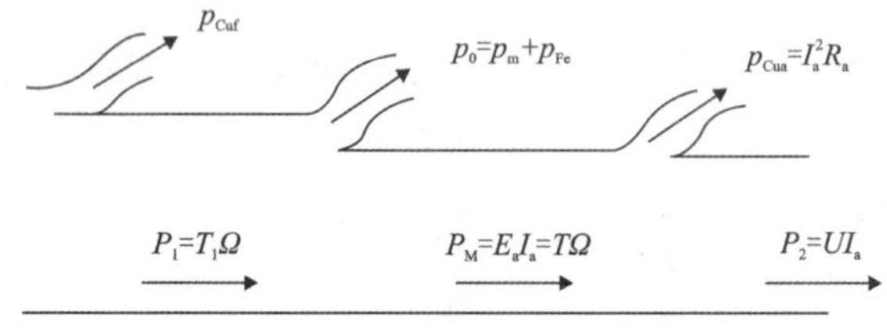

图 2-13 他励直流发电机的功率流程

总损耗为

$$\sum p = p_{Cuf} + p_m + p_{Fe} + p_{Cua} + p_S \tag{2-23}$$

其中，p_S 是前几项损耗中没有考虑到而实际又存在的杂散损耗，称为附加损耗。例如电枢反应把磁场扭歪，从而使铁损耗增大；电枢齿槽的影响造成磁场脉动引起极靴及电枢铁心的损耗增大等。此损耗一般不易计算，对无补偿绕组的直流电机，按额定功率的 1%估算；对有补偿绕组的直流电机，按额定功率的 0.5%估算。如果是他励直流发电机，总损耗 $\sum p$ 中不包括励磁损耗 p_{Cuf} 。

发电机的效率为

$$\eta = \frac{P_2}{P_1} = 1 - \frac{\sum p}{P_2 + \sum p} \tag{2-24}$$

额定负载时，直流发电机的效率与电机的容量有关。10kW 以下的小型电机，效率为 75%～85%；10～100kW 的电机，效率为 85%～90%；100～1000kW 的电机，效率为 88%～93%。

例题 2-5 一台额定功率 $P_N=20\text{kW}$ 的并励直流发电机，它的额定电压 $U_N = 230\text{V}$ ，额定转速 $n_N = 1500\text{r/min}$ ，电枢回路总电阻 $R_a = 0.156\Omega$ ，励磁回路总电阻 $R_f = 73.30\Omega$ 。已知机械损耗和铁损耗 $p_m + p_{Fe} = 1\text{kW}$ ，求额定负载情况下各绕组的铜损耗、电磁功率、总损耗、输入功率及效率(计算过程中，令 $P_2 = P_N$ ，附加损耗 $p_S = 0.01P_N$)。

解：额定电流 $I_N = \dfrac{P_N}{U_N} = \dfrac{20\text{kW}}{230\text{V}} = 86.96\text{A}$

励磁电流 $I_f = \dfrac{U_N}{R_f} = \dfrac{230\text{V}}{73.3\Omega} = 3.14\text{A}$

电枢绕组电流 $I_a = I_N + I_f = 86.96\text{A} + 3.14\text{A} = 90.1\text{A}$

电枢回路铜损耗 $p_{Cua} = I_a^2 R_a = (90.1\text{A})^2 \times 0.156\Omega = 1266\text{W}$

励磁回路铜损耗 $p_{Cuf} = I_f^2 R_f = (3.14\text{A})^2 \times 73.3\Omega = 723\text{W}$

电磁功率 $P_M = E_a I_a = P_2 + p_{Cua} + p_{Cuf} = 20\ 000\text{W} + 1266\text{W} + 723\text{W} = 21\ 989\text{W}$

总损耗 $\sum p = p_{Cua} + p_{Cuf} + p_m + p_{Fe} + p_S$

$= 1266\text{W} + 723\text{W} + 1000\text{W} + 0.01 \times 20\ 000\text{W} = 3189\text{W}$

输入功率 $P_1 = P_2 + \sum p = 20\ 000\text{W} + 3189\text{W} = 23\ 189\text{W}$

效率 $\eta = \dfrac{P_2}{P_1} = \dfrac{20\ 000\text{W}}{23\ 189\text{W}} = 86.25\%$

二、直流电动机稳态运行时的基本方程式和功率关系

从原理上讲，一台电机无论是直流电机还是交流电机，都是在某一种条件下作为发电机运行，而在另一种条件下却作为电动机运行，并且这两种运行状态可以相互转换，这称为电机的可逆原理。

下面以他励直流电机为例来说明这种可逆原理。一台他励直流发电机在直流电网上并联运行，电网电压 U 保持不变，电机中各物理量的正方向仍如图 2-12 所示。

发电机运行时，电机的转矩关系和功率关系分别见式(2-16)和式(2-20)，这时直流电机把输入的机械功率转变为电功率输送给电网。

如果保持这台发电机的励磁电流不变，仅改变它的输入机械功率 P_1，如 $P_1=0$，这时转矩 $T_1=0$，在刚开始的瞬间，因整个机组有转动惯量 J，电机的转速来不及变化，因此，E_a、I_a、T 都不能立即变化。这时，作用在电机转轴上仅剩下两个制动性的转矩 T 和 T_0，于是电机的转速 n 就要下降。这时电机的转矩关系为

$$-T - T_0 = J\frac{\mathrm{d}\Omega}{\mathrm{d}t} \tag{2-25}$$

从式(2-25)看出，这时的 $\mathrm{d}\Omega/\mathrm{d}t$ 为负，即 $\mathrm{d}\Omega/\mathrm{d}t$ 的方向与电磁转矩 T 的方向一致，且与 Ω 的方向相反，所以为减速状态，电机的转速 n 要下降。从式(2-13)、式(2-16)和式(2-17)中看出，E_a、I_a 和 T 都要下降。

当转速 n 降到某一数值 n_0 时，$E_{a0} = C_e\Phi n_0 = U$，根据式(2-13)可知，电枢电流 $I_a=0$，输出的电功率 $P_2 = UI_a = 0$。也就是说，直流发电机已不再向电网输出电功率，并且作用在电枢上的电磁转矩 T 也等于零。

但是，由于电机尚存在着空载转矩 T_0，电机的转速 n 还要继续下降。当这台直流发电机的转速 n 下降到 $n < n_0$ 后，电机的工作状况就要发生本质的变化。此时 $E_a < U$，由式(2-13)可知，电枢电流 I_a 为负值。负的电枢电流表示图 2-12 所示的直流电机由原来向直流电网发出电功率变为从直流电网吸收电功率，即 $UI_a<0$。当然，电枢电流 I_a 变为负，从式(2-12)可知，电磁转矩 T 也就变为负。从图 2-12 规定的正方向来看，负的电磁转矩 T 说明它的作用方向改变，从原来与转速 n 方向相反，变成方向相同，这时电磁转矩 T 不再是制动性转矩，而是拖动性转矩了。当转速降低到某一数值时，产生的电磁转矩 T 等于空载转矩 T_0，即 $|T| - T_0 = 0$，转速 n 就不再降低，维持恒速运行，这时 $\mathrm{d}\Omega/\mathrm{d}t=0$。由于 $P_2 = UI_a < 0$（表示直流电机已从电网吸收电功率）以及电磁功率 $P_M = E_aI_a = T\Omega < 0$（表示吸收的电功率转变为机械

功率输出)，说明这种状态的直流电机已经不是发电机而是电动机的运行状态。如果在电机轴上，另外带上机械负载，它的转矩大小为 T_1 ，方向与转速 n 方向相反，则转速还会再降低一些，I_a、T 的绝对值就会进一步增大，使得轴上转矩平衡，电机作为电动机恒速运转。显然，这时在电机的轴上输出机械功率。

同样，上述的物理过程还可以反过来，这就是直流电机的可逆原理。

(一)基本方程式

从以上分析知道，直流电动机运行状态完全符合前面介绍过的发电机的基本方程式，只是运行在电动机状态时，所得出的电枢电流 I_a 、电磁转矩 T 、原动机输入功率 P_1 、电机输出的电功率 P_2 以及电磁功率 P_M 等都是负值，这样计算很不方便。为了方便起见，当作为直流电动机运行时，对于各物理量的正方向重新规定，即由发电机惯例改成电动机惯例。发电机惯例中轴上输入的机械转矩 T_1 改用 T_2 ，T_2 为轴上输出的转矩；电动机空载转矩 T_0 与轴上转矩 T_2 加在一起为负载转矩 T_L 。他励直流电动机各物理量采用电动机惯例时的正方向如图 2-14 所示。这种正方向下，如果 UI_a 乘积为正，就是向电机送入电功率；T 和 n 都为正，电磁转矩就是拖动性转矩；输出转矩 T_2 为正，电机轴上带的是制动性的阻转矩，这些显然不同于采用发电机惯例。

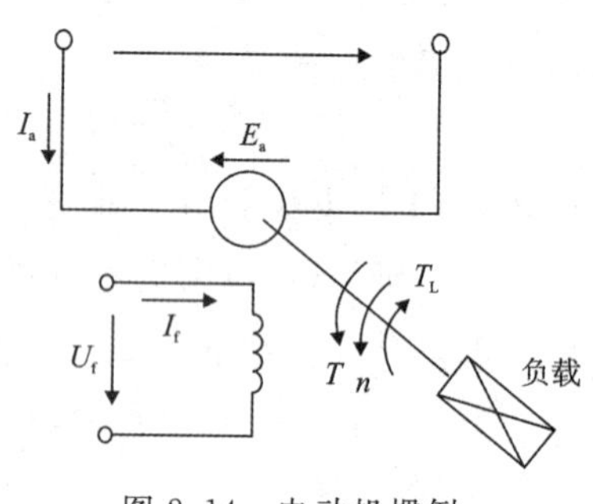

图 2-14　电动机惯例

在采用电动机惯例前提下，稳态运行时，他励直流电动机的基本方程式为

$$U = E_a + I_aR_a \tag{2-26}$$

$$T = T_2 + T_0 = T_L \tag{2-27}$$

其中，式(2-14)、式(2-15)、式(2-26)和式(2-27)是分析他励直流电动机各种特性的依据。在分析稳态运行时，负载转矩 T_L 是已知量。当电机的参数确定后，稳态运行时各物理量的大小及方向都取决于负载，负载变化，各物理量随之改变。具体分析如下，稳态运行时，电磁转矩一定与负载转矩大小相同，方向相反，即 $T = T_L$ ，T_L 为已知，T 也为定数。在每极磁通 Φ 为常数的前提下，$T = C_t\Phi I_a$ ，电枢电流 I_a 大小决定于负载转矩，即 $I_a = \dfrac{T_L}{C_t\Phi}$ 。

I_a 称为负载电流。I_a 由电源供给，电压 U、电枢回路电阻 R_a 是确定的，电枢电动势 $E_a = U - I_aR_a$ 也就确定了。而 $E_a = C_e\Phi n$ ，由此电机转速 n 也就确定了。这就是说，负载确定后，电机的电枢电流及转速等相应地全为定值。

还应该特别提醒的是，不论采用哪一种正方向惯例，都不影响对电机运行状态的分析。采用发电机惯例时，电机可能运行在发电机状态，也可能运行在电动机状态或其他状态。运行状态取决于负载的性质及电机的参数(电压、励磁电流或每极磁通、电枢回路串入电阻等)。当然，采用电动机惯例时也是这样。

后面分析电力拖动系统运行状态及功率关系时，都采用电动机惯例。

(二)功率关系

把电压方程式(2-26)两边都乘以 I_a ,得到

$$UI_a = E_aI_a + I_a^2R_a$$

改写成

$$P_1 = P_M + p_{Cua}$$

式中:$P_1 = UI_a$ 为从电源输入的电功率;$P_M = E_aI_a$ 为电磁功率(指电功率向机械功率转换);p_{Cua} 为电枢回路总的铜损耗。

把式(2-27)两边都乘以机械角速度 Ω,得

$$T\Omega = T_2\Omega + T_0\Omega$$

改写成

$$P_M = P_2 + p_0$$

式中:$P_M = T\Omega$ 为电磁功率;$P_2 = T_2\Omega$ 为转轴上输出的机械功率;$p_0 = T_0\Omega$ 为空载损耗,包括机械摩擦损耗 p_m 和铁损耗 p_{Fe} 。

他励直流电动机稳态运行时的功率关系如图 2-15 所示。图中,p_{Cuf} 为励磁损耗。如为并励电动机,应由同一电源供给。

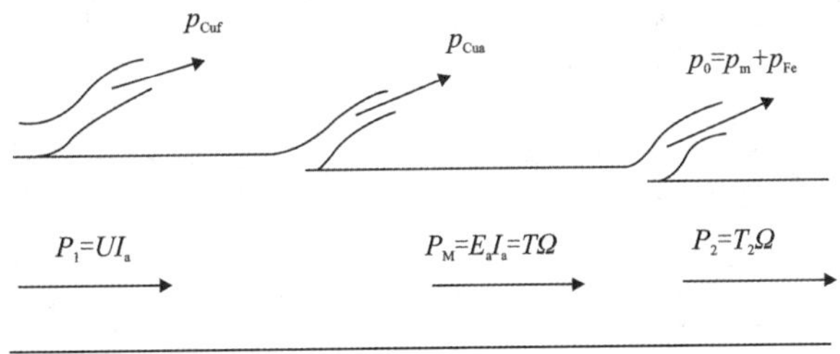

图 2-15 他励直流电动机的功率流程

他励时,总损耗

$$\sum p = p_{Cua} + p_0 + p_S = p_{Cua} + p_{Fe} + p_m + p_S \tag{2-28}$$

如为并励电动机,在总损耗 $\sum p$ 中还应包括励磁损耗 p_{Cuf} 。

电动机的效率

$$\eta = 1 - \frac{\sum p}{P_2 + \sum p} \tag{2-29}$$

式中:P_2 为电动机转轴上的输出功率。

三、直流电动机的机械特性

(一)机械特性的一般表达式

他励直流电动机机械特性是指电动机加上一定的电压 U 和一定的励磁电流 I_f 时,电磁转

矩与转速之间的关系，即 $n=f(T)$ 。为了推导机械特性的一般公式，在电枢回路中串入另一电阻 R 。

把式 $I_a=\dfrac{T}{C_t\Phi}$ 代入转速特性公式中，得

$$n=\frac{U-I_a(R_a+R)}{C_e\Phi}=\frac{U}{C_e\Phi}-\frac{R_a+R}{C_eC_t\Phi^2}T=n_0-\beta T \tag{2-30}$$

式中：$n_0=\dfrac{U}{C_e\Phi}$ 称为理想空载转速；$\beta=\dfrac{R_a+R}{C_eC_t\Phi^2}$ 称为机械特性的斜率。

式(2-30)为他励直流电动机机械特性的一般表达式。

（二）固有机械特性

当电枢两端加额定电压、气隙每极磁通量为额定值、电枢回路不串电阻时，即

$$U=U_N,\Phi=\Phi_N,R=0$$

这种情况下的机械特性，称为固有机械特性。其表达式为

$$n=\frac{U_N}{C_e\Phi_N}-\frac{R_a}{C_eC_t\Phi_N^2}T \tag{2-31}$$

固有机械特性曲线如图 2-16 所示

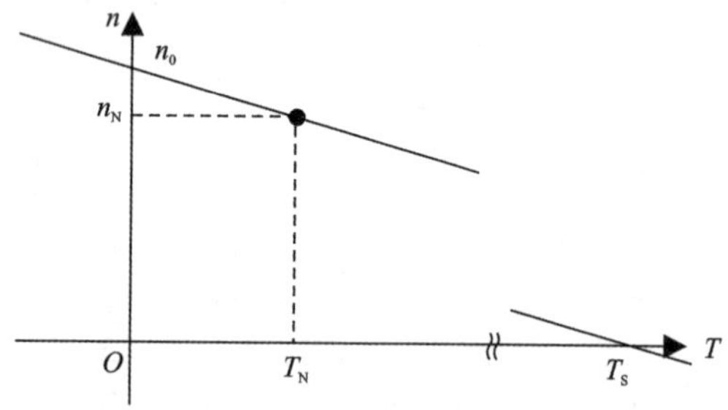

图 2-16　他励直流电动机固有机械特性

他励直流电动机固有机械特性具有以下几个特点。

(1)电磁转矩 T 越大，转速 n 越低，其特性是一条下斜直线。原因是电枢电流 I_a 与 T 成正比关系，T 增大，I_a 也增大；电枢电动势 $E_a=C_e\Phi_N n=U_N-I_aR_a$ 则减小，转速 n 降低。

(2)当 $T=0$ 时，$n=n_0=\dfrac{U_N}{C_e\Phi_N}$ 为理想空载转速。此时 $I_a=0,E_a=U_N$ 。

(3)斜率 $\beta=\dfrac{R_a}{C_eC_t\Phi^2}$ ，其值很小，特性较平，习惯上称为硬特性，转矩变化时，转速变化较小。斜率 β 大时的特性则称为软特性。

(4)当 $T=T_N$ 时，$n=n_N$ ，转速差 $\Delta n_N=n_0-n_N=\beta T_N$ 为额定转速差。一般 n_N 约为 $0.95n_0$ ，而 Δn_N 约为 $0.05n_0$ ，这是硬特性的数量体现。

(5) $n=0$ ，即电动机启动时，$E_a=C_e\Phi_N n=0$ ，此时电枢电流 $I_a=\dfrac{U_N}{R_a}=I_S$ ，称为启动电流；电磁转矩 $T=C_t\Phi_N I_S=T_S$ ，称为启动转矩。由于电枢电阻 R_a 很小，I_S 和 T_S 都比额定

值大很多。若 $\Delta n_N = 0.05n_0$，则 $\dfrac{R_a}{C_eC_t\Phi_N^2}T_N = \dfrac{R_a}{C_e\Phi_N}I_N = 0.05\dfrac{U_N}{C_e\Phi_N}$，即 $R_aI_N = 0.05U_N$，$I_N = 0.05\dfrac{U_N}{R_a}$，启动电流 $I_S = 20I_N$，启动转矩 $T_S = 20T_N$。这样大的启动电流和启动转矩会烧坏换向器。

以上分析的是机械特性在第Ⅰ象限的情况，在第Ⅰ象限中，$0 < T < T_S, n_0 > n > 0$，$U_N > E_a > 0$。

(6) $T > T_S, n < 0$。若 $T > T_S$，则 $I_a > I_S$，即 $I_a = \dfrac{U_N - E_a}{R_a} > I_S = \dfrac{U_N}{R_a}$，$U_N - E_a > U_N$，成立的条件只能是 $E_a < 0$，也就是 $n < 0$，机械特性在第Ⅳ象限。

(7) $T < 0, n > n_0$。这种情况是电磁转矩实际方向与转速相反，由拖动性变为制动性，这时 $I_a < 0$，因此 $E_a = U_N - I_aR_a > U_N$，转速 $n > n_0$，机械特性在第Ⅱ象限。实际上，这时候他励直流电动机的电磁功率 $P_M = E_aI_a = T\Omega < 0$，输入功率 $P_1 = U_NI_a < 0$，工作在发电机状态。

他励直流电动机固有机械特性是一条斜直线，跨越 3 个象限，特性较硬。机械特性只表征电动机电磁转矩和转速之间的函数关系，是电动机本身的能力，至于电动机具体运行状态，还要看拖动什么样的负载。固有机械特性是电动机最重要的特性，在此基础上，很容易得到电动机的人为机械特性。

例题 2-6　一台他励直流电动机额定功率 $P_N = 96\text{kW}$，额定电压 $U_N = 440\text{V}$，额定电流 $I_N = 250\text{A}$，额定转速 $n_N = 500\text{r/min}$，电枢回路总电阻 $R_a = 0.078\Omega$，忽略电枢反应的影响，求：

(1)理想空载转速 n_0。

(2)固有机械特性斜率 β。

解：(1)电动机的理想空载转速 n_0

$$C_e\Phi_N = \frac{U_N - I_NR_a}{n_N} = \frac{440\text{V} - 250\text{A} \times 0.078\Omega}{500\text{r/min}} = 0.841\text{V/(r} \cdot \text{min}^{-1})$$

$$n_0 = \frac{U_N}{C_e\Phi_N} = \frac{440}{0.841}\text{r/min} = 523.2\text{r/min}$$

(2)电动机的斜率 β

$$C_t\Phi_N = 9.55\,C_e\Phi_N = 9.55 \times 0.841\text{V} \cdot \text{r/min} = 8.03\text{V/(r} \cdot \text{min}^{-1})$$

$$\beta = \frac{R_a}{C_e\Phi_NC_t\Phi_N} = \frac{0.078}{0.841 \times 8.03} = 0.011\,6$$

例题 2-7　某他励直流电动机额定功率 $P_N = 22\text{kW}$，额定电压 $U_N = 220\text{V}$，额定电流 $I_N = 115\text{A}$，额定转速 $n_N = 1500\text{r/min}$，电枢回路总电阻 $R_a = 0.1\Omega$，忽略空载转矩 T_0，电动机拖动恒转矩负载 $T_L = 0.85T_N$（T_N 为额定电磁转矩）运行，求稳定运行时电动机转速、电枢电流及电动势。

解：　电动机的理想空载转速 n_0

$$C_e\Phi_N = \frac{U_N - I_NR_a}{n_N} = \frac{220\text{V} - 115\text{A} \times 0.1\Omega}{1500\text{r/min}} = 0.139\text{V/(r} \cdot \text{min}^{-1})$$

$$n_0 = \frac{U_N}{C_e \varphi_N} = \frac{220}{0.139} \text{r/min} = 1\ 582.7\text{r/min}$$

额定转速差

$$\Delta n_N = n_0 - n_N = 1\ 582.7\text{r/min} - 1500\text{r/min} = 82.7\text{r/min}$$

负载时转速差

$$\Delta n = \beta T_L = \beta \times 0.85\ T_N = 0.85 \Delta n_N = 0.85 \times 82.7\text{r/min} = 70.3\text{r/min}$$

电动机运行转速

$$n = n_0 - \Delta n = 1\ 582.7\text{r/min} - 70.3\text{r/min} = 1\ 512.4\text{r/min}$$

电枢电流

$$I_a = \frac{T_L}{C_t \Phi_N} = \frac{0.85\ T_N}{C_t \Phi_N} = 0.85\ I_N = 0.85 \times 115\text{A} = 97.75\text{A}$$

电枢电动势

$$E_a = C_e \Phi_N n = 0.139 \times 1\ 512.4\text{V} = 210.2\text{V}$$

或

$$E_a = U_N - I_a R_a = 220\text{V} - 97.75\text{A} \times 0.1\Omega = 210.2\text{V}$$

（三）人为机械特性

他励直流电动机的电压、励磁电流、电枢回路电阻大小等改变后，其对应的机械特性称为人为机械特性，人为机械特性主要有 3 种。

1. 电枢回路串电阻的人为机械特性

电枢加额定电压 U_N，每极磁通为额定值 Φ_N，电枢回路串入电阻 R 后，机械特性表达式同式(2-30)。电枢串入电阻值 R 不同时的人为机械特性如图 2-17 所示。

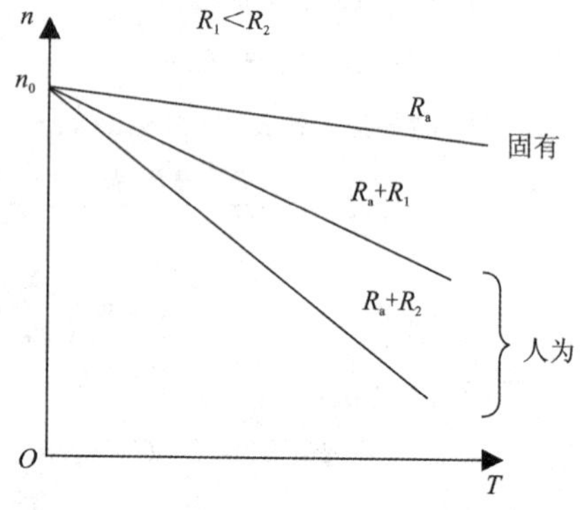

图 2-17　电枢串电阻的人为机械特性

显然，理想空载转速 $n_0 = \dfrac{U_N}{C_e \Phi_N}$，与固有机械特性的 n_0 相同，斜率 $\beta = \dfrac{R_a + R}{C_e C_t \Phi_N^2}$ 与电枢回路电阻有关，串入的阻值越大，特性越倾斜。

电枢回路串电阻的人为机械特性是一组放射形直线，都过理想空载转速点。

电枢回路串电阻后，若电磁转矩 T 为常数，$\Delta n \propto \beta \propto (R_a + R)$，利用这个比例关系，可以从已知的 Δn 求出电枢串入的电阻值，也可反过来计算。

2. 改变电枢电压的人为机械特性

保持每极磁通为额定值不变，电枢回路不串电阻，只改变电枢电压时，机械特性表达式同式(2-31)。电压 U 的绝对值大小不能比额定值高，否则绝缘将承受不住，但是电压方向可以改变。改变电压大小及方向的人为机械特性如图 2-18 所示。

显然，U 不同，理想空载转速 $n_0=U/C_e\Phi_N$ 随之变化，并成正比关系，但是斜率都与固有机械特性斜率相同，因此各条特性彼此平行。改变电压 U 的人为机械特性是一组平行直线。

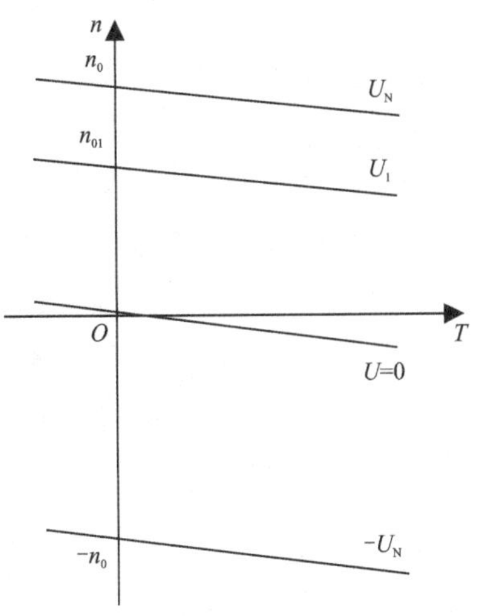

图 2-18　改变电枢电压的人为机械特性

3. 减小气隙磁通量的人为机械特性

减小气隙每极磁通的方法是通过减小励磁电流来实现的。前面讲过，电机磁路接近于饱和，增大每极磁通难以做到，改变磁通时，都是减少磁通。电枢电压为额定值不变，电枢回路不串电阻，仅改变每极磁通的人为机械特性表达式同式(2-31)。显然，理想空载转速 $n_0 \propto \frac{1}{\Phi}$，$\Phi$ 越小，n_0 越高；而斜率 $\beta \propto \frac{1}{\Phi^2}$，$\Phi$ 越小，特性越倾斜。

改变每极磁通的人为机械特性如图 2-19 所示，是既不平行又不呈放射状的一组直线。

从以上 3 种人为机械特性看，电枢回路串电阻和减弱磁通，机械特性都变软。

以上分析直流电机的固有或人为机械特性时，都忽略了电枢反应的影响。实际上，由于电枢反应表现为去磁效应，机械特性出现上翘现象，如图 2-20 所示，这当然不好。一般容量较小的直流电机，电枢反应引起的去磁不严重，对机械特性影响不大，也就可以忽略。对容量较大的直流电机，为了补偿电枢反应去磁效应，需在主极上加上一个绕组，称稳定绕组，绕组里流的是电枢电流，产生的磁通可以补偿电枢反应的去磁部分，使电机的机械特性不出现上翘现象。

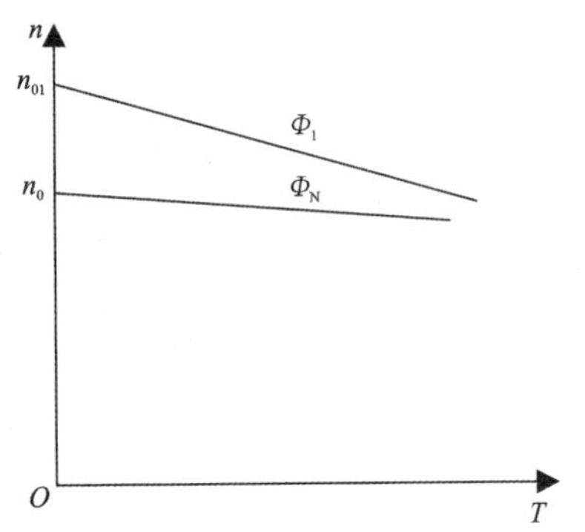

图 2-19　减小每极磁通的人为机械特性

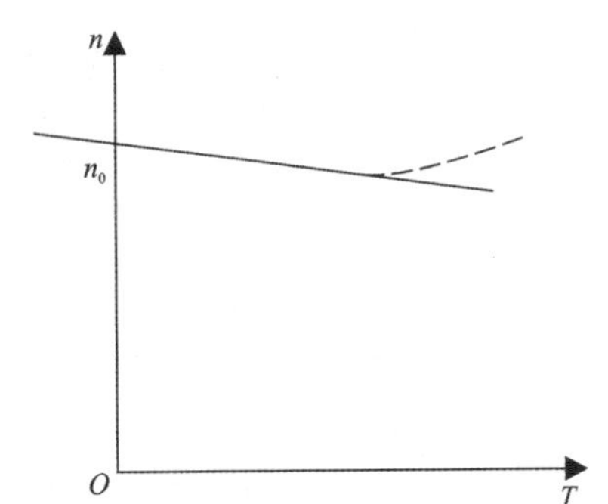

图 2-20　电枢反应有去磁效应时的机械特性

第四节　直流电动机的启动、调速方法、制动方法及其计算分析

以直流电动机为动力的电力拖动系统称为直流电力拖动系统，其中的直流电动机有他

励、串励和复励 3 种，最主要的是他励直流电动机，因此，本节主要介绍他励直流电动机的启动、调速方法、制动方法以及与它们相关的计算分析。

一、直流电动机的启动

他励直流电动机启动时，为了产生较大的启动转矩及不使启动后的转速过高，应该满磁通启动，即励磁电流为额定值，使每极磁通为额定值。因此启动时励磁回路不能串有电阻，而且绝对不允许励磁回路出现断路。

他励直流电动机若加额定电压 U_N ，且电枢回路不串电阻，即直接启动，正如前面分析过的，此时 $n=0, E_a=0$ ，启动电流 $I_s=\frac{U_N}{R_a}\gg I_N$ ，启动转矩 $T_s=C_t\Phi_N I_s\gg T_N$ 。由于电流太大，电机出现换向不良，产生火花，甚至正、负电刷间产生电弧，烧毁电刷架。此外，电力拖动系统电动机启动条件是 $T_s\geqslant 1.1T_L$，T_L 为负载转矩，若电机启动转矩过大，还会造成机械撞击，这是不允许的。因此，除了微型直流电机由于自身电枢电阻大可以直接启动外，一般直流电机都不允许直接启动。

他励直流电动机启动方法有两种，下面分别叙述。

（一）电枢回路串电阻启动

电枢回路串电阻 R，启动电流为

$$I_s=\frac{U_N}{R_a+R} \tag{2-32}$$

若负载转矩 T_L 已知，根据启动条件的要求，可确定所串入电阻 R 的大小。有时为了保持启动过程中电磁转矩持续较大及电枢电流持续较小，可以逐段切除启动电阻，启动完成后，启动电阻全部切除，这种情况下的特性如图 2-21 所示，电机稳定运行在 A 点。

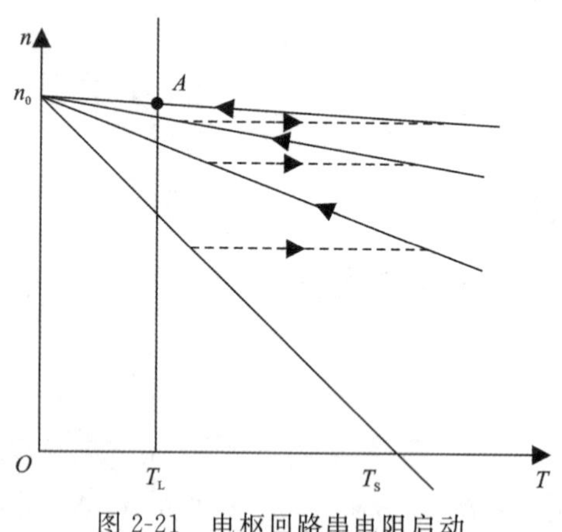

图 2-21　电枢回路串电阻启动

（二）降电压启动

降低电源电压 U ，启动电流

$$I_s = \frac{U}{R_a} \tag{2-33}$$

若负载转矩 T_L 已知，根据启动条件的要求，可以确定电压 U 的大小。有时为了保持启动过程中电磁转矩持续较大及电枢电流持续较小，可以逐渐升高电压 U，直至最后升到 U_N，这种情况特性如图 2-22所示，A 点为稳定运行点。实际上，电源电压可以连续升高，启动更快、更稳。

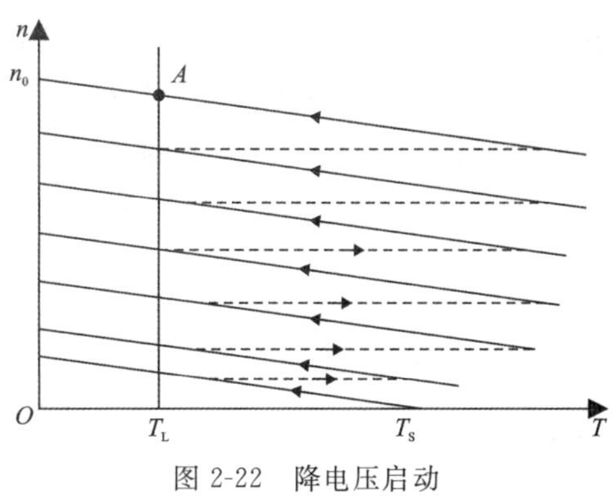

图 2-22　降电压启动

他励直流电动机空载启动或拖动反抗性恒转矩负载启动，改变电源电压 U 的方向或改变励磁电流的方向，电动机都要反方向启动，然后稳定运行。

例题 2-8　某他励直流电动机额定功率 $P_N = 96\text{kW}$，额定电压 $U_N = 440\text{V}$，额定电流 $I_N = 250\text{A}$，额定转速 $n_N = 500\text{r/min}$，电枢回路总电阻 $R_a = 0.078\Omega$，拖动额定大小的恒转矩负载运行，忽略空载转矩。

(1)若采用电枢回路串电阻启动，启动电流 $I_s = 2I_N$ 时，计算应串入的电阻值及启动转矩。

(2)若采用降压启动，条件同上，求电压应降至多少并计算启动转矩。

解：(1)电枢回路串电阻启动时，应串电阻

$$R_s = \frac{U_N}{I_s} - R_a = \frac{440}{2 \times 250}\Omega - 0.078\Omega = 0.802\Omega$$

额定转矩

$$T_N \approx 9.55\frac{P_N}{n_N} = 9.55 \times \frac{96 \times 10^3}{500}\text{N} \cdot \text{m} = 1\,833.5\text{N} \cdot \text{m}$$

启动转矩

$$T_s = 2T_N = 3667\text{N} \cdot \text{m}$$

(2)降压启动时，启动电压

$$U_s = I_s R_a = 2 \times 250 \times 0.078\text{V} = 39\text{V}$$

启动转矩

$$T_s = 2T_N = 3667\text{N} \cdot \text{m}$$

二、直流电动机的调速方法

许多生产机械运行时，对拖动它的电动机转速有不同的要求。例如，车床切削工件时，精加工用高转速，粗加工用低转速。龙门刨床刨切时，刀具切入和切出工件用较低速度，中间一段切削用较高速度，而工作台返回时用高速度。这就是说，系统运行的速度需要根据生产机械工艺要求进行人为调节。调节电动机的转速简称为调速。通过改变传动机构速度比的调速方法称为机械调速，通过改变电动机参数而改变系统运行转速的调速方法称为电气调速。

本小节介绍他励直流电动机的电气调速方法以及调速性能。

拖动负载运行的他励直流电动机，其转速是由工作点决定的，工作点改变了，电动机的转速也随之改变。对于具体负载而言，其转矩特性是一定的，不能改变，但是他励直流电动机的机械特性却可以人为地改变。这样通过改变电动机机械特性而使电动机与负载两条特性的交点随之变动，可以达到调速的目的。在前文中已学习过他励直流电动机的 3 种人为机械特性，下面将在此基础上，介绍他励直流电动机的 3 种调速方法。

(一)电枢串电阻调速

他励直流电动机拖动负载运行时，保持电源电压及磁通为额定值不变，在电枢回路中串入不同的电阻时，电动机运行于不同的转速，如图 2-23 所示，图中的负载是恒转矩负载。比如原来没有串电阻时，工作点为 A，转速为 n，电枢中串入电阻 R_1 后，工作点就变成了 A_1，转速降为 n_1。电动机从 $A \rightarrow A' \rightarrow A_1$ 运行的物理过程，与关于稳定运行中分析的过渡过程是相似的，这里不再详细叙述，读者可自行分析。电枢中串入的电阻若加大为 R_2，工作点变成 A_2，转速则进一步下降为 n_2。显然，串入电枢回路的电阻值越大，电动机运行的转速越低。通常把电动机运行于固有机械特性上的转速称为基速，那么，电枢回路串电阻调速的方法，其调速方向只能是从基速向下调。注意，这里的调速方向并不是说串电阻调速时只能是逐渐加大电阻值而使转速逐渐减小，其实调速也可以是在较低转速逐渐减小电枢串入的电阻值，使转速逐渐升高。所谓调速方向，是指调速的结果，其转速与基速比较而言，只要电枢回路串电阻，无论串多大，电动机运行的转速都比不串电阻运行在基速上要低。

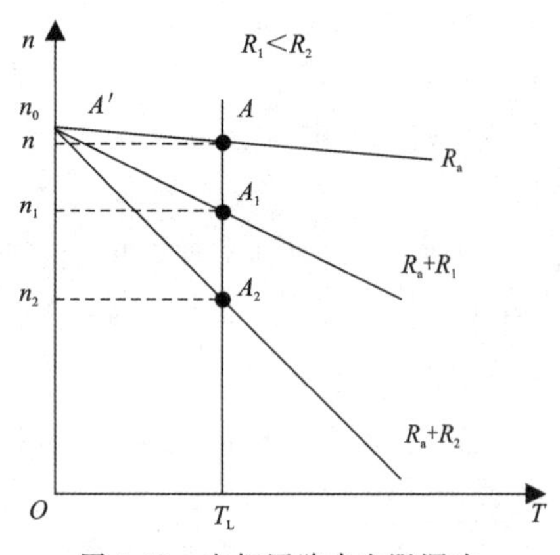

图 2-23　电枢回路串电阻调速

电枢回路串电阻调速时，如果拖动恒转矩负载，电动机运行在不同转速 n、n_1 或 n_2 上时，电动机电枢电流 I_a 的大小变化吗？简单分析如下。

电磁转矩

$$T = C_t \Phi_N I_a \tag{2-34}$$

稳定运行时

$$T = T_L \tag{2-35}$$

电枢电流

$$I_a = \frac{T_L}{C_t \Phi_N} \tag{2-36}$$

因此，T_L =常数时，I_a =常数，如果 $T_L = T_N$，则 $I_a = I_N$，即 I_a 与电动机转速 n 无关。

电枢回路串电阻调速时，所串的调速电阻 R_1、R_2 等通过很大的电枢电流 I_a 会产生很大的损耗 I_a^2、$I_a^2 R_2$ 等，转速越低，损耗越大。

电枢回路串电阻的人为机械特性，是一组过理想空载点 n_0 的直线，串入的调速电阻越大，机械特性越软。在低速运行时，不大的负载变动，就会引起较大的转速变化，即转速的稳定性较差。

由于 I_a 较大，调速电阻的容量也较大，体积大，不易做到电阻值连续调节，因而电动机转速也不能连续调节，一般最多分为 6 级。

尽管电枢串电阻调速所需设备简单，但由于上述功率损耗大、低速时转速不稳定、不能连续调速等缺点，只应用于调速性能要求不高的中、小电动机上，大容量电动机不采用。

（二）降低电源电压调速

保持他励直流电动机磁通为额定值，电枢回路不串电阻，降低电枢电压时，电动机拖动着负载运行于不同的转速，如图 2-24 所示。图中所示的负载为恒转矩负载，当电源电压为额定值 U_N 时，工作点为 A，转速为 n；电压降到 U_1，工作点为 A_1，转速为 n_1；电压为 U_2，工作点为 A_1，转速为 n_2；……；电源电压越低，转速也越低，调速方向也是从基速向下调。

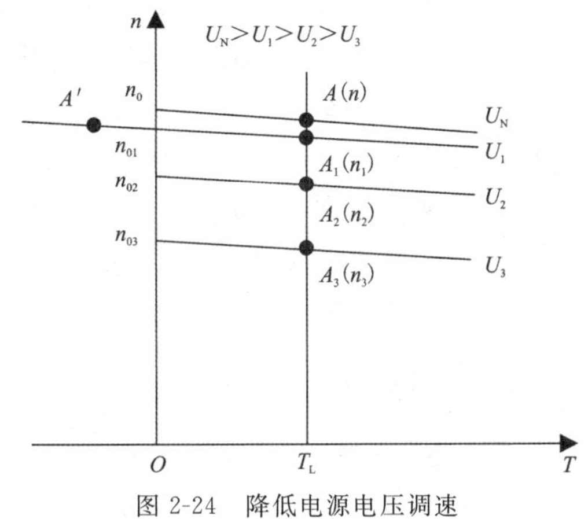

图 2-24 降低电源电压调速

降低电源电压调速时，如果拖动恒转矩负载，电动机运行于不同的转速上时，电动机电枢电流 I_a 也是不变的。这是因为根据式(2-34)～式(2-36)，当 T_L = 常数时，I_a = 常数，如果 $T_L = T_N$，则 $I_a = I_N$，I_a 与电动机转速无关。

降低电源电压，电动机机械特性的硬度不变。低速运行时，转速随负载变化的幅度较小，转速稳定性较好。

当电源电压连续变化时，转速也连续变化，称为无级调速。与串电阻调速（有级调速）相比，其速度调节要平滑得多，因此，直流电力拖动系统广泛采用降低电源电压的调速方法。

（三）弱磁调速

保持他励直流电动机电源电压不变，电枢回路也不串电阻，在电动机拖动的负载转矩不过分大时，降低他励直流电动机的磁通，可以使电动机转速升高。图 2-25 所示为他励直流电动机带恒转矩负载时，弱磁升速的机械特性。

弱磁调速是从基速向上调的方法。他励直流电动机带负载运行时，励磁电流与电枢电流相比要小得多。因此，调速时，励磁回路所串电阻消耗的功率较小，控制方便，连续调节其电阻值，即可实现无级调速。弱磁升速中，最高转速受换向能力及其机械强度限制，一般电机以不超过 $1.2n_N$ 为宜。

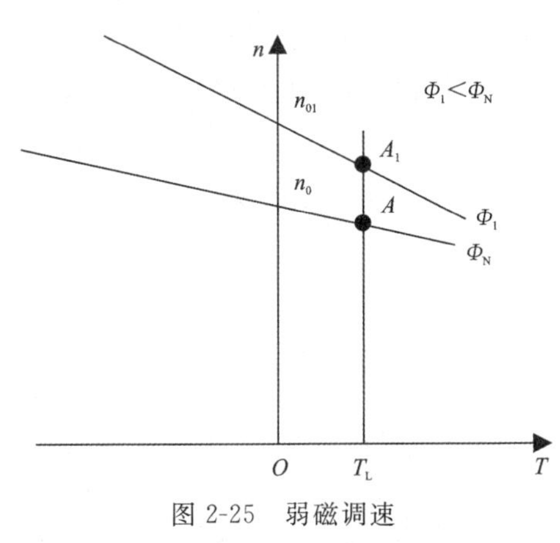

图 2-25 弱磁调速

改变磁通调速时，不论在什么转速上运行，电动机的转速与转矩分别为

$$n=\frac{U_N}{C_e\Phi}-\frac{R_a}{C_e\Phi}I_a \tag{2-37}$$

$$T=C_t\Phi I_a=9.55C_e\Phi I_a \tag{2-38}$$

电动机的电磁功率为

$$P_M=T\Omega=9.55C_e\Phi I_a\times\frac{2\pi}{60}(\frac{U_N}{C_e\Phi}-\frac{R_a}{C_e\Phi}I_a)=U_NI_a-I_a^2R_a \tag{2-39}$$

如果电动机拖动的是恒功率负载时，即 $T_L\Omega=$常数，则有 $P_M=T\Omega=T_L\Omega=$常数，$I_a=$常数。若负载功率大小为电动机的额定功率 P_N，电动机电枢电流 $I_a=I_N$。

例题 2-9 某台他励直流电动机，额定功率 $P_N=22\text{kW}$，额定电压 $U_N=220\text{V}$，额定电流 $I_N=115\text{A}$，额定转速 $n_N=1500\text{r/min}$，电枢回路总电阻 $R_a=0.1\Omega$，忽略空载转矩 T_0，电动机带额定负载运行时，要求把转速降到 1000r/min，计算：

(1)采用电枢串电阻调速需串入的电阻值。

(2)采用降低电源电压调速需把电源电压降到多少。

(3)上述两种调速情况下，电动机的输入功率与输出功率(输入功率不计励磁回路之功率)。

解： (1) $C_e\Phi_N=\frac{U_N-I_NR_a}{n_N}=\frac{220-115\times0.1}{1500}\text{V/(r}\cdot\text{min}^{-1})=0.139\text{V/(r}\cdot\text{min}^{-1})$

理想空载转速

$$n_0=\frac{U_N}{C_e\Phi_N}=\frac{220}{0.139}\text{r/min}=1\,582.7\text{r/min}$$

额定转速降落

$$\Delta n_N=n_0-n_N=1\,582.7\text{r/min}-1500\text{r/min}=82.7\text{r/min}$$

电枢串电阻后转速降落

$$\Delta n=n_0-n=1\,582.7\text{r/min}-1000\text{r/min}=582.7\text{r/min}$$

电枢串电阻为 R，则有

$$\frac{R_a+R}{R_a}=\frac{\Delta n}{\Delta n_N}$$

$$R=\frac{\Delta n}{\Delta n_N}R_a-R_a=R_a(\frac{\Delta n}{\Delta n_N}-1)=0.1\times\left(\frac{582.7}{82.7}-1\right)\Omega=0.605\Omega$$

(2)降低电源电压后的理想空载转速

$$n_{01}=n+\Delta n_N=1000+82.7=1\,082.7\text{r/min}$$

降低后的电源电压为 U_1，则

$$\frac{U_1}{U_N}=\frac{n_{01}}{n_0}$$

$$U_1=\frac{n_{01}}{n_0}U_N=\frac{1\,082.7}{1\,582.7}\times220\text{V}=150.5\text{V}$$

(3)电动机降速后，电动机输出转矩

$$T_2=9550\frac{P_N}{n_N}=9550\times\frac{22}{1500}\text{N}\cdot\text{m}=140.1\text{N}\cdot\text{m}$$

输出功率

$$P_2 = T_2\Omega = T_2 \frac{2\pi}{60}n = 140.1 \times \frac{2\pi}{60} \times 1000\text{W} = 14\ 670\text{W}$$

电枢串电阻降速时，输入功率

$$P_1 = U_N I_N = 220 \times 115\text{W} = 25\ 300\text{W}$$

降低电源电压降速时，输入功率

$$P_1 = U_1 I_N = 150.5 \times 115\text{W} = 17\ 308\text{W}$$

他励直流电动机电力拖动系统中，广泛地采用降低电源电压向下调速及减弱磁通向上调速的双向调速方法。这样可以得到很宽的调速范围，可以在调速范围之内的任何需要的转速上运行，而且调速时损耗较小，运行效率较高，能很好地满足各种生产机械对调速的要求。

电机的体积大小、转动部分的机械强度、换向能力、绝缘材料耐温能力以及运行效率等，都是根据其额定值设计的。常规电机带额定负载长期运行，除轴承等薄弱环节外，从绝缘耐温角度考虑，应能保证电机有 10～20 年的运行寿命。这就是说，额定运行是电机最佳运行方式。

当直流电动机调速运行时，不管转速是多少，如果保持其电枢电流和每极磁通都为额定值，即对应的电磁转矩为额定值，则称为恒转矩调速。

恒转矩调速，不论在任何转速下运行，其铜损耗和铁损耗都与额定转速时一样大。对带有风扇自冷却的电机，当低速运行时，散热困难，必须加以解决。例如，增加一台小电机拖动小风机给直流电动机散热。

直流电动机调速时，也可以保持电枢电流为额定值，采用弱磁升速。这种情况下，电磁转矩相应地减小，但电机的转速升高。在弱磁调速中保持电磁功率不变，称为恒功率调速。

以上介绍恒转矩、恒功率调速，仅说明直流电动机具有的能力。实际运行中，还应根据负载特性进行调速控制。

三、直流电动机的制动方法及其计算分析

从前面各章节分析可以知道：①电动机稳态工作点是指满足稳定运行条件下，其机械特性与负载转矩特性的交点，电动机在此工作点恒速运行；②电动机运行在工作点之外的机械特性上时，电磁转矩与负载转矩不相等，系统处于加速或减速的过渡过程；③他励直流电动机的固有机械特性与各种人为机械特性，分布在直角坐标的 4 个象限内；④生产机械的负载转矩特性，有反抗性恒转矩、位能性恒转矩、泵类等典型负载转矩特性，也有由几种典型负载同时存在的负载转矩特性，它们也分布在 4 个象限之内。

综合考虑以上 4 点，不难想象，他励直流电动机拖动各种类型负载运行时，若改变其电源电压、磁通及电枢回路所串电阻，工作点就会分布在 4 个象限之内，也就是说，电动机会在 4 个象限内运行（包括稳态与过渡过程）。本节将具体分析他励直流电动机在各个象限内的运行状态。

正向电动运行状态读者已经很熟悉，他励直流电动机工作点在第Ⅰ象限时，如图 2-26 所示的 A 点和 B 点，电动机电磁转矩 $T > 0$，转速 $n > 0$，这种运行状态称为正向电动运行，由于 T 与 n 同方向，T 为拖动性转矩。

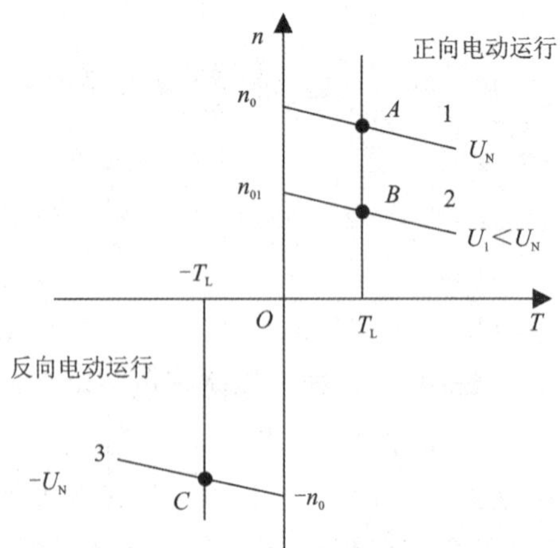

1. 固有机械特性；2. 降压人为机械特性；3. 电源电压为 $-U_N$ 时的人为机械特性。

图 2-26 他励直流电动机电动运行

前文对直流电动机稳态电动运行时的功率关系已作了详细推导。电动运行时，电动机把电源送进电机的电功率通过电磁作用转换为机械功率，再从轴上输出给负载。这个过程中，电枢回路中存在铜损耗和空载损耗。

若电机运行于升速或降速过渡过程中，轴上输出转矩 T_2 应包括负载转矩 T_f 和动转矩 $\frac{GD^2}{375} \cdot \frac{dn}{dt}$ 两部分。

拖动反抗性负载，正转时电动机工作点在第Ⅰ象限，反转时，电动机工作点则在第Ⅲ象限，如图 2-26 所示的 C 点，这时电动机电源电压为负值。在第Ⅲ象限运行时，电磁转矩 $T<0$，转速 $n<0$，T 与 n 仍旧同方向，T 仍旧为拖动性转矩，其功率关系与正向电动运行全相同，这种运行状态称为反向电动运行。

正向电动运行与反向电动运行是电动机运行时最基本的运行状态。实际运行的电动机除了运行于 T 与 n 同方向的电动运行状态之外，经常还运行在 T 与 n 反方向的运行状态。T 与 n 反方向，意味着电动机的电磁转矩不是拖动性转矩，而是制动性阻转矩。这种运行状态统称为制动状态，工作点显然是在第Ⅱ、Ⅳ象限里。下面分别介绍各种制动运行状态。

（一）能耗制动

他励直流电动机拖动着反抗性恒转矩负载运行于正向电动状态时，其接线如图 2-27(a) 所示刀闸 K 接在电源上的情况。电动机工作点在第Ⅰ象限 A 点，如图 2-28(b) 所示。当刀闸从上拉至下边时，也就是突然切除电动机的电源电压，并在电枢回路中串入电阻 R，这样他励直流电动机的机械特性不再是图 2-27(b) 中的曲线 1，而是曲线 2。在切换后的瞬间，由于转速 n 不能突变，电动机的运行点从 $A \to B$，磁通 $\Phi = \Phi_N$ 不变，电枢感应电动势 E_a 保持不变，即 $E_a > 0$，而此刻电压 $U=0$，因此电枢电流

$$I_{aB} = \frac{-E_a}{R_a + R} < 0, T_B = C_t \Phi_N I_{aB} < 0 \tag{2-40}$$

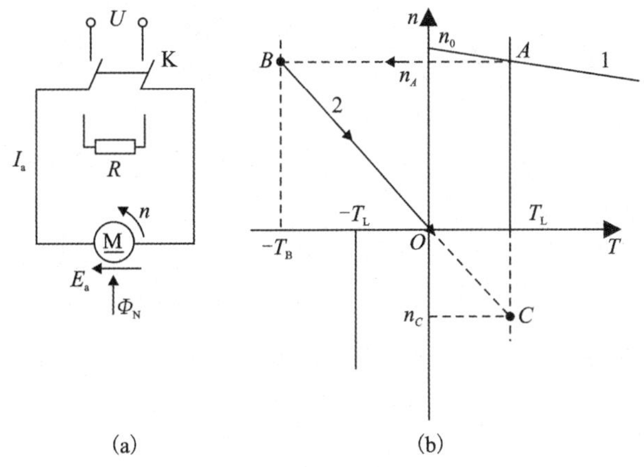

1. 固有机械特性；2. 电压为零的人为机械特性。

图 2-27　能耗制动过程

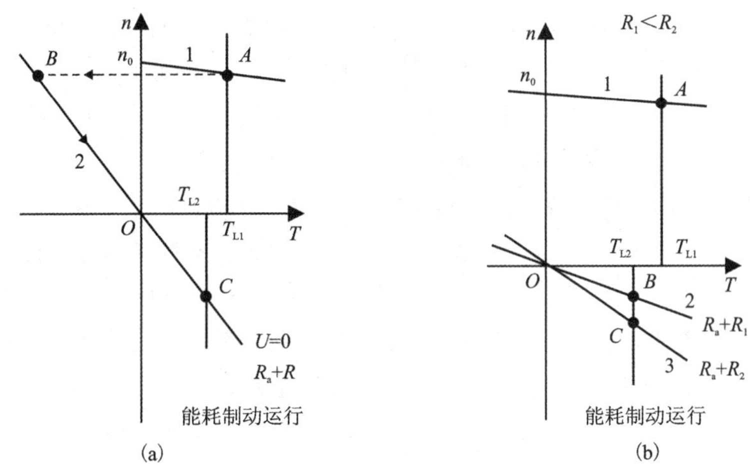

1. 固有机械特性；2,3. 电压为零的人为机械特性。

图 2-28　能耗制动运行

$T_B < T_L$ 时，动转矩 $T_B - T_L < 0$，系统减速。在减速过程中，E_a 逐渐下降，I_a 及 T 逐渐加大(绝对值逐渐减小)，电动机运行点沿着图 2-27(b)中曲线 2 从 $B \to O$，这时 $E_a = 0$，$I = 0$，$T = 0$，$n = 0$，即在原点上。

上述过程是正转的拖动系统停车的制动过程。在整个过程中，电动机的电磁转矩 $T < 0$，而转速 $n > 0$，T 与 n 是反方向的，T 始终起制动作用，是制动运行状态的一种，称为能耗制动。

图 2-29 所示为他励直流电动机各种运行状态下的功率流程图。

能耗制动过程开始的瞬间，电枢电流 $|I_a|$ 与电枢回路总电阻 $(R_a + R)$ 成反比，所串电阻 R 越小，$|I_a|$ 越大。$|I_a|$ 增大，电磁转矩 $|T| = C_t\Phi_N|I_a|$ 也随着增大，停车快。但是 I_a 过大，换向很困难，因此能耗制动过程中电枢电流有个上限，也就是电动机允许的最大电流 I_{amax}。根据 I_{amax} 可以计算出能耗制动过程电枢回路串入制动电阻的最小值 R_{min}，二者的关系为

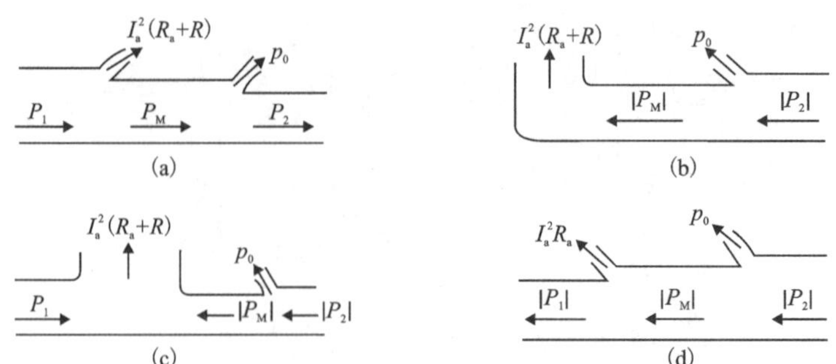

(a)电动运行；(b)能耗制动；(c)倒拉反转和反接制动；(d)回馈制动。

图 2-29　他励直流电动机各种运行状态下功率流程图

$$R_{\min} = \frac{E_a}{I_{\text{amax}}} - R_a \tag{2-41}$$

式中：E_a 为能耗制动开始瞬间的电枢感应电动势。

生产机械工作完毕都需要停车，可以采用自由停车，即把电动机电源切除，靠系统的摩擦阻转矩使之慢慢停下不转。若要加快停车过程，缩短停车时间，除了使用抱闸（电磁制动器）等制动装置之外，还可以采用电气制动方法。所谓电气制动方法，就是由电动机本身产生制动转矩来加快停车过程，如能耗制动就是一种电气制动方法。

他励直流电动机如果拖动位能性负载，本来运行在正向电动状态，突然采用能耗制动，如图 2-28(a)所示，电动机的运行点从 $A \rightarrow B \rightarrow O$，$B \rightarrow O$ 是能耗制动过程，与拖动反抗性负载时完全一样。但是到了 O 点以后，如果不采用其他办法停车，如抱闸抱住电动机轴，由于电磁转矩 $T=0$，小于负载转矩，系统会继续减速，即开始反转。电动机的运行点沿着图 2-28(a)中能耗制动机械特性曲线 2 从 $O \rightarrow C$，C 点处 $T = T_{L2}$，系统稳定运行于工作点 C。该处电动机电磁转矩 $T > 0$，转速 $n < 0$，T 与 n 方向相反，T 为制动性转矩，这种稳态运行状态称为能耗制动运行。这种运行状态下，T_{L2} 方向与系统转速 n 同方向，为拖动性转矩。能耗制动运行时，电动机电枢回路串入的制动电阻不同时，运行转速也不同，制动电阻 R 越大，转速绝对值 $|n|$ 越高，如图 2-28(b)所示。

能耗制动运行时的功率关系与能耗制动过程时是一样的，不同的只是能耗制动运行状态下，机械功率的输入是靠位能性负载减少位能贮存来提供。

（二）反接制动过程

电气制动方法除了能耗制动停车外，还可以采用反接制动停车。

反接制动停车是把正向运行的他励直流电动机的电源电压突然反接，同时在电枢回路串入限流电阻 R 来实现的。拖动反抗性恒转矩负载，采用反接制动停车时，其机械特性如图 2-30(a)所示。本来电动机的工作点在 A，反接制动后，电动机运行点从 $A \rightarrow B \rightarrow C$，到 C 点后电动机转速 $n=0$，制动停车过程结束，应立即将电动机的电源切除。这一过程中，电动机运行于第Ⅱ象限，$T<0, n>0$，T 与 n 反方向，T 是制动性转矩。上述过程称为反接制动过程。

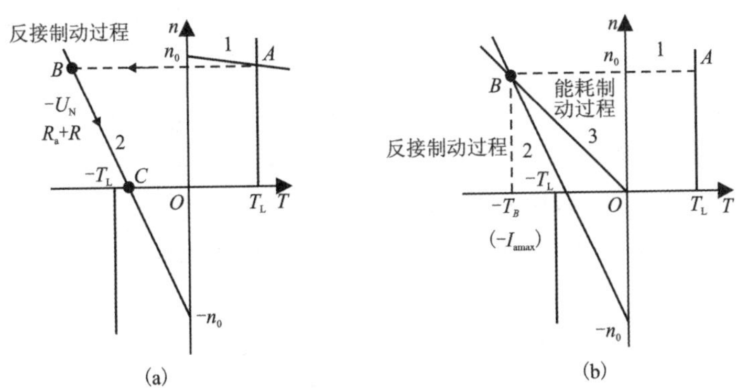

1. 固有机械特性；2. $U=-U_N$，电枢串电阻的人为机械特性；3. $U=0$，电枢串电阻的人为特性。

图 2-30 他励直流电动机反接制动过程

反接制动过程中，电源输入的电功率 $P_1>0$，轴上 $P_2<0$，即输入机械功率，而且机械功率扣除空载损耗后，即转变成电功率，$P_M<0$；从电源送入的及机械能转变成的这两部分电功率，都消耗在电枢回路电阻 (R_a+R) 上，其功率流程如图 2-29(c)所示。电动机轴上输入的机械功率是系统释放的动能所提供的。

反接制动过程开始的瞬间，电枢电流 $|I_a|$ 与电枢回路总电阻 (R_a+R) 成反比，所串的电阻 R 越小，$|I_a|$ 越大。同样，应该使起始制动电流 $|I_a|<I_{amax}$，所串电阻最小值应为

$$R_{min}=\frac{-U_N-E_a}{-I_{amax}}-R_a=\frac{U_N+E_a}{I_{amax}}-R_a \tag{2-42}$$

显然，同一台电动机，在同一个 I_{amax} 规定下，反接制动过程比能耗制动过程电枢串入的电阻最小值几乎大一倍，这是因为 $U_N\approx E_a$，从图 2-30(b)中曲线 2 与曲线 3 两条制动机械特性也看得出来，二者斜率几乎相差一倍。另外，在同一个 I_{amax} 条件下制动时，在制动停车过程中的电磁转矩，反接制动时的大，能耗制动时的小，见图 2-30(b)，因此，反接制动停车更快。如果能够使制动停车过程中电枢电流 $|I_a|=I_{amax}$ 不变，那么电磁转矩也就能保持 $|T|=T_{amax}$，制动停车的过程中始终保持着最大的减速度，制动效果最佳。保持制动过程中 $|I_a|=I_{amax}$，需要由自动控制系统完成。

如果他励直流电动机拖动反抗性恒转矩负载，进行反接制动的机械特性如图 2-31 所示，那么制动过程到达 C 点时，$n=0, T\neq 0$，这时若停车就应及时切除电动机的电源，否则在 C 点，由于 $T<-T_L$ 系统会反向启动，直到在 D 点运行。频繁正、反转的电力拖动系统，常常采用这种先反接制动停车，接着进行反向启动的运行方式，达到迅速制动并反转的目的。但是，对于要求准确停车的系统，采用能耗制动更为方便。

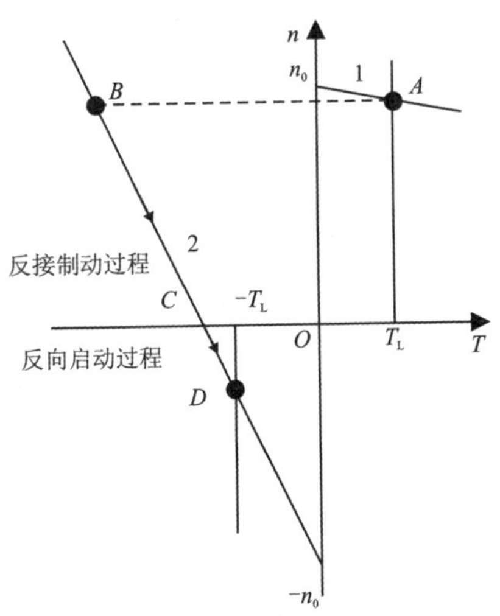

图 2-31 反接制动接着反向启动的机械特性

（三）倒拉反转运行

他励直流电动机拖动位能性负载运行，若电枢回路串入电阻时，转速 n 下降。但是，如果电阻值大到一定程度后，如图 2-32 所示，就会使转速 $n<0$，工作点在第Ⅳ象限，电磁转矩 $T>0$，与 n 方向相反，是一种制动运行状态，称为倒拉反转运行或限速反转运行。

倒拉反转运行的功率关系与反接制动过程的功率关系一样[图 2-29(c)]。二者之间的区别仅仅在于反接制动过程中，向电动机输入的机械功率是负载释放的动能，而倒拉反转运行中是位能性负载减少的位能，或者说是位能性负载倒拉着电动机运行，称为倒拉反转运行。

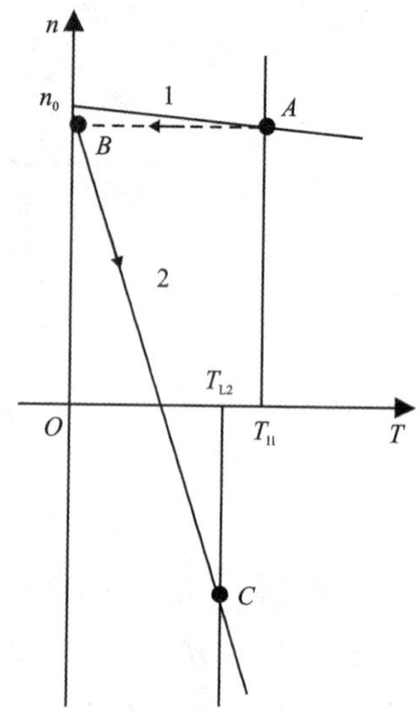

1. 固有特性；2. 电枢串电阻人为特性。

图 2-32 倒拉反转运行

（四）回馈制动运行

1. 正向回馈制动运行

图 2-33 所示为降压调速时的回馈制动过程，即他励直流电动机电源电压降低，转速从高向低调节的过程。原来电动机运行在固有机械特性的 A 点上，电压降至 B 点后，电动机运行点从 $A\rightarrow B\rightarrow C\rightarrow D$，最后稳定运行在 D 点。在这一降速过渡过程中，从 $B\rightarrow C$ 这一阶段，电动机的转速 $n>0$，而电磁转矩 $T<0$，T 与 n 的方向相反，T 是制动性转矩，是一种正向回馈制动运行状态。

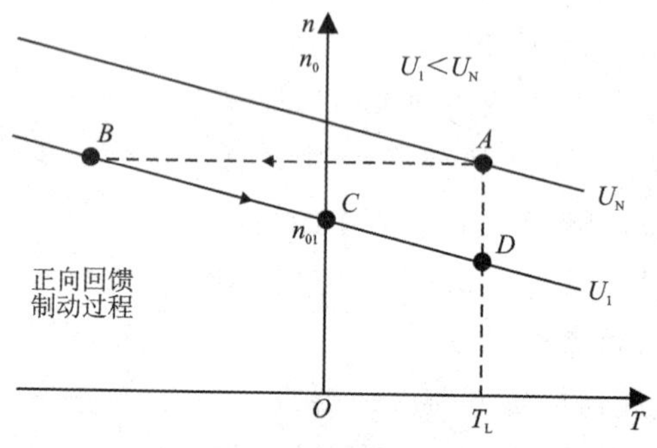

图 2-33 降压调速时的回馈制动过程

回馈制动功率关系流程如图 2-29(d)所示，与前文所述直流发电机的功率流程基本一致，所不同的是：①机械功率的输入不是原动机送进，而是由系统从高速向低速降速过程中释放出来的动能提供；②电功率送出不是给用电设备而是给直流电源。这种运行状态称为正向回馈制动过程，“回馈”指电动机把功率回馈给电源，“过程”指没有稳定工作点，而是一个变速的过程。但该过程区别于能耗制动过程和反接制动过程，后两者都是转速从高速到 $n=0$ 的停车过程，而回馈制动过程仅仅是一个减速过程，转速从高于 n_{01} 的速度减到 $n=n_{01}$，转速高于理想空载转速是回馈制动运行状态的重要特点。

如果让他励直流电动机拖动一台小车，规定小车前进时转速 n 为正，电磁转矩 T 与 n 同方向为正，负载转矩 T_L 与 n 反方向为正。小车在平路上前进时，负载转矩为摩擦性阻转矩 T_{L1} ，$T_{L1}>0$ 小车在下坡路上前进时，负载转矩为一个摩擦性阻转矩与一个位能性的拖动转矩之合成转矩。一般后者数值(绝对值)比前者大，二者方向相反，因此下坡时小车受到的总负载转矩，$T_{L2}<0$ ，如图 2-34 所示，负载机械特性为直线 1 和直线 2。这样，走平路时，电动机运行在正向电动运行状态，工作点为固有机械特性与直线 1 的交点 A ；走下坡路时，电动机运行在正向回馈运行状态，工作点为固有机械特性与直线 2 的交点 B 。回馈制动运行时的电磁转矩 T 与 n 方向相反，T 与 T_L 平衡，使小车能够恒速行驶。这种稳定运行时的功率关系与上面回馈制动过程时是一样的，区别仅仅是机械功率不是由负载减少动能来提供，而是由小车减少位能贮存来提供。

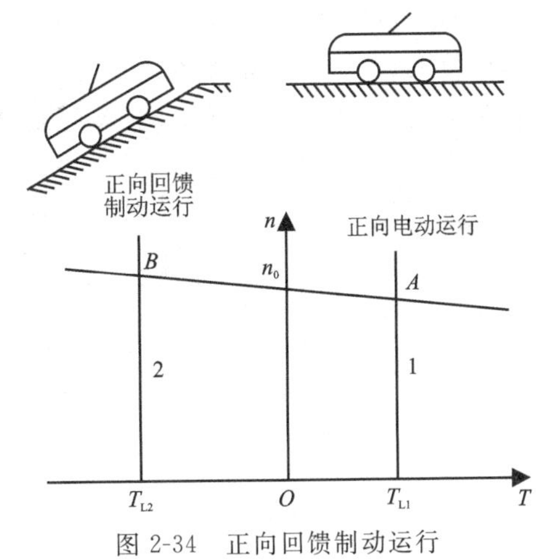

图 2-34 正向回馈制动运行

回馈制动运行状态的功率关系与发电机一致，又称为发电状态。

2. 反向回馈制动运行

如果他励直流电动机拖动位能性负载，当电源电压反接时，工作点在第Ⅳ象限，如图 2-35(a) 所示的 B 点，这时电磁转矩 $T>0$ ，转速 $n<0$ ，T 与 n 反方向，称为反向回馈制动运行。

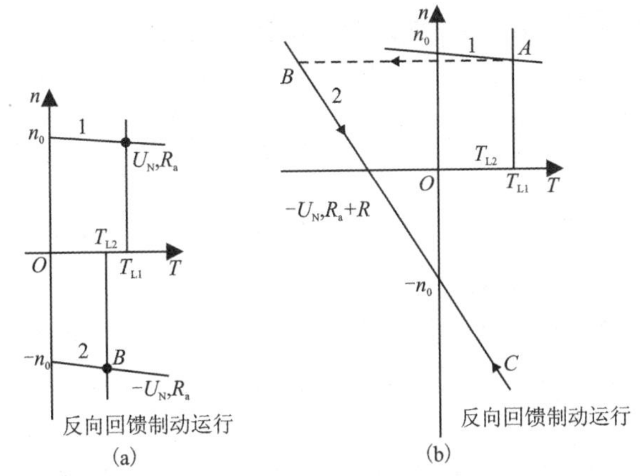

图 2-35 反向回馈制动运行

反向回馈制动运行的功率关系与正向回馈制动运行的完全一样。

他励直流电动机如果拖动位能性负载进行反接制动，当转速下降到 $n=0$ 时，如果不及时切除电源，也不用抱闸抱住电动机轴，那么由于电磁转矩与负载转矩不相等，系统不能维持 $n=0$ 的恒速，而继续减速即反转，如图 2-35(b)所示，直到达到反接制动机械特性与负载机械特性交点 C ，方能稳定运行。电动机在 C 点的运行状态也是反向回馈制动运行状态。

到此为止，他励直流电动机4个象限的运行状态已经全部分析，现在把4个象限运行的机械特性画在一起，如图2-36所示。第Ⅰ、Ⅲ象限内，T与n同方向，是电动运行状态；第Ⅱ、Ⅳ象限内，T与n反方向，是制动运行状态。

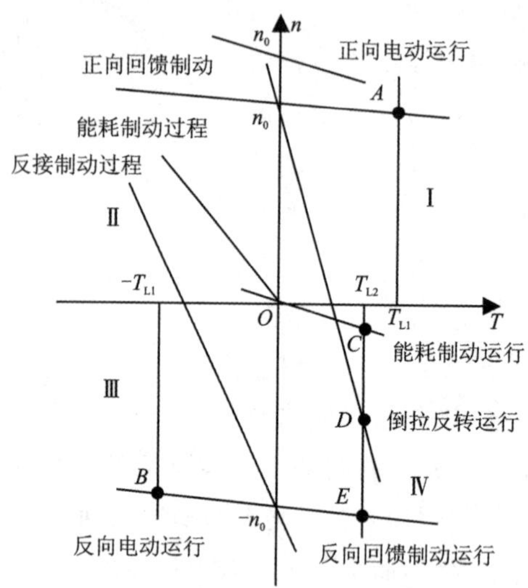

图2-36　他励直流电动机各种运行状态

实际的电力拖动系统，生产机械的生产工艺要求电动机一般都要在两种以上的状态下运行。例如，经常需要正、反转的反抗性恒转矩负载，拖动它的电动机就应该运行在下面各种状态：正向启动接着正向电动运行；反接制动；反向启动接着反向电动运行；反方向的反接制动；回到正向启动接着正向电动运行；……；最后能耗制动停车。因此，要想掌握他励直流电动机实际上是怎样拖动各种负载工作的，就必须先要掌握电动机的各种不同的运行状态以及怎样从一种稳定运行状态变到另一种稳定运行状态。

例题2-10　已知例题2-9中的他励直流电动机的$I_{amax} < 2I_N$，若运行于正向电动状态时，$T_L = 0.9T_N$。

(1)负载为反抗性恒转矩时，采用能耗制动过程停车时，电枢回路应串入的制动电阻最小值是多少？

(2)负载为位能性恒转矩时，例如起重机，传动机构的转矩损耗$\Delta T = 0.1T_N$，要求电动机运行在$n_1 = -200$r/min匀速下放重物，采用能耗制动运行，电枢回路应串入的电阻值是多少？该电阻上的功率损耗是多少？

(3)负载同问题(1)，若采用反接制动停车，电枢回路应串入的制动电阻最小值是多少？

(4)负载同问题(2)，电动机运行在$n_2 = -1000$r/min匀速下放重物，采用倒拉反转运行，电枢回路应串入的电阻值是多少？该电阻上的功率损耗是多少？

(5)负载同题(2)，采用反向回馈制动运行，电枢回路不串电阻时，电动机转速是多少？

解：　(1)由例题2-9解中知

$$C_e\Phi_N = 0.139\text{V}/(\text{r}\cdot\text{min}^{-1}),\ n_0 = 1\,582.7\text{r/min},\ \Delta n_N = 82.7\text{r/min}$$

额定运行状态时感应电动势为

$$E_{aN} = C_e\Phi_N n_N = 0.139 \times 1500\text{V} = 208.5\text{V}$$

负载转矩 $T_L = 0.9T_N$ 时的转速降落

$$\Delta n = \frac{0.9T_N}{T_N}\Delta n_N = 0.9 \times 82.7\text{r/min} = 74.4\text{r/min}$$

负载转矩 $T_L = 0.9T_N$ 时的转速

$$n = n_0 - \Delta n = 1\ 582.7\text{r/min} - 74.4\text{r/min} = 1\ 508.3\text{r/min}$$

制动开始时的电枢感应电动势

$$E_a = \frac{n}{n_N}E_{aN} = \frac{1\ 508.3}{1500} \times 208.5\text{V} = 209.7\text{V}$$

能耗制动应串入的制动电阻最小值

$$R'_{min} = \frac{E_a}{I_{amax}} - R_a = \frac{209.7}{2 \times 115}\Omega - 0.1\Omega = 0.812\Omega$$

(2)位能性恒转矩负载能耗制动运行，反转时负载转矩

$$T_{L1} = T_L - 2\Delta T = 0.9T_N - 2 \times 0.1T_N = 0.7T_N$$

负载电流

$$I_{a1} = \frac{T_{L1}}{T_N}I_N = 0.7\ I_N = 0.7 \times 115\text{A} = 80.5\text{A}$$

转速为 -200r/min 时，电枢感应电动势

$$E_{a1} = C_e\Phi_N n = 0.139 \times (-200)\text{V} = -27.8\text{V}$$

串入电枢回路的电阻

$$R_1 = \frac{-E_{a1}}{I_{a1}} - R_a = \frac{27.8}{80.5}\Omega - 0.1\Omega = 0.245\Omega$$

R_1 上的功率损耗

$$p_{R_1} = I_{a1}^2 R_1 = 80.5^2 \times 0.245\text{W} = 1588\text{W}$$

(3)反接制动停车，电枢回路串入电阻的最小值

$$R'_{min} = \frac{U_N + E_a}{I_{amax}} - R_a = \frac{220 + 209.7}{2 \times 115}\Omega - 0.1\Omega = 1.768\Omega$$

(4)位能性恒转矩负载倒拉反转运行，转速为 -1000r/min 时的电枢感应电动势

$$E_{a2} = \frac{n_2}{n_N}E_{aN} = \frac{-1000}{1500} \times 208.5\text{V} = -139\text{V}$$

应串入电枢回路的电阻

$$R_2 = \frac{U_N - E_{a2}}{I_{a1}} - R_a = \frac{220 + 139}{80.5}\Omega - 0.1\Omega = 4.36\Omega$$

R_2 上的功率损耗

$$p_{R_2} = I_{a1}^2 R_2 = 80.5^2 \times 4.36\text{W} = 28\ 254\text{W}$$

(5)位能性恒转矩负载反向回馈制动运行，电枢不串电阻时，电动机转速为

$$n = \frac{-U_N}{C_e\Phi_N} - \frac{I_a R_a}{C_e\Phi_N} = -n_0 - \frac{I_a}{I_N}\Delta n_N$$

$$= -1\ 582.7\text{r/min} - 0.7 \times 82.7\text{r/min} = -1\ 640.6\text{r/min}$$

第三章　直流电机闭环调速系统

虽然近年来各种交流电动机及其控制系统在很多领域里已经取代了直流电动机及其控制系统;但是也应该看到,交流电动机的控制理论和方法是在直流电动机的控制理论和方法的基础上发展起来的。例如,异步电动机矢量控制理论的实质就是把异步电动机模拟成为直流电动机,用直流电动机的控制思路去控制异步电动机。从理论上来说,速度闭环反馈控制理论、无静差调速理论、转速电流双闭环控制理论和控制方法是所有电动机传动控制技术重要的理论基础。

直流电动机以其调速性能好、起动转矩大等优点,在相当长的一段时间内,在电动机调速领域占据着很重要的位置。随着电力电子技术的发展,特别是在大功率电力电子器件问世以后,直流电动机拖动将有逐步被交流电动机拖动所取代的趋势。但在中、小功率的场合,常采用永磁直流电动机的速度控制,只需对电枢回路进行控制,相对比较简单。直流电动机的稳态转速可表示为

$$n=\frac{U_{\mathrm{d}}-i_{\mathrm{d}}R}{K_{\mathrm{e}}\Phi} \tag{3-1}$$

式中:n 为转速(r/min);U_{d} 为电枢电压(V);i_{d} 为电枢电流(A);R 为电枢回路总电阻(Ω);K_{e} 为励磁磁通(Wb);Φ 为由电机结构决定的电动势常数。

由式(3-1)可以看出,有 3 种调节电动机转速的方法:

(1)调节电枢供电电压 U_{d} 。一般在控制电枢电压时,保持励磁磁通 Φ 为额定不变,U_{d} 与 n 呈线性关系,使得通过控制 U_{d} 进行调速的系统是一个线性系统。

(2)减弱励磁磁通 Φ 。Φ 与 n 呈非线性关系,使得通过控制 Φ 进行调速的系统不是一个线性系统。直流电动机的额定励磁磁通 Φ 一般都设计在电动机铁心接近饱和处,使得控制励磁时只能将励磁减小。因此,通过控制励磁调速一般称为弱磁调速或者弱磁升速。

(3)改变电枢回路电阻 R 。电枢回路电阻 R 是直流电动机的一个结构参数,一般无法实时连续调节,因而改变 R 只能实现非平滑分级调速。

对于要求在一定范围内无级平滑调速的系统来说,以调节电枢供电电压的方式最好;改变电阻只能有级调速;减弱磁通虽然能够平滑调速,但调速范围不大,往往只是配合调压方案在基速(额定转速)以上做小范围的弱磁升速。因此,自动控制的直流调速系统往往以变压调速为主。

采用电力电子技术的可控直流电源主要是使用直流脉冲宽度调制(pulse width modulation,PWM)变换器,它先用不可控整流器把交流电变换成直流电,然后改变直流脉冲电压的宽度

来调节输出的直流电压。本章主要介绍开环直流调速系统机械特性及稳态指标、转速反馈控制直流调速系统，以及转速、电流双反馈闭环控制的直流调速系统。

第一节　开环直流调速系统机械特性及稳态指标

自从全控型电力电子器件问世以后，主要采用的是开环直流调速系统，其中以脉冲宽度调制变换器-直流电动机(V-M)调速系统最为典型，简称直流脉宽调速系统，或直流 PWM 调速系统。PWM 调速系统在很多方面都有较大的优越性：

(1)主电路简单，需要的电力电子器件少。

(2)开关频率高，电流容易连续，谐波少，电动机损耗及发热都较小。

(3)低速性能好，稳速精度高，调速范围宽。

(4)若与快速响应的电动机配合，则系统频带宽，动态响应快，动态抗扰能力强。

(5)电力电子开关器件工作在开关状态，导通损耗小，当开关频率适当时，开关损耗也不大，因而装置效率较高。

(6)直流电源采用不控整流时，电网功率因数比相控整流器高。

基于上述优点，直流 PWM 调速系统的应用日益广泛，特别在中、小容量的高动态性能系统中，已经完全取代了 V-M 系统。

一、直流 PWM 调速原理

所谓脉冲宽度调制(PWM)是指用改变电机电枢电压接通与断开的时间的占空比来控制电机转速的方法。PWM 驱动装置利用全控型功率器件的开关特性来调制固定电压的直流电源，按一个固定频率来接通和断开，并根据需要改变一个周期内接通与断开时间的长短，改变直流电动机电枢上电压的占空比来改变平均电压的大小，从而控制电动机的转速。因此，这种装置又称为开关驱动装置。

对于直流电机调速系统，其方法是通过改变电机电枢电压导通时间与通电时间的比值(占空比)来控制电机转速。PWM 调速原理如图 3-1 所示。

在脉冲作用下，当电机通电时，速度增加；当电机断电时，速度逐渐减少。只要按照一定规律改变通电、断电时间，即可让电机转速得到控制。设电机永远接通电源时，其转速最大为 $n_{\max}$，设占空比为 $\rho = t1/T$，则电机的平均速度为

$$n_d = n_{\max} \cdot \rho \tag{3-2}$$

式中：n_d 为电机的平均速度。

平均速度 n_d 与占空比 ρ 的函数曲线如图 3-2 所示。

由图 3-2 可以看出，n_d 与占空比 ρ 并不是完全线性关系(图中实线)，理想情况下，可以将其近似地看成线性关系(图中虚线)。因此也就可以看成电机电枢电压 U_d 与占空比 ρ 成正比，改变占空比的大小即可控制电机的速度。占空比决定输出到直流电机电枢电压的平均电压，进而决定了直流电机的转速。如果能够实现占空比的连续调节即可实现直流电机的无级调速。

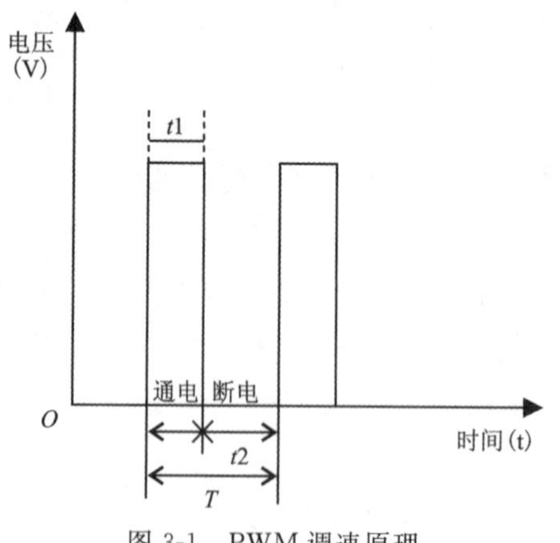

图 3-1 PWM 调速原理

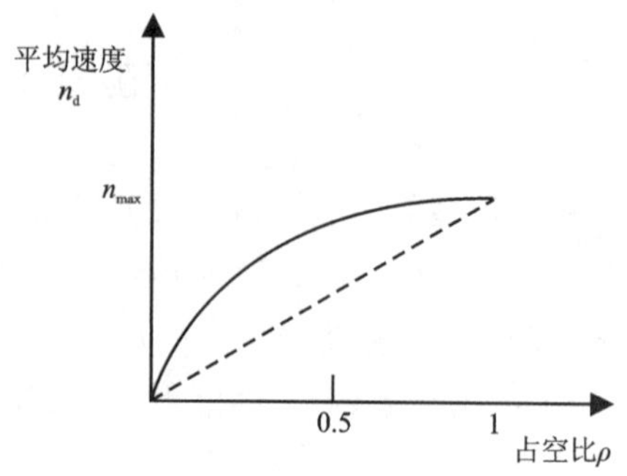

图 3-2 直流电机平均速度与占空比的关系

由以上可知，电机的转速与电机电枢电压成比例，而电机电枢电压与控制波形的占空比成正比，因此电机的速度与占空比成比例，占空比越大，电机转得越快，当占空比$\rho=1$时，电机转速最大。

二、直流 PWM 调速系统的机械特性与动态数学模型

由于采用了脉冲宽度调制，严格地说，即使在稳态情况下，直流 PWM 调速系统的转矩和转速也都是脉动的。所谓稳态，是指电动机的平均电磁转矩与负载转矩相平衡的状态。在中、小容量的直流 PWM 调速系统中，绝缘栅双极型晶体管(insulated gate bipolar transistor，IGBT)已经得到普遍应用，其开关频率一般在 10kHz 以上，这时，最大电流脉动量在额定电流的 5%以下，转速脉动量不到额定空载转速的万分之一，可以忽略不计。

采用不同形式的 PWM 变换器，系统的机械特性也不一样，关键在于电流波形是否连续。对于带制动电流通路的不可逆电路，电流方向可逆，无论是重载还是轻载，电流波形都是连续的，因而机械特性关系式比较简单，现在就分析这种情况。

对于带制动电流通路的不可逆电路(图 3-3)，电压平衡方程式分两个阶段。

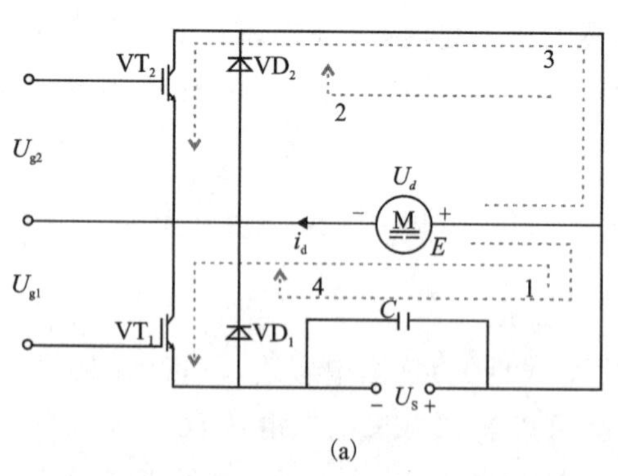

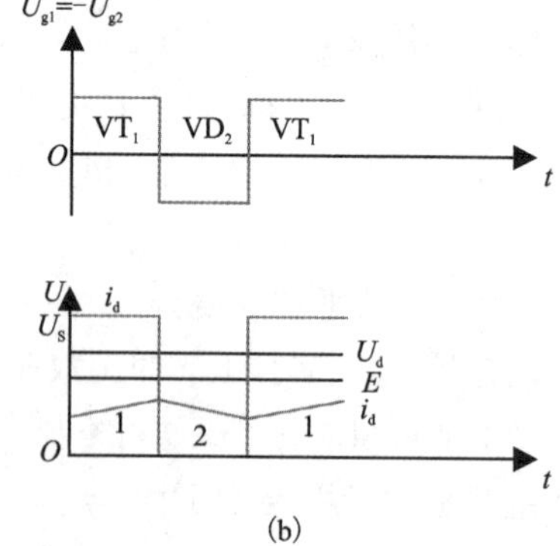

图 3-3 带制动电流通路的不可逆电路

(a)有制动电流通路的不可逆 PWM 变换器-直流电动机系统电路原理图；(b)一般电动状态的电压、电流波形图

$$U_s = Ri_d + L\frac{di_d}{dt} + E(0 \leqslant t < t_{on}) \tag{3-3}$$

$$0 = Ri_d + L\frac{di_d}{dt} + E(t_{on} \leqslant t < T) \tag{3-4}$$

式中：E 为直流电动机的反电动势；R、L 分别为电枢电路的电阻和电感。

根据电压方程求一个周期内的平均值，即可导出机械特性方程式。电枢两端在一个周期内的平均电压是 $U_d = \gamma U_s$（其中 γ 为 PWM 电压系数）。平均电流和转矩分别用 I_d 和 T_e 表示，平均转速 $n = E/C_e$（C_e为直流电机在额定磁通下的电动势系数），而电枢电感压降 Ldi_d/dt 的平均值在稳态时应为零。于是，平均值方程可写成

$$\gamma U_s = RI_d + E = RI_d + C_e n \tag{3-5}$$

则机械特性方程式为

$$n = \frac{\gamma U_s}{C_e} - \frac{R}{C_e}I_d = \frac{K_s U_c}{C_e} - \frac{R}{C_e}I_d = n_0 - \frac{R}{C_e}I_d \tag{3-6}$$

或者根据 $T_e = C_m I_d$，用转矩表示

$$n = \frac{\gamma U_s}{C_e} - \frac{R}{C_e C_m}T_e = \frac{K_s U_c}{C_e} - \frac{R}{C_e C_m}T_e = n_0 - \frac{R}{C_e C_m}T_e \tag{3-7}$$

式中：C_m为电动机在额定磁通下的转矩系数，$C_m = K_m \Phi_N$；K_s为 PWM 装置的放大系数；n_0为理想空载转速，与电压系数 γ 成正比，$n_0 = \gamma U_s/C_e$。

对于带制动作用的不可逆电路，$0 \leqslant \gamma \leqslant 1$，可以得到图 3-4 所示的机械特性，位于第Ⅰ、Ⅱ象限。采用双极式控制可逆直流电源供电时，直流电动机的机械特性与图 3-4 类似，也是一簇平行直线，只是机械特性扩展到了 4 个象限。

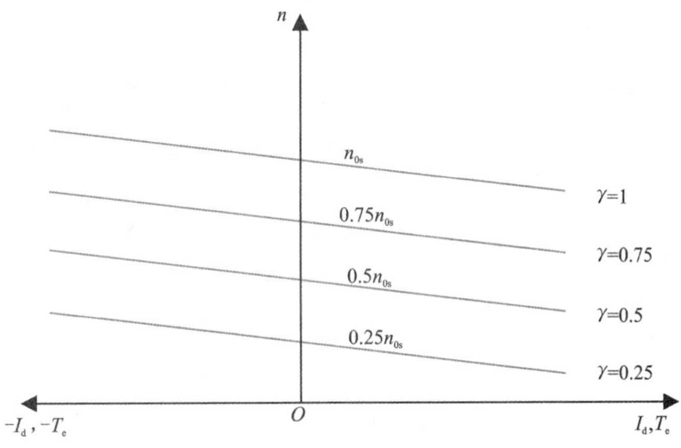

图 3-4　直流 PWM 调速系统（电流连续）的机械特征

无论哪一种 PWM 变换器电路，其驱动电压都由 PWM 控制器发出，PWM 控制器可以是模拟式的，也可以是数字式的。图 3-5 绘出了 PWM 控制器和变换器的框图，采用模拟方式时，图中开关是常闭的；采用数字方式时只在开关周期开始或者中间时刻闭合开关。分析时常把 PWM 控制器与变换器当作系统中的一个环节来看待，为此需要求出这个环节的放大系数和传递函数。

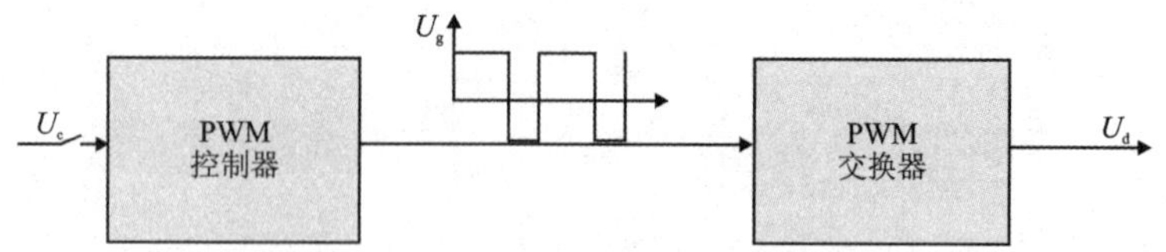

图 3-5　PWM 控制器与变换器框图

PWM 控制与变换器的动态数学模型和晶闸管触发与整流装置基本一致。当控制电压 U_c 改变时，PWM 变换器输出平均电压 U_d 按线性规律变化，但其响应会有延迟，最大的时延是一个开关周期 t 。因此，PWM 控制器与变换器（简称 PWM 装置）也可以看成是一个滞后环节，其传递函数可以写成

$$W_s(s)=\frac{U_d(s)}{U_c(s)}=K_s e^{-t_s s} \tag{3-8}$$

式中：t_s 为 PWM 装置的延迟时间，$t_s \leqslant t$ 。

系统分析设计时按最大延时考虑，取 $t_s \leqslant t$ 。当开关频率为 10kHz 时，$t_s = 0.1\text{ms}$，在一般的电力拖动自动控制系统中，时间常数这么小的滞后环节可以近似看成是一个一阶惯性环节，则传递函数为

$$W_s(s)\approx\frac{K_s}{t_s s+1} \tag{3-9}$$

因此与晶闸管装置传递函数完全一致。但需注意的是，实际上 PWM 变换器不是一个线性环节，而是具有继电特性的非线性环节。

三、直流 PWM 调速系统的稳态指标

任何一台需要控制转速的设备，其生产工艺对调速性能都有一定的要求。例如，最高转速与最低转速之间的范围是有级调速还是无级调速，在稳态运行时允许转速波动的大小，从正转运行变到反转运行的时间间隔，突加或突减负载时允许的转速波动，运行停止时要求的定位精度等。归纳起来，对于调速系统转速控制的要求有以下 3 个方面：

(1)调速。在一定的最高转速和最低转速范围内，分档地（有级）或平滑地（无级）调节转速。

(2)稳速。以一定的精度在所需转速上稳定运行，在各种干扰下不允许有过大的转速波动，以确保产品质量。

(3)加、减速。频繁起、制动的设备要求加、减速尽量快，以提高生产率；不宜经受剧烈速度变化的机械则要求起、制动尽量平稳。

为了进行定量分析，针对前两项要求定义两个调速指标，叫做调速范围和静差率。这两个指标合称调速系统的稳态性能指标。

1. 调速范围

生产机械要求电动机提供的调速范围为最高转速 n_{max} 和最低转速 n_{min} 之比，用字母 D 表示，即

$$D=\frac{n_{\max}}{n_{\min}} \tag{3-10}$$

式中：$n_{\max}$和$n_{\min}$分别为电动机额定负载时的最高和最低转速。

2. 静差率

当系统在某一转速下运行时，负载由理想空载增加到额定值时所对应的转速降落Δn_N，与理想空载转速之比，称作静差率s，即

$$s=\frac{\Delta n_N}{n_0} \tag{3-11}$$

显然，静差率是用来衡量调速系统在负载变化时转速的稳定度的。它和机械特性的硬度有关，机械特性越硬，静差率越小，转速的稳定度就越高。

然而静差率与机械特性硬度又是有区别的。一般变压调速在不同转速下的机械特性是相互平行的，对于同样硬度的特性，理想空载转速越低时，静差率越大，转速的相对稳定度也就越差。

由此可见，调速范围和静差率这两项指标并不是彼此孤立的，必须同时提才有意义。在调速过程中，若额定降速相同，则降速越低时，静差率越大，如果低速时的静差率能满足设计要求，则高速时的静差率就更能满足要求了。因此，调速系统的静差率指标应以最低速进所能达到的数值为准。

3. 直流调速系统中调速范围、静差率和额定速降之间的关系

在直流电动机调速系统中，一般以电动机的额定转速n_N作为最高转速，若额定负载下的转速降落为Δn_N，则按照上面分析的结果，该系统的静差率应该是最低速时的静差率，即

$$s=\frac{\Delta n_N}{n_{\min}+\Delta n_N} \tag{3-12}$$

于是，最低转速为

$$n_{\min}=\frac{\Delta n_N}{s}-\Delta n_N=\frac{(1-s)\Delta n_N}{s} \tag{3-13}$$

而调速范围为

$$D=\frac{n_{\max}}{n_{\min}}=\frac{n_N}{n_{\min}} \tag{3-14}$$

将式(3-13)代入式(3-14)，得

$$D=\frac{n_N s}{\Delta n_N(1-s)} \tag{3-15}$$

式(3-15)表示调速系统的调速范围，静差率和额定速降之间所应满足的关系。对于同一个调速系统，Δn_N值一定，由式(3-15)可见，如果对静差率要求越严，即要求s值越小时，系统能够允许的调速范围也越小。

第二节　转速反馈控制直流调速系统

前面已经介绍了运用PWM技术对直流电动机进行速度调节的方法。它仅仅使用脉冲宽度调制器的控制电压来调节电动机的转速，是一种开环控制的调速系统，如图3-6所示。分析直流电动机的机械特性可知，随着电动机负载的增加，电动机的运行速度会下降，一般额定转速降落达3%～10%，限制了系统的调速范围，无法达到生产机械对静差率提出的要求。例如龙门刨床，由于工件毛坯表面不平，加工时负载常有波动，但为了保证加工精度和表面粗糙度，速度却不容许有较大的变化，一般要求调速范围 $D=20\sim40$，静差率 $s\leqslant0.5\%$。

一、单闭环速度控制系统组成

（一）转速负反馈

根据自动控制原理，要维持一个物理量基本不变，就应该引入那个物理量的负反馈。为了减小或消除静态转速降落，引入转速负反馈，组成转速闭环系统就是一种有效途径。转速反馈闭环是电动机调速系统最基本也是最常用的反馈形式。

在图3-6所示的PWM开环调速系统的基础上，增加一个转速检测装置——测速发电机TG，从而引出与被调量-转速成正比的负反馈电压 U_n，该信号与转速给定电压信号相比较，得到偏差信号 ΔU_n，经过转速调节器ASR，产生脉宽调制器UPW的控制电压 U_{ct}，控制PWM变换器中输出电压的大小，从而达到控制电动机转速的目的。转速负反馈的单闭环直流电动机速度控制系统如图3-7所示。

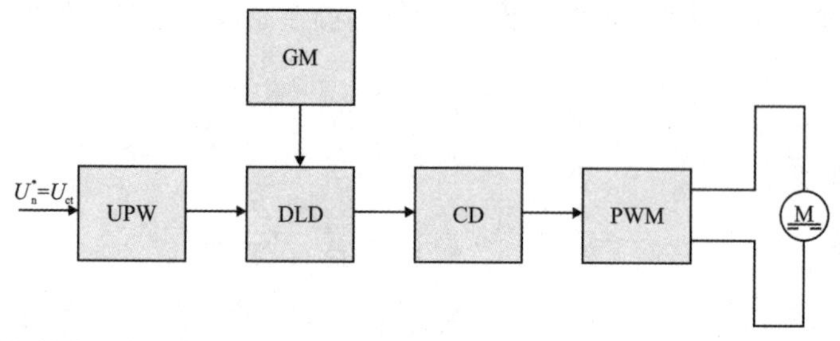

UPW. 脉宽调制器；GM. 三角波发生器；DLD. 逻辑延时环节；GD. 驱动器；PWM. 脉宽调制变换器。

图3-6　开环控制的PWM调速系统

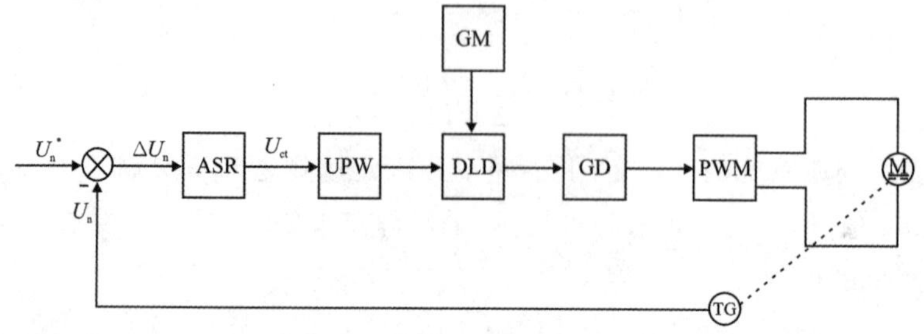

ASR. 转速调节器；UPW. 脉宽调制器；GM. 三角波发生器；DLD. 逻辑延时环节；GD. 驱动器；PWM. 脉宽调制变换器；TG. 测速发电机。

图3-7　转速负反馈的单闭环直流电动机速度控制系统框图

(二)电流截止负反馈

1. 问题的提出

采用转速负反馈的单闭环调速系统,如果突加给定电压 U_n^* 时,由于惯性,电动机的转速不可能立即建立起来,反馈电压仍为零,相当于偏差电压 $\Delta U_n = U_n^*$,同时中间环节的惯性都很小,使得 PWM 变换器的输出电压一下子就达到最高值,对电动机来说,相当于全压启动,这当然是不允许的。另外,有些生产机械的电动机会遇到堵转的情况,若没有限流环节,电流将远远超过允许值,会出现过载跳闸等问题,给工作带来不便。因此,系统中必须有自动限制电枢电流的环节,为此,引入电流负反馈,使电流不超过允许值。但是,这种作用只应在启动和堵转时存在,在正常运行时又得取消,让电流自由地随着负载增减。这种当电流大到一定程度时才出现的电流负反馈称为电流截止负反馈。

2. 电流截止负反馈环节

如图 3-8 所示,电流截止负反馈信号取自串入电动机电枢回路的 R_s ,I_dR_s 正比于电枢电流。图 3-8(a)中利用独立的直流电源做比较电压 U_{com} ,其大小可用电位器调节,相当于调节截止电流。在 I_dR_s 与 U_{com} 之间串接一个二极管 VD,当 $I_dR_s \geqslant U_{com}$ 时,二极管导通,电流负反馈信号 U_i 即可加到信号输入端比较器上;当 $I_dR_s \leqslant U_{com}$ 时,二极管截止,U_i 消失。在这电路中,临界的截止电流 $I_{acr} = U_{com}/R_s$ 。

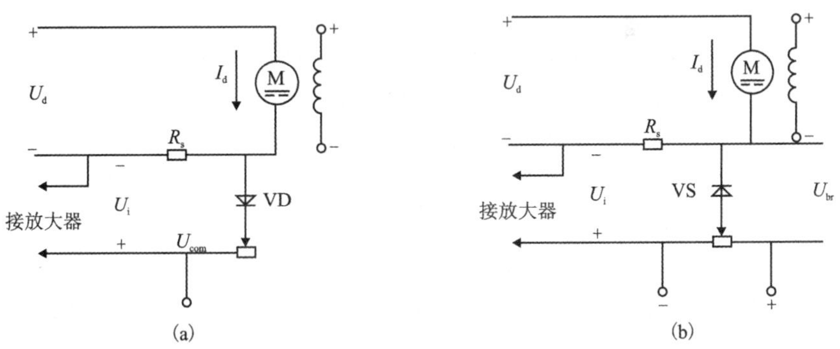

图 3-8　电流截止负反馈环节

(a)利用独立直流电源做比较电压;(b)利用稳压管产生比较电压

图 3-8(b)是利用稳压管 VS 的击穿电压 U_{br} 做比较电压,这种电路简单,但是不能平滑调节截止电流值。

电流截止负反馈环节的输入输出特性如图 3-9 所示。它表明当输入信号 $I_dR_s - U_{com} > 0$ 时,输出等于输入;当输入信号 $I_dR_s - U_{com} < 0$ 时,输出等于零。因此,它是一个非线性环节。

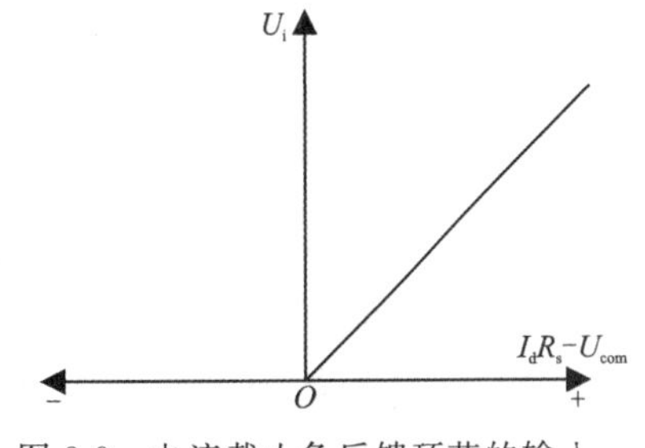

图 3-9　电流截止负反馈环节的输入输出特性

二、单闭环直流电动机速度控制系统的稳态性能分析

在对单闭环直流电动机速度控制系统进行稳态分析时，为了简化分析，突出主要矛盾，先做如下假设：①假定各环节的输入输出关系是线性的；②假定 PWM 调速系统的开环机械特性是连续的；③忽略直流电源和电位器的内阻；④转速调节器采用比例调节器。

（一）转速负反馈单闭环直流电动机速度控制系统的稳态分析

根据上面的假设，如图 3-7 所示的转速负反馈单闭环直流电动机速度控制系统可以看成是由一些典型环节组成的，各环节的输入输出稳态关系如下。

电压比较环节的输出

$$\Delta U_n = U_n^* - U_n \tag{3-16}$$

转速调节器的输出

$$U_{ct} = K_p \Delta U_n \tag{3-17}$$

驱动器的输出

$$U_{a0} = K_s U_{ct} \tag{3-18}$$

测速发电机的输出

$$U_n = \alpha n \tag{3-19}$$

PWM 调速系统的开环机械特性

$$n = \frac{U_{ct} - I_a R}{C_e} \tag{3-20}$$

式中：K_p 为转速调节器的放大倍数；K_s 为脉宽调制器和驱动器的电压放大倍数；α 为测速反馈系数；U_{a0} 为理想空载 PWM 电压的平均值；R 为主电路的总的有效电阻。

从上述各关系式中消去中间变量，整理后可得转速负反馈调速系统的静态特性方程式，即

$$n = \frac{K_p K_s U_n^* - I_a R}{C_e + K_p K_s \alpha} = \frac{K_p K_s U_n^*}{C_e(1+K)} - \frac{I_a R}{C_e(1+K)} = n_{0cl} - \Delta n_{el} \tag{3-21}$$

式中：K 为闭环系统的开环放大倍数（即开环增益），$K = K_p K_s \alpha / C_e$，是各环节的放大倍数的乘积；n_{0cl} 为闭环系统的理想空载转速；Δn_{el} 为闭环系统的稳态转速降落。

静态特性方程式表明了转速负反馈的单闭环速度控制系统的转速与负载电流（或转矩）的稳态关系，在形式上与系统开环机械特性方程式相同，但在本质上有很大的区别。

根据各环节的稳态关系式，可以画出转速负反馈闭环调速系统的稳态结构图，如图 3-10(a) 所示，其中 $-I_a R$ 代表扰动输入。如果将给定信号 U_n^* 和扰动信号 $-I_a R$ 看成是两个独立的输入量，运用结构图的叠加原理，同样可得系统的结构图。只考虑给定信号时的系统稳态结构如图 3-10(b) 所示，单独考虑扰动信号输入的稳态结构如图 3-10(c) 所示。

如果断开转速反馈回路，则上述系统的开环机械特性为

$$n = \frac{U_{a0} - I_a R}{C_e} = \frac{K_p K_s U_n^*}{C_e} - \frac{I_a R}{C_e} = n_{0op} - \Delta n_{op} \tag{3-22}$$

式中：n_{0op} 为开环系统的理想空载转速；Δn_{op} 为开环系统的稳态转速降落。

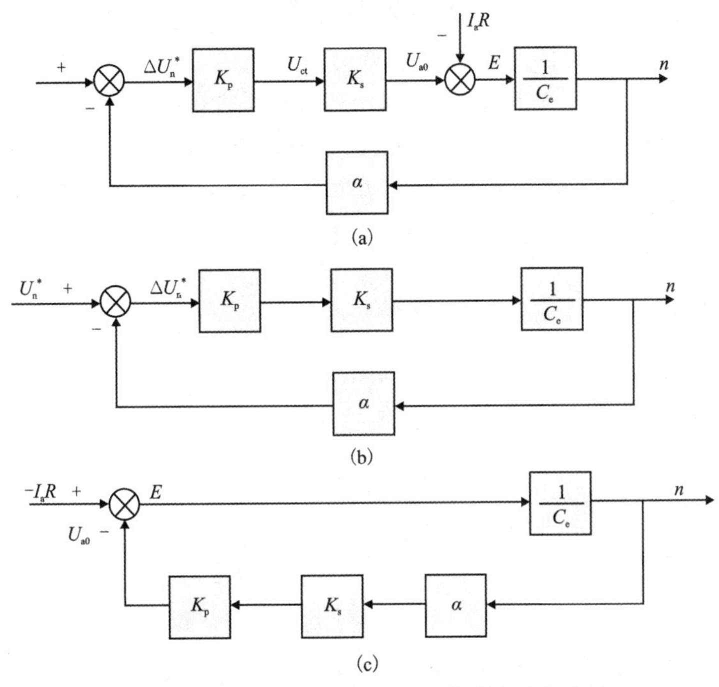

图 3-10　转速负反馈闭环调速系统的稳态结构图

(a)闭环系统的稳态结构；(b)给定信号作用时的稳态结构；(c)扰动信号输入时的稳态结构

比较以下开环系统的机械特性和闭环系统的静特性，就可以清楚地看出闭环系统的优点，从而掌握闭环系统的控制规律。

(1)在相同的负载下，闭环系统的转速降落仅为开环系统转速降落的 $1/(1+K)$，即

$$\Delta n_{cl} = \frac{\Delta n_{op}}{1+K} \tag{3-23}$$

式中：$\Delta n_{cl} = \dfrac{RI_a}{C_e(1+K)}$，$\Delta n_{op} = \dfrac{RI_a}{C_e}$。

显然，当 K 值较大时，闭环系统的稳态速降要比开环系统的小得多，因此，闭环系统的特性比开环系统的特性硬得多。

(2)当理想空载转速相同时，闭环系统的静差率比开环系统的静差率小得多。

闭环系统和开环系统的静差率分别为 $s_{cl} = \dfrac{\Delta n_{cl}}{n_{0cl}}$ 和 $s_{op} = \dfrac{\Delta n_{op}}{n_{0op}}$，当 $n_{0cl} = n_{0op}$ 时，得

$$s_{cl} = \frac{s_{op}}{1+K} \tag{3-24}$$

(3)当要求静差率相同时，闭环系统的调速范围比开环系统的调速范围大。

如果电动机的最高转速都是额定转速，而对最低速静差率的要求相同，则开环时 $D_{op} = \dfrac{n_{nom}s}{\Delta n_{nom}(1-s)}$，闭环时 $D_{cl} = \dfrac{n_{nom}s}{\Delta n_{cl}(1-s)}$，即有

$$D_{cl} = (1+K)D_{op} \tag{3-25}$$

其中，下标 nom 表示电机在额定工况下运行的性能参数，如额定转速、额定电流、额定功率等。系统闭环后其调速范围是开环的 $(1+K)$ 倍。

(4)闭环系统需设置放大器后，才能获得好的性能。

从上面的分析可以看出，当 K 足够大时，闭环系统才能获得良好的性能，因此必须设置放大器。因为在引入了转速负反馈的闭环系统中，要使转速偏差小，Δn 就必须压得很低，只有设置放大器，才能获得足够的控制电压 U_{ct} 。从理论上讲，只有 $K=\infty$才能使 $\Delta n_{cl}=0$ ，而这是不可能的。因此，这样的系统是有静差调速系统。

（二）带电流截止负反馈的单闭环调速系统的稳态分析

将电流截止负反馈环节如图 3-10(b)所示的稳态结构图连接起来，就可得带电流截止负反馈的单闭环调速系统的稳态结构图，如图 3-11 所示，图中 U_i 表示电流负反馈信号电压。

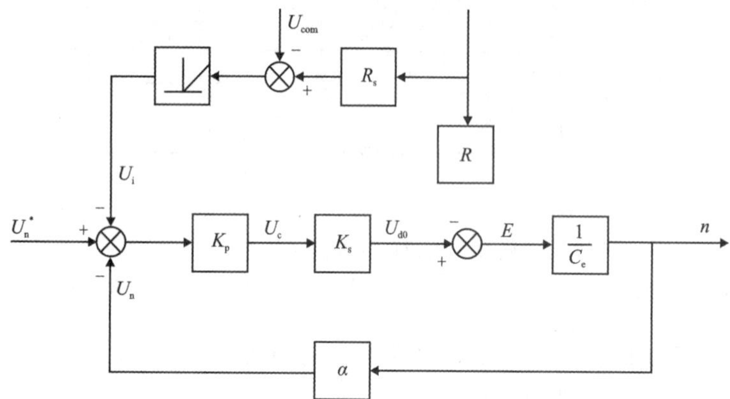

图 3-11　带电流截止负反馈的单闭环调速系统的稳态结构图

该闭环系统的静特性由两段构成：当 $I_d \leqslant I_{acr}$ 时，电流负反馈被截止，有

$$n=\frac{K_pK_sU_n^*}{C_e(1+K)}-\frac{I_dR}{C_e(1+K)} \tag{3-26}$$

当 $I_d > I_{dcr}$ 时，电流负反馈起作用，有

$$\begin{aligned} n&=\frac{K_pK_sU_n^*}{C_e(1+K)}-\frac{K_pK_s}{C_e(1+K)}(I_dR_s-U_{com})-\frac{I_dR}{C_e(1+K)} \\ &=\frac{K_pK_s(U_n^*+U_{com})}{C_e(1+K)}-\frac{(R+K_pK_sR_s)I_d}{C_e(1+K)} \end{aligned} \tag{3-27}$$

如图 3-12 所示的静特性，图中 n_0A 段相当于电流负反馈被截止时的情况，也就是闭环调速系统本身的静特性，显然是比较硬的；AB 段相当于电流负反馈起作用的情况，可以看出电流负反馈的作用相当于在主电路中串入一个大电阻 $K_pK_sR_s$，因而稳态速降极大，特性急剧下垂。

这样的两段式静特性常被称为下垂特性或挖土机特性。当挖土机遇到坚硬的石块而过载时，电动机停止，电流将等于堵转电流 I_{abl} ，令 $n=0$ ，得

$$I_{abl}=\frac{K_pK_s(U_n^*+U_{com})}{R+K_pK_sR_s} \tag{3-28}$$

一般来说，$K_pK_sR_s \gg R$，因此

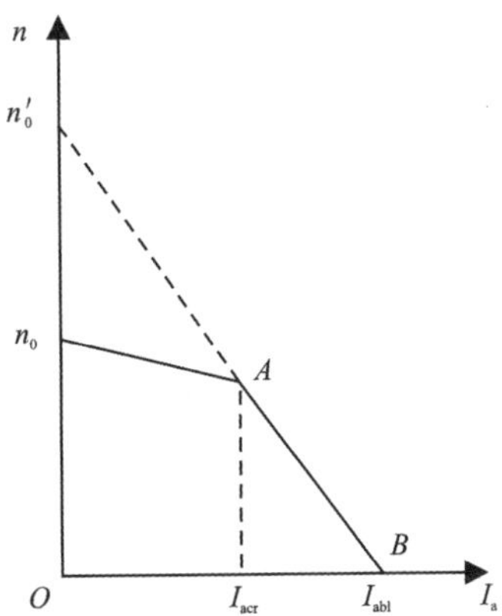

图 3-12　带电流截止负反馈的单闭环调速系统的静特性

$$I_{abl} \approx \frac{U_n^* + U_{com}}{R_s} \tag{3-29}$$

同时，考虑电动机的安全，I_{abl} 应小于电动机的允许最大电流 $(1.5 \sim 2) I_{nom}$。另一方面，从 $n_0 A$ 这一运行段可以看出，希望电动机有足够的运行范围，临界截止电流 I_{acr} 应大于电动机的额定电流，如取 $I_{acr} \geqslant (1.1 \sim 1.2) I_{nom}$ 。这些就是设计电流截止负反馈环节参数的依据。

(三)转速负反馈单闭环调速系统的稳态参数计算

稳态参数计算是自动控制系统设计的第一步，它决定了控制系统的基本构成，然后再通过动态参数设计使系统趋于完善。在 PWM 调速系统中，其控制电路的核心是转速调节器和 PWM 放大器控制电路。

1. 转速调节器

在模拟控制电动机自动控制系统中，大都采用线性集成电路运算放大器作为系统的调节器，其功能与分立元件放大器相比具有很多优点，在此不再一一列举。

图 3-13 是用运算放大器作比例调节器(P 调节器)的原理图。图中 u_i 和 u_0 为调节器的输入和输出电压，R_1 为输入电阻，R_2 为反馈电阻，R_3 为同相输入端的平衡电阻，用以降低放大器失调电流的影响，R_3 的数值一般应为反相输入端各电路电阻的并联值。

该比例调节器的比例系数(又称为放大倍数)为

$$K_p = \frac{u_o}{u_i} = \frac{R_2}{R_1} \tag{3-30}$$

值得注意的是，一般使用运算放大器的反相输入，因此输入电压和输出电压的极性是相反的。如果要反映出极性，K_p 应为负值，这将给系统的设计和计算带来麻烦。为了避免这种麻烦，调节器的比例系数本身都用正值，反相的关系只在具体电路的极性中考虑。

当 $R_1 = R_2$ 时，由于输入和输出反相，故常在控制系统中做反相器。

此外，为了达到比例系数可调的目的，常在输出反馈端加一只电位器，原理如图 3-14 所示。它以输出电压的一部分 αu_0 (分压系数 $\alpha < 1$)为反馈电压，则调节器的比例系数为

$$K_p = \frac{u_o}{u_i} = \frac{R_2}{\alpha R_1} \tag{3-31}$$

注意，若 $R_3 < 0.5R_2$，可不考虑 R_3 对放大倍数的影响。

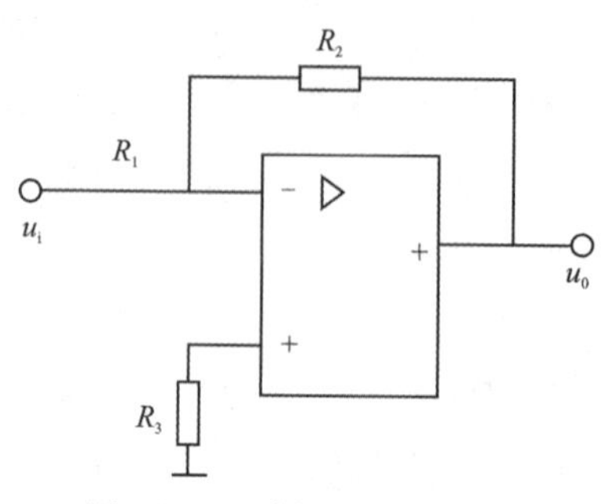

图 3-13　比例调节器原理图

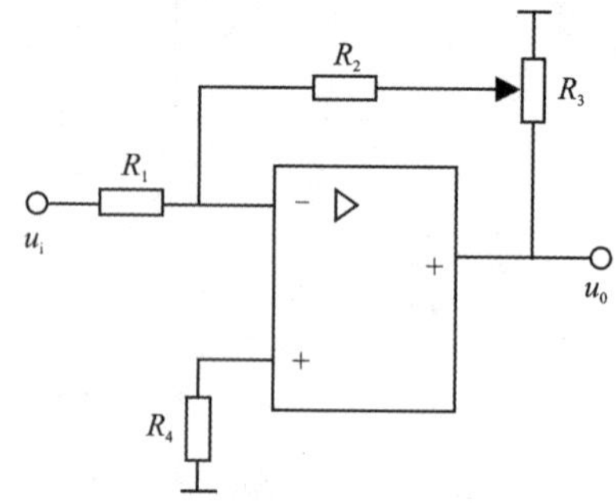

图 3-14　比例系数可调的比例放大器原理图

2. PWM 放大器控制电路

PWM 放大器控制电路实现 PWM 波形电压信号的产生、分配，主要由脉冲宽度调制器与驱动器组成。具体的电路原理在前面的章节中已经作了详细介绍。

3. 稳态参数计算

对于如图 3-9 所示的转速负反馈的单闭环直流电动机速度控制系统，下面根据系统设计要求进行稳态参数的计算。

(1)按照系统的稳态误差要求，确定开环放大倍数 K，首先求出电动机的电动势系数 C_e

$$C_e = \frac{U_{nom} - I_{nom}R_a}{n_{nom}} \tag{3-32}$$

由 $\Delta n_{cl} = \Delta n_{op}/(1+K)$ 可得

$$K = \frac{I_{nom}R_a}{C_e \Delta n_{cl}} - 1 \tag{3-33}$$

式中：R 为 PWM 主电路总电阻(Ω)。

(2)确定 PWM 控制器放大倍数 K_s，设交流电源电压为 U，则直流母线电压 U_a 为 $1.14U_s$，设速度调节器限幅值为 U_{km} 对应于 U_{km} 的 PWM 输出占空比为 ρ_m，则

$$K_s = \frac{1.14U_s\rho_m}{U_{km}} \tag{3-34}$$

(3)确定转速反馈环节系数 α，设电动机的额定转速为 n_{nom}，最大速度给定信号为 U_{nm}^*，则

$$\alpha = \frac{U_{nm}^*}{n_{nom}} \tag{3-35}$$

(4)确定速度调节器放大倍数 K_p

$$K_p = \frac{K}{\frac{\alpha}{C_e}K_s} = \frac{KC_e}{\alpha K_s} \tag{3-36}$$

三、单闭环直流电动机速度控制系统的动态性能分析

前面讨论了转速负反馈单闭环调速系统的稳定性能及其分析与设计方法。在引入转速负反馈并且有了足够大的放大系数 K 后，就可以满足系统的稳态性能要求。然而，单独采用比例调节器，属于有静差的控制系统；当放大系数太大时，可能会引起闭环系统不稳定，必须采取校正措施才能使系统正常工作。此外，系统还必须满足各种动态的性能指标。因此，必须进一步分析系统的动态性能。

（一）单闭环流电动机速度控制系统的动态数学模型

为了对调速系统进行稳定性和动态品质等动态分析，必须首先建立起系统的微分方程，即描述系统动态物理规律的数学模型。建立线性系统动态数学模型的基本步骤是：首先分别建立闭环调节系统各环节的微分方程，并以此为基础求出传递函数；然后再将各环节的传递函数按照一定的规律组合起来。

1. 额定励磁下的直流电动机

图 3-15 绘出了额定励磁下他励直流电动机的等效电路，其中电枢回路总电阻 R 和电感 L 包含整流装置内阻、电枢电阻和平波电抗器内阻与电感在内，设正方向如图所示。

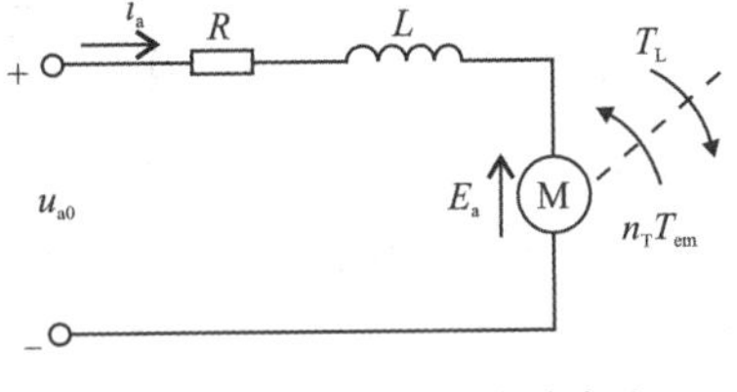

图 3-15　额定励磁下他励直流电动机的等效电路图

由图 3-15 可列出微分方程如下。

主电路，假定电流连续

$$u_{a0} = Ri_a + L\frac{\mathrm{d}i_a}{\mathrm{d}t} + E_a$$

额定励磁下的感应电动势

$$E_a = C_e n$$

牛顿动力学定律，忽略空载转矩

$$T_{em} - T_L = \frac{GD^2}{375}\frac{\mathrm{d}n}{\mathrm{d}t}$$

额定励磁下的电磁转矩

$$T_{em} = C_T i_a$$

式中：T_L 为电动机的负载转矩（N・m）；GD^2 为电力拖动系统运动部分折算到电动机轴上的飞轮力矩（N・m²）；$C_T = \frac{30}{\pi}C_e$ 为电动机额定励磁下的转矩电流比（N・m/A）；C_e 为电动势常数（V・min/r）。

同时，定义时间常数 $T_a = L/R$ 为电枢回路电磁时间常数；$T_m = \frac{GD^2 R}{375C_e C_T}$ 为电力拖动系统的机电时间常数。

代入微分方程，并整理后得

$$u_{a0} - E_a = R\left(i_a + T_a \frac{di_a}{dt}\right)$$
$$i_a - i_{aL} = \frac{T_m}{R}\frac{dE_a}{dt} \tag{3-37}$$

式中：i_{aL} 为负载电流(A)，$i_{aL} = \dfrac{T_L}{C_L}$，$C_L$ 为电机的额定转矩。

在零初始条件下，取等式两侧的拉氏变换，得电压与电流间传递函数为

$$\frac{I_a(s)}{U_{a0}(s) - E_a(s)} = \frac{1/R}{T_a s + 1} \tag{3-38}$$

电流与电动势间的传递函数为

$$\frac{E_a(s)}{I_a(s) - I_{aL}(s)} = \frac{R}{T_m s} \tag{3-39}$$

将两式结构图分别画在图 3-16(a)、(b)中，并将它们组合在一起，考虑到 $n = E_a/C_e$，即得额定励磁下直流电动机的动态结构如图 3-16(c)所示。

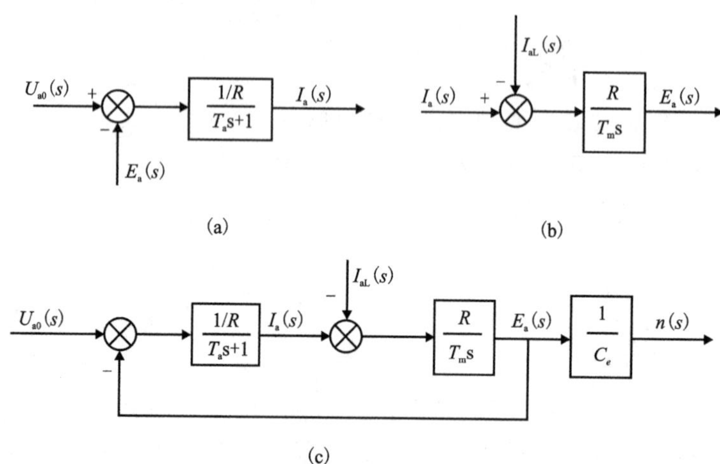

图 3-16　直流电动机的动态结构图

由图 3-16(c)可以看出，直流电动机的工作状态受到两个物理量的影响：一个是 PWM 放大器的输出电压；另一个是负载电流。前者是控制输入量，后者是扰动输入量。如果不需要在结构图中把电流 I_a 表现出来，可将扰动量 I_{aL} 的综合点前移，并进行等效变换，得到图 3-17(a)；如果是理想空载，则 $I_{aL}=0$，结构图简化成图 3-17(b)。

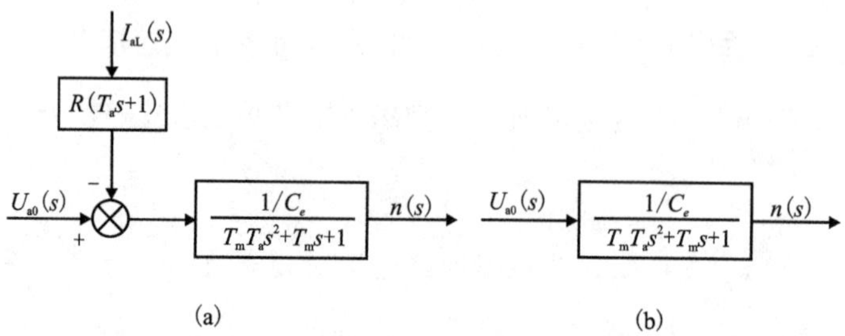

图 3-17　直流电动机的动态结构图的变换和简化

2. 闭环调速系统的数学模型和传递函数

在各个环节的传递函数都知道之后，把它们按照系统中的相互关系组合起来，就可以画出系统的动态结构如图 3-18 所示。由图 3-18 可见，将 PWM 脉宽调节装置按一阶惯性环节近似处理后，带比例放大器的闭环调速系统可以看作是一个三阶线性系统。

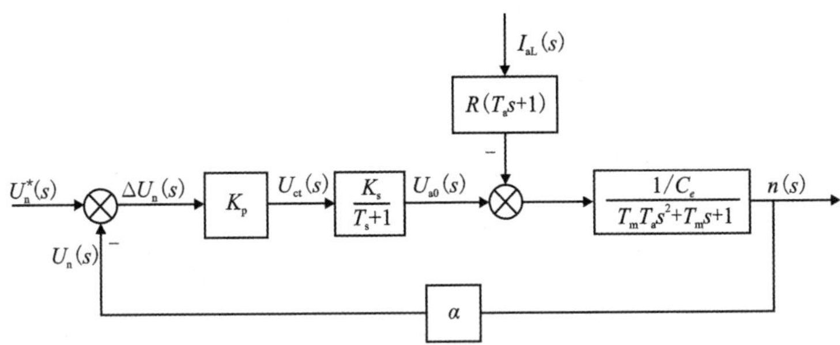

图 3-18　转速负反馈单闭环速度控制(调速)系统的动态结构图

从动态结构图可以得出，转速负反馈单闭环速度控制(调速)系统的开环传递函数为

$$W(s)=\frac{K}{(T_s s+1)(T_m T_a s^2+T_m s+1)} \tag{3-40}$$

式中：$K=K_p K_s \alpha/C_e$ 。

设 $I_{aL}=0$，从给定的输入作用上看，闭环速度控制(调速)系统的闭环传递函数为

$$W_{cl}(s)=\frac{\dfrac{K_p K_s/C_e}{(T_s s+1)(T_m T_a s^2+T_m s+1)}}{1+\dfrac{K_p K_s \alpha/C_e}{(T_s s+1)(T_m T_a s^2+T_m s+1)}}=\frac{K_p K_s/C_e}{(T_s s+1)(T_m T_a s^2+T_m s+1)+K}$$

$$=\frac{\dfrac{K_p K_s/C_e}{1+K}}{\dfrac{T_s T_m T_a}{1+K}s^3+\dfrac{T_m(T_a+T_s)}{1+K}s^2+\dfrac{T_m+T_s}{1+K}s+1} \tag{3-41}$$

3. 稳定条件

转速负反馈闭环速度控制(调速)系统的特征方程为

$$\frac{T_s T_m T_a}{1+K}s^3+\frac{T_m(T_a+T_s)}{1+K}s^2+\frac{T_m+T_s}{1+K}s+1=0 \tag{3-42}$$

它的一般表达式为 $a_0 s^3+a_1 s^2+a_2 s+a_3=0$，根据三阶系统的劳斯判据，系统稳定的充要条件为 $a_0>0, a_1>0, a_2>0, a_3>0, a_1 a_2-a_0 a_3>0$，分母的各项系数显然都是大于零的，因此稳定条件就只能是 $\frac{T_m(T_a+T_s)}{1+K}\frac{T_m+T_s}{1+K}-\frac{T_s T_m T_a}{1+K}>0$ 或者 $(T_a+T_s)(T_m+T_s)>(1+K)T_s T_a$，整理得到

$$K<\frac{T_m(T_a+T_s)+T_s^2}{T_a T_s} \tag{3-43}$$

不等式右边称为系统的临界放大系数 K_{er}，K 若超出此值，系统将不稳定。对于一个电动机控制系统来说，稳定性是它能否正常工作的首要条件，必须得到保证。

实际上，动态稳定性不仅必须保证，而且还要有一定的稳定裕度，以备参数变化和其他一些未计入的影响，也就是说，K 的取值应该比它的临界值更小一些。

既要保证系统稳定且有一定的稳定裕度，又要满足稳态性能指标，仅使用比例调节器的转速单闭环调速系统无法同时满足这两方面的需要，必须再设计合适的校正装置，以圆满地达到要求。

（二）无静差调速系统原理

从前面的分析可以知道，带比例调节器（P 调节器）的单闭环调速系统本质上是一个有静差系统，在一定范围内增加其放大系数，只能减小稳态速差，却不能消除它。但是如果采用带比例积分调节器（PI 调节器）的单闭环调速系统，理论上完全能够消除稳态速差，能够组成无静差调速系统，这是积分控制规律的作用。

1. 积分调节器和积分控制规律

在采用比例调节器的调速系统中，由于调节器的输出就是 PWM 调节装置的控制电压 U_{ct}，且有 $U_{ct}=K_p\Delta U_n$，因此只要电动机在运行，就必须有控制电压 U_{ct}，也就必须存在调节器的输入偏差电压 ΔU_n，这就是此类调速系统有静差的根本原因。

图 3-19 是由运算放大器构成的积分调节器的原理图、输出特性和伯德图。根据运算放大器的假设，可以推导出

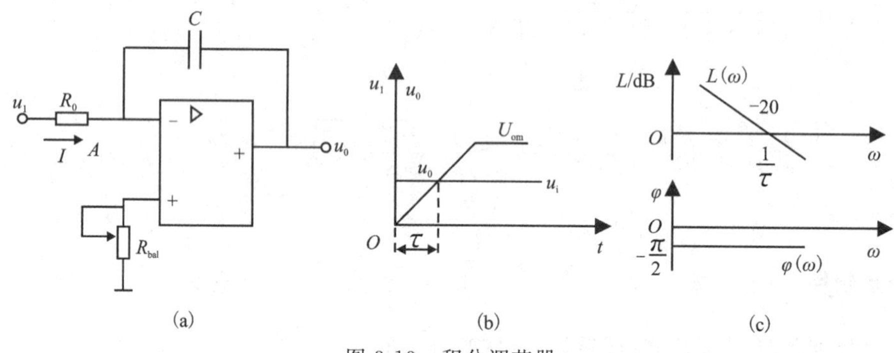

图 3-19　积分调节器

(a)原理图；(b)阶跃输入时的输出特性；(c)伯德图

$$u_0=-\frac{1}{C}\int i\mathrm{d}t=-\frac{1}{R_0C}\int u_1\mathrm{d}t=-\frac{1}{\tau}\int u_1\mathrm{d}t \tag{3-44}$$

式中：$\tau=R_0C$ 为积分时间常数。

在零初始阶跃输入作用下，有

$$u_0=\frac{u_1}{\tau}t \tag{3-45}$$

其传递函数为

$$W_i(s)=\frac{U_0(s)}{U_i(s)}=\frac{1}{\tau s} \tag{3-46}$$

如果单闭环调速系统采用积分调节器，则

$$u_{ct}=\frac{1}{\tau}\int\Delta u_n \mathrm{d}t \tag{3-47}$$

如果 Δu_n 是阶跃函数，则 u_{ct} 按线性规律增长，任一时刻 u_{ct} 的大小和 Δu_n 与横轴所包围的面积成正比，见图 3-20(a)。如果负载是变化的，偏差电压波形 $\Delta u_n=f(t)$，见图 3-20(b)，同样，按照 Δu_n 与横轴所包围的面积成正比的关系，可求出相应的 $u_{ct}=f(t)$ 曲线。

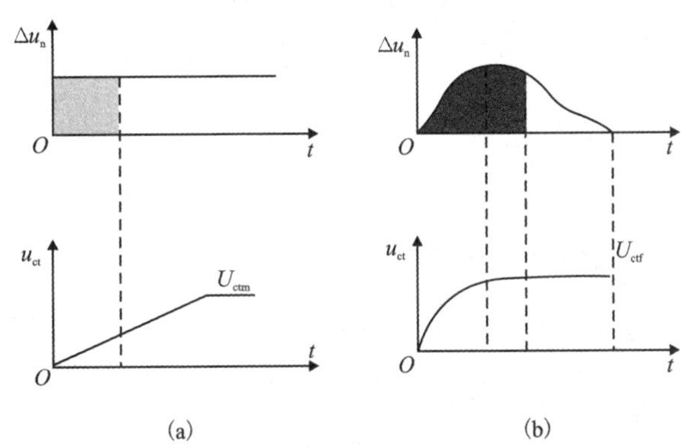

图 3-20　积分调节器的输入和输出的动态过程

(a) Δu_n 为阶跃函数；(b) Δu_n 为一般函数

由图 3-20(b)可见，在动态过程中，由于转速变化而使 Δu_n 变化时，只要其极性不变，也就是说，只要 $u_n^*>u_n$，积分调节器的输出电压 u_{ct} 就一直增长；只有 $\Delta u_n=0$ 时，u_{ct} 才停止上升；当 Δu_n 变负，u_{ct} 下降。特别值得注意的是，当 $\Delta u_n=0$ 时，u_{ct} 并不是零，而是一个恒定的终值 u_{ctf}，这就是积分调节器控制与比例调节器控制的本质区别。正因为这样，积分控制可以在偏差电压为零时保持恒速运行，从而实现无静差调速。

综合上述分析得出以下结论：比例调节器的输出只取决于输入偏差量的现状，而积分调节器的输出则包含了输入偏差量的全部历史，虽然现在 $\Delta u_n=0$，只要历史上有过 Δu_n，其积分有一定的数值，就能产生足够的控制电压 u_{ct}，保证新的稳态运行。

2. 比例积分调节器及其控制规律

采用运算放大器构成的 PI 调节器电路如图 3-21 所示，并且该电路具有限幅功能，通过调整 R_{p1} 和 R_{p2} 的值，可以改变输出信号的正、负限幅值。根据运算放大器的特性，可以得出下列关系。

$$\begin{aligned}u_1&=i_0R_0\\u_0&=i_1R_1+\frac{1}{C}\int i_1\mathrm{d}t\\i_1&=i_0\end{aligned} \tag{3-48}$$

i_1、i_0 的方向如图 3-21 所示，将式(3-48)整理后可得

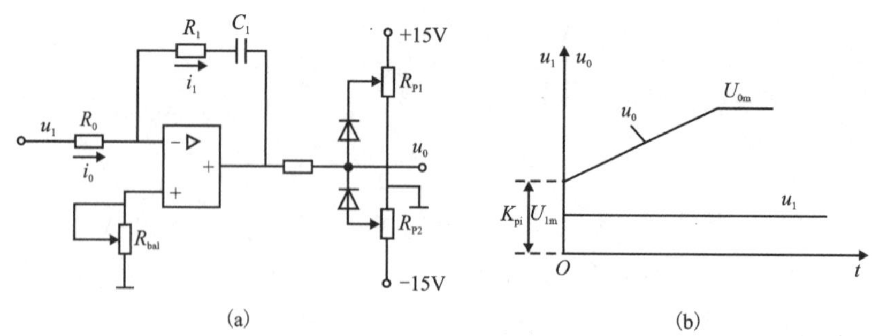

(a)　　　　　　　　　　(b)

图 3-21　比例积分调节器电路及特性

(a)原理图;(b)阶跃输入时的输出特性

$$u_0 = \frac{R_1}{R_0}u_1 + \frac{1}{R_0 C}\int u_1 \mathrm{d}t = K_{pi}u_1 + \frac{1}{\tau}\int u_1 \mathrm{d}t \tag{3-49}$$

式中:$K_{pi} = R_1/R_0$ 为 PI 调节器的比例部分放大系数;$\tau = R_0 C$ 为 PI 调节器的积分时间常数。

由此可见,PI 调节器的输出电压 u_0 是由比例和积分两个部分相加而成。初始条件为零时,取式(3-49)两侧的拉氏变换,移项后,得 PI 调节器的传递函数

$$W_{pi}(s) = \frac{U_0(s)}{U_i(s)} = K_{pi} + \frac{1}{\tau s} = \frac{K_{pi}\tau s + 1}{\tau s} \tag{3-50}$$

令 $\tau_1 = K_{pi}\tau$,则此传递函数也可以写为

$$W_{pi}(s) = \frac{\tau_1 s + 1}{\tau s} = K_{pi}\frac{\tau_1 s + 1}{\tau_1 s} \tag{3-51}$$

式中:$\tau_1 = K_{pi}\tau = R_1 C$,为 PI 调节器的超前时间常数。

在零初始状态和阶跃输入下,PI 调节器的输出特性如图 3-21(b)所示,可以看出比例积分作用的物理意义。突加输入电压 u_1 时,输出电压跳到 $K_{pi}u_1$,以保证一定的快速控制作用。但 K_{pi} 是小于稳态性能指标所要求的比例放大系数 K_p的,因此应压低快速性,以保证稳定性。同时,在过渡过程中,电容 C 逐渐被充电,实现积分作用,使 u_0 不断地线性增长,最后满足稳态精度的要求。如果输入电压 u_1 一直存在,电容 C 就被不断充电,直到输出电压 u_0 达到运算放大器的限幅值 U_{0m}时,运算放大器饱和,才不再增长。为了保证运算放大器的线性特性并保护调速系统的各个部件,还必须设置输出电压的限幅电路。

(三)采用比例积分调节器的无静差调速系统

实用的无静差调速系统通常采用比例积分调节器,如图 3-22 所示。这样的系统稳定精度高,动态响应快。

当突加输入信号时,由于 PI 调节器电容两端电压不能突变,相当于两端瞬时短路,在运算放大器反馈回路中只剩下电阻,就成为一个放大系数为 K_{pi} 的比例调节器,在输出端立即出现电压 $K_{pi}\Delta U_n$,实现快速控制,发挥了比例控制的长处。此后,随着电容充电,输出电压 U_0 开始积分,其数值不断增加,直到稳态。稳态时,电容两端电压等于 U_0 ,电阻已不发挥作用,又和积分调节器一样了,这时就发挥积分调节器的长处,实现稳态无静差。

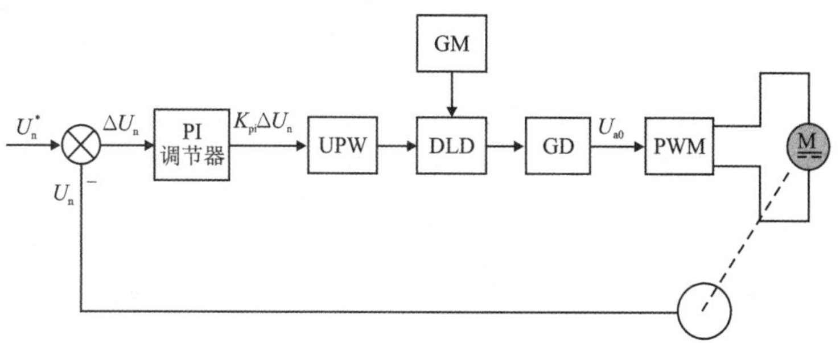

图 3-22　比例积分调节器控制的单闭环调速系统结构图

采用比例积分调节器的单闭环调速系统，当 $u_n^* = 0$ 时的动态结构如图 3-23 所示。此时电动机的输出为负载扰动引起的转速偏差，即动态速降 $\Delta n(s)$ 。

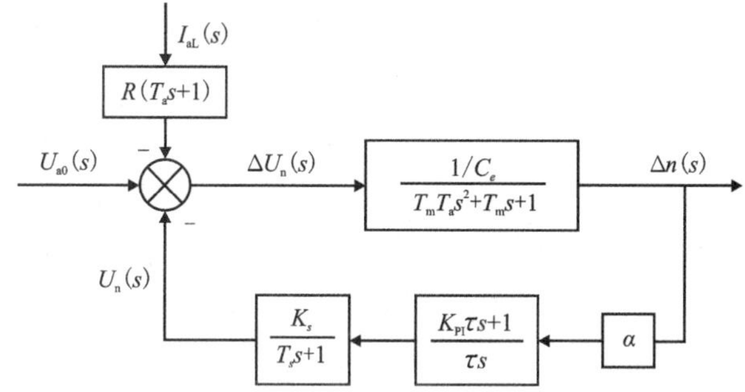

图 3-23　比例积分调节器控制的单闭环调速系统的动态结构图

突加负载时，有

$$I_{aL}(s) = \frac{I_{aL}}{s} \tag{3-52}$$

于是，有

$$\Delta n(s) = \frac{-\frac{I_{aL}R}{C_e}\tau(T_s s+1)(T_a s+1)}{\tau s(T_s s+1)(T_m T_a s^2+T_m s+1)+\frac{\alpha K_s}{C_e}(K_{pi}\tau s+1)} \tag{3-53}$$

由终值定理可计算出稳态速差为

$$\Delta n = \lim_{s\to 0} s\Delta n(s) = \lim_{s\to 0}\frac{-\frac{I_{aR}}{C_e}\tau s(T_s s+1)(T_a s+1)}{\tau s(T_s s+1)(T_m T_a s^2+T_m s+1)+\frac{\alpha K_s}{C_e}(K_{pi}\tau s+1)} = 0 \tag{3-54}$$

因此，比例积分控制的调速系统是无静差调速系统。

第三节　转速、电流双反馈闭环控制的直流调速系统

转速反馈闭环直流调速系统存在响应速度慢、抗扰性能差、电枢电流动态过冲大等局限性。尽管电流截止负反馈可以有效克服电枢电流动态过冲大的问题，但是在电枢电流小于临

界电流，即电流截止负反馈没有起作用时，响应速度慢和抗扰性能差的缺点仍然无法克服，所以在工程应用中，特别是对性能指标要求较高的场合，转速反馈闭环直流调速系统使用较少。为了尽量改变系统的各项动态和静态指标，提出转速、电流双闭环直流调速系统。双闭环系统具有优良的动态性能，因此现代直流调速系统几乎都使用这种转速、电流双闭环直流调速系统，且经过多年的实践，已经成为一种工业标准。

一、转速、电流双闭环控制的直流调速系统组成及其静特性

（一）转速、电流双闭环控制的直流调速系统的组成

本节讨论的转速闭环控制直流调速系统（以下简称单闭环系统）用 PI 调节器实现转速稳态无静差，消除负载转矩扰动对稳态转速的影响，并用电流截止负反馈限制电枢电流的冲击，避免出现过电流现象。但转速单闭环系统并不能按照要求充分控制电流（或电磁转矩）的动态过程。

对于经常正、反转运行的调速系统，如龙门刨床、可逆轧钢机等，缩短起动、制动过程的时间是提高生产率的重要因素。为此，在启动（或制动）过渡过程中，希望始终保持电流（电磁转矩）为允许的最大值，使调速系统以最大的加（减）速度运行。当到达稳态转速时，最好使电流立即降下来，使电磁转矩与负载转矩相平衡，从而迅速转入稳态运行。这类理想的启动（制动）过程示于图 3-24，启动电流呈矩形波，转速按线性增长。这是在最大电流（转矩）受限制时调速系统所能获得的最快启动（制动）过程。

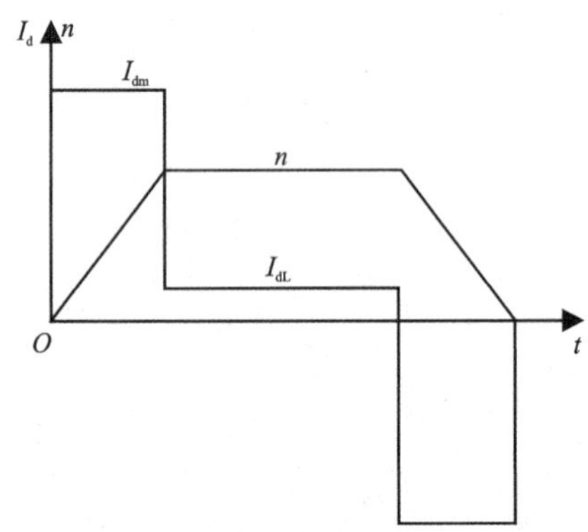

图 3-24　时间最优的理想过渡过程

实际上，由于主电路电感的作用，电流不可能突跳，为了实现在允许条件下的最快启动，关键是要获得一段使电流保持为最大值 I_{dm} 的恒流过程。按照反馈控制规律，采用某个物理量的负反馈就可以保持该量基本不变，那么采用电流负反馈应该能够得到近似的恒流过程。问题是应该在启动过程中只有电流负反馈，没有转速负反馈，在达到稳态转速后，又希望转速负反馈发挥主要作用，使转速跟随给定，而电流负反馈不要起阻碍作用。怎样才能做到这种既存在转速和电流两种负反馈，又使它们在不同的阶段里采用不同配合方式起作用呢？只用一个调节器显然是不可能的，采用转速和电流两个调节器应该可行，问题是在系统中如何连接。

为了使转速和电流两种负反馈分别起作用，可在系统中设置两个调节器，分别引入转速负反馈和电流负反馈以调节转速和电流，二者之间实行嵌套（或称串级）连接，如图 3-25(a)所示。把转速调节器 ASR 的输出当作电流调节器的输入，再用电流调节器 ACR 的输出去控制电力电子变换器 UPE。从闭环结构上看，电流环在里面，称作内环；转速环在外边，称作外环。这就形成了转速、电流双闭环控制直流调速系统（以下简称双闭环系统）。为了获得良好的静、动态性能，转速和电流两个调节器一般都采用 PI 调节器，这样构成的双闭环直流调速系统的电路原理如图 3-25(b)所示。图中标出了两个调节器输入输出电压的实际极性，它们是按照电力电子变换器的控制电压 U_c 为正电压的情况标出的，并考虑到运算放大器的倒相作用。图中还表示了两个调节器的输出都是带限幅作用的，其限幅值选取参见本章第四节。

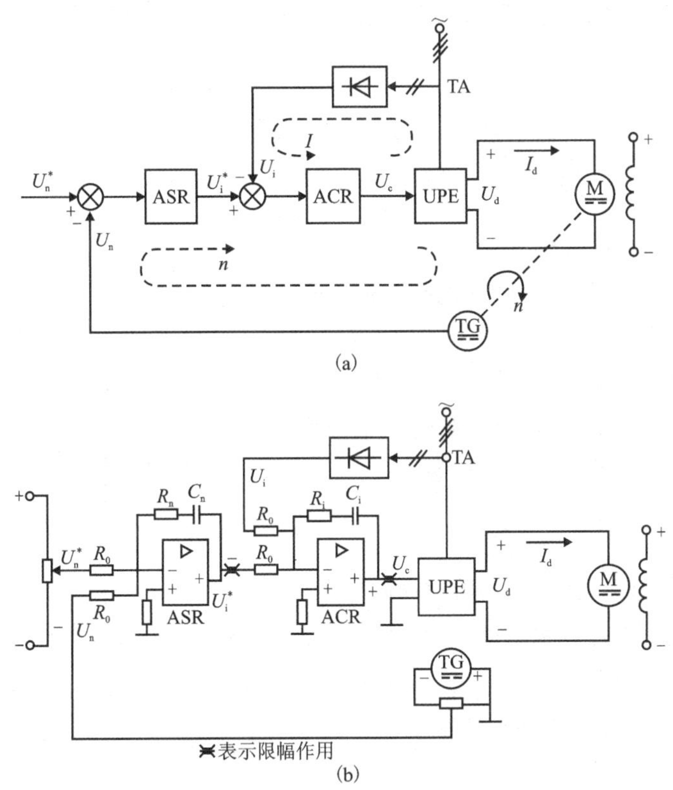

ASR. 转速调节器；AGR. 电流调节器；TG. 测速发电机；TA. 电流互感器；UPE. 电力电子变换器；

U_n^*. 转速给定电压；U_n. 转速度馈电压；U_i^*. 电间给定电压；U_i. 电流反馈电压。

图 3-25　转速、电流双闭环直流调速系统

(a)转速、电流反馈控制直流调速建系统原理图；(b)双闭环直流调速系统电路原理图

（二）稳态结构图与参数计算

1. 稳态结构图和静特性

为了分析双闭环调速系统的静特性，必须先得到它的稳态结构框图，如图 3-26 所示。它可以很方便地根据原理图 3-25(b)画出来，要注意两个调节器均采用带限幅作用的 PI 调节

器。当调节器饱和时，输出达到限幅值，输入量的变化不再影响输出，除非有反向的输入信号使调节器退出饱和。换句话说，饱和的调节器暂时隔断了输入和输出之间的联系，相当于使该调节环开环。当调节器不饱和时，PI 调节器工作在线性调节状态，其作用是使输入偏差电压 ΔU 在稳态时为零。

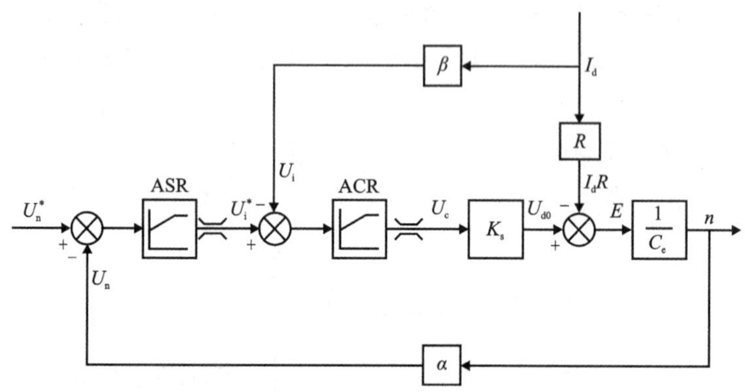

图 3-26　双闭环直流调速系统的稳态结构图

为了实现电流的实时控制和快速跟随，希望电流调节器不要进入饱和状态，因此，对于静特性来说，只有转速调节器饱和与不饱和两种情况。

1)转速调节器饱和

ASR 输出达到限幅值 U_{im}^* 时，转速外环呈开环状态，转速的变化对转速环不再产生影响。双闭环系统变成一个电流无静差的单电流闭环调节系统。稳态时

$$I_d = \frac{U_{im}^*}{\beta} = I_{dm} \tag{3-55}$$

因此，转速调节器 ASR 的输出限幅电压 U_{im}^* 取决于最大电流 I_{dm}，I_{dm} 值是由设计者选定的，取决于电动机的容许过载能力和系统要求的最大加速度。式(3-55)所描述的静特性是图 3-27 中的 BC 段，它具有垂直的特性。

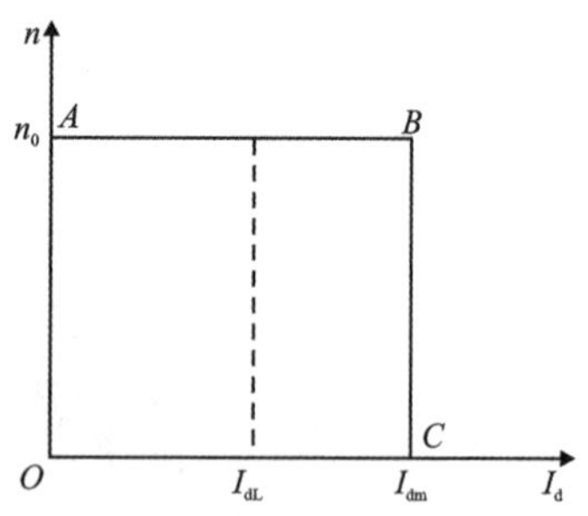

图 3-27　双闭环直流调速系统的静特性

2)转速调节器不饱和

这时两个调节器都不饱和，稳态时它们的输入偏差电压都是零。因此

$$U_n^* = U_n = \alpha n = \alpha n^* \tag{3-56}$$

$$U_i^* = U_i = \beta I_d = \beta I_{dL} \tag{3-57}$$

式中：α 为转速反馈系数；β 为电流反馈系数。

由式(3-56)可得

$$n = \frac{U_n^*}{\alpha} = n^*$$

从而得到图 3-27 所示静特性的 AB 段。与此同时，由于 ASR 不饱和，$U_i^* < U_{im}^*$，从式(3-57)可知，$I_{dL} < I_{dm}$。也就是说，AB 段静特性从理想空载状态的 $I_d = 0$，一直延续到 $I_d = I_{dm}$，而 I_{dm} 一定是大于负载电流 I_{dL} 的。这就是静特性的运行段，它具有水平的特性。

双闭环调速系统的静特性在负载电流小于 I_{dm} 时表现为转速无静差，这时转速负反馈起主要调节作用。当负载电流达到 I_{dm} 时，对应于转速调节器为饱和输出 U_{im}^*，这时电流调节器起主要调节作用，系统表现为电流无静差，起到过电流的自动保护作用，电动机在一段时间内以最大电枢电流加速或减速。这就是采用两个 PI 调节器分别形成内、外两个闭环的效果，也正是采用转速、电流双闭环控制的初衷。

2. 各变量的稳态工作点和稳态参数计算

由图 3-26 可以看出，双闭环调速系统在稳态工作中，当两个调节器都不饱和时，各变量之间的关系为

$$\begin{aligned} U_n^* &= U_n = \alpha n = \alpha n^* \\ U_i^* &= U_i = \beta I_d = \beta I_{dL} \\ U_c &= \frac{U_{d0}}{K_s} = \frac{C_e n + I_d R}{K_s} = \frac{C_e U_n^*/\alpha + I_{dL} R}{K_s} \end{aligned} \tag{3-58}$$

上述关系表明，在稳态工作点上，转速 n 是由给定电压 U_n^* 决定的，ASR 的输出量 U_i^* 是由负载电流 I_{dL} 决定的，而 ACR 的输出量控制电压 U_c 的大小则同时取决于 n 和 I_d，或者说，同时取决于 U_n^* 和 I_{dL}。当转速给定和电枢电流分别为 U_{nm}^*、I_{dm} 时，调节器输出对应最大控制电压 U_{cm}。该值为电流调节器最小输出限幅值，需小于电力电子变换器最大输出电压对应的控制电压。这些关系反映了 PI 调节器不同于 P 调节器的特点。P 调节器的输出量总是正比于其输入量的。PI 调节器则不然，其饱和输出为限幅值，而非饱和输出的稳态值取决于输入量的积分，它最终将使控制对象的输出达到其给定值，使 PI 调节器的输入误差信号为 0，否则 PI 调节器仍在继续积分，并未达到稳态。

鉴于这一特点，双闭环调速系统的稳态参数计算与单闭环有静差系统完全不同，反而与单闭环无静差系统的稳态计算相似，即根据各调节器的给定与反馈值计算有关的反馈系数。

转速反馈系数

$$\alpha = \frac{U_{nm}^*}{n_{max}} \tag{3-59}$$

电流反馈系数

$$\beta = \frac{U_{im}^*}{I_{dm}} \tag{3-60}$$

两个给定电压的最大值 U_{nm}^* 和 U_{im}^* 由设计者选定，利用模拟方式实现 PI 控制时受运算放大器允许输入电压和稳压电源的限制。

二、转速、电流双闭环控制直流调速系统的数学模型和动态分析过程

(一)转速、电流双闭环控制直流调速系统的动态数学模型

在单闭环直流调速系统动态数学模型的基础上，考虑双闭环控制的结构(图 3-26)，即可绘出双闭环直流调速系统的动态结构，如图 3-28 所示。图中 $W_{ASR}(s)$ 和 $W_{ACR}(s)$ 分别表示转

速调节器和电流调节器的传递函数。为了引出电流反馈，在电动机的动态结构框图中必须把电枢电流 I_{dL} 显露出来。

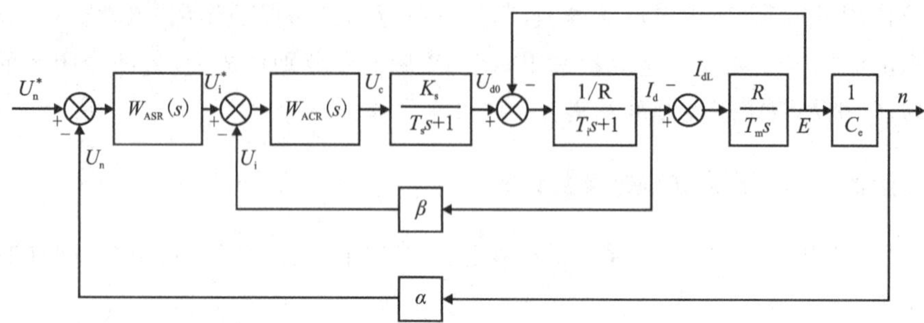

图 3-28 双闭环直流调速系统的动态结构图

(二)转速、电流双闭环控制直流调速系统的动态分析过程

1. 启动过程分析

对调速系统而言，被控制的对象是转速。它的跟随性能可以用阶跃给定下的动态响应描述，图 3-24 描绘了时间最优的理想过渡过程，实现所期望的恒加速过程，最终以时间最优的形式达到所要求的性能指标，是设置双闭环控制的一个重要的追求目标。

在恒定负载条件下转速变化的过程取决于电动机电磁转矩(或电流)的变化过程，对电动机起动过程 $n = f(t)$ 的分析离不开对电流 $I_d(t)$ 的研究。图 3-29 是双闭环调速系统在带有反抗性负载电流 I_{dL} 条件下启动过程的电流波形和转速波形。

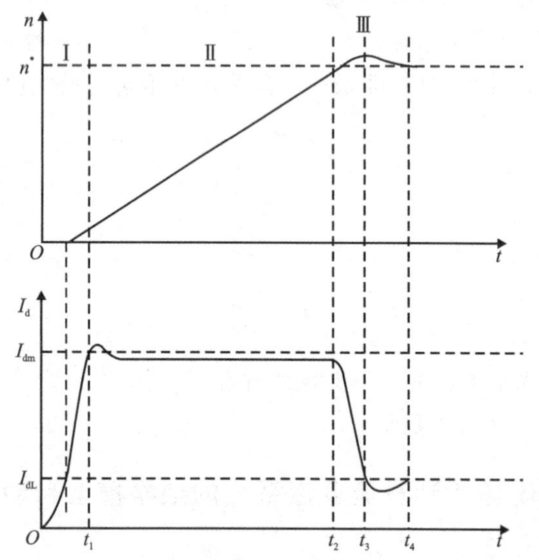

图 3-29 双闭环直流调速系统起动过程的转速和电流波形

从图 3-29 中 $I_d(t)$ 的变化过程可以看到，电流 I_d 首先从 0 增长到 I_{dm}，然后在一段时间内维持其值近似等于 I_{dm} 不变，之后又下降并经调节后到达稳态值 I_{dL}。转速 $n(t)$ 波形先是缓

慢升速，然后以恒加速上升，产生超调后，回到给定值 n^* 。从电流与转速变化过程所反映出的特点可以把起动过程分为电流上升、恒流升速和转速调节 3 个阶段，转速调节器在此 3 个阶段中经历了不饱和、饱和以及退饱和 3 种情况，在图中分别标以Ⅰ、Ⅱ和Ⅲ。

第Ⅰ阶段（$0 \sim t_1$）是电流上升阶段：突加给定电压 U_n^* 后，经过两个调节器的跟随作用，U_c 、U_{d0} 、I_d 都上升，但是在 I_d 没有达到负载电流 I_{dL} 以前，电动机还不能转动。当 $I_d \geqslant I_{dL}$ 后，电动机开始起动，由于机电惯性的作用，转速不会很快增长，转速调节器 ASR 的输入偏差电压 $\Delta U_n = U_n^* - U_n$ 的数值仍较大，因而其比例部分输出值较大，使其输出电压保持限幅值 U_{im}^* ，强迫电枢电流 I_d 迅速上升。直到 $I_d = I_{dm}$ ，$U_i = U_{im}^*$ ，电流调节器很快就压制了 I_d 的增长，标志着这一阶段的结束。在这一阶段中，ASR 很快进入并保持饱和状态，而 ACR 一般不饱和。

第Ⅱ阶段（$t_1 \sim t_2$）是恒流升速阶段：在这个阶段中，ASR 始终是饱和的，转速环相当于开环，系统成为在恒值电流给定 U_{im}^* 下的电流调节系统，基本上保持电流 I_d 恒定，因而系统的加速度恒定，转速呈线性增长（图 3-29），这是启动过程中的主要阶段。为了保持在这一阶段内电流恒定，由于反电动势 E 是随着转速 n 线性增长的，电枢电压 U_{d0} 和控制电压 U_c 也必须线性增加。要说明的是，ACR 一般选用 PI 调节器（电流环的设计见工程设计方法），当阶跃给定加在 ACR 上面时，能够实现稳态无静差，但对斜坡扰动则无法消除静差。现在是恒流升速阶段，针对电流闭环的扰动量是电动机的反电动势（图 3-28），它恰恰是一个线性渐增的斜坡扰动量（图 3-29），所以电流闭环系统做不到抗扰无静差，而是使 I_d 略低于 I_{dm} 。为了保证电流环的这种调节作用，在启动过程中 ACR 应保持不饱和的状态，设计电力电子装置 UPE（图 3-25）时其最大输出电压也需留有余地。

第Ⅲ阶段（t_2 以后）是转速调节阶段：当转速上升到给定值 n^* 时，转速调节器 ASR 的输入偏差为零，但其输出却由于积分作用还维持在限幅值 U_{im}^* ，所以电动机仍在加速，使转速超调。转速超调后，ASR 输入偏差电压变负，使它开始退出饱和状态，U_i^* 和 I_d 很快下降。但是，只要 I_d 仍大于负载电流 I_{dm} ，转速就还是继续上升的。直到 $I_d = I_{dm}$ 时，转矩 $T_e = T_L$ ，则 $dn/dt = 0$ ，转速 n 到达峰值（$t = t_3$）。此后，在 $t_3 \sim t_4$ 时间内，$I_d < I_{dL}$ ，电动机开始在负载的阻力下减速，直到稳态。如果调节器参数整定得不够好，最后还会有一段振荡过程。在这最后的转速调节阶段内，ASR 和 ACR 都不饱和，ASR 起主导的转速调节作用，而 ACR 则力图使 I_d 尽快地跟随其给定值 U_i^* ，或者说，电流内环是一个电流跟随子系统。

综上所述，双闭环直流调速系统的启动过程有以下 3 个特点：

（1）饱和非线性控制。随着 ASR 的饱和与不饱和，整个系统处于完全不同的两种状态，在不同情况下表现为不同结构的线性系统，不能简单地用线性控制理论来分析整个启动过程，也不能简单地用线性控制理论来笼统地设计这样的控制系统，只能采用分段线性化的方法来分析。

（2）转速超调。当转速调节器 ASR 采用 PI 调节器时，转速必然有超调。转速略有超调一般是允许的，对于完全不允许超调的情况，应采用别的控制措施来抑制超调。

（3）准时间最优控制。在设备物理条件允许下实现最短时间的控制称作时间最优控制，对于调速系统，在电动机允许过载能力限制下的恒流起动，就是时间最优控制。但由于在起动过程的Ⅰ、Ⅲ两个阶段中电流不能突变，所以实际起动过程与理想起动过程相比还有一些差距，不过这两段时间只占全部起动时间中很小的成分，无伤大局，故可称作准时间最优控制。采用饱和非线性控制的方法实现准时间最优控制是一种很有实用价值的控制策略，在各种多环控制系统中普遍地得到应用。

2. 制动过程分析

设置双闭环控制的另一个重要目标是近似获得图 3-24 所示的时间最优的制动过程。与分析起动过程类似，对电动机制动过程 $n=f(t)$ 的分析离不开对电流变化过程 $I_d(t)$ 和控制电压 $U_c(t)$ 波形的研究。图 3-30 是双闭环直流调速系统拖动位能性恒转矩负载正向制动过程的控制电压波形、电流波形和转速波形。

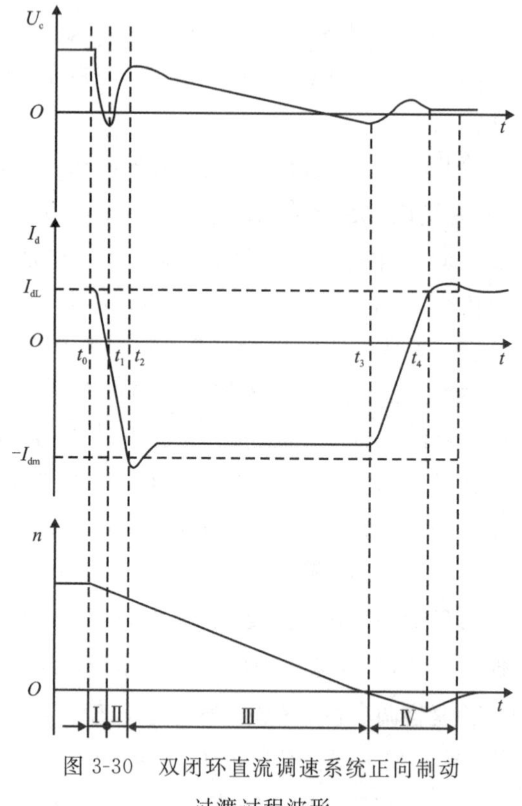

图 3-30　双闭环直流调速系统正向制动过渡过程波形

从图 3-30 可以看到，双闭环直流调速系统带负载 I_{dL} 稳定运行时，若在 t_0 时刻收到停车指令，则电流先从 I_{dL} 衰减到 0，然后建立反向电枢电流 $-I_d$，直到其反向最大值 $-I_{dm}$，并在一段时间内维持其值近似等于 $-I_{dm}$ 不变，最后负值电流又降低，经调节后到达稳态值 I_{dL}。转速波形先是缓慢下降，然后以恒减速下降，产生反向超调后，经过调节到达给定值 0，即停转。

与启动过程类似，可以把制动过程分为正向电枢电流衰减、反向电枢电流建立、恒流制动和转速调节 4 个阶段，转速调节器在此 4 个阶段中经历了不饱和、饱和以及退饱和 3 种情况。

第Ⅰ阶段是正向电枢电流衰减阶段（$t_0 \sim t_1$）：在 t_0 时刻收到停止指令后，转速调节器的输入偏差电压 $\Delta U_n = 0 - U_n$ 为较大负值，其输出电压很快下降达到反向限幅值 $-U_{im}^*$，电流环强迫电枢电流迅速下降到 0，标志着这一阶段结束。在此阶段中，电流调节器的输入偏差电压 $\Delta U_i = -U_{im}^* - U_i$，调节器输出控制电压 U_c 快速下降，电枢电压也随之快速下降。这个阶段所占时间很短，转速来不及产生明显的变化。转速调节器很快进入并保持饱和状态。

第Ⅱ阶段是反向电枢电流建立阶段（$t_1 \sim t_2$）：电流衰减到 0 后，转速调节器输入偏差电压（$\Delta U_n = 0 - U_n$）数值仍为较大负值，输出始终处在反向饱和状态，转速环相当于开环，系统成为在恒值给定 $-U_{im}^*$ 控制下的电流单环系统，强迫电流在 t_2 时刻反向增加至 $-I_{dm}$。在这个阶段内,电流调节器输入仍为负值,随着电枢电流的快速下降,电流调节器中比例输出在快速增加,待电枢电流下降到一定值后,输出控制电压 U_c 和电枢电压开始上升,但只要 $U_d < E$,电流将继续下降。这个阶段电动机处于反接制动状态,所占时间也很短,转速仍来不及产生明显下降。

第Ⅲ阶段是恒流制动阶段 ($t_2 \sim t_3$) :反向电流 $-I_{dm}$ 的超调表示了电动机恒值电流制动阶段的开始。转速仍旧开环,系统仍为恒值给定 $-U_{im}^*$ 控制下的电流单环系统,除短暂的电流调节阶段外,在恒流制动阶段中反电动势 E 线性下降,为维持 $I_d \cong -I_{dm}$,控制电压 U_c 线性降低,电枢电压 U_{d0} 也随之线性下降。由于电流调节系统的扰动量是电动机的反电动势,它是一个线性渐减的扰动量,而扰动作用点之前只有一个积分环节,所以系统做不到无静差,而是接近于 $-I_{dm}$ 。因而

$$L\frac{dI_d}{dt} \approx 0, E > |U_d| \tag{3-61}$$

电动机在恒减速条件下回馈制动,把机械动能转换成电能储存在直流母线上的电容中,直到 t_3 时刻电动机转速下降到 0,标志恒流制动阶段的结束。过渡过程波形为图 3-30 中的第Ⅲ阶段,称作回馈制动阶段。由图 3-30 可见,这个阶段所占的时间最长,是制动过程中的主要阶段。

第Ⅳ阶段是转速调节阶段(t_3 以后):转速下降到 0 时,转速调节器 ASR 输入偏差减小到 0,但其输出却由于积分作用还维持在限幅值 $-U_{im}^*$,所以电动机开始反转,转速调节器输出反向退饱和, U_i^* 反向快速下降,电枢电流 I_d 在电流环的控制作用下跟随给定,反向快速下降到零后建立正向电枢电流,只要 $I_d < I_{dL}$,转速继续下降,直到 $I_d < I_{dL}$ 时,转矩 $T_e = T_L$,则 $dn/dt = 0$,转速 n 到达反向最大值($t = t_4$)。此后,在 $t_4 \sim t_5$ 时间内, $I_d > I_{dL}$,电动机又开始反向减速,直到电动机停转。在这个过程中反电动势很小,电枢电压主要用于改变电枢电流,因而控制电压变化趋势与电流波形相似,但相位超前。与启动过程类似,如果调节器参数整定得不够好,最后还会有一段振荡过程。在这最后的转速调节阶段内,ASR 和 ACR 都不饱和,ASR 起主导的转速调节作用,而 ACR 则力图使 I_d 尽快地跟随其给定值 U_i^* 。

如果需要在制动后紧接着反转, $I_d \cong -I_{dm}$ 的过程就会延续,直到反向转速稳定时为止。

与启动过程类似,双闭环直流调速系统的制动过程也具有饱和非线性控制、转速反向超调、准时间最优控制 3 个特点。

3. 动态抗扰性能分析

电网电压变化对调速系统也产生扰动作用。双闭环和单闭环调速系统抗电压扰动的能力是不同的。

为了在单闭环调速系统的动态结构图上表示出电网电压扰动 ΔU_d 和负载扰动 I_{dL} ,将图 3-18 重画成图 3-31(a)。图 3-31(a)中, ΔU_d 和 I_{dL} 都作用在被转速负反馈环包围的前向通道上,仅就表示转速稳态调节性能的静特性而言,系统对它们的抗扰效果是一样的。但从动态抗扰性能上看,由于扰动作用点不同,存在着能否及时调节的差别。负载扰动能够比较快地反映到被调量 n 上,从而得到调节,而电网电压扰动的作用点离被调量稍远,调节作用延滞,因此单闭环调速系统抵抗电压扰动的性能要差一些。

在图 3-31(b)所示的双闭环系统中，由于增设了电流内环，电压波动可以通过电流反馈得到比较及时的调节，不必等它影响到转速以后才反馈回来改善系统性能。因此，在双闭环系统中，由电网电压波动引起的转速变化会比单闭环系统小得多。

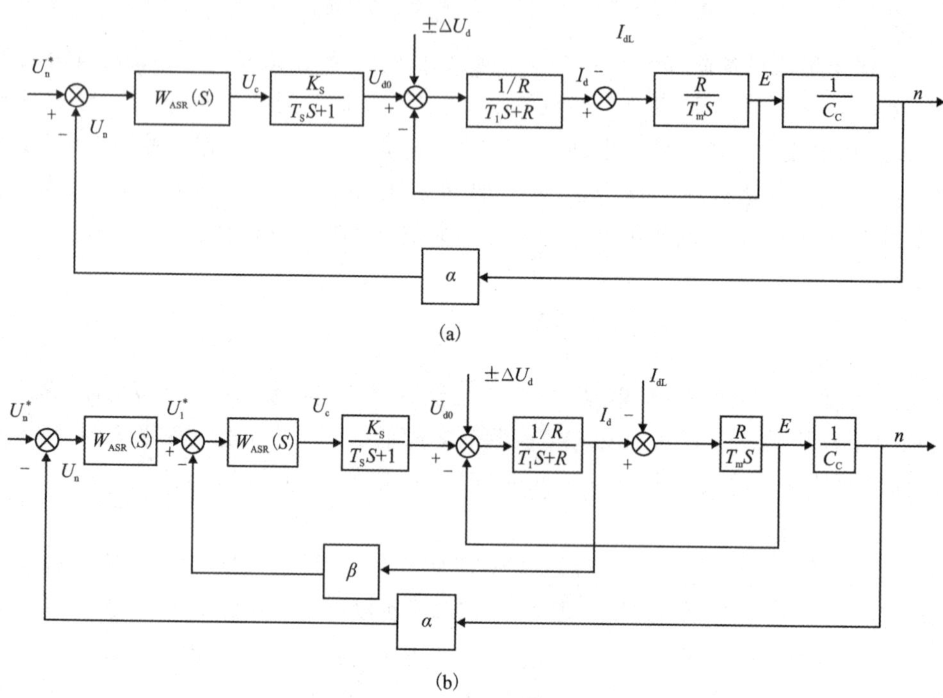

图 3-31　直流调速系统的动态抗扰作用

(a)单闭环系统；(b)双闭环系统

(三)转速、电流调节器在双闭环直流调速系统中的作用

综上所述，转速调节器和电流调节器在双闭环直流调速系统中的作用可分别归纳如下。

1. 转速调节器的作用

(1)转速调节器是调速系统的主导调节器，它使转速 n 很快地跟随给定电压 U_n^* 变化，稳态时可减小转速误差，如果采用 PI 调节器，则可实现无静差。

(2)对负载变化起抗扰作用。

(3)它的输出限幅值决定电动机允许的最大电流。

2. 电流调节器的作用

(1)作为内环的调节器，在转速外环的调节过程中，它的作用是使电流紧紧跟随其给定电压 U_i^* (即外环调节器的输出量)变化。

(2)对电网电压的波动起及时抗扰的作用。

(3)在转速动态过程中，保证获得电动机允许的最大电流，从而加快动态过程。

(4)当电动机过载甚至堵转时,限制电枢电流的最大值,起快速的自动保护作用。一旦故障消失,系统自动恢复正常。这个作用对系统的可靠运行来说是十分重要的。

三、转速、电流双闭环控制直流调速系统的动态性能指标

在控制系统中设置调节器是为了改善系统的静、动态性能,表示控制系统性能的指标有时域指标和频域指标两类。在时域中,系统处于稳态时的性能用静态性能指标表示,本小节着重讨论表示控制系统输出量时间函数特征的动态性能指标,包括对给定输入信号的跟随性能指标和对扰动输入信号的抗扰性能指标。在频域中,用控制系统频率特性特征表示的指标称作频域性能指标。频率特性有多种描述方法,在电力拖动自动控制系统的分析和设计中最常应用的是伯德图,即开环对数频率特性的渐近线,它的绘制方法简便,可以确切地提供稳定性和稳定裕度的信息,大致描述闭环系统稳态和动态的其他性能。

(一)动态跟随性能指标

在给定信号或参考输入信号 $R(t)$ 的作用下,系统输出量 $C(t)$ 变化的特征可用跟随性能指标来描述。当给定信号的变化方式不同时,输出响应也不一样。通常以输出量初始值为 0,给定信号阶跃变化下的过渡过程作为典型的跟随过程,这时输出量的动态响应称作阶跃响应。常用的阶跃响应跟随性能指标有上升时间、最大值时间、调节时间和超调量(图 3-32)。

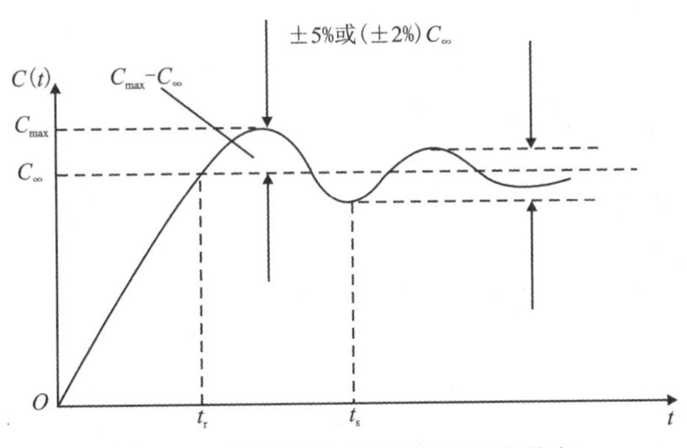

图 3-32　典型阶跃响应和跟随性能指标

(1)上升时间 t_r,输出量从 0 第一次上升到稳态值 C_∞所经过的时间,它表示动态响应的快速性。

(2)峰值或最大值时间 t_m,输出量达到最大值 C_{max} 的时间。

(3)调节时间 t_s,又称为过渡过程时间,它衡量系统整个调节过程的快慢。理论上它应该是从给定量阶跃变化起到输出量完全稳定下来为止的时间,实际系统中,是以输出量开始进入允许误差带的时间。一般取 $C(t)$ 稳态值的±5%(或±2%)的范围作为允许误差带。

(4)超调量 σ%,输出响应曲线 $C(t)$ 的最大偏离量(最大值与稳态值 C_∞之差)与稳态值 C_∞的比值,用百分数表示,即

$$\sigma=\frac{C_{max}-C_\infty}{C_\infty}\times 100\% \tag{3-62}$$

超调量反映系统的相对稳定性。超调量越小，则相对稳定性越好，即动态响应比较平稳，但同时会引起调节时间加长。在一般电动机自动控制系统中，快速性和稳定性往往是相互矛盾的，设计系统时要综合考虑。

（二）动态抗扰性能指标

在控制系统中，扰动量的作用点通常不同于给定量的作用点，因此系统抗扰的动态性能也不同于跟随的动态性能。在调速系统中主要扰动来源于负载扰动和电网电压波动。当调速系统在稳定运行中，突加一个使输出量降低（或上升）的扰动量 F 之后，输出量由开始降低（或上升）直到达到稳态值的过渡过程就是一个抗扰过程。常用的抗扰性能指标为动态降落（ΔC_{max}）和恢复时间（t_v），如图 3-33 所示。

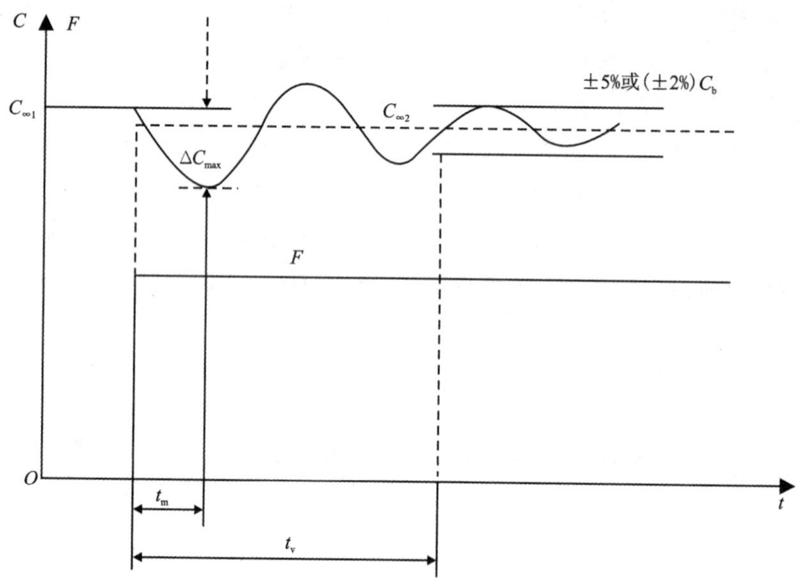

图 3-33　突加扰动的动态过程和抗扰性能指标

1. 动态降落

系统稳定运行时，突加一个约定的标准负扰动量，所引起的输出量最大降落值 ΔC_{max} 称为动态降落，到达最大动态降落的时间称作降落时间 t_m 。动态降落 ΔC_{max} 一般用它所占输出量原稳态值 $C_{\infty1}$ 的百分数（$\Delta C_{max}/C_{\infty1}$）× 100% 表示，或用某基准值 C_b 的百分数（$\Delta C_{max}/C_b$）× 100% 表示。输出量在动态降落后逐渐恢复，达到新的稳态值 $C_{\infty2}$ ，（$C_{\infty1} - C_{\infty2}$）是系统在该扰动作用下的稳态误差，即静差。动态降落一般都大于稳态误差。调速系统突加额定负载扰动时转速的动态降落称作动态速降 Δn_{max} 。

2. 恢复时间

从阶跃扰动作用开始，到输出量基本上恢复稳态，距新稳态值 $C_{\infty2}$ 之差进入某基准量 C_b 的±5%（或取±2%）范围之内所需的时间定义为恢复时间 t_v ，如图 3-33 所示，其中 C_b 称为抗扰指标中输出量的基准值，视具体情况选定。如果允许的动态降落较大，就可以新稳态值 $C_{\infty 2}$ 作为基准值。如果允许的动态降落较小，如小于 5%（这是常有的情况），则按进入 ±5% 范围来定义的恢复时间只能为 0，就没有意义了，所以必须选择一个比稳态值更小的 C_b 作为基准。

实际控制系统对于各种动态指标的要求各有不同。例如，可逆轧钢机需要连续正反向轧制许多道次，因而对转速的动态跟随性能和抗扰性能都有较高的要求，而一般生产中用的不可逆调速系统则主要要求一定的转速抗扰性能，其跟随性能如何没有多大关系。工业机器人和数控机床用的位置随动系统（伺服系统）需要很强的跟随性能，而大型天线的随动系统除需要良好的跟随性能外，对抗扰性能也有一定的要求。多机架连轧机的调速系统要求抗扰性能很高，如果 Δn_{max} 和 t_v 较大，在机架间会产生拉钢或堆钢的事故。

（三）频域性能指标和伯德图

在伯德图中，衡量最小相位系统稳定裕度的指标是相角裕度 γ 和以分贝表示的增益裕度 GM，一般要求 γ 在 $30° \sim 60°$ 之间，GM>6dB。保留适当的稳定裕度是为了在参数发生变化时不致造成系统不稳定，稳定裕度同时也反映系统动态过程的平稳性，稳定裕度大就意味着振荡弱、超调小。

定性地分析控制系统的性能时，通常将伯德图分成高、中、低 3 个频段，频段的分割界限只是大致的，且不同文献上分割的方法也不尽相同，但这不影响对系统性能的定性分析。图 3-34绘出了一种典型伯德图的对数幅频特性，从其高、中、低 3 个频段的特征可以判断控制系统的性能。

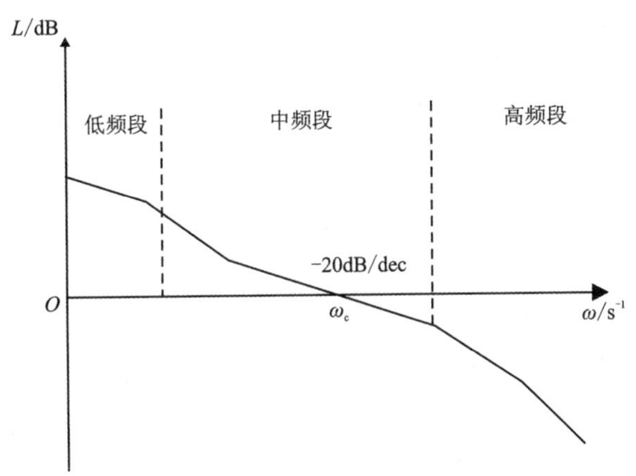

图 3-34 典型的控制系统伯德图

反映系统性能的伯德图特征有下列 4 个方面：

(1)中频段以 −20dB/dec 的斜率穿越零分贝线，而且这一斜率占有足够的频带宽度，系统的稳定性好。

(2)截止频率（或称剪切频率）ω_c 越高，则系统的快速性越好。

(3)低频段的斜率陡、增益高，表示系统的稳态精度好（即静差率小、调速范围宽）。

(4)高频段衰减得越快,即高频特性负分贝值越低,说明系统抗高频噪声干扰的能力越强。

以上4个方面常常是互相矛盾的。例如对稳态精度要求很高时,常需要增大放大系数,但可能使系统不稳定;增设校正装置使系统稳定,又可能牺牲快速性;提高截止频率可以加快系统的响应,但容易引入高频干扰;等等。应用线性系统控制理论进行设计时,往往需用多种手段,反复试凑,在稳、准、快、抗干扰各方面取得折中,才能获得比较满意的结果。

四、转速、电流双闭环控制直流调速系统的设计

建立工程设计方法所遵循的原则如下:

(1)概念清楚、易懂。

(2)计算公式简明、好记。

(3)不仅要给出参数计算的公式,而且要指明参数调整的方向。

(4)考虑饱和非线性控制的情况,经过分段线性化处理,给出简单的计算公式。

(5)适用于各种可以简化成典型系统的闭环控制系统。

为了使问题简化,突出主要矛盾,可把调节器的设计过程分作两步:①先选择调节器的结构,以确保系统稳定,同时满足所需的稳态精度;②选择调节器的参数,以满足动态性能指标的要求。这样做,就把稳、准、快、抗干扰之间互相交叉的矛盾问题分成两步来解决,第一步先解决主要矛盾,即确保动态稳定性和稳态精度,然后在第二步中进一步满足其他动态性能指标。

(一)典型系统

一般来说,许多控制系统的开环传递函数都可以表示成

$$W(s)=\frac{K\prod_{i=1}^{m}(\tau_i s+1)}{s^r\prod_{j=1}^{n}(T_j s+1)} \tag{3-63}$$

其中,K 为系数增益或放大系数,s 为复变量,分母中的 s^r 项表示该系统在 $s=0$ 处有 r 重极点,或者说,系统含有 r 个积分环节,称作 r 型系统。

为了使系统对阶跃给定无稳态误差,不能使用0型系统($r=0$),至少是I型系统($r=1$);当给定的是斜坡输入时,则要求是Ⅱ型系统($r=2$)才能实现稳态无差。因此,为了满足稳态精度要求不能用0型系统。而Ⅲ型($r=3$)和Ⅲ型以上的系统都很难稳定,因此常把Ⅰ型和Ⅱ型系统作为系统设计的目标。

Ⅰ型和Ⅱ型系统都有多种多样的结构,它们的区别在于除原点以外的零、极点具有不同的个数和位置。如果在Ⅰ型和Ⅱ型系统中各选择一种简单的结构作为典型结构,把实际系统校正成典型系统,显然可使设计方法简单得多。

(二)控制对象的工程近似处理方法

实际控制系统的传递函数是各种各样的,往往不能简单地校正成典型系统,这就需要做

出近似处理，下面讨论几种实际控制对象的工程近似处理方法。

1. 高频段小惯性环节的近似处理

当高频段有多个小时间常数 T_1、T_2、T_3、… 的小惯性环节时，可以等效地用一个小时间常数 T 的惯性环节来代替，其等效时间常数 $T = T_1$、T_2、T_3、…

下面对此进行分析，先考察有两个高频段小惯性环节的开环传递函数

$$W(s) = \frac{K}{s(T_1 s + 1)(T_2 s + 1)} \tag{3-64}$$

其中 T_1、T_2 为小时间常数，则小惯性群的频率特性为

$$W(j\omega) = \frac{1}{(j\omega T_1 + 1)(j\omega T_2 + 1)} = \frac{1}{(1 - T_1 T_2 \omega^2) + j\omega(T_1 + T_2)} \tag{3-65}$$

按上述方法对时间常数求和

$$T = T_1 + T_2$$

则式(3-65)的近似传递函数成为

$$W(s) = \frac{K}{s(Ts + 1)} \tag{3-66}$$

其中，等效小惯性的频率特性为

$$W'(j\omega) = \frac{1}{1 + j\omega t} = \frac{1}{1 + j\omega(T_1 + T_2)} \tag{3-67}$$

比较式(3-65)和式(3-67)可知，它们近似相等的条件是：$T_1 T_2 \omega^2 \ll 1$ 。

在工程计算中，一般允许有10%以内的误差，因此上面的近似条件可以写成

$$T_1 T_2 \omega^2 \ll 1 \tag{3-68}$$

或闭环系统允许频带为

$$\omega_b \leqslant \sqrt{1/10 T_1 T_2} \text{ 。}$$

考虑到开环频率特性的截止频率 ω_c，与闭环系统允许频带 ω_b 一般比较接近，可以用 ω_c 作为闭环系统通频带的标志，而且 $\sqrt{10} = 3.16 \approx 3$（取近似整数），因此近似条件可写成

$$\omega_c \leqslant \frac{1}{3\sqrt{T_1 T_2}} \tag{3-69}$$

简化后的对数幅频特性如图3-35虚线所示。

同理，如果有3个小惯性环节，其近似处理的表达式是

$$\frac{1}{(T_1 s + 1)(T_2 s + 1)(T_3 s + 1)} \approx \frac{1}{(T_1 + T_2 + T_3)s + 1} \tag{3-70}$$

近似的条件为

$$\omega_c \leqslant \frac{1}{3}\sqrt{\frac{1}{T_1 T_2 + T_2 T_3 + T_3 T_1}} \tag{3-71}$$

由此可得下述结论：当系统有一组小惯性群时，在一定的条件下，可以将它们近似地看成是一个小惯性环节，其时间常数等于小惯性群中各时间常数之和。

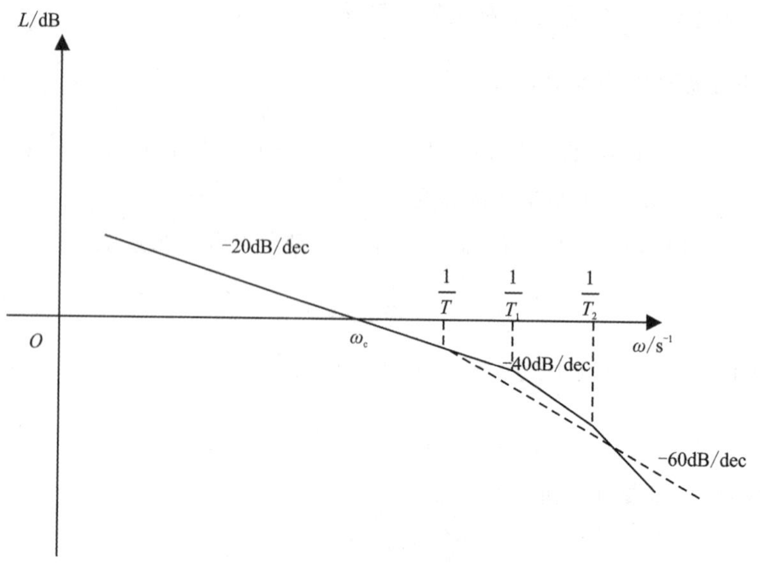

图 3-35　高频段小惯性群近似处理对频率特性的影响示意图

2. 高阶系统的降阶近似处理

上述小惯性群的近似处理实际上是高阶系统降阶处理的一种特例，它把多阶小惯性环节降为一阶小惯性环节。下面讨论更一般的情况，即如何能忽略特征方程的高次项。以三阶系统为例，设

$$W(s)=\frac{K}{as^3+bs^2+cs+1} \tag{3-72}$$

式中：a,b,c 都是正系数，且 $bc>a$，即系统是稳定的。

若能忽略高次项，可得近似的一阶系统的传递函数为

$$W(s)\approx\frac{K}{cs+1} \tag{3-73}$$

近似条件可以从频率特性导出

$$W(\mathrm{j}\omega)=\frac{K}{a\,(\mathrm{j}\omega)^3+b\,(\mathrm{j}\omega)^2+c(\mathrm{j}\omega)+1}=\frac{K}{(1-b\omega^2)+\mathrm{j}\omega(c-a\omega^2)}\approx\frac{K}{1+\mathrm{j}\omega c} \tag{3-74}$$

近似条件是

$$b\omega^2\leqslant\frac{1}{10};\ a\omega^2\leqslant\frac{c}{10} \tag{3-75}$$

仿照上面的方法，近似条件可以写成

$$\omega_c\leqslant\frac{1}{3}\min\left(\sqrt{\frac{1}{b}},\sqrt{\frac{c}{a}}\right) \tag{3-76}$$

3. 低频段大惯性环节的近似处理

当系统中存在一个时间常数特别大的惯性环节 $1/(Ts+1)$ 时，可以近似地将它看成是

积分环节 $1/Ts$ 。

大惯性环节的频率特性为

$$\frac{1}{\mathrm{j}\omega t+1}=\frac{1}{\sqrt{\omega^2T^2+1}}\angle-\arctan\omega T \tag{3-77}$$

若把它近似成积分环节，其幅值应近似为

$$\frac{1}{\sqrt{\omega^2T^2+1}}=\frac{1}{\omega T} \tag{3-78}$$

显然，近似条件是 $\omega^2T^2\gg1$，或按工程惯例 $\omega T\gg\sqrt{10}$ 。和前面一样，将 ω 换成 ω_c，并取整数，得

$$\omega_c\geqslant\frac{3}{T} \tag{3-79}$$

而相角的近似关系是 $\arctan\omega T\approx90^\circ$ 。当 $\omega T=\sqrt{10}$ 时，$\arctan\omega T=\arctan\sqrt{10}=72.45^\circ$，似乎误差较大。实际上，将这个惯性环节近似成积分环节后，相角滞后从 72.45°变成 90°，滞后得更多，稳定裕度更小。这就是说，实际系统的稳定裕度要大于近似系统，按近似系统设计好调节器后，实际系统的稳定性应该更强，因此这样的近似方法是可行的。

再研究一下系统的开环对数幅频特性。举例来说，若图 3-36 中特性 a 的开环传递函数为

$$W_a(s)=\frac{K(\tau s+1)}{s(T_1s+1)(T_2s+1)} \tag{3-80}$$

把大惯性环节近似成积分环节，开环传递函数变为

$$W_b(s)=\frac{K(\tau s+1)}{T_1s^2(T_2s+1)} \tag{3-81}$$

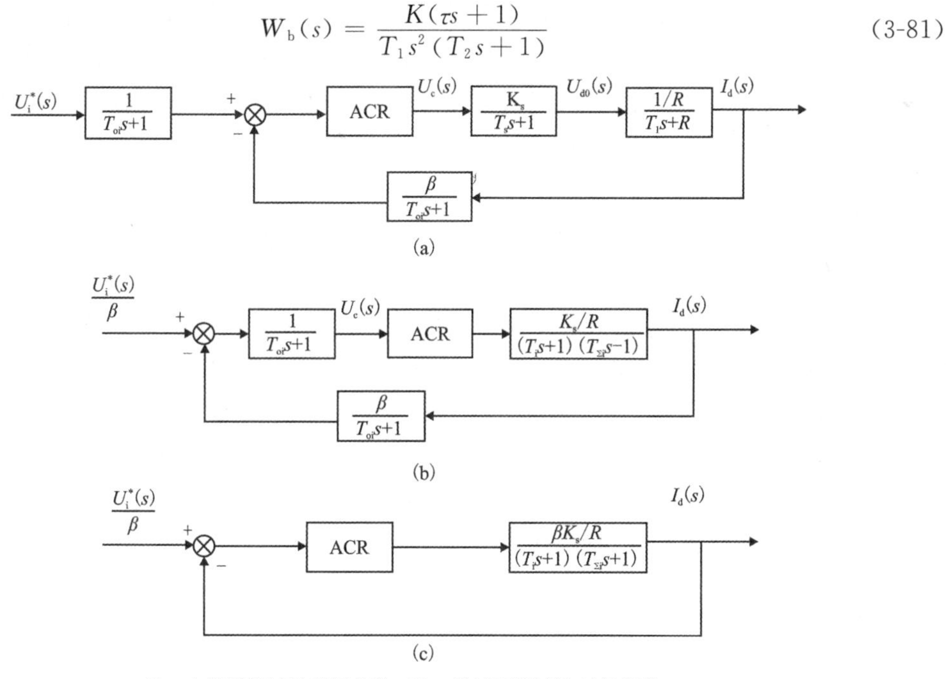

T_{oi}. 电流反馈滤波时间常数；T_{on}. 转速反馈滤波时间常数。

图 3-36　电流环的动态结构图及其简化图

(a)忽略反电动势；(b)等效成单位负反馈系统；(c)小惯性环节近似处理

从图 3-37 的开环对数幅频特性上看，相当于把特性 a 近似地看成特性 b，其差别只在低频段，这样的近似处理对系统的动态性能影响不大。

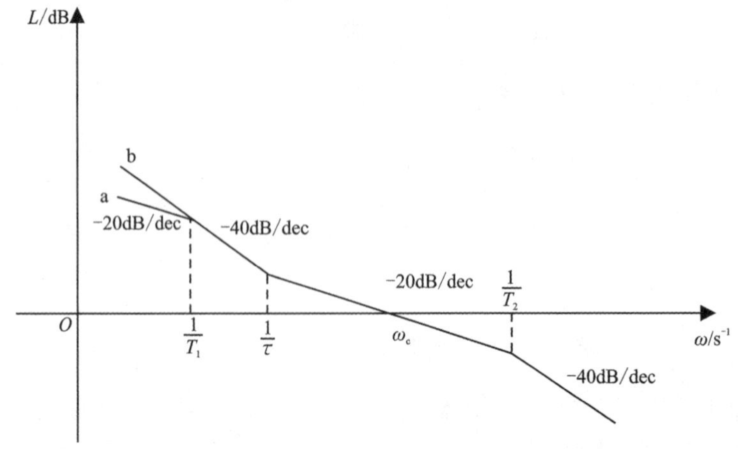

图 3-37　低频段大惯性环节近似处理对频率特性的影响示意图

但是，从稳态性能上看，这样的近似处理相当于把系统的类型人为地提高了一级，如果原来是Ⅰ型系统，近似处理后变成了Ⅱ型系统，这当然不是真实的。所以这种近似处理只适用于分析动态性能，当考虑稳态精度时，仍采用原来的传递函数 $W_a(s)$ 即可。

(三)转速、电流双闭环控制直流调速系统调节器设计

用工程设计方法来设计转速、电流双闭环控制直流调速系统的原则是“先内环后外环”。设计步骤是先从电流环(内环)开始，对其进行必要的变换和近似处理后，根据电流环的控制要求确定把它校正成哪一类典型系统，再按照控制对象确定电流调节器的类型，最后按动态性能指标要求确定电流调节器的参数。电流环设计完成后，把电流环等效成转速环(外环)中的一个环节，再用同样的方法设计转速环。

双闭环调速系统的实际动态结构绘于图 3-38，它与前述的图 3-26 不同之处在于增加了滤波环节，包括电流滤波、转速滤波和两个给定信号的滤波环节。由于反馈信号检测中常含有谐波和其他扰动量，设置滤波环节是必要的。为了抑制各种扰动量对系统的影响，需加低通滤波，这样的滤波环节传递函数可用一阶惯性环节来表示，其滤波时间常数按需要选定。然而，在抑制扰动量的同时，滤波环节也延迟了反馈信号的作用。为了平衡这个延迟作用，在给定信号通道上加入一个同等时间常数的惯性环节，称为配合滤波环节。它的意义是让给定信号和反馈信号经过相同的延滞，使二者在时间上得到恰当的配合，从而带来设计上的方便，下面在结构图简化时再做详细分析。

1. 电流调节器的设计

图 3-38 虚线框内是电流环的动态结构图，其中反电动势与电流反馈的作用相互交叉，这将给设计工作带来麻烦。实际上，反电动势与转速成正比，它代表转速对电流环的影响。在一般情况下，系统的电磁时间常数 T_l 远小于机电时间常数 T_m，因此，转速的变化往往比电流

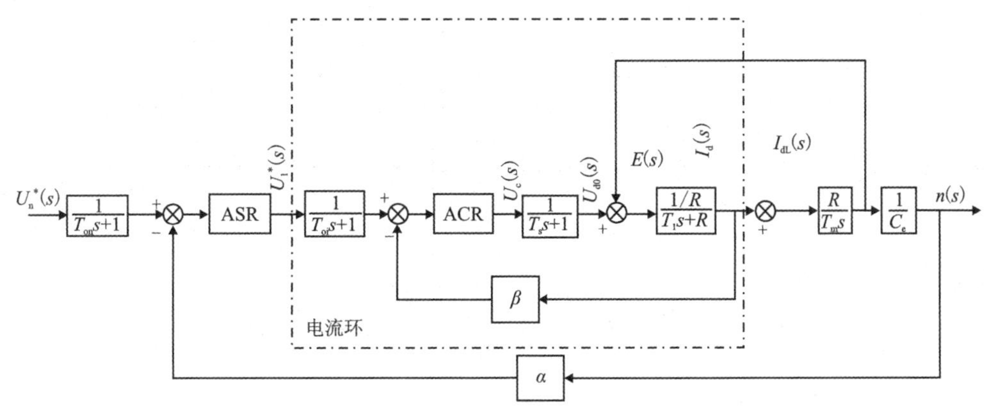

图 3-38　双闭环调速系统的动态结构图

变化慢得多。对电流环来说，反电动势是一个变化较慢的扰动，在电流的瞬变过程中，可以认为反电动势基本不变，即 $\Delta E \approx 0$ 。这样，在按动态性能设计电流环时，可以暂不考虑反电动势变化的动态影响，也就是说，可以暂且把反电动势的作用去掉，得到忽略电动势影响的电流环近似结构图，如图 3-36(a)所示。可以证明，忽略反电动势对电流环作用的近似条件是

$$\omega_{ci} \geqslant 3\sqrt{\frac{1}{T_m T_l}} \tag{3-82}$$

式中：ω_{ci} 为电流环开环频率特性的截止频率。

如果把配合滤波和反馈滤波同时等效地移到环内前向通道上，再把给定信号改成 $U_i^*(s)/\beta$ ，则电流环便等效成单位负反馈系统(图 3-39)，从这里可以看出两个滤波时间常数取值相同的方便之处。

由于 T_s 和 T_{oi} 一般都比 T_l 小得多，可以当作小惯性群而近似地看作是一个惯性环节，其时间常数为

$$T_{\Sigma i} = T_s + T_{oi} \tag{3-83}$$

电流环结构图最终简化成图 3-39(c)。根据式(3-69)，简化的近似条件为

$$\omega_{ci} \leqslant \frac{1}{3}\sqrt{\frac{1}{T_s T_{oi}}} \tag{3-84}$$

2. 转速调节器的设计

不论把电流环校正成典型Ⅰ型系统还是典型Ⅱ型系统，电流环都可以用等效的一阶惯性环节来代替，只是惯性时间常数有所不同。因此定义变量 T 代表电流环惯性时间常数，用等效一阶惯性环节代替图 3-38 中的电流环后，整个转速控制系统的动态结构如图 3-39(a)所示。

和电流环中一样，把转速给定滤波和反馈滤波同时等效地移到环内前向通道上，并将给定信号改成 $U_n^*(s)/\alpha$ ，再把时间常数为 T 和 T_{on} 的两个小惯性环节合并起来，近似成一个时间常数为 $T_{\Sigma n}$ 的惯性环节，其中

$$T_{\Sigma n} = T + T_{on} \tag{3-85}$$

则转速环结构可简化成图 3-39(b)。

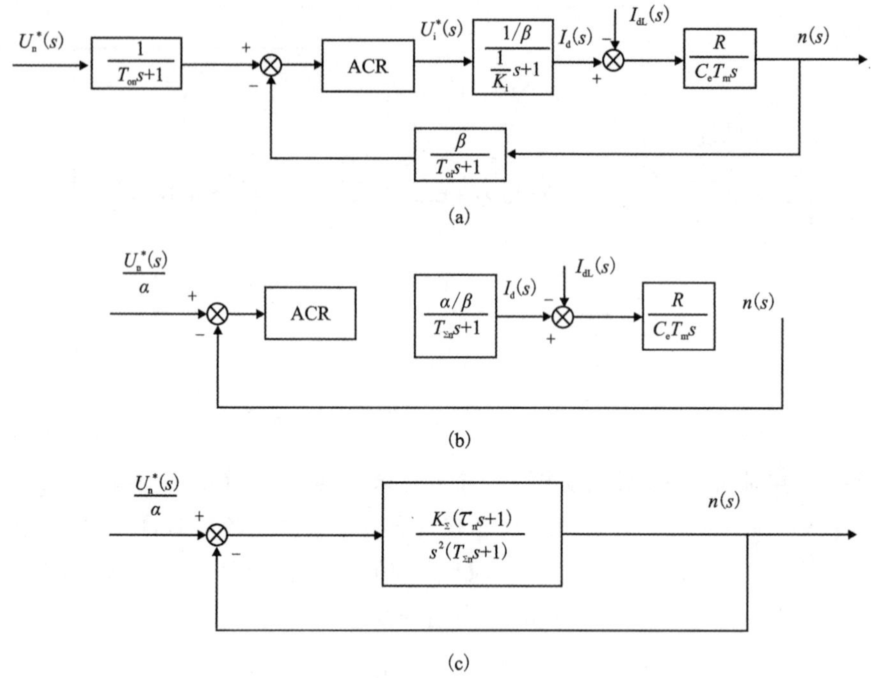

图 3-39　转速环的动态结构图及其简化图

(a)等效环节代替电流环；(b)等效成单位负反馈系统、小惯性环节近似处理；(c)校正后成为典型Ⅱ型系统

为了实现转速无静差，在负载扰动作用点前面必须有一个积分环节，它应该包含在转速调节器 ASR 中[图 3-39(b)]，由于在扰动作用点后面已经有了一个积分环节，因此转速环开环传递函数应有两个积分环节，所以应设计成典型Ⅱ型系统，这样的系统同时也能满足动态抗扰性能好的要求。至于其阶跃响应超调量较大，在实际系统中增加输入滤波环节，或利用转速调节器的饱和非线性性质，都会使超调量大大降低。由此可见，ASR 也应采用 PI 调节器，其传递函数为

$$W_{ASR}(s)=\frac{K_n(\tau_n s+1)}{\tau_n s} \tag{3-86}$$

式中：K_n 为转速调节器的比例系数；τ_n 为转速调节器的超前时间常数。

这样，调速系统的开环传递函数为

$$W_n(s)=\frac{K_n(\tau_n s+1)}{\tau_n s}\frac{\alpha R/\beta}{C_e T_m s(T_{\Sigma n}s+1)}=\frac{K_n\alpha R(\tau_n s+1)}{\tau_n\beta C_e T_m s^2(t_{\Sigma n}s+1)} \tag{3-87}$$

令转速开环增益 K_N 为

$$K_N=\frac{K_n\alpha R}{\tau_n\beta C_e T_m} \tag{3-88}$$

则

$$W_n(s)=\frac{K_N(\tau_n s+1)}{s^2(T_{\Sigma n}s+1)} \tag{3-89}$$

不考虑负载扰动时，校正后的调速系统动态结构如图 3-39(c)所示。

转速调节器的参数包括 K_n 和 τ_n 按照典型Ⅱ型系统的参数

$$\tau_n = hT_{\Sigma n}$$
$$K_N = \frac{h+1}{2h^2 T_{\Sigma n}^2} \tag{3-90}$$

因此

$$K_n = \frac{(h+1)\beta C_e T_m}{2h\alpha R T_{\Sigma n}} \tag{3-91}$$

其中中频宽 h 的大小，应根据动态性能 τ_n 的要求确定。无特殊要求时，一般选择 $h=5$ 。

含配合滤波、反馈滤波的 PI 型转速调节器原理如图 3-40 所示，图中 U_n^* 为转速给定电压，$-\alpha n$ 为转速负反馈电压，调节器的输出是电流调节器的给定电压 U_i^* 。

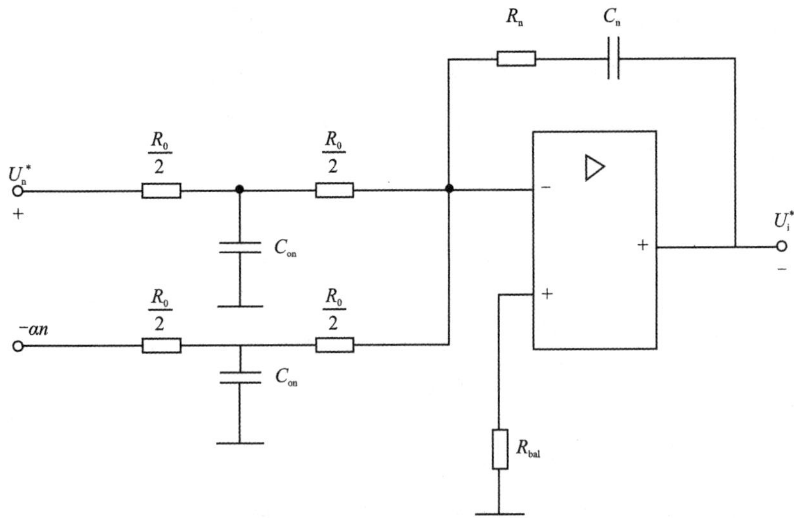

图 3-40　含配合滤波、反馈滤波的 PI 型转速调节器的原理图

与电流调节器相似，转速调节器参数与电阻、电容值的关系为

$$K_n = \frac{R_n}{R_0}$$
$$\tau_n = R_n C_n \tag{3-92}$$
$$T_{on} = \frac{1}{4} R_0 C_{on}$$

第四章　交流电机

交流电机主要包括同步电机和异步电机两大类。从电机定义上来讲，变压器不但属于交流电机，而且还是应用基本电磁理论的一个典型案例。因此，为了能够更加深入理解交流电机的运行原理，本章先介绍变压器工作原理与运行的相关知识，并以此为基础，探讨交流电机的共同理论。鉴于同步电机的原理更为复杂，本章在最后两节先着重介绍异步电机的工作原理，同步电机的内容将在第七章呈现。

第一节　变压器工作原理与运行

变压器是输送交流电时所使用的一种变电压和变电流的设备，本节首先介绍变压器的基本工作原理与结构，之后着重介绍变压器的运行。

一、变压器的基本工作原理与结构

发电厂发出来的交流电，经过电力系统输送和分配到用户（即负载）。图 4-1 所示为一个简单的电力系统示意图。

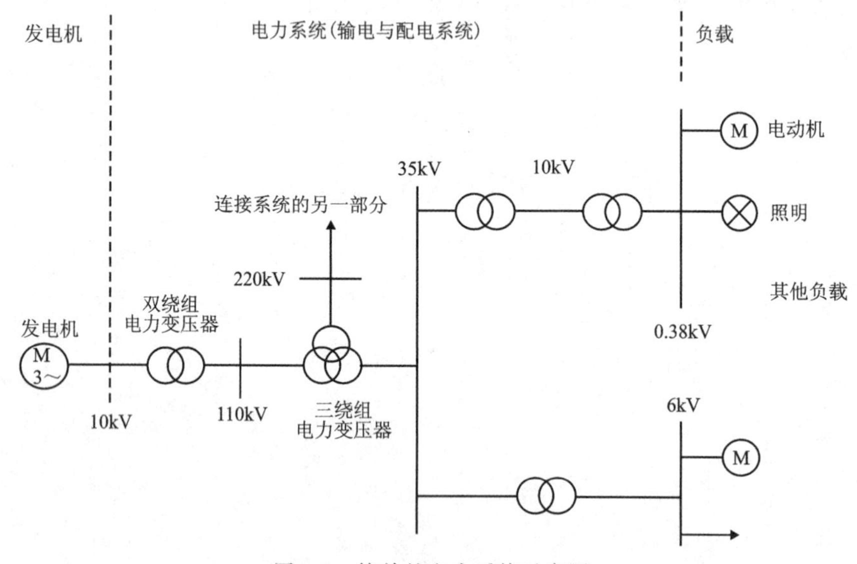

图 4-1　简单的电力系统示意图

图 4-1 所示的电力系统采用交流高压输电，是个三相系统。为了减少输电时线路上的电能损耗，采用高压输电。发电机发出的电压先经过变压器升高电压，再经输电系统送到用电地区；到了用电地区后，需要把高压降到 35kV 以下，再按用户需要的电压分别配电。输配电中升压和降压多次进行，因此，变压器的安装容量往往是发电机容量的 5～8 倍。电力系统使用的变压器叫做电力变压器。

变压器每一相有两个绕组的叫双绕组变压器，它有两个电压等级，应用最为广泛；每一相有 3 个绕组的变压器叫三绕组变压器，它有 3 个电压等级，在电力系统中用来连接 3 个电压等级的电网。

除了电力变压器外，根据变压器的用途，还有供给特殊电源用的变压器，如电炉变压器、整流变压器；量测变压器，如电压互感器、电流互感器；其他各种变压器，如试验用高压变压器、自动控制系统中的小功率变压器。

图 4-2 是一台单相双绕组变压器的示意图。铁心是变压器的磁路部分，套在铁心上的绕组是变压器的电路部分。接交流电源的绕组 AX 为一次绕组，接负载的绕组 ax 为二次绕组。负载为各种用电器，如电灯、电动机等。

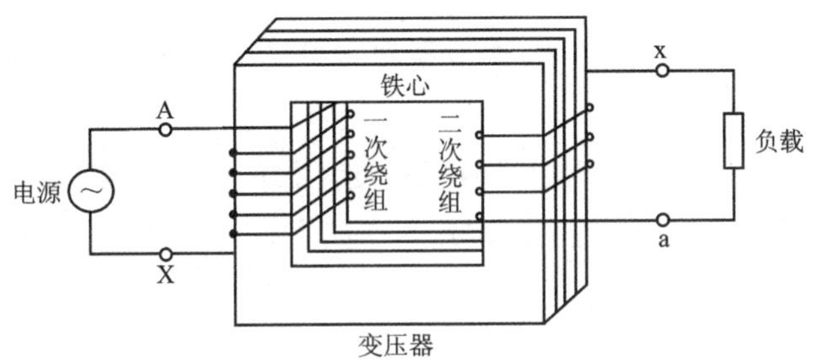

图 4-2 单向双绕组变压器

3 个单相变压器可以组成一台三相变压器，叫三相变压器组，如图 4-3 所示。

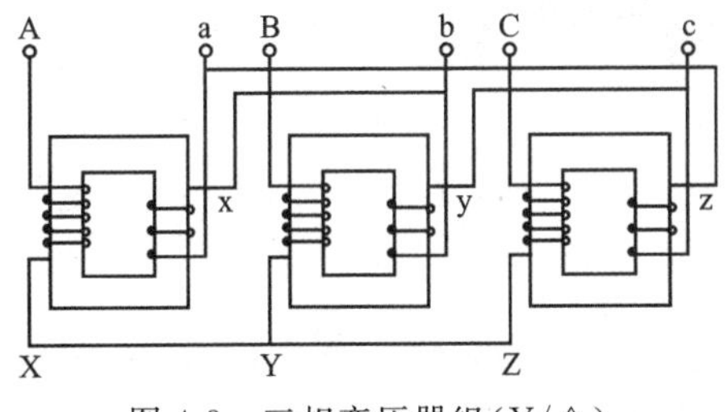

图 4-3 三相变压器组（Y/△）

三相在电路上互相连接，而在磁路上互相独立。三相变压器的磁路也可做成一个三铁心柱式整体闭合磁路，称为三铁心柱式三相变压器，如图 4-4 所示，每一铁心柱上套着一相的一次绕组和二次绕组。图 4-3 中三相变压器绕 AX、BY 和 CZ 接为星形（Y）连接方式，绕组 ax、by 和 cz 接为三角形（△）连接方式，用符号 Y/△表示。图 4-4 中的三铁心柱式三相变压器，一次绕组 Y 接；二次绕组 Y 接，并从其 x、y、z 的公共点引出一个出线端，标记为 0，称为中线，用符号 Y/Y_0表示。

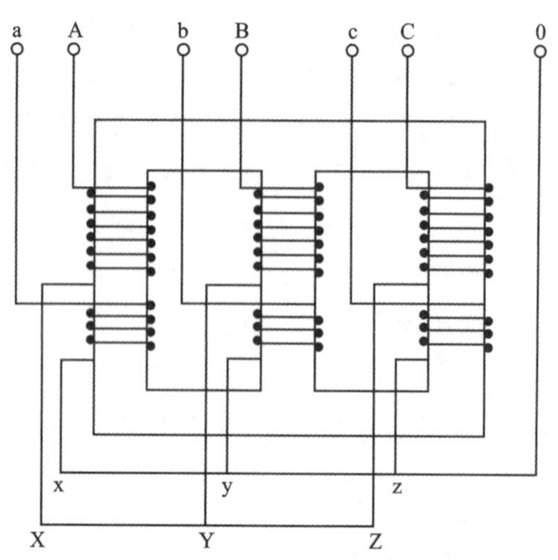

图 4-4　三铁心柱式三相变压器(Y/Y_0)

从变压器的功能来看,铁心和绕组是变压器最主要的部分。图 4-5 画出了三铁心柱式三相变压器的铁心和绕组。变压器的铁心由铁心柱(外面套绕组的部分)和铁轭(连接铁心柱的部分)组成。为了具有较高的导磁系数,减少磁滞和涡流损耗,铁心多采用 0.35mm 厚的硅钢片叠装而成,片间彼此绝缘。

铁心磁回路不能有间隙,这样才能尽量减小变压器的励磁电流,因此相邻两层铁心叠片的接缝要互相错开,图 4-6 是相邻两层硅钢片的不同排法。

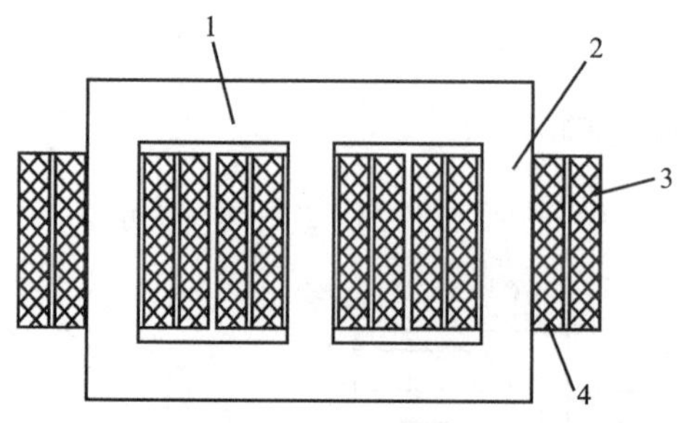

1. 铁轭;2. 铁心柱;3. 高压绕组;4. 低压绕组。

图 4-5　三铁心柱式变压器的铁心与绕组图

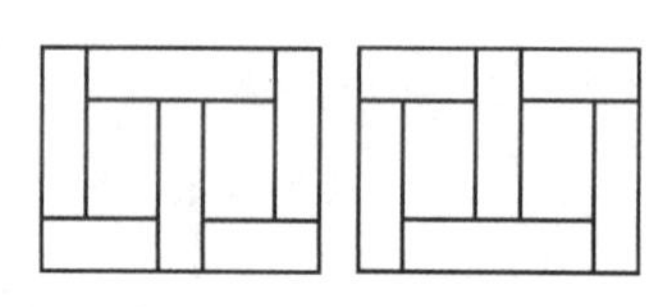

图 4-6　硅钢片的排法

变压器的绕组大多用包有绝缘的铜导线绕制而成,在中、小型变压器中也有用铝线代替铜线的。电压高的绕组为高压绕组,电压低的绕组为低压绕组。绕组套在铁心柱上的位置,低压绕组在里,高压绕组在外,这样绝缘距离小,绕组与铁心的尺寸都可以小些。绕组也有很多种结构形式,这里不做介绍。

变压器的铁心和绕组装配到一起称为变压器的器身。器身如果放置在充满变压器油的油箱里,这种变压器就叫作油浸式变压器。油浸式变压器是最常见的一种电力变压器。油箱包括油箱体和油箱盖。有的油箱体的箱壁上焊着许多散热管,为的是较快地把变压器运行时铁心和绕组中产生的热量散发到周围去。油箱盖上安装着绕组的引出线,并用绝缘套管与箱盖绝缘。变压器油有绝缘和冷却两个作用。

变压器还有许多其他的附件，如储油柜、测温装置、气体继电器、安全气道、无载或有载分接开关等。图 4-7 所示是一台油浸式电力变压器示意图。

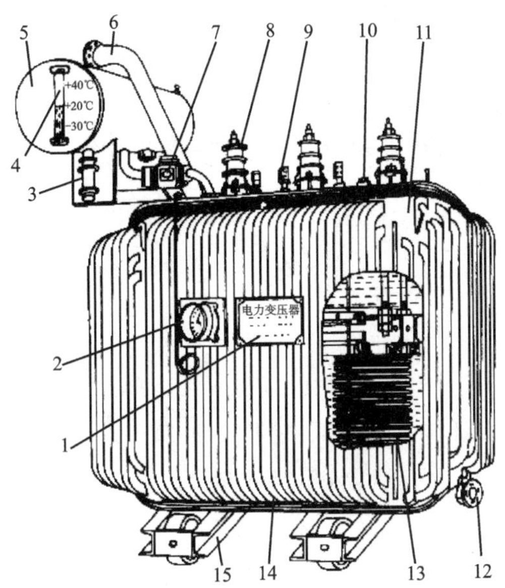

1. 铭牌；2. 信号式温度计；3. 吸湿器；4. 油表；5. 储油柜；6. 安全气道；7. 气体继电器；
8. 高压套管；9. 低压套管；10. 分接开关；11. 油箱；12. 放油阀门；13. 器身；14. 接地板；15. 小车。

图 4-7　油浸式电力变压器示意图

每一台变压器都有一个铭牌，铭牌上标注着变压器的型号、额定数据及其他数据。

变压器的型号是用字母和数字表示的，字母表示类型，数字表示额定容量和额定电压。例如

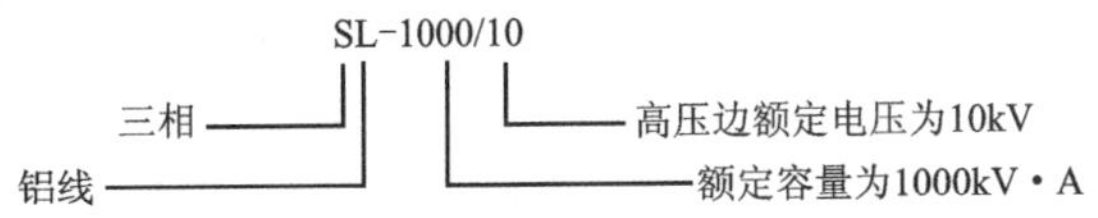

SL 为该变压器基本型号，表示是一台三相自冷矿物油浸双绕组铝线变压器。

变压器的额定数据主要有：

(1)额定容量 S_N 。指变压器的视在功率，单位为 V・A 或 kV・A 。对于双绕组电力变压器，一次绕组与二次绕组的容量设计得相同。

(2)额定电压 U_{1N}/U_{2N} 。指线电压，单位为 V 或 kV。U_{1N} 是电源加到一次绕组上的额定电压，U_{2N} 是一次绕组加上额定电压后二次绕组开路，即空载运行时二次绕组的端电压。

(3)额定电流 I_{1N}/I_{2N} 。指线电流，单位为 A。

(4)额定频率 f 。我国规定标准工业用电频率为 50Hz。

除了上述额定数据外，变压器的铭牌上还标注有相数、效率、温升、短路电压标幺值、使用条件、冷却方式、接线图及连接组别、总重量、变压器油重量及器身重量。

电力变压器的容量等级和电压等级，在国家标准中都作了规定。

电网电压是有波动的，因此，变压器的高压侧一般都引几个分接头与分接开关相连，调节分接开关，可以改变高压绕组的匝数，即改变变压器实际的匝数比，从而使电网电压波动时(一般是±5%)，二次侧输出电压仍然是稳定的。图 4-8 所示为高压分接头。

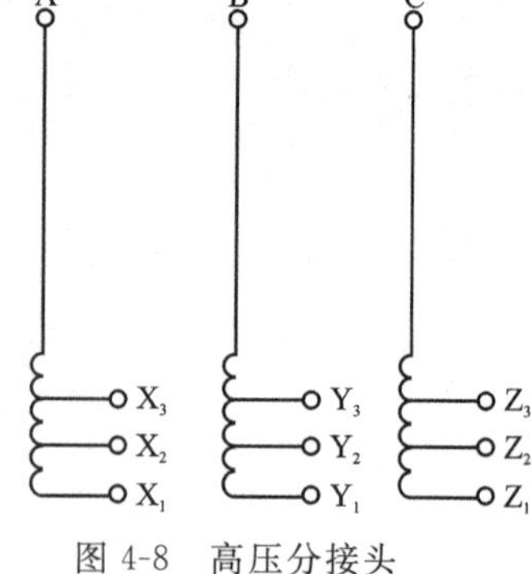

图 4-8　高压分接头

变压器的额定容量、额定电压和额定电流之间的关系如下。

单相双绕组变压器

$$S_N = U_{1N}I_{1N} = U_{2N}I_{2N} \tag{4-1}$$

三相双绕组变压器

$$S_N = \sqrt{3}U_{1N}I_{1N} = U_{2N}I_{2N} \tag{4-2}$$

若知道变压器的额定容量与额定电压，根据式(4-1)和式(4-2)，就可以计算出它的额定电流。例如，一台三相双绕组电力变压器，额定容量 $S_N = 100\text{kV}\cdot\text{A}$，额定电压 $U_{1N}/U_{2N} = 6000\text{V}/400\text{V}$，则其额定电流为

$$I_{1N} = \frac{S_N}{\sqrt{3}U_{1N}} = \frac{100\times10^3}{\sqrt{3}\times6000}\text{A} = 9.62\text{A} \tag{4-3}$$

$$I_{2N} = \frac{S_N}{\sqrt{3}U_{2N}} = \frac{100\times10^3}{\sqrt{3}\times400}\text{A} = 144.3\text{A} \tag{4-4}$$

电力系统中三相电压是对称的，即大小一样，相位互差 120°。三相电力变压器每一相的参数大小也是一样的。变压器一次侧接上三相对称电压，若二次侧带上三相对称负载(即三相负载阻抗 Z_L 相同)，这时三相变压器的三个相的一次侧及二次侧的电压分别都是对称的，即大小相等，相位互差 120°，3 个相的电流当然也是对称的。变压器的这种运行状态叫作对称运行。电力变压器正常的运行状态，基本上是对称运行。

分析对称运行的三相变压器各相中电压、电流及其他各种电磁量，只需分析其中一相的情况，便可得出另外两相的情况。或者说，对于单相变压器运行的分析结果，适用于三相变压器对称运行情况。本章分析变压器运行的基本原理和运行性能等，都是针对单相变压器进行的，所涉及的电压、电流、磁通势、磁通、电动势、功率等物理量以及变压器本身的各个参数都是指单相的值。对于三相变压器，不论其电路接线方式和磁路系统各是什么样的，只需要把各个物理量及变压器参数取为每相的值，就完全可以使用单相变压器分析的结论。

本节只对变压器的稳态运行进行分析，不考虑运行情况突变时，从一个稳态到另一个稳态的过渡过程。

二、变压器空载运行

图 4-9 是一台单相变压器的示意图，AX 是一次绕组，其匝数为 N_1，ax 是二次绕组，其匝数为 N_2。

变压器运行时，各电磁量都是交变的。为了研究清楚它们之间的相位关系，必须事先规

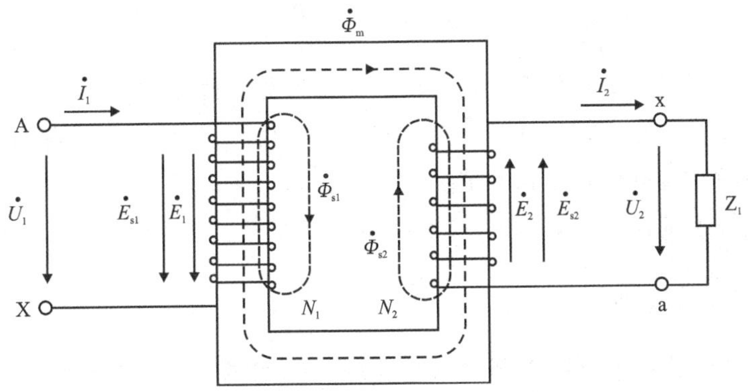

图 4-9　单相变压器示意图(箭头为变压器运行时各电磁量规定正方向)

定好各量的正方向,否则无法列写有关电磁关系式。例如,规定一次绕组电流 $\dot{I}_1$(在后面章节中,凡在大写英文字母上标"·"者,均表示为相量)从 A 流向 X 为正,用箭头标在图 4-9 中。这仅仅说明,当该电流在某瞬间的确是从 A 流向 X 时,其值为正,否则为负。可见,规定正方向只起坐标的作用,不能与该量瞬时实际方向混为一谈。

正方向的选取是任意的。在列写电磁关系式时,不同的正方向仅影响该量为正或为负,不影响其物理本质。这就是说,变压器在某状态下运行时,由于选取了不同的正方向,导致各方程式中正、负号不一致,但究其瞬时值之间的相对关系不会改变。

选取正方向有一定的习惯,称为惯例。对分析变压器,常用的惯例如图 4-9 所示。

从图 4-9 中看出,变压器运行时,如果电压 $\dot{U}_1$ 和电流 $\dot{I}_1$ 同时为正或同时为负,即其间相位差 φ_1 小于 90°,则有功电功率 $U_1 I_1 \cos\varphi_1$ 为正值,说明变压器从电源吸收了这部分功率。如果 φ_1 大于 90°,$U_1 I_1 \cos\varphi_1$ 为负,说明变压器从电源吸收负有功功率(实为发出有功功率)。把图 4-9 中规定 $\dot{U}_1$ 、$\dot{I}_1$ 正方向称为电动机惯例。

再看电压 $\dot{U}_2$ 、电流 $\dot{I}_2$ 的规定正方向,如果 $\dot{U}_2$ 、$\dot{I}_2$ 同时为正或同时为负,有功功率都是从变压器二次绕组发出,称为"发电机惯例"。当然,$\dot{U}_2$ 、$\dot{I}_2$ 一正一负时,则发出负有功功率(实为吸收有功功率)。

关于无功功率,同是电流 $\dot{I}_1$ 滞后电压 $\dot{U}_1$ 90°,对电动机惯例,称为吸收滞后性无功功率;对发电机惯例,称为发出滞后性无功功率。

图 4-9 中,在一、二次绕组绕向情况下,电流 $\dot{I}_1$,$\dot{I}_2$ 和电动势 $\dot{E}_1$,$\dot{E}_2$ 等规定正方向都与主磁通 $\dot{\Phi}_m$ 规定正方向符合右手螺旋关系。漏磁通 $\dot{\Phi}_{s1}$ 、$\dot{\Phi}_{s2}$ 正方向与主磁通 $\dot{\Phi}_m$ 一致。漏磁电动势 $\dot{E}_{s1}$ 、$\dot{E}_{s2}$ 与 $\dot{E}_1$ 、$\dot{E}_2$ 正方向一致。

随时间变化的主磁通 Φ,在环链该磁通的一、二次绕组中会产生感应电动势。当这种规定电动势、磁通正方向符合右手螺旋关系时,感应电动势 e 公式前必须加负号,即

$$e_1 = -N_1 \frac{d\Phi}{dt} \tag{4-5}$$

$$e_2 = -N_2 \frac{\mathrm{d}\Phi}{\mathrm{d}t} \tag{4-6}$$

本节对单相变压器的电磁关系进行分析。在对称负载情况下，分析的结论也完全适用于三相变压器。三相变压器中，每相电压、电流有效值都相等，只是各相间在相位上互差120°电角度而已，分析一相，就可得到三相的情况。

变压器一次绕组接在交流电源上，二次绕组开路称为空载运行。

（一）主磁通、漏磁通

变压器是一个带铁心的互感电路，因铁心磁路的非线性，在电机学里，一般不采用互感电路的分析方法，而是把磁通分为主磁通和漏磁通进行研究。

图4-10是单相变压器空载运行的示意图。当二次绕组开路，一次绕组AX端接到电压U_1随时间按正弦变化的交流电网上，一次绕组便有电流I_0流过，此电流称为变压器的空载电流（也叫励磁电流）。空载电流I_0乘以一次绕组匝数N_1为空载磁动势，也叫励磁磁动势，用F_0表示，$F_0 = N_1 I_0$。为了便于分析，直接研究磁路中的磁通。在图4-10中，把同时链着一、二次绕组的磁通称为主磁通，其幅值用Φ_m表示，把只链一次绕组或二次绕组本身的磁通称为漏磁通。空载时，只有一次绕组漏磁通，其幅值用Φ_{s1}表示。从图中可看出，主磁通的路径是铁心，漏磁通的路径比较复杂，除了铁磁材料外，还要经空气或变压器油等非铁磁材料构成回路。由于铁心采用磁导率高的硅钢片制成，空载运行时，主磁通占总磁通的绝大部分，漏磁通的数量很小，仅占0.1%～0.2%。

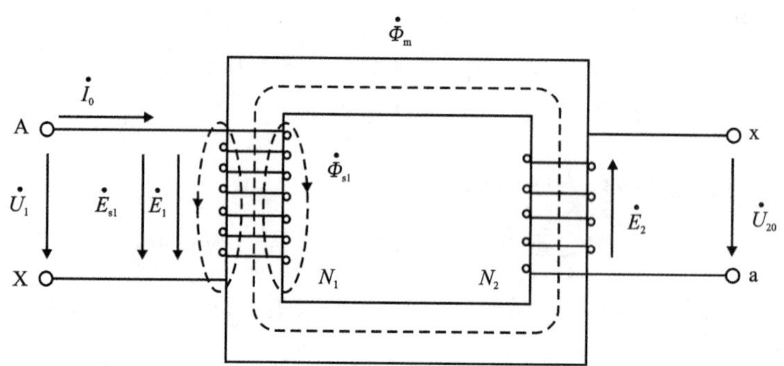

图4-10　变压器空载运行时的示意图

在不考虑铁心磁路饱和，由空载磁动势f_0产生的主磁通Φ，以电源电压u_1，频率随时间按正弦规律变化。写成瞬时值为

$$\Phi = \Phi_m \sin\omega t \tag{4-7}$$

一次绕组漏磁通为

$$\Phi_{L1} = \Phi_{s1} \sin\omega t \tag{4-8}$$

式中：Φ_m、Φ_{s1}分别为主磁通和一次绕组漏磁通的幅值；$\omega = 2\pi f$为角频率；f为频率；t为时间。

(二)主磁通感应电动势

把式(4-7)代入式(4-5),得主磁通在一次绕组感应电动势瞬时值为

$$\begin{aligned} e_1 &= -N_1\frac{d\Phi}{dt} = -\omega N_1\Phi_m\cos\omega t \\ &= \omega N_1\Phi_m\sin\left(\omega t-\frac{\pi}{2}\right) \\ &= E_{1m}\sin\left(\omega t-\frac{\pi}{2}\right) \end{aligned} \tag{4-9}$$

同理,主磁通 Φ 在二次绕组中感应电动势瞬时值为

$$\begin{aligned} e_2 &= -N_2\frac{d\Phi}{dt} = -\omega N_2\Phi_m\cos\omega \\ &= \omega N_2\Phi_m\sin\left(\omega t-\frac{\pi}{2}\right) \\ &= E_{2m}\sin\left(\omega t-\frac{\pi}{2}\right) \end{aligned} \tag{4-10}$$

式中:$E_{1m}=\omega N_1\Phi_m$、$E_{2m}=\omega N_2\Phi_m$ 分别是一、二次绕组感应电动势幅值。

用相量形式表示上述有效值为

$$\dot{E}_1=\frac{\dot{E}_{1m}}{\sqrt{2}}=-j\frac{\omega N_1}{\sqrt{2}}\dot{\Phi}_m=-j\frac{2\pi}{\sqrt{2}}fN_1\dot{\Phi}_m=-j4.44fN_1\dot{\Phi}_m \tag{4-11}$$

$$\dot{E}_2=\frac{\dot{E}_{2m}}{\sqrt{2}}=-j\frac{\omega N_2}{\sqrt{2}}\dot{\Phi}_m=-j\frac{2\pi}{\sqrt{2}}fN_2\dot{\Phi}_m=-j4.44fN_2\dot{\Phi}_m \tag{4-12}$$

其中,磁通的单位为 Wb,电动势的单位为 V。

从式(4-11)和式(4-12)看出,电动势 E_1 或 E_2 的大小与磁通交变的频率、绕组匝数以及磁通幅值成正比。当变压器接到固定频率电网时,由于频率、匝数都为定值,电动势有效值 E_1 或 E_2 的大小仅取决于主磁通幅值 Φ_m 的大小。作为相量,$\dot{E}_1$、$\dot{E}_2$ 都滞后 $\dot{\Phi}_m$ $\pi/2$ 电角度。

(三)漏磁通感应电动势

式(4-8)一次绕组漏磁通感应漏磁电动势瞬时值为

$$\begin{aligned} e_{s1} &= -N_1\frac{d\Phi_{L1}}{dt} = \omega N_1\Phi_{s1}\sin\left(\omega t-\frac{\pi}{2}\right) \\ &= E_{ms1}\sin\left(\omega t-\frac{\pi}{2}\right) \end{aligned} \tag{4-13}$$

式中:$E_{ms1}=\omega N_1\Phi_{s1}$ 为漏磁电动势幅值。

用相量表示,其有效值为

$$\dot{E}_{s1}=\frac{\dot{E}_{ms1}}{\sqrt{2}}=-j\frac{\omega N_1}{\sqrt{2}}\dot{\Phi}_{s1}=-j4.44fN_1\dot{\Phi}_{s1} \tag{4-14}$$

式(4-14)可写成

$$\dot{E}_{s1}=-\mathrm{j}\frac{\omega N_1\dot{\Phi}_{s1}}{\sqrt{2}}\cdot\frac{\dot{I}_0}{\dot{I}_0}=-\mathrm{j}\omega L_{s1}\dot{I}_0=-\mathrm{j}X_1\dot{I}_0 \tag{4-15}$$

式中：$L_{s1}=\dfrac{N_1\Phi_{s1}}{\sqrt{2}I_0}$ 称为一次绕组漏自感；$X_1=\omega L_{s1}$ 称为一次绕组漏电抗。

可见，漏磁电动势 $\dot{E}_{s1}$ 可以用空载电流 $\dot{I}_0$ 在一次绕组漏电抗 X_1 产生的负压降 $-\mathrm{j}\dot{I}_0X_1$ 表示。在相位上，$\dot{E}_{s1}$ 滞后 $\dot{I}_0$ $\pi/2$ 电角度。

一次绕组漏电抗 X_1，还可写成

$$X_1=\omega\frac{N_1\Phi_{s1}}{\sqrt{2}I_0}=\omega\frac{N_1(\sqrt{2}I_0N_1\Lambda_{s1})}{\sqrt{2}I_0}=\omega N_1^2\Lambda_{s1} \tag{4-16}$$

式中：Λ_{s1} 为漏磁路的磁导。

为了提高变压器运行性能，在设计时希望漏电抗 X_1 数值小点为好。从式(4-16)看出，影响漏电抗 X_1 大小的因素有 3 个，即角频率 ω、匝数 N_1 和漏磁路磁导 Λ_{s1}。其中 ω 为恒值，而匝数 N_1 的设计要综合考虑，那么只能通过减小漏磁路磁导 Λ_{s1} 的办法来减小 X_1。漏磁路磁导 Λ_{s1} 的大小与磁路的材料，一、二次绕组相对位置以及磁路的几何尺寸有关。已知漏磁路的材料主要是非铁磁材料，其磁导率 μ 很小，且为常数，再合理布置一、二次绕组的相对位置，就可以减 Λ_{s1}，从而减小漏电抗 X_1，且为常数，即 X_1 不随电流大小而变化。

（四）空载运行电压方程

根据基尔霍夫定律，列出图 4-10 变压器空载时一次、二次绕组回路电压方程。一次绕组回路电压方程为

$$\dot{U}_1=-\dot{E}_1-\dot{E}_{s1}+\dot{I}_0R_1 \tag{4-17}$$

将式(4-15)代入式(4-17)，得

$$\begin{aligned}\dot{U}_1&=-\dot{E}_1+\dot{I}_0(R_1+\mathrm{j}X_1)\\&=-\dot{E}_1+\dot{I}_0Z_1\end{aligned} \tag{4-18}$$

式中：R_1 是一次绕组电阻(Ω)；$Z_1=R_1+jX_1$ 是一次绕组漏阻抗(Ω)。

空载时，二次绕组开路电压用 $\dot{U}_{20}$ 表示，则

$$\dot{U}_{20}=\dot{E}_2 \tag{4-19}$$

变压器一次绕组加额定电压空载运行时空载电流 I_0 不超过额定电流的 10%，再加上漏阻抗 Z_1 值较小，产生的压降 I_0Z_1 也较小，可以认为式(4-18)近似为

$$\dot{U}_1\approx-\dot{E}_1 \tag{4-20}$$

仅考虑其大小，即为

$$U_1\approx E_1=4.44fN_1\Phi_m \tag{4-21}$$

可见，当频率 f 和匝数 N_1 一定时，主磁通 Φ_m 的大小几乎决定于所加电压 U_1 的大小。但是，必须明确，主磁通 Φ_m 是由空载磁动势 $F_0=I_0N_1$ 产生的。

一次电动势 E_1 与二次电动势 E_2 之比，称为变压器的变比，用 k 表示，即

$$k=\frac{E_1}{E_2}=\frac{4.44fN_1\Phi_m}{4.44fN_2\Phi_m}=\frac{N_1}{N_2} \tag{4-22}$$

可见，变比 k 也等于一、二次绕组匝数比。空载时，$U_1\approx E_1$，$U_{20}\approx E_2$，故

$$k=\frac{E_1}{E_2}=\frac{U_1}{U_{20}} \tag{4-23}$$

对于三相变压器，变比定义为同一相一、二次相电动势之比。

只要 $N_1\neq N_2$，$k\neq 1$，一、二次电压就不相等，实现了变电压的目的。$k>1$ 是降压变压器，$k<1$ 是升压变压器。

(五)励磁电流

铁磁材料除了磁导率 μ 很大外，还有磁化特性的非线性、磁滞和涡流现象等特点。

几何尺寸一定的变压器铁心，由磁化电流产生的磁通，一开始，它们之间的变化呈线性关系。例如，磁化电流增大 1 倍，磁通也增大 1 倍。随着磁路里磁通的增大，出现了饱和现象，即少量的磁通增加，需要的磁化电流却很大。一般，为了提高变压器铁心的利用率，适当设计电力变压器主磁通的大小，使其磁路刚刚进入饱和状态。这样一来，磁路里主磁通 Φ 随时间按正弦规律变化，产生它的磁化电流 I_{0r} 随时间不再是按正弦规律变化。I_{0r} 波形非正弦，不能用相量表示。工程上用等效正弦波概念表示实际的磁化电流 I_{0r}，用相量 $\dot{I}_{0r}$ 表示。在相位上，$\dot{I}_{0r}$ 与主磁通 $\dot{\Phi}_m$ 同相。

铁磁材料的另一个特点是其磁化曲线的不单一性，即上升、下降的磁化曲线不重合，表现为磁滞回线。这种情况在不同瞬间磁通 Φ 瞬时值虽然一样，但是对应的磁化电流却不一样。铁磁材料的磁滞现象会引起损耗，叫磁滞损耗。交变的磁通还会在铁心中产生涡流，由此引起的损耗叫涡流损耗。把磁滞损耗和涡流损耗统称为变压器铁损耗，用 p_{Fe} 表示。运行中，铁损耗转化为热能消耗掉。

变压器空载运行，电源应输入大小为铁损耗值的有功功率，对应的电流用 $\dot{I}_{0a}$ 表示，因系有功电流，$\dot{I}_{0a}$ 应与 $\dot{U}_1$ 同相。考虑到式(4-20) $\dot{U}_1\approx-\dot{E}_1$，认为 $\dot{I}_{0a}$ 与 $-\dot{E}_1$ 同相位。

(六)变压器空载运行的向量图

先把主磁通相量 $\dot{\Phi}_m$ 作为参考相量画在图 4-11(a)中，再画 $\dot{E}_1$ 滞后 $\dot{\Phi}_m$ 90°，$\dot{I}_{0r}$ 与 $-\dot{\Phi}_m$ 同相，$\dot{I}_{0a}$ 与 $-\dot{E}_1$ 同相。把 $\dot{I}_{0a}$ 与 $\dot{I}_{0r}$ 相量和称为励磁电流，用 $\dot{I}_0$ 表示，即

$$\dot{I}_0=\dot{I}_{0a}+\dot{I}_{0r} \tag{4-24}$$

式中：$\dot{I}_{0a}$ 为有功分量；$\dot{I}_{0r}$ 为无功分量。

励磁电流 $\dot{I}_0$ 领先 $\dot{\Phi}_m$ α 角，称为铁耗角。

令 $\dot{I}_0$ 与 $-\dot{E}_1$ 相量间的相位差为 ψ_0，则

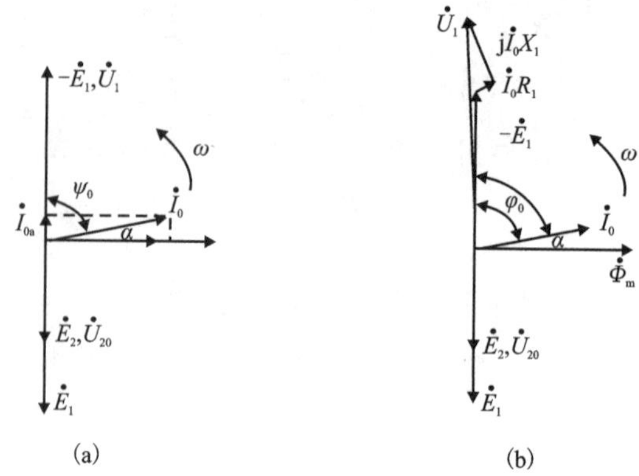

图 4-11　变压器空载运行向量图

(a)主磁通、励磁电流等相量图;(b)变压器空载运行相量图

$$I_{0a} = I_0 \cos\psi_0 \tag{4-25}$$

$$I_{0r} = I_0 \sin\psi_0 \tag{4-26}$$

$$I_0 = \sqrt{I_{0a}^2 + I_{0r}^2} \tag{4-27}$$

一般,电力变压器 $I_0 \approx (0.02 \sim 0.10) I_{1N}$,容量越大,I_0 相对较小。

根据式(4-18)画出电压 $\dot{U}_1$ 相量,如图 4-11(b)所示,为变压器空载运行相量图。

图 4-11(b)中,φ_0 是 $\dot{U}_1$ 与 $\dot{I}_0$ 之间的相位差。因一次漏阻抗压降很小,$\dot{U}_1 \approx -\dot{E}_1$ 所以 $\varphi_0 \approx \pi/2$ 。说明变压器空载运行时,功率因数很低($\cos\varphi_0$ 值小),即从电源吸收很大的滞后性无功功率。

从电源吸收的有功功率为 $U_0 I_0 \cos\varphi_0$,其值等于铁损 p_{Fe} 加上一次绕组铜损耗 ($p_{Cu1} = I_0^2 R_1$) ,空载运行中时,p_{Cu1} 很小,可以忽略不计,因此主要为铁损耗 p_{Fe} 部分。

(七)变压器空载运行的等效电路

仿效前面漏磁电动势 $\dot{E}_{s1}$ 用负漏抗压降 $-j\dot{I}_0 X_1$ 表示的办法,电动势 $\dot{E}_1$ 也可用负电抗压降表示。从图 4-11 可知,$\dot{I}_{0r}$ 超前 $\dot{E}_1$ $\pi/2$ 角度。把 $\dot{E}_1$ 看成为 $\dot{I}_{0r}$ 在一个电抗上的负压降,即

$$\dot{E}_1 = -j\dot{I}_{0r} \frac{1}{B_0} \tag{4-28}$$

式中:B_0 为电纳(电抗的倒数)。

$\dot{I}_{0a}$ 超前 $\dot{E}_1$ π 角度,用负电阻压降表示为

$$\dot{E}_1 = -\dot{I}_{0a} \frac{1}{G_0} \tag{4-29}$$

式中:G_0 为电导(电阻的倒数)。

根据式(4-18)、式(4-24)、式(4-28)、式(4-29),可以用等效电路的形式表达变压器空载运行的电路方程,如图 4-12 所示。其中,$I_{0a}^2 \dfrac{1}{G_0}$ 代表铁损耗,$I_0^2 R_1$ 代表一次绕组铜损耗。

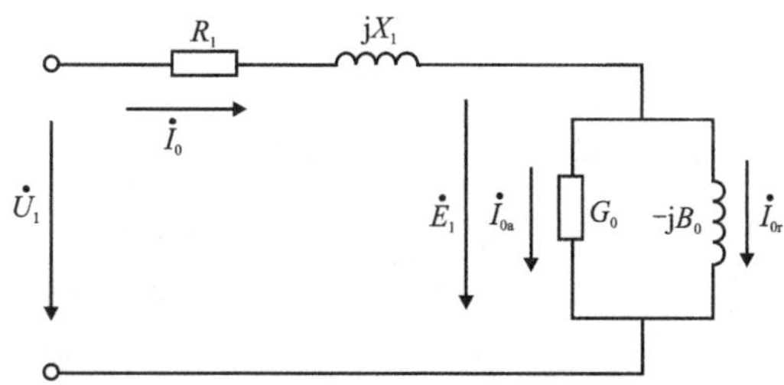

图 4-12　变压器空载运行并联型等效电路

实际应用中,常把图 4-12 的 G_0 和 B_0 并联型电路转换为串联型电路,换算如下。

将式(4-28)和式(4-29)代入式(4-24),得

$$\dot{I}_0 = \dot{I}_{0a} + \dot{I}_{0r} = (-\dot{E}_1)(G_0 - jB_0) \tag{4-30}$$

写成

$$\begin{aligned}(-\dot{E}_1) &= \frac{\dot{I}_0}{(G_0 - jB_0)} = \dot{I}_0 \frac{(G_0 + jB_0)}{(G_0 + jB_0)(G_0 - jB_0)} \\ &= \dot{I}_0\left(\frac{G_0}{G_0^2 + B_0^2}\right) + \dot{I}_0\left(\frac{jB_0}{G_0^2 + B_0^2}\right) \\ &= \dot{I}_0 R_m + j\dot{I}_0 X_m \\ &= \dot{I}_0 Z_m\end{aligned} \tag{4-31}$$

式中:$R_m = \dfrac{G_0}{G_0^2 + B_0^2}$ 称为铁损耗等效电阻或励磁电阻;$X_m = \dfrac{B_0}{G_0^2 + B_0^2}$ 称为励磁电抗;$Z_m = R_m + jX_m$ 称为励磁阻抗。

把式(4-31)代入式(4-18)得

$$\begin{aligned}\dot{U}_1 &= -\dot{E}_1 + \dot{I}_0(R_1 + jX_1) \\ &= \dot{I}_0(R_m + jX_m) + \dot{I}_0(R_1 + jX_1) \\ &= \dot{I}_0(Z_m + Z_1)\end{aligned} \tag{4-32}$$

根据式(4-32)可画出变压器空载运行的等效电路,如图 4-13 所示。

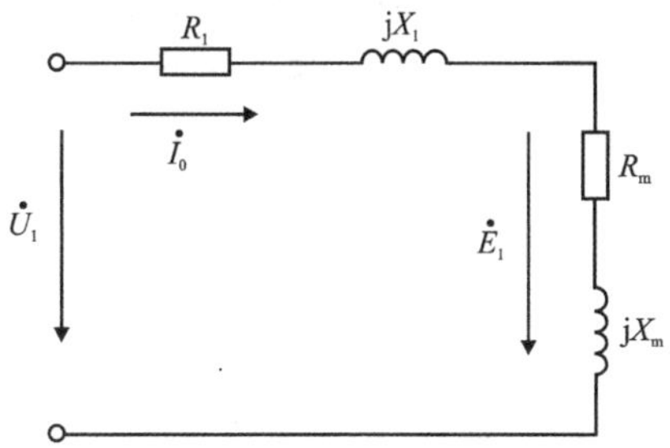

图 4-13　变压器空载运行等效电路

励磁电阻 R_m 是一个等效电阻,它反映了变压器铁损耗的大小,即空载电流 I_0 在 R_m 上的

损耗 $I_0^2R_m$ ，代表了铁损耗 p_{Fe} ，即

$$p_{Fe} = I_0^2R_m \tag{4-33}$$

关于励磁电抗 X_m 的大小及其是否为常数，作如下的分析。

从式(4-16)对变压器一次绕组漏电抗 X_1 的分析知道，电抗的大小决定于频率、匝数平方和磁路磁导三者的乘积。当频率、匝数一定时，看其磁路磁导 Λ 的大小。主磁通的路径主要是由硅钢片构成的铁心磁路，硅钢片是一种具有高磁导率的软磁材料，因此磁导率大，磁路磁阻小，磁导 Λ 大。对此，在相同的频率和匝数情况下，变压器的励磁电抗 X_m 远远大于其一次绕组漏电抗 X_1 。此外，由于铁心磁路存在着饱和现象，随着磁路的饱和，磁路的磁导值是变化的。当磁路不饱和时，单位励磁电流产生主磁通的能力一定，即磁导为恒值，表现的励磁电抗 X_m 是常数。当磁路饱和时，即单位励磁电流产生主磁通的能力减弱，表现为磁阻增大，磁导减小，励磁电抗 X_m 减小。励磁电阻 R_m 的数值，也随主磁通 Φ_m 的大小变化。变压器运行时，只有当电源电压为额定值， X_m 和 R_m 才为常数。

电力变压器的励磁阻抗比一次绕组漏阻抗大很多，即 $Z_m \gg Z_1$ 。从图 4-13 等效电路可看出，在额定电压下，励磁电流 I_0 主要取决于励磁阻抗 Z_m 的大小。变压器运行时，希望 I_0 数值越小越好，以提高变压器的效率和减小电网供应滞后性无功功率的负担，因此，一般将 Z_m 设计得较大。

三、变压器负载运行

变压器一次绕组接电源，二次绕组接负载，称为变压器负载运行。负载阻抗 $Z_L = R_L + jX_L$ ，其中 R_L 是负载电阻， X_L 是负载电抗。

(一)负载时磁通势及一、二次电流关系

变压器带负载时，负载上电压方程为

$$\dot{U}_2 = \dot{I}_2Z_L = \dot{I}_2(R_L + jX_L) \tag{4-34}$$

式中： $\dot{I}_2$ 是二次电流，又称为负载电流。

变压器负载运行时，一次、二次绕组都有电流流过，都要产生磁通势。按照磁路的安培环路定律，负载时，铁心中的主磁通 $\dot{\Phi}_m$ 是由这两个磁通势共同产生的。也就是说，把作用在主磁路上所有磁通势相量加起来，得到一总合成磁通势产生主磁通。根据图 4-9 规定的正方向，负载时各磁通势相量和为

$$\dot{F}_1 + \dot{F}_2 = \dot{F}_0 \tag{4-35}$$

式中： $\dot{F}_1$ 为一次绕组磁通势， $\dot{F}_1 = \dot{I}_1N_1$ ； $\dot{F}_2$ 为二次绕组磁通势， $\dot{F}_2 = \dot{I}_2N_2$ ； $\dot{F}_0$ 为产生主磁通 $\dot{\Phi}_m$ 的一、二次绕组合成磁通势，即负载时的励磁磁通势。

$\dot{F}_0$ 的数值取决于铁心中主磁通 $\dot{\Phi}_m$ 的数值，而 $\dot{\Phi}_m$ 的大小又取决于一次绕组感应电动势 $\dot{E}_1$ 的大小。下面分析 $\dot{E}_1$ 的大小。负载运行时，一次电流不再是 $\dot{I}_0$ ，而变为 $\dot{I}_1$ ，一次回路电

压方程变为

$$\dot{U}_1 = -\dot{E}_1 + \dot{I}_1 Z_1 \tag{4-36}$$

式中：$\dot{U}_1$ 为电源电压，大小不变；Z_1 为一次绕组漏阻抗，也是常数。

与空载运行相比，由于 $\dot{I}_0$ 变为 $\dot{I}_1$，负载时的 $\dot{E}_1$ 与空载时的数值不会相同，但在电力变压器设计时，把 Z_1 设计得很小，即使在额定负载下运行，一次电流为额定值 $\dot{I}_{1N}$，其数值比空载电流 I_0 大很多倍，仍然是 $I_{1N}Z_1 \ll U_1$，$\dot{U}_1 = -\dot{E}_1$。由 $E_1 = 4.44fN_1\Phi_m$ 看出，空载、负载运行，其主磁通 Φ_m 的数值虽然会有些差别，但差别不大。这就是说，负载时的励磁磁通势 $\dot{F}_0$ 与空载时的在数值上相差不多。为此，仍用同一个符号 $\dot{F}_0$ 或 $\dot{I}_0 N_1$ 表示。式(4-35)可以写成

$$\dot{I}_1 N_1 + \dot{I}_2 N_2 = \dot{I}_0 N_1 \tag{4-37}$$

式(4-35)或式(4-37)是变压器负载运行的磁通势平衡方程式。

对于空载运行，励磁磁通势 $\dot{F}_0$ 是容易理解的，而负载运行时，又如何理解它呢？二次绕组带上负载，有二次电流 $\dot{I}_2$ 流过，就要产生 $\dot{F}_2 = \dot{I}_2 N_2$ 的磁通势，如果一次绕组电流仍旧为 $\dot{I}_0$，那么 $\dot{F}_2$ 的作用必然要改变磁路的磁通势和主磁通大小。然而，主磁通 $\dot{\Phi}_m$ 不能变化太多，因此，一次绕组中必有电流 $\dot{I}_1$，产生一个 $(-\dot{F}_2)$ 大小的磁通势，以抵消或者说平衡二次绕组电流产生的磁通势 $\dot{F}_2$，以维持励磁磁通势为 $\dot{F}_0 = \dot{I}_0 N_1$。可见，这时一次绕组磁通势变为 $\dot{F}_1$。为了更明确地表示出磁通势平衡的物理意义，把式(4-35)、式(4-37)改写为

$$\dot{F}_1 = \dot{F}_0 + (-\dot{F}_2) \tag{4-38}$$

$$\dot{I}_1 N_1 = \dot{I}_0 N_1 + (-\dot{I}_2 N_2) \tag{4-39}$$

上式表明，一次绕组磁通势 $\dot{F}_1 = \dot{I}_1 N_1$ 由两个分量组成：一分量为励磁磁通势 $\dot{F}_0 = \dot{I}_0 N_1$，用来产生主磁通 $\dot{\Phi}_m$，由空载到负载它的数值变化不大；另一分量为 $(-\dot{F}_2) = (-\dot{I}_2 N_2)$，用来平衡二次绕组磁通势 $\dot{F}_2$，称为负载分量。负载分量的大小与二次绕组磁通势 $\dot{F}_2$ 一样，而方向相反，它随负载的变化而变化。在额定负载时，电力变压器 $I_0 = (0.02 \sim 0.1)I_{1N}$，即 F_0 在数量上比 F_1 小得多，F_1 中主要部分是负载分量。

把式(4-37)改写为

$$\dot{I}_1 + \frac{N_2}{N_1}\dot{I}_2 = \dot{I}_0 \tag{4-40}$$

$$\begin{aligned} \dot{I}_1 &= \dot{I}_0 + \left(-\frac{N_2}{N_1}\dot{I}_2\right) = \dot{I}_0 + \left(-\frac{1}{k}\dot{I}_2\right) \\ &= \dot{I}_0 + \dot{I}_L \end{aligned} \tag{4-41}$$

式中：$\dot{I}_L = \left(-\frac{N_2}{N_1}\dot{I}_2\right) = \left(-\frac{1}{k}\dot{I}_2\right)$，称为一次电流负载分量，$k = \frac{N_1}{N_2}$ 为变比。

式(4-41)表明,变压器负载运行时,一次电流 $\dot{I}_1$ 包含两个分量,即励磁电流 $\dot{I}_0$ 和负载电流 $\dot{I}_L$ 。从功率平衡角度看,二次绕组有电流,意味着有功率输出,一次绕组应增大相应的电流,增加输入功率,才能达到功率平衡。

变压器负载运行时,由于 $I_0 \ll I_1$ 可以认为一、二次电流关系为

$$\dot{I}_1 \approx -\frac{\dot{I}_2}{k} \tag{4-42}$$

对降压变压器 $I_2 > I_1$;对升压变压器, $I_2 < I_1$ 。无论是升压或降压变压器,额定负载时,一、二次电流同时都为额定值(见变压器的铭牌)。

(二)负载时二次电压、电流关系

二次绕组磁通势 $\dot{F}_2 = \dot{I}_2 N_2$ 还要产生只环链二次绕组本身,而不环链一次绕组的磁通,称为二次绕组漏磁通,其幅值用 Φ_{s2} 表示,它走的磁路如图 4-14 所示。与一次绕组漏磁通 $\dot{\Phi}_{s1}$ 对照,虽然各自的路径不同,但磁路材料性质都基本一样,都包括一段铁磁材料和一段非铁磁材料。因此 $\dot{\Phi}_{s2}$ 走的磁路也可以近似认为是线性磁路,且漏磁导 Λ_{s2} 很小。$\dot{\Phi}_{s2}$ 在二次绕组中感应的电动势为 $\dot{E}_{s2}$,$\dot{\Phi}_{s2}$ 与 $\dot{E}_{s2}$ 的正方向如图 4-9 所示,二者符合右手螺旋关系。

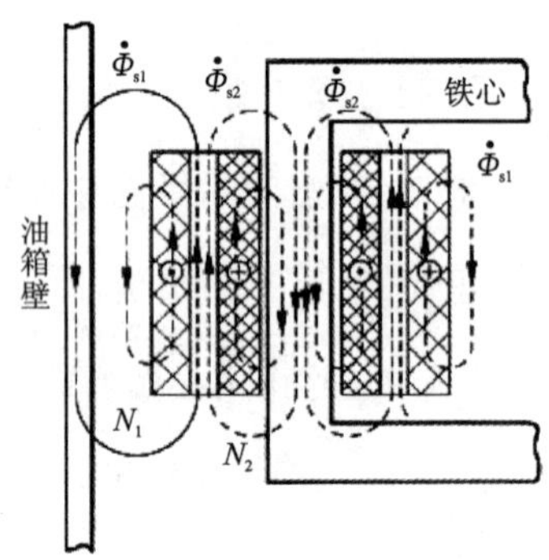

图 4-14 一、二次绕组的漏磁通

参照式(4-14)得

$$\dot{E}_{s2} = -\mathrm{j}\frac{\omega N_2}{\sqrt{2}}\dot{\Phi}_{s2} = -\mathrm{j}4.44fN_2\dot{\Phi}_{s2} \tag{4-43}$$

还可以写成

$$\dot{E}_{s2} = -\mathrm{j}\omega L_{s2}\dot{I}_2 = -\mathrm{j}X_2\dot{I}_2 \tag{4-44}$$

式中:$L_{s2} = \dfrac{N_2\Phi_{s2}}{\sqrt{2}I_2}$ 称为二次绕组漏自感;$X_2 = \omega L_{s2}$ 称为二次绕组漏电抗,其数值很小,且当角频率 ω 恒定时为常数。

二次绕组的电阻用 R_2 表示,当 $\dot{I}_2$ 流过 R_2 时,产生的压降为 $\dot{I}_2R_2$ 。根据电路的基尔霍夫定律,参见图 4-9 中二次回路各电量的规定正方向,列出二次回路电压方程为

$$\begin{aligned}\dot{U}_2 &= \dot{E}_2 + \dot{E}_{s2} - \dot{I}_2R_2 \\ &= \dot{E}_2 - \dot{I}_2(R_2 + \mathrm{j}X_2) \\ &= \dot{E}_2 - \dot{I}_2Z_2\end{aligned} \tag{4-45}$$

式中:$Z_2 = R_2 + \mathrm{j}X_2$ 称为二次绕组漏阻抗。

(三)变压器的基本方程

综合前面推导各电磁量的关系，即式(4-36)、式(4-45)、式(4-22)、式(4-41)、式(4-31)和式(4-34)得变压器稳态运行时基本方程式为

$$\begin{cases}\dot{U}_1 = -\dot{E}_1 + \dot{I}_1 Z_1 \\ \dot{U}_2 = \dot{E}_2 - \dot{I}_2 Z_2 \\ \dfrac{\dot{E}_1}{\dot{E}_2} = k \\ \dot{I}_1 + \dfrac{\dot{I}_2}{k} = \dot{I}_0 \\ \dot{I}_0 = \dfrac{-\dot{E}_1}{Z_m} \\ \dot{U}_2 = \dot{I}_2 Z_L \end{cases} \tag{4-46}$$

以上各方程虽然是一个个推导的，但实际运行的变压器，各电磁量之间是同时满足这些方程的，即已知其中一些量，可以求出另一些物理量，但未知量最多不超过 6 个。例如，已知 $\dot{U}_1$ 、k 、Z_1 、Z_2 、Z_m 及负载阻抗 Z_L ，就可计算出 $\dot{I}_1$ 、$\dot{I}_2$ 和电压 $\dot{U}_2$ ，进而还可以计算变压器的运行性能(后面介绍)。当 $Z_L = \infty$时，即为空载运行。

到此为止，把变压器空载和负载运行时的电磁关系都分析完毕，并最终体现在式(4-46)的 6 个基本方程式上。现把它们之间的关系示于图 4-15 中。

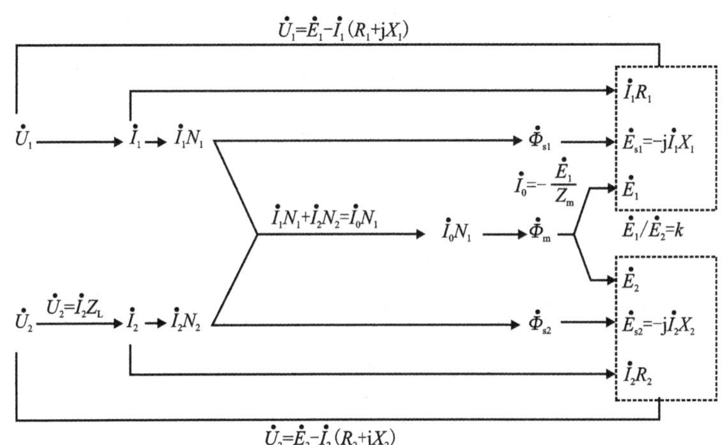

图 4-15　变压器空载和负载时的电磁关系

通过以上分析得出的结论都是很重要的，这里再强调以下几点：

(1)方程式中各量的正方向如图 4-9 所示。

(2)各方程式不仅适用于单相变压器的稳定运行，也适用于三相变压器的对称、稳态运

行，全部电磁量都是指一相的。

(3)铁心里主磁通幅值 $\dot{\Phi}_m$ 虽然是由励磁磁通势 $\dot{F}_0$ 或励磁电流 $\dot{I}_0$ 产生的，但其数值大小却决定于端电压 U_1 的大小。

(4)主磁路采用了硅钢片，磁导很大，即励磁电抗 X_m 很大。换句话说，由很小的励磁电流就能产生较大的主磁通。励磁电流 $I_0 = (0.02 \sim 0.1)I_{1N}$，在运行中其值变化不大。

(5)漏磁路主要由非铁磁材料构成，对应的漏电抗 X_1、X_2 数值很小。

(6)当变压器一次绕组接额定电压 U_{1N}，负载运行时，由于主磁通 Φ_m、一次和二次电动势（E_1、E_2）数值变化不大，再加上一、二次漏阻抗（Z_1、Z_2）数值很小，二次电压 U_2 大小变化也不大，属恒压源性质。当减小负载阻抗 Z_L，则能增大二次电流 $\dot{I}_2$，而一次电流 $\dot{I}_1$ 也相应增大(反之亦然)。

(7)应掌握根据规定正方向判断变压器负载运行时功率(包括有功、无功)流动方向及性质。

(四)折合算法

从分析变压器电磁关系，得出式(4-46)中 6 个基本方程式，依此就可以分析其对称、稳态运行性能。只要未知数不超过 6 个，解联立方程式就能得到确定的解答。但是，当变比 k 较大时，一、二次电压、电流和漏阻抗等在数值上相差很大，计算起来不方便，也不精确，用同一比例尺画相量图也很困难。通常采用折合算法克服这一困难。

变压器的一、二次绕组在电路上没有直接联系，仅有磁路的联系。从式(4-39)磁通势平衡关系看出，二次绕组带负载时，二次绕组产生磁通势 $\dot{F}_2 = \dot{I}_2 N_2$，一次绕组磁通势中同时增加一个负载分量 $(-\dot{F}_2) = (-\dot{I}_2 N_2)$ 与二次绕组磁通势相平衡。这就是说，二次负载电流 $\dot{I}_2$ 是通过它产生的磁通势 $\dot{F}_2$ 与一次绕组联系的。可见，只要保持 $\dot{F}_2$ 不变，就不会影响一次的 $\dot{F}_1$ 发生变化。为此，可以把实际二次绕组的匝数假想成为 N_1、电流为 $\dot{I}'_2$，令 $\dot{I}'_2 N_1$ 的大小和相位与原 $\dot{F}_2$ 相同，即

$$\dot{I}'_2 N_1 = \dot{I}_2 N_2 = \dot{F}_2 \tag{4-47}$$

这样，一次 $\dot{F}_1$ 虽不受任何影响，但磁通势平衡方程式可改写为

$$\dot{I}_1 N_1 + \dot{I}'_2 N_1 = \dot{I}_0 N_1 \tag{4-48}$$

消去 N_1 则为

$$\dot{I}_1 + \dot{I}'_2 = \dot{I}_0 \tag{4-49}$$

式(4-49)中不再出现匝数 N_1 和 N_2 了，磁通势平衡方程式成了很简单的电流平衡关系。$\dot{I}'_2$ 与 $\dot{I}_2$ 的关系为

$$\dot{I}'_2 = \frac{N_2}{N_1}\dot{I}_2 = \frac{1}{k}\dot{I}_2 \tag{4-50}$$

保持绕组磁通势值不变，而假想改变其匝数和电流的方法，称为折合算法。如果保持二次绕组磁通势不变，而假想它的匝数与一次绕组匝数相同的折合算法，称为二次绕组折合成一次绕组或简称为二次向一次折合。当然，可以一次向二次折合，或者一次、二次绕组匝数都折合到某一匝数 N 上。

实际绕组的各个量称为实际值或称折合前的值，假想绕组的各个量称为折合值或折合后的值。例如，二次绕组的实际值为 $\dot{U}_2$、$\dot{E}_2$、$\dot{I}_2$ 以及 $Z_2=R_2+jX_2$，其折合值上角用“′”做标记，为 $\dot{U}_2'$、$\dot{E}_2'$、$\dot{I}_2'$ 以及 $Z_2'=R_2'+jX_2'$。实际值与折合值或折合前的值与折合后的值之间有一定的关系，称为换算关系。将二次绕组向一次绕组折合，其换算关系推导如下。

1. 电动势换算关系

实际值

$$\dot{E}_2=-j4.44fN_2\dot{\Phi}_m \tag{4-51}$$

折合值

$$\dot{E}_2'=-j4.44fN_1\dot{\Phi}_m \tag{4-52}$$

于是

$$\dot{E}_2'=\frac{N_1}{N_2}\dot{E}_2=k\dot{E}_2 \tag{4-53}$$

2. 阻抗换算关系

实际值

$$\dot{U}_2=\dot{E}_2-\dot{I}_2Z_2 \tag{4-54}$$

$$\dot{E}_2=\dot{U}_2+\dot{I}_2Z_2=\dot{I}_2(Z_L+Z_2) \tag{4-55}$$

$$\frac{\dot{E}_2}{\dot{I}_2}=Z_L+Z_2 \tag{4-56}$$

折合值

$$\begin{aligned}Z_L'+Z_2'&=\frac{\dot{E}_2'}{\dot{I}_2'}=\frac{k\dot{E}_2}{\frac{1}{k}\dot{I}_2}=k^2\frac{\dot{E}_2}{\dot{I}_2}\\&=k^2(Z_L+Z_2)\\&=k^2Z_L+k^2Z_2\end{aligned} \tag{4-57}$$

于是

$$\begin{cases}Z_L'=k^2Z_L\ 或\ R_L'=k^2R_L,X_L'=k^2X_L\\Z_2'=k^2Z_2\ 或\ R_2'=k^2R_2,X_2'=k^2X_2\end{cases} \tag{4-58}$$

式(4-58)说明，阻抗折合值为实际值的 k^2 倍。由于电阻和电抗都同时差 k^2 倍，折合前后的阻抗角不会改变。

3. 端电压换算关系

实际值

$$\dot{U}_2 = \dot{E}_2 - \dot{I}_2 Z_2 \tag{4-59}$$

折合值

$$\begin{aligned}\dot{U}'_2 &= \dot{E}'_2 - \dot{I}'_2 Z'_2 \\ &= k\dot{E}_2 - \frac{1}{k}\dot{I}_2 k^2 Z_2 \\ &= k(\dot{E}_2 - \dot{I}_2 Z_2) \\ &= k\dot{U}_2\end{aligned} \tag{4-60}$$

以上换算关系表明，电压、电流、电动势折合时，只变大小，不变相位；各参数折合时，只变大小，不变阻抗角。

折合算法不改变变压器的功率传递关系，证明如下。先看一次侧，折合算法的依据是折合前后维持磁通势 $\dot{F}_2$ 不变，一次侧各量值都不变，当然不会改变一次侧的功率关系。二次侧的功率关系计算如下。

二次侧铜损耗用 p_{Cu2} 表示

$$p_{Cu2} = mI'^2_2 R'_2 = m\frac{1}{k^2}I_2^2 k^2 R_2 = mI_2^2 R_2 \tag{4-61}$$

式中：m 为相数，$m = 1$ 是单相变压器，$m = 3$ 是三相变压器。

式(4-61)说明，折合前后二次绕组铜损耗大小一样。

二次侧的有功功率

$$P_2 = mU'_2 I'_2 \cos\varphi_2 = mkU_2 \frac{1}{k} I_2 \cos\varphi_2 = mU_2 I_2 \cos\varphi_2 \tag{4-62}$$

式中：$\cos\varphi_2$ 是二次侧负载的功率因数；φ_2 是负载阻抗 Z_L 阻抗角，折合前后不发生改变，因此，$\cos\varphi_2$ 也不应变化。

式(4-62)说明，折合前后二次侧有功功率不改变。

二次侧的无功功率

$$Q_2 = mU'_2 I'_2 \sin\varphi_2 = mkU_2 \frac{1}{k} I_2 \sin\varphi_2 = mU_2 I_2 \sin\varphi_2 \tag{4-63}$$

式(4-63)说明，折合前后无功功率也不变化。

以上分析说明，折合算法仅仅作为一个方法来使用，不改变变压器运行的物理本质，即不改变电源向变压器输入功率，也不改变它向负载输出功率，更不改变它自身的损耗。

当二次向一次折合时，一次侧各量为实际值，二次侧变为带“′”量，如果要找二次回路各量的实际值，再按上述公式把折合值换算为实际值。

（五）等效电路

采用折合算法后，变压器一次侧量为实际值，二次侧量为折合值，基本方程式就成为

$$
\begin{cases}
\dot{U}_1 = -\dot{E}_1 + \dot{I}_1 Z_1 \\
\dot{U}'_2 = \dot{E}'_2 - \dot{I}'_2 Z'_2 \\
\dot{E}_1 = \dot{E}'_2 \\
\dot{I}_1 + \dot{I}'_2 = \dot{I}_0 \\
\dot{I}_0 = \dfrac{-\dot{E}_1}{Z_m} \\
\dot{U}'_2 = \dot{I}'_2 Z'_L
\end{cases} \tag{4-64}
$$

根据以上 6 个方程式，变压器的等效电路如图 4-16 所示。图中二次绕组两端接着的负载阻抗的折合值为 Z'_L。若只看变压器本身的等效电路，其形状像字母“T”，故称为 T 形等效电路。

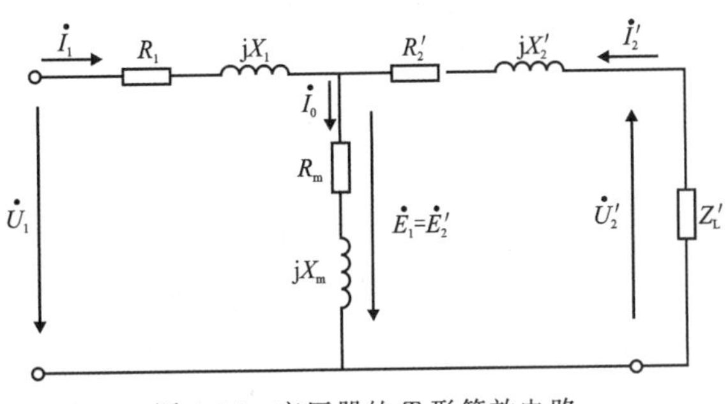

图 4-16　变压器的 T 形等效电路

采用折合算法后，使原本无电路联系的双绕组变压器一、二次电动势相等，即 $\dot{E}_1 = \dot{E}_2$，磁通势平衡方程变为电流平衡关系，即 $\dot{I}_1 + \dot{I}'_2 = \dot{I}_0$。这样一来，一、二次绕组间似乎就有了电路的联系，可以用图 4-16 所示的 T 形等效电路来模拟。折合算法表面上看好像很麻烦，但它使变压器的计算变得非常方便、简单。

T 形等效电路只适用于变压器对称、稳态运行。如果运行在不对称、动态甚至故障状态，如绕组匝间短路等，就不能简单地采用 T 形等效电路。

这里再强调一下，式(4-64)基本方程式和图 4-16 中 T 形等效电路都是指一相的值。对于三相变压器来说，应根据电路上的连接方式，如星形与三角形连接，正确计算各量的相值与线值。

变压器负载运行时，$I_1 \gg I_0$，为了简单，可以忽略 I_0，表现在 T 形等效电路上，因 $Z_m \gg Z'_2 + Z'_L$，可以认为 Z_m 无限大而断开，于是等效电路变成“一”字形，称为简化等效电路，如图 4-17(a)所示。

对图 4-17(a)等效电路，令

$$
\begin{cases}
Z_k = Z_1 + Z'_2 = R_k + jX_k \\
R_k = R_1 + R'_2 = R_1 + k^2 R_2 \\
X_k = X_1 + X'_2 = X_1 + k^2 X_2
\end{cases} \tag{4-65}
$$

式中：Z_k 可以通过变压器的短路试验求出，因此称为短路阻抗；R_k 为短路电阻；X_k 为短路电抗。

用短路阻抗表示的简化等效电路如图 4-17(b)所示。

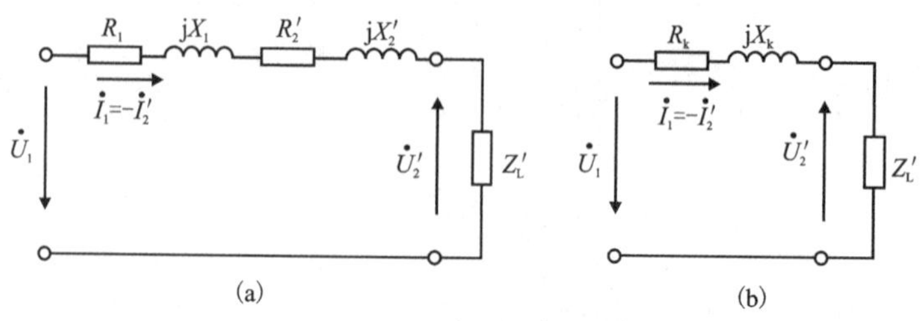

图 4-17　简化等效电路

(a)简化等效电路；(b)以短路阻抗表示的简化等效电路

要注意，空载运行时，不能用简化等效电路。对于电力变压器，如果空载，为了减小电网的无功功率负担和变压器的铁损耗，干脆将变压器从电网切除。

简化等效电路虽然会有些误差，但在工程应用上已足够准确，目前已得到广泛的应用。

从变压器的 T 形和简化等效电路中看出，接在变压器二次侧的负载阻抗 Z_L 折合到一次侧以后就变成 $Z_L' = k^2 Z_L$ ，也就是说，一个阻抗直接接入电路与经过变比为 k 的变压器接入电路，对电路而言，二者的数值相差 k^2 倍，这就是变压器变阻抗的作用。例如，在电子学中，带一只扬声器的功率放大器，为了能够输出尽可能的最大功率，需要一定的负载阻抗值，而扬声器线圈的阻抗数值往往又与需要的数值相差太远，直接接上去，输出功率太小，因此，就采用在功率放大器与扬声器之间接一个输出变压器，来实现扬声器阻抗变换，达到最大的功率输出，这就是阻抗匹配。

前面讨论折合算法时曾提到，可以把一次绕组折合到二次绕组匝数的基础上。这样，二次各量都用实际值，一次各量都加“ ′ ”，为折合值。如果还用同一变比 $k = N_1/N_2$ ，则一次各量分别为

$$\begin{cases} R_1' = \dfrac{1}{k^2}R_1, X_1' = \dfrac{1}{k^2}X_1 \\ R'm = \dfrac{1}{k^2}R_m, X_m' = \dfrac{1}{k^2}X_m \\ \dot{U}_1' = \dfrac{1}{k}\dot{U}_1, \dot{I}_1' = k\dot{I}_1, \dot{I}_0' = k\dot{I}_0 \end{cases} \tag{4-46}$$

例题 4-1　一台三相电力变压器的额定容量 $S_N = 750\text{kV}\cdot\text{A}$ ，额定电压 $U_{1N}/U_{2N} = 10\ 000/400\text{V}$，$Y/Y$ 连接。已知每相短路电阻 $R_k = 1.40\Omega$ ，短路电抗 $X_k = 6.48\Omega$ 该变压器一次绕组接额定电压，二次绕组接三相对称负载运行，负载为 Y 接法，每相负载阻抗为 $Z_L = 0.20 + j0.07\Omega$ 。计算：

(1) Z 变压器一次、二次侧电流(一次、二次侧电压和电流，没有特别指出为相值时，均为线值)。

(2)二次绕组电压。

(3)输入及输出的有功功率和无功功率。

(4)效率。

解： (1)变比

$$k=\frac{U_{1N}/\sqrt{3}}{U_{2N}/\sqrt{3}}=\frac{10\ 000/\sqrt{3}}{400/\sqrt{3}}=25$$

负载阻抗

$$Z'_L=0.20+j0.07=0.212\angle 19.29^\circ\Omega$$

$$Z'_L=k^2 Z_L=125+j43.75\Omega$$

忽略 I_0，采用简化等效电路计算。从一次侧看进去每相总阻抗

$$\begin{aligned}Z&=Z_k+Z'_L=R_k+j X_k+R'_L+j X'_L\\&=1.4+j6.48+125+j43.75\\&=136.01\angle 21.67^\circ\ \Omega\end{aligned}$$

一次电流

$$I_1=\frac{U_{1N}/\sqrt{3}}{Z}=\frac{10\ 000/\sqrt{3}}{136.01}A=42.45A$$

二次电流

$$I_2=k I_1=25\times 42.45A=1\ 061.25A$$

(2)二次电压(亦指线值)

$$U_2=\sqrt{3}\ I_2\ Z_L=\sqrt{3}\times 1\ 061.25\times 0.212V=389.7V$$

(3)一次功率因数角

$$\varphi_1=21.67^\circ$$

一次功率因数

$$\cos\varphi_1=\cos 21.67^\circ=0.93$$

输入有功功率

$$\begin{aligned}P_1&=\sqrt{3}\,U_{1N}\ I_1\cos\varphi_1=\sqrt{3}\times 10\ 000\times 42.45\times 0.93W\\&=683.8\times 10^3 W\end{aligned}$$

输入无功功率

$$Q_1=\sqrt{3}\,U_{1N}\ I_1\sin\varphi_1=271.5\times 10^3\text{var(滞后)}$$

二次功率因数

$$\cos\varphi_2=\cos 19.29^\circ=0.94$$

二次有功功率

$$\begin{aligned}P_2&=\sqrt{3}\,U_2 I_2\cos\varphi_2=\sqrt{3}\times 389.7\times 1\ 061.25\times 0.94W\\&=673.3\times 10^3 W\end{aligned}$$

输出无功功率

$$Q_2=\sqrt{3}\,U_2 I_2\sin\varphi_2=236.6\times 10^3\text{var(滞后)}$$

(4)效率

$$\eta=\frac{P_2}{P_1}=\frac{673.3\times 10^3}{683.8\times 10^3}=98.46\%$$

例题 4-2 某台三相电力变压器 $S_N = 600\text{kV}\cdot\text{A}$,$U_{1N}/U_{2N} = 10\ 000/400\text{V}$,Δ/Y 接法,短路阻抗 $Z_K = 1.8 + \text{j}5\Omega$ 。二次带 Y 接的三相负载,每相负载阻抗 $Z_L = 0.3 + \text{j}0.1\Omega$,计算:

(1)一次电流 I_1 及其与额定电流 I_{1N} 的百分比 β_1 。

(2)二次电流 I_2 及其与额定电流 I_{2N} 的百分比 β_2 。

(3)二次电压 U_2 及其与额定电压 U_{2N} 相比降低的百分值。

(4)变压器输出容量。

解: (1)一次电流计算。变比

$$k = \frac{U_{1N}}{U_{2N}/\sqrt{3}} = \frac{10\ 000}{400/\sqrt{3}} = 43.3$$

负载阻抗

$$Z_L = 0.3 + j0.1 = 0.316\angle 18.43°\Omega$$

$$Z'_L = k^2 Z_L = 562.5 + \text{j}187.5\Omega$$

从一次侧看进去每相总阻抗

$$\begin{aligned} Z &= Z_k + Z'_L = R_k + \text{j}\,X_k + R'_L + j\,X'_L \\ &= 1.8 + \text{j}5 + 562.5 + \text{j}187.5 \\ &= 596.23\angle 18.84°\Omega \end{aligned}$$

一次侧电流

$$I_1 = \frac{\sqrt{3}\,U_{1N}}{Z} = \frac{\sqrt{3}\times 10\ 000}{596.23}\text{A} = 29.05\text{A}$$

一次侧额定电流

$$I_{1N} = \frac{S_N}{\sqrt{3}\,U_{1N}} = \frac{600\times 10^3}{\sqrt{3}\times 10\ 000}\text{A} = 34.64\text{A}$$

比值 β_1

$$\beta_1 = \frac{I_1}{I_{1N}} = \frac{29.05}{34.64} = 83.86\%$$

(2)二次侧电流计算。二次侧电流

$$I_2 = k\frac{I_1}{\sqrt{3}} = k\frac{U_{1N}}{Z} = 43.3\times\frac{10\ 000}{596.23}\text{A} = 726.23\text{A}$$

二次侧额定电流

$$I_{2N} = \frac{S_N}{\sqrt{3}\,U_{2N}} = \frac{600\times 10^3}{\sqrt{3}\times 400}\text{A} = 866.05\text{A}$$

比值 β_2

$$\beta_2 = \frac{I_2}{I_{2N}} = \frac{726.23}{866.05} = 83.86\%$$

(3)二次侧电压计算。二次侧电压

$$U_2 = \sqrt{3}I_2 Z_L = \sqrt{3}\times 726.23\times 0.316\text{V} = 397.47\text{V}$$

二次侧电压比额定值降低

$$\Delta U = U_{2N} - U_2 = 400 - 397.47\text{V} = 2.53\text{V}$$

二次侧电压降低的百分值

$$\frac{\Delta U}{U_{2N}} = \frac{2.53}{400} = 0.63\%$$

(4)变压器的输出容量

$$S_2 = \sqrt{3} U_2 I_2 = \sqrt{3} \times 397.47 \times 726.23\text{V} \cdot \text{A} = 499\ 950\text{V} \cdot \text{A}$$

即

$$S_2 \approx 500\text{kV} \cdot \text{A}$$

第二节 交流电机共同理论

不同种类的交流电机是有相同之处的，本节主要讲述交流电机的共同理论，所谓交流电机共同理论主要涉及交流电机电枢绕组及其电动势和磁通势。本节侧重于对电枢绕组的电动势和磁通势的分析，对于电枢绕组，只作简单介绍。

一、交流电机电枢绕组的电动势

电枢是电机中机电能量转换的关键部分，直流电机电枢指转子部分，而交流电机的电枢指的是定子部分。

对交流电机电枢绕组的要求，首先是能感应出有一定大小而波形为正弦的电动势，对三相电机来说，要求三相电动势对称。为此，电枢绕组每一个线圈除了有一定的匝数外，还要在定子内圆空间按一定的规律分布与连接。安排绕组时，既能满足电动势要求，又能满足绕组产生磁通势的要求。

交流电机电枢绕组感应电动势问题的分析，对同步电机或异步电机都适用。为了便于理解，在下面的分析中，用一台同步发电机来进行分析，所得结论同样能应用到异步电动机上。

(一)导体电动势

图 4-18 所示是一台简单的交流同步发电机模型。

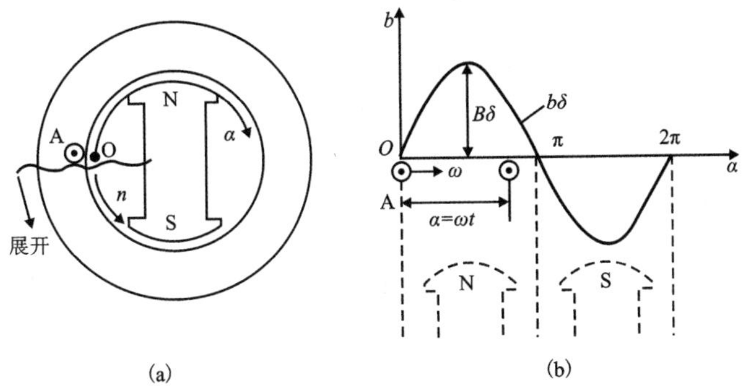

图 4-18 简单的交流同步发电机模型

它的定子是一个圆筒形的铁心，在靠近铁心内表面的槽里，插了一根导体 A。圆筒形铁心中间放了可以旋转的主磁极。主磁极可以是永久磁铁，也可以是电磁铁，磁极的极性用 N、S 表示。图 4-18(a)是轴向示意图，但是一定要记住，这台电机的定子铁心、导体 A 以及磁极在轴向有一定的长度，用 l 表示。

用原动机拖着主磁极以恒定转速 n 相对于定子逆时针方向旋转，放在定子上的导体 A 与主磁极之间有了相对运动。根据电磁感应定律，导体 A 中会感应电动势。

为了写出数学表达式，在转子的表面上放上直角坐标，坐标原点任选在两个主磁极的中间，纵坐标代表气隙磁密 B 的大小，横坐标表示磁极表面各点距坐标原点的距离，用角度 α 衡量。整个坐标随着转子一道旋转。图 4-18(b)是把图 4-18(a)所示模型在导体 A 处沿轴向剖开，并展成直线的图形。由于角度 α 是衡量转子表面的空间距离，所以是空间角度。在电机里，把一对主磁极表面所占的空间距离用空间角度表示，并定为 360°(或 2π 弧度)。它与电机整个转子表面所占的空间几何角度 360°(2π 弧度)是有区别的。前者叫空间电角度，用 α 表示；后者叫机械角度，用 β 表示。如果电机只有一对主磁极(两个磁极算一对)，空间电角度 α 与机械角度 β 二者相等。如果电机有 p 对主磁极，即 p 对极电机，对应的总空间电角度为 $p\times$ 360°，而机械角度永远为 360°。它们之间的关系为

$$\alpha = p\beta \tag{4-67}$$

分析电机的原理时，都用空间电角度这个概念，不用机械角度，这点希望读者要十分明确。

为了用曲线或公式表达气隙磁密以及导体中的感应电动势，还应规定它们的正方向。假设气隙磁通从磁极到定子为正，对应的磁密也为正，反之为负。规定图 4-18(b)中所示导体 A 的感应电动势出纸面为正，用 ⊙ 表示。

电机气隙磁通是由转子励磁绕组中通入直流励磁电流产生的。当主磁极逆时针方向旋转时，气隙磁通以及对应的气隙磁密也随之一道旋转。

假设电机的气隙中只有波长等于一对主磁极极距，沿气隙圆周方向分布为正弦形的磁密波，我们将其称为基波磁密，如图 4-18(b)所示。用公式表示为

$$b_\delta = B_\delta \sin\alpha \tag{4-68}$$

式中：B_δ 是气隙磁密的最大值。

根据电磁感应定律知道，导体切割磁感应线所产生感应电动势的大小为

$$e = b_\delta l v \tag{4-69}$$

式中：b_δ 为气隙磁密；l 为切割磁感应线的导体长度；v 为导体垂直切割磁感应线的相对线速度。

感应电动势的瞬时实际方向，用右手定则确定。已知转子逆时针方向旋转的转速为n，用电角速度表示为

$$\omega = 2\pi p \frac{n}{60} \tag{4-70}$$

在求导体中的感应电动势时，显然可以看成转子不动而导体 A 以角速度 ω 朝相反方向旋转。在图 4-18(b)所示直角坐标上，就是沿着 $+\alpha$ 的方向以 ω 角速度移动。此外，规定当导体

A 最初正好位于图 4-18(b)所示坐标原点的瞬间，作为时间的起点，即 $t = 0$ 。

当时间过了秒后，导体 A 移到 α 处，这时

$$\alpha = \omega t \tag{4-71}$$

该处的气隙磁密为

$$b_{\delta} = B_{\delta} \sin\alpha = B_{\delta} \sin\omega t \tag{4-72}$$

于是导体 A 中感应的基波电动势瞬时值为

$$\begin{aligned} e &= b_{\delta} l v = B_{\delta} l v \sin\omega t \\ &= E_{\mathrm{m}} \sin\omega t = \sqrt{2} E \sin\omega t \end{aligned} \tag{4-73}$$

式中：$E_{\mathrm{m}} = B_{\delta} l v$ 为导体中基波感应电动势的最大值；E 为基波感应电动势的有效值。

可见，导体中感应的基波电动势随时间变化的波形，决定于气隙中磁密的分布波形。导体中随时间按正弦规律变化的电动势，如图 4-19(a)所示。如果用电角度 ωt 作为衡量电动势变化的时间，则图 4-18(b)中，导体从坐标原点位移到 α 空间电角度处所需的时间就是 ωt 时间电角度，且二者的数值相等，即在空间上所位移的电角度 α 等于所经历的时间电角度 ωt 。

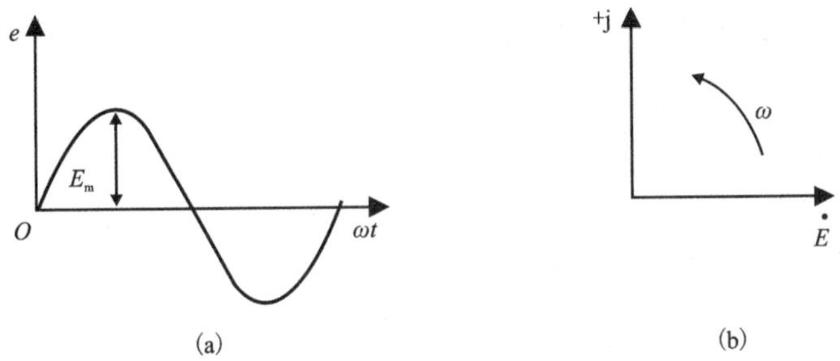

图 4-19　导体 A 中感应的基波电动势波形及相量表示法

从图 4-18(b)中看出，导体 A 每经过一对主磁极，其中感应电动势便经历一个周期。用 f 表示定子上导体 A 中感应基波电动势的频率(即每秒基波电动势变化的周数)。当电机的转子每转一圈，由于转子上有 p 对主磁极，导体 A 中基波电动势变化了 p 周，已知电机每秒转了 $n/60$ 转，所以导体 A 基波电动势的频率 f 为

$$f = \frac{pn}{60} \tag{4-74}$$

其中，n 的单位为 r/min。

从式(4-74)看出，当电机的极对数 p 与转速 n 一定时，频率 f 就是固定的数值。我国电力系统规定频率 $f = 50\mathrm{Hz}$ 。为此，当极对数 $p = 1$ 时，$n = 3000\mathrm{r/min}$ ；$p = 2$ 时，$n = 1500\mathrm{r/min}$ ，以此类推。转速 n 称为同步转速。

用频率 f 表示转子的电角速度 ω 时有

$$\omega = \frac{2\pi pn}{60} = 2\pi f \tag{4-75}$$

式中：ω 为导体 A 感应基波电动势变化的角频率(rad/s)。

导体中感应基波电动势的最大值为

$$E_m = B_\delta lv = \frac{\pi}{2}\left(\frac{2}{\pi}B_\delta\right)l(2\tau f) = \pi f B_{av} l\tau = \pi f\Phi \tag{4-76}$$

式中：$B_{av} = \frac{2}{\pi}B_\delta$ 为气隙磁密的平均值；$\Phi = B_{av}l\tau$ 为气隙每极基波磁通量；$v=2p\tau\frac{n}{60}=2\tau f$，其中 τ 为定子内表面用长度表示的极距。

导体基波电动势(有效值)为

$$E = \frac{1}{\sqrt{2}}E_m = \frac{1}{\sqrt{2}}\pi f\Phi = 2.22f\Phi \tag{4-77}$$

其中，Φ 的单位为 Wb；E 的单位为 V。

上述正弦电动势 $e = E_m = \sin\omega t$ ，可用 $\dot{E} = E\angle 0°$表示，并以角速度 ω 逆时针方向在复平面里旋转，即为时间旋转矢量，如图 4-19(b)所示。为了与空间矢量区别称其为相量。

(二)整距线匝电动势

在图 4-20(a)中相距一个极距(180°空间电角度或 π 弧度空间电角度)的位置上放了两根导体 A 与 X，按照图 4-20(b)的形式连成一个整距线匝。所谓整距是因为两导体相距一个整极距，线匝的两个引出线分别称为头和尾。

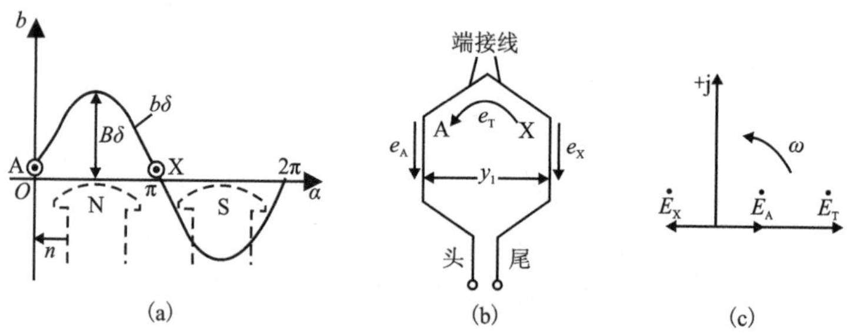

图 4-20　整距线匝感应基波电动势

在电机里，只有放在铁心里的导体才能产生感应电动势，导体 A 与 X 之间的连线不产生感应电动势，只起连线的作用，叫做端接线。

由于两根导体 A 与 X 在空间位置上相距一个极距，当一根导体处于 N 极中心下时，另一根导体必定处于 S 极中心下，所以它们的基波感应电动势总是大小相等，方向相反，即在时间相位上彼此相差 180°时间电角度(π 弧度时间电角度)。如果两根导体正好在主极之间的瞬时，每根导体的基波电动势相量则如图 4-20(c)所示。其中 $\dot{E}_A$ 是导体 A 的基波电动势相量，$\dot{E}_X$ 是导体 X 的基电动势相量。

线匝基波电动势用 e_T 表示，它的正方向如图 4-20(b)所示。线匝基波电动势 e_T 与 e_A 、e_X 之间的关系为

$$e_T = e_A - e_X \tag{4-78}$$

如果用相量表示，则为

$$\dot{E}_T = \dot{E}_A - \dot{E}_X \tag{4-79}$$

从式(4-79)知道，线匝基波电动势相量 $\dot{E}_T$ 是两根导体基波电动势相量 $\dot{E}_A$ 、$\dot{E}_X$ 之差。

把图 4-20(c)中的相量 $\dot{E}_A$ 减相量 $\dot{E}_X$ 得 $\dot{E}_T$ ，可见整距线匝基波电动势为

$$E_T = 2E_A = 2 \times 2.22 f\varphi = 4.44 f\varphi \tag{4-80}$$

(三)整距线圈电动势

如果图 4-20(b)所示的线圈不止一匝，而是 N_y 匝串联，就称为 N_y 匝串联线圈。一个线圈两边之间的距离 y_1 叫节距，用空间电角度表示，如图 4-20(b)所示。$y_1 = \pi$ 的线圈是整距线圈，$y_1 < \pi$ 的称为短距线圈，$y_1 > \pi$ 的称为长距线圈。在电机中，一般不用长距线圈。

整距线圈基波电动势为

$$E_y = 4.44 f N_y \Phi t \tag{4-81}$$

顺便指出，一个线圈与一个磁密为空间正弦分布的磁场相切割时，产生的切割电动势 $E = 4.44 f N_y \Phi$ ；若线圈环链的是一个正弦变化的磁场，变压器电动势 $E = 4.44 f N_y \Phi$ 。两式完全一样，说明切割电动势也是线圈环链一个交变的磁通而致。

(四)短距线圈电动势

图 4-21(a)所示的线圈是一个短距线圈，线圈的节距 $y_1 = y\pi\ (0<y<1)$，如图 4-21(b)所示。图 4-21(c)是在这个瞬间短距线圈感应基波电动势的相量图。

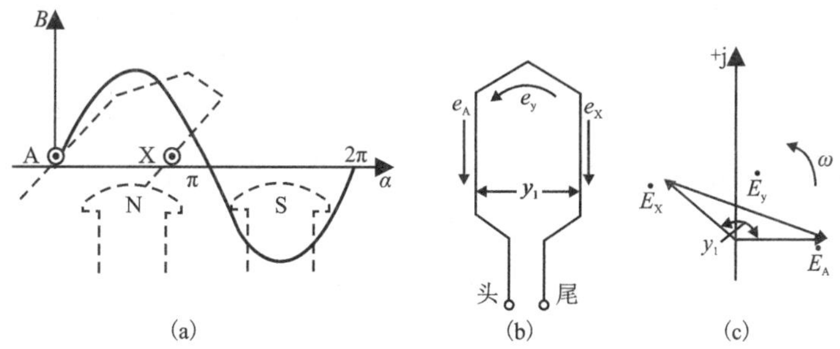

图 4-21　短距线圈基波电动势

根据规定的正方向，短距线圈的基波电动势相量为

$$\dot{E}_y = \dot{E}_A - \dot{E}_X = E_A\angle 0^\circ - E_X\angle y\pi \tag{4-82}$$

短距线圈基波电动势为

$$E_y = 2E_A \sin y\frac{\pi}{2} = 4.44 f N_y \varphi \sin y\frac{\pi}{2} = 4.44 f N_y k_p \varphi \tag{4-83}$$

式中：$k_p = \sin y\dfrac{\pi}{2}$ 称为基波短距系数。

线圈短距时，$k_p < 1$ ；整距线圈时，即 $y = 1$ 时，$k_p = 1$ 。

当线圈短距时，两个圈边中感应基波电动势的相位角不是相差 π 弧度，所以短距线圈的基波电动势不是每个圈边电动势的 2 倍，而是相当于把线圈看成是整距线圈所得电动势再乘一个小于 1 的基波短距系数。

上面的结论也可以这样来理解，即把图 4-21 中的短距线圈看成是整距线圈，不过它的匝数不是 N_y，而是 $N_y k_p$，从线圈感应基波电动势的大小来看，这两者完全是等效的。

（五）整距分布线圈组的电动势

为了充分利用电机定子内圆空间，定子上不止放一个整距线圈，而是放上几个线圈，并均匀地分布在定子内表面的槽里。

如图 4-22(a)所示在电机的定子槽里放上 3 个均匀分布的整距线圈，即 1-1′、2-2′、3-3′。这些线圈的匝数彼此相等，按头和尾连接，即互相串联起来，称为线圈组，如图 4-22(b)所示。相邻线圈的槽距角为 α。

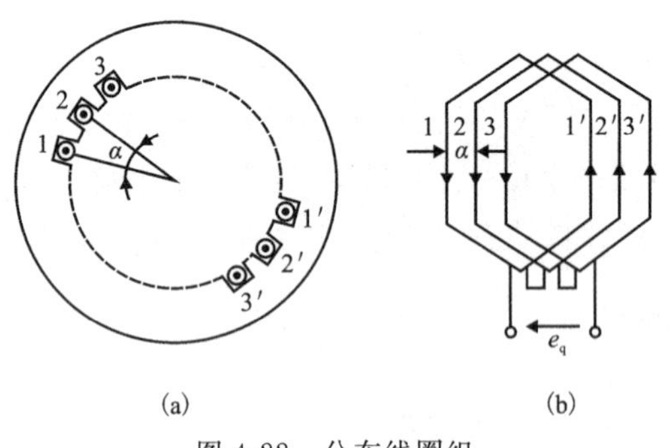

图 4-22　分布线圈组

关于每一个整距线圈的基波电动势，前面已经分析过。现在是空间分布的 3 个整距线圈，就每一个整距线圈来说，显然它们的基波电动势彼此相等，但是，3 个线圈已经分布开，当然它们在切割同一磁感应线时，就有先有后。也就是说，3 个分布线圈的基波感应电动势在时间相位上彼此不同相。图 4-23(a)所示为这种情况下 3 个整距线圈基波电动势的相量图。

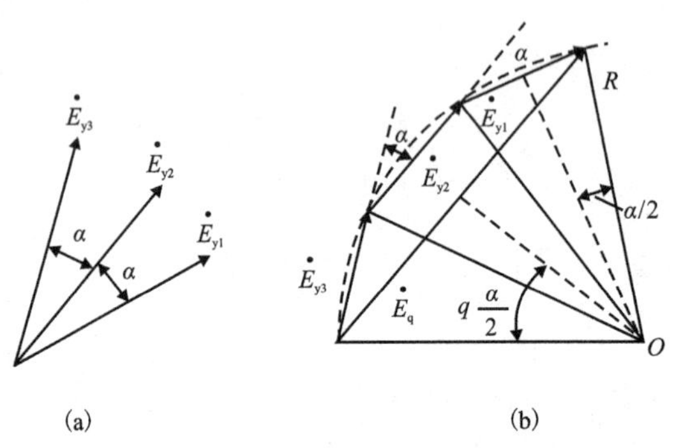

图 4-23　分布线圈组的基波电动势

3 个整距线圈基波电动势之间彼此相差 α 时间电角度。由 3 个分布的整距线圈组成的线圈组，其基波电动势相量用 $\dot{E}_q$ 表示，它为 3 个线圈电动势相量和，即

$$\dot{E}_q = \dot{E}_{y1} + \dot{E}_{y2} + \dot{E}_{y3} \tag{4-84}$$

图 4-23(b)标示了 $\dot{E}_{y1}$、$\dot{E}_{y2}$、$\dot{E}_{y3}$ 及总电势 $\dot{E}_q$ 的相量。为一般起见，下面认为不止是 3 个整距线圈的分布问题，而是有 q 个整距线圈在定子上依次分布。根据几何学，作出它们的外

接圆，如图 4-23(b)虚线所示。设外接圆的半径为 R，则一个线圈和线圈组的电动势分别为

$$E_{y} = 2R\sin\frac{\alpha}{2} \tag{4-85}$$

$$E_{q} = 2R\sin q\frac{\alpha}{2} \tag{4-86}$$

如果把这些分布的 q 个整距线圈都集中起来放在一起，每个线圈的基波电动势大小相等，相位相同，则线圈组总基波电动势为 qE_{y}。但是分布开来后，线圈组基波电动势却为 E_{q}。用 qE_{y} 去除 E_{q}，得

$$\frac{E_{q}}{qE_{y}} = \frac{2R\sin q\frac{\alpha}{2}}{2qR\sin\frac{\alpha}{2}} \tag{4-87}$$

于是

$$E_{q} = qE_{y}\frac{\sin q\frac{\alpha}{2}}{q\sin\frac{\alpha}{2}} = qE_{y}k_{d} \tag{4-88}$$

式中：$k_{d} = \dfrac{\sin q\frac{\alpha}{2}}{q\sin\frac{\alpha}{2}}$ 称为基波分布系数。

分布系数 k_{d} 是一个小于 1 的数。它的意义是，由于各线圈是分布的，线圈组的总基波电动势就比把各线圈都集中在一起时的总基波电动势要小。从数学上看，就是把集中在一起的线圈组基波电动势乘上一个小于 1 的分布系数，那么就与分布的线圈组实际基波电动势相等。也可以这样认为，从感应基波电动势的大小来看，可以把实际上有 q 个整距线圈分布的情况看成是都集中在一起，但是这个集中在一起的线圈组总匝数不是 qN_{y}，而是等效匝数 $qN_{y}k_{d}$，不管怎样看，分布后线圈组的基波电动势为

$$E_{q} = 4.44fqN_{y}k_{d}\Phi \tag{4-89}$$

如果各个分布的线圈本身又都是短距线圈，这时线圈组感应基波电动势为

$$E_{q} = 4.44fqN_{y}k_{d}k_{p}\Phi = 4.44fqN_{y}k_{dp}\Phi \tag{4-90}$$

其中，$k_{dp} = k_{d}k_{p}$ 称为基波绕组系数，也是一个小于 1 的数。

二、交流电机电枢绕组

前面已经介绍了电枢绕组的基波电动势，在下一节还要介绍绕组流过交流电流产生的磁通势。在交流电机里，不管是发电机还是电动机，在同一个电枢绕组里，既有感应电动势的问题，又有电流产生磁通势的问题。为了简单起见，下面安排电枢绕组时，从发电机的角度看，要求三相绕组能够发出三相对称的基波感应电动势，或者说，从能够发出三相对称基波电动势出发，如何安排三相绕组。安排好了电枢绕组，当把它接到三相对称交流电源后，就可以使电机作为电动机运行。

注意：在安排电枢绕组之前，有一个很重要的概念还要再强调一下，那就是，在电机电枢

表面上相距 α 空间电角度的两根导体也好，或者两个线圈也好，它们感应的基波电动势在时间相位上，也必然相差 α 时间电角度。

（一）三相单层绕组

1. 三相单层集中整距绕组

已知三相绕组能感应三相对称基波电动势，用相量表示如图 4-24(a)所示。图中 A 相电动势 $\dot{E}_A$ 领先 B 相电动势 $\dot{E}_B$ 120°时间电角度，$\dot{E}_B$ 又领先 $\dot{E}_C$ 120°时间电角度，它们的有效值相等。

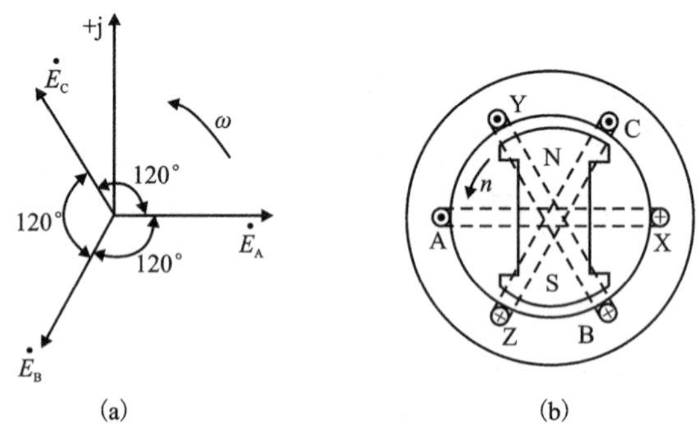

图 4-24　三相对称绕组产生的三相对称基波电动势

若把图 4-20 中的整距线圈当作这里的 A 相绕组，则 B 相和 C 相还要再安排 2 个同样匝数的整距线圈，以使三相的基波电动势有效值相等。既然三相电动势之间的相位彼此相差 120°时间电角度，那么，把 3 个整距线圈在定子内表面空间按 120°空间电角度分布就可以。根据图中转子的转向，把 B 相的线圈放在 A 相线圈前面 120°空间电角度的地方，C 相放在 A 相线圈后面 120°的地方，如图 4-24(b)所示，这样就能得到三相对称绕组。所谓三相对称绕组，指的是各相绕组在串联匝数以及连法上都相同，只是在空间的位置，彼此互相错开 120°空间电角度。注意，图 4-24 中各线圈中的 ⊕ 和 ⊙ 均表示感应电动势的正方向。

图 4-24 是最简单的三相对称绕组，每相只有 1 个整距线圈，2 根引出线，三相总共 6 根引出线，如 A、X，B、Y，C、Z。根据需要，可以把三相绕组接成 Y 形或△形。

上面介绍的这种三相绕组，由于每相只有一个集中整距线圈，定子上每个槽里只放一个圈边，又叫三相集中单层整距绕组。

这种绕组除了感应电动势波形不理想外，电枢表面的空间也没有充分利用，不如采用分布绕组好。

2. 三相单层分布绕组

为了清楚起见，下面通过一个具体例子来说明如何安排三相单层分布绕组。

已知一台电机(图 4-25)，定子上总槽数 $Z = 24$，极对数 $p = 2$，转子逆时针方向旋转，转速为 n，试连接成三相单层分布绕组。

分析的步骤如下。

(1)先计算定子相邻两槽之间的槽距角 α。

$$\alpha=\frac{p\times 360^\circ}{Z}=\frac{2\times 360^\circ}{24}=360^\circ \qquad (4\text{-}91)$$

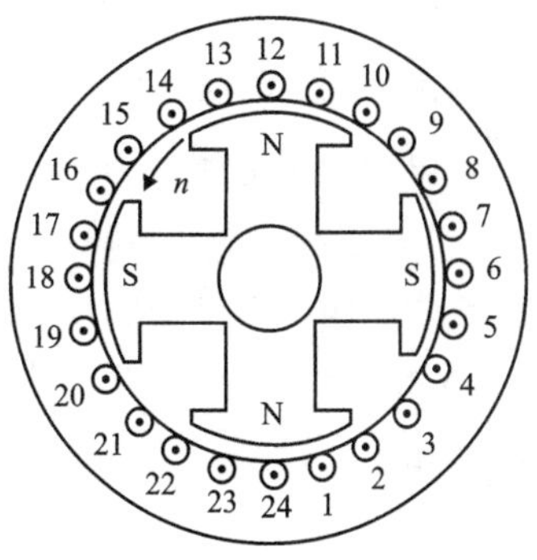

图 4-25 $p=2$,$Z=24$ 的电机

(2)画基波电动势星形相量图。先假设电机定子每个槽里只放一根导体,并规定导体感应基波电动势的正方向出纸面为正。当转子磁极转到图 4-25 所示瞬间,第 24 槽里的导体正处在 N 极的正中心,基波电动势为正最大值,用相量 24 表示时,如图 4-26 所示。当磁极随时间转过 30°空间电角度时,第 1 槽里的导体正处在 N 极的正中心,基波电动势达正最大值。由于第 24 槽导体基波电动势相量 24 和第 1 槽导体基波电动势相量 1 的相位角与槽距角相等,所以,画图的瞬间,相量 1 滞后于相量 24 30°时间电角度。同样,把这 24 个槽导体电动势相量都画出来,如图 4-27 所示,即为基波电动势星形相量图。

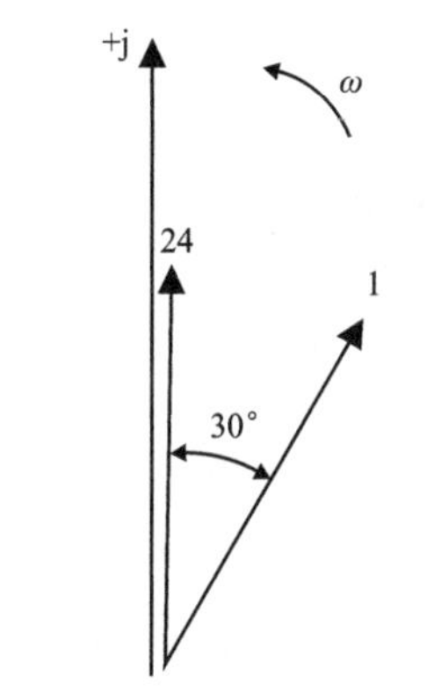

图 4-26 导体 24 与导体 1 的基波电动势相量

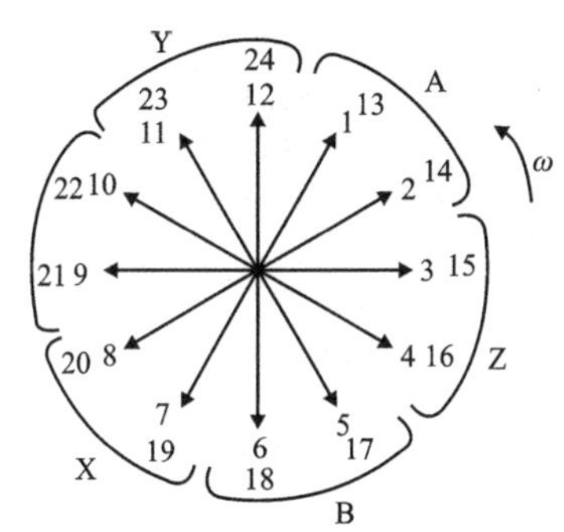

图 4-27 $p=2$,$Z=24$ 电机的基波电动势星形相量图

(3)按 60°相带法分相。根据基波电动势星形相量图,把有关槽里的导体分配到 3 个相里去,从而连接成三相对称绕组。把图 4-27 基波电动势星形相量图分成六等份,每一等份为 60°时间电角度。由于时间电角度等于空间电角度,这 60°时间电角度内的相量对应着定子 60°空间电角度范围内的槽,这些槽在定子内表面上所占的地带叫相带。这种分法叫 60°相带法(每个磁极的范围是 180°空间电角度,60°相带的意思是每相在每个磁极下占 1/3 空间地带,即 60°空间电角度)。图 4-27 中,每 60°相带中有两个槽导体,用每相在每极下的槽数 q 表示。q 的计算方法为

$$q=\frac{Z}{2mp}=\frac{24}{2\times 3\times 2}=2 \qquad (4\text{-}92)$$

式中:m 为相数(等于 3)。

在基波电动势星形相量图上逆相量旋转的方向标上 A、Z、B、X、C、Y。显然,A、X 相带里的槽都属于 A 相,B、Y 相带里的槽属于 B 相,C、Z 相带里的槽属于 C 相。

(4)画绕组的连接图。把图 4-25 沿轴向剖开,并展成一个平面,磁极在定子槽的上面没有画出来,如图 4-28 所示。图中等长等距的直线代表定子槽,一共有 24 根,代表 24 个槽。从基波电动势星形相量图中看出,1、2 槽和 13、14 槽属于 A 相带;7、8 槽和 19、20 槽属于 X 相带,A 与 X 相带之间相距 180°空间电角度。把属于 A 相带的 1 槽和属于 X 相带的 7 槽连接成整距线圈。同样,把 2 槽和 8 槽连接成另外一个整距线圈。由于这两个线圈都是属于 A 相的(X 相带也属于 A 相,只是基波感应电势的相位与 A 相带相差 180°时间电角度),可以把它们互相串联起来。这就是前面介绍过的分布的线圈组,它们的引出线为 A_1X_1 。同样,由 13 槽和 19 槽,14 槽和 20 槽两个线圈组成的线圈组,它们的引出线为 A_1X_1 。

(5)确定绕组并联的路数。如果要求为一路串联绕组,则把 X_1 与 A_2 相连即可,如图4-28 中的实线所示;如果要求两路并联绕组,把 A_1 和 A_2 连接,X_1 和 X_2 连接即可,如图 4-28 中虚线所示。

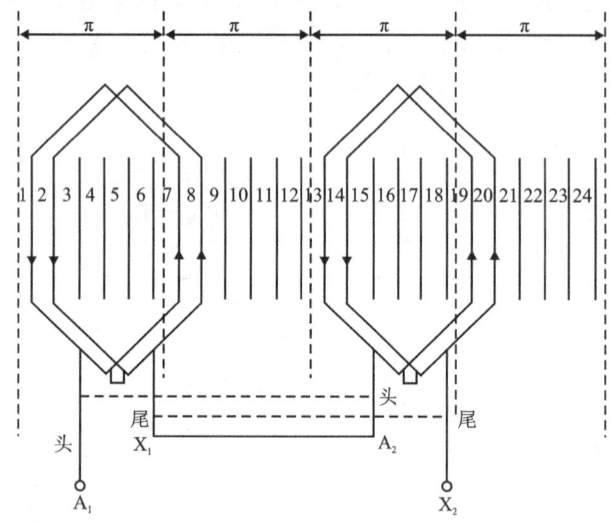

图 4-28　单层绕组的连接图

单层绕组最多可并联的支路有 p(p 为极对数)个。

当电机每相的总线圈数一定时,如用一路串联,则每相基波电动势要比并联时的大,而电流比并联时的总电流要小。

关于 B 相、C 相绕组的连接法和 A 相完全一样,图中没有画出。但是,从图 4-27 可以看出,B 相、C 相绕组基波电动势,就大小来说与 A 相的一样(因为每相包含的槽数相等),在相位上,三相的电动势互差 120°时间电角度。B 相滞后 A 相,C 相滞后 B 相。

从图 4-28 还可以看出,三相单层绕组的线圈数等于总槽数的一半。

(6)计算相电动势。图 4-28 中每对极下属于一相的线圈组,它们的基波电动势大小都一样,以 A 相为例,即

$$E_{A_1X_1} = E_{A_2X_2} = qE_y k_d = 4.44 fqN_y k_d \Phi \tag{4-93}$$

式中:E_y 为每个整距线圈的基波电动势。

当绕组并联支路数用 a 表示时，每相基波电动势为

$$\begin{aligned}E_\varphi &= 4.44fqN_y k_d p\frac{1}{a}\Phi \\ &= 4.44f\frac{pqN_y}{a}k_d\Phi \\ &= 4.44fNk_d\Phi\end{aligned} \tag{4-94}$$

式中：$N=\dfrac{pqN_y}{a}$ 为一相绕组串联的总匝数。

(二)绕组的谐波电动势

实际的电机气隙里磁密分布不完全都是基波，尚有谐波，如三次、五次、七次奇数次谐波。所谓三、五、七次谐波磁密，即在一对磁极极距中有 3、5、7 个波长的正弦形磁密波。这些谐波磁密也要在各槽里的导体中感应出各次谐波电动势。当绕组采用了短距、分布以及三相连接时，可以使各次谐波电动势大大被削弱，甚至使某次谐波电动势为零。当然，短距分布也能把基波电动势削弱些(基波绕组系数加 $k_{dp}<1$，但很接近 1)。只要设计合理，让基波电动势削弱得少，而谐波电动势削弱得多就可以。

在计算谐波电动势时，只要知道它的谐波短距系数及谐波分布系数(二者相乘就是该谐波的绕组系数)即可。其计算公式与基波的一致，所不同的是，同一空间角度 α 对基波和谐波来讲，它们的电角度相差 v 倍，v 是谐波的次数。因此谐波短距系数 k_{pv} 为

$$k_{pv}=\sin vy\frac{\pi}{2} \tag{4-95}$$

谐波分布系数 k_{dv} 为

$$k_{dv}=\frac{\sin q\dfrac{v\alpha}{2}}{q\sin\dfrac{v\alpha}{2}} \tag{4-96}$$

此外，三相 Y 接或△接，在三相线电动势中不会有三次谐波及 3 的倍数次谐波电动势出现。这是由于三相三次谐波以及 3 的倍数次谐波电动势在时间相位上同相所造成的。

由于谐波电动势较小，在后面分析异步电机和同步电机时，暂不考虑。

三、交流电机电枢单相绕组产生的磁通势

在电机里，不管什么样的绕组，当流过电流时都要产生磁通势。所谓磁通势，指的是绕组里的全电流或安培数。但是，在三相交流电枢绕组里，各相绕组在定子空间的位置不同，流过的交流电流相位也不一样，究竟会产生什么样的磁通势，如磁通势的大小、波形，在时间上是脉振，还是旋转等，需要进行分析。掌握绕组流过电流产生的磁通势，对分析电机运行原理会有很大的帮助。

交流电机电枢绕组产生的磁通势与直流电机相比，要复杂一些。分析磁通势的大小及波形等问题时，应从两大方面来考虑：首先是绕组在定子空间所在的位置；其次再考虑该绕组流过的电流，在时间上又是如何变化的。绕组在空间的位置，也就是该绕组里电流在空间的分

布，当然，由电流产生的磁通势，也有空间分布的问题。此外，流过绕组的电流，在不同的时间里，大小又不一样，可见，产生的磁通势，在同一空间位置，随着时间的不同，也不一样。用数学的语言可以这样描述：交流绕组产生的磁通势，既是空间函数，又是时间函数。

为简单起见，在分析磁通势时，先从一个线圈产生的磁通势讲起，再到单相、两相和三相绕组产生的磁通势。

(一)整距线圈的磁通势

图 4-29(a)里 AX 是一个匝数为 N_y 的整距线圈。当线圈里通入电流时，就要产生磁通势。由磁通势产生的磁通如图 4-29(a)中虚线所示。根据安培环路定律知道，闭合磁路的磁通势等于该磁路所链的全部电流。在图 4-29(a)里各条磁路上，不论离开线圈圈边多远，它们所链的全部电流都一样，即各磁路的磁通势为 iN_y。当然，iN_y 作用在每条磁回路的整个回路上。不过，在电机里，为了能用数学公式表示磁通势，把作用在某一磁回路上的线圈磁通势看成为集中在气隙上，这对产生该磁回路磁通的大小毫无影响。由于每个磁回路都要两次经过气隙，再加上电机的磁路对称，把整距线圈的磁通势 iN_y 分成两半，每一半磁通势($\frac{1}{2}iN_y$)作用在该磁回路经过的一个气隙上。也可以理解为每个磁极的磁通势为 $\frac{1}{2}iN_y$，对磁极磁通势为 iN_y。

把直角坐标放在电机定子的内表面上，横坐标用空间电角度 α 表示，坐标原点选在线圈的轴线上，纵坐标表示线圈磁通势(安匝)的大小，用 f_y 表示，如图 4-29(a)所示。规定电流从线圈的 X 端流进(用 ⊕ 表示)，A 端流出(用 ⊙ 表示)作为电流的正方向；磁通势从定子到转子的方向作为正方向。

为了清楚起见，把图 4-29(a)中的电机在线圈 A 处沿轴向剖开，并展成直线，如图 4-29(b)所示。

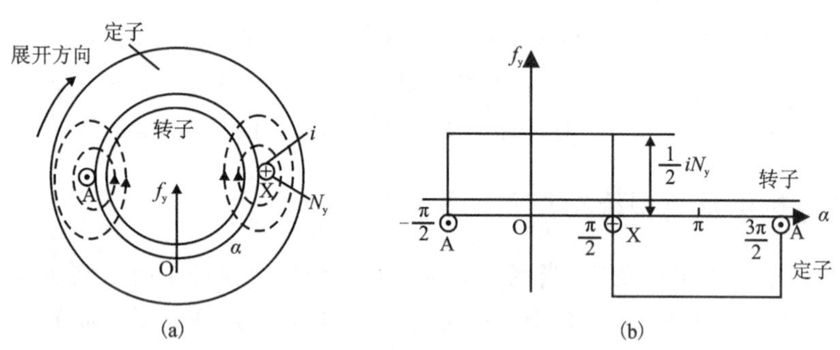

图 4-29　整距线圈产生的磁通势

当某个瞬间，线圈 AX 里流过正最大值电流时，即从 X 端流进，从 A 端流出，如图 4-29(a)所示。两次过气隙的磁回路，不论离开线圈圈边 A 或 X 多远，所链着的为全电流，即磁通势的大小都一样，只是磁通势的作用方向有所不同。关于磁通势的大小，下面再分析。先看如何确定磁通势的方向。根据右手螺旋法则，4 个手指指向线圈里流过电流的方向，则大拇指的指向为磁通势的方向。图 4-29 所示，在 $-\frac{\pi}{2} \sim \frac{\pi}{2}$ 的范围内，磁通势的方向为出定子进转子，与规定的磁通势正方向一致，所以这时的磁通势为正。同样可以确定在 $\frac{\pi}{2} \sim \frac{3\pi}{2}$ 范围内，磁通势为负。

图 4-29(b)所示为磁通势分布的曲线，可以理解为在电机气隙中的磁位降。总磁通势 iN_y 一半降落在 AX 段气隙里，一半降落在 XA 段气隙里。

由此可见，整距线圈产生的磁通势(或在气隙里的磁位降)，沿定子内表面气隙空间分布呈两极的矩形波，幅值为 $\frac{1}{2}iN_y$，显然，这里讲的幅值，就是指每个磁极的磁通势，单位为 A。

已知线圈里流的电流随时间按余弦变化，即

$$i = \sqrt{2}I\cos\omega t \tag{4-97}$$

式中：I 为电流的有效值；ωt 为时间电角度。

图 4-29(b)为整距线圈产生的在空间呈矩形波分布的磁通势，其大小是由电流的大小决定的。当时间电角度 ωt 不同，线圈里电流 i 的大小也不同。i 按正弦规律变化时，磁通势的大小也随之按正弦规律变化，称为脉振波。磁通势波交变的频率与电流的频率一样。最大幅值是 $i=\sqrt{2}I$ 时的 $\frac{1}{2}\sqrt{2}IN_y$。注意，图 4-29(b)线圈 AX 里标的 ⊕ 、⊙ 是该瞬间流过线圈电流的瞬时实际方向。

图 4-30(a)所示为四极电机绕组。当某瞬时流过电流(方向如图中 ⊕ 、⊙)产生的磁通势沿气隙圆周方向空间分布，如图 4-30(b)所示。如果只看每对极产生的磁通势，与上面的两极电机完全一样。为此，多极绕组的电机只研究其每对极磁通势即可。

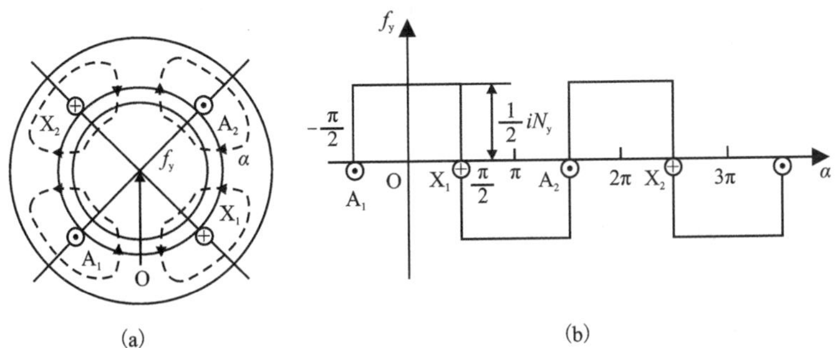

图 4-30　某瞬时四级电机产生的磁通势

从两极和四极电机电枢磁通势看，整距线圈通电流时，产生磁通势的极数与电机的极数一样。

矩形分布的脉振磁通势表达式为

$$f_y = \frac{1}{2}iN_y = \frac{1}{2}\sqrt{2}IN_y\cos\omega t \quad \left(-\frac{\pi}{2} < \alpha < \frac{\pi}{2}\right) \tag{4-98}$$

$$f_y = -\frac{1}{2}iN_y = -\frac{1}{2}\sqrt{2}IN_y\cos\omega t \quad \left(-\frac{\pi}{2} < \alpha < \frac{\pi}{2}\right) \tag{4-99}$$

空间矩形波可用傅氏级数展成无穷多个正弦波。可见，空间矩形分布的脉振磁通势可以展开成无穷多个空间正弦分布的磁通势，每个正弦分布的磁通势同时都随时间正弦变化。

下面具体将图 4-29(b)中磁通势波展开成傅里叶级数。由于图 4-29(b)中的磁通势波形依纵、横坐标轴对称，该矩形波仅含有奇次的余弦项。整距线圈产生的每极磁通势，用傅氏级数表示为

$$\begin{aligned} f_y(\alpha,\omega t) &= C_1\cos\alpha + C_3\cos3\alpha + C_5\cos5\alpha + \cdots \\ &= \sum_v^{\infty} C_v\cos v\alpha \end{aligned} \tag{4-100}$$

式中：$v = 1,3,5,\cdots$为谐波的次数；系数 C_v 为

$$C_v = \frac{4}{\pi}\frac{1}{2}iN_y\frac{1}{v}\sin v\frac{\pi}{2} \tag{4-101}$$

把 $v = 1,3,5,\cdots$，以及 $i = \sqrt{2}I\cos\omega t$ 代入式(4-100)，得

$$\begin{aligned} f_y(\alpha,\omega t) = &\frac{4}{\pi}\frac{1}{2}\sqrt{2}IN_y\cos\omega t\cos\alpha - \frac{4}{\pi}\frac{1}{2}\sqrt{2}IN_y\frac{1}{3}\cos\omega t\cos3\alpha + \\ &\frac{4}{\pi}\frac{1}{2}\sqrt{2}IN_y\frac{1}{5}\cos\omega t\cos5\alpha - \cdots = f_{y1} + f_{y3} + f_{y5} + \cdots \end{aligned} \tag{4-102}$$

其中，f_{y1} 称基波磁通势，有

$$\begin{aligned} f_{y1} &= \frac{4}{\pi}\frac{1}{2}\sqrt{2}IN_y\cos\omega t\cos\alpha \\ &= F_{y1}\cos\omega t\cos\alpha \end{aligned} \tag{4-103}$$

f_{y3} 称三次谐波磁通势，有

$$\begin{aligned} f_{y3} &= -\frac{4}{\pi}\frac{1}{2}\sqrt{2}IN_y\frac{1}{3}\cos\omega t\cos3\alpha \\ &= -F_{y3}\cos\omega t\cos3\alpha \end{aligned} \tag{4-104}$$

f_{y5} 称五次谐波磁通势，有

$$\begin{aligned} f_{y5} &= \frac{4}{\pi}\frac{1}{2}\sqrt{2}IN_y\frac{1}{5}\cos\omega t\cos5\alpha \\ &= F_{y5}\cos\omega t\cos5\alpha \end{aligned} \tag{4-105}$$

此外，尚有七次、九次等高次谐波磁通势。

下面分析基波及各谐波磁通势的特点。

1. 基波及各谐波磁通势的最大幅值

比较基波、三次、五次等磁通势的最大幅值 F_{y1}，F_{y3}，F_{y5} 等，可以看出

$$\begin{cases} F_{y3} = \dfrac{1}{3}F_{y1} \\ F_{y5} = \dfrac{1}{5}F_{y1} \\ \quad\vdots \\ F_{yv} = \dfrac{1}{v}F_{y1} \end{cases} \tag{4-106}$$

即三次谐波磁通势最大幅值 F_{y3} 的大小，是基波磁通势最大幅值 F_{y1} 的 1/3 倍；五次谐波磁通势最大幅值 F_{y5} 是 F_{y1} 的 1/5 倍；v 次谐波磁通势最大幅值 F_{yv} 是 F_{y1} 的 $1/v$ 倍。由此可见，谐波次数越高，即 v 值越大，该谐波磁通势的最大幅值越小。

当时间电角度 $\omega t=0°$、电流 i 达正最大值时，基波磁通势与各次谐波磁通势都为它们各自的最大幅值，这时它们在气隙空间的分布如图 4-31 所示。图中仅画出基波及三次、五次谐波磁通势。

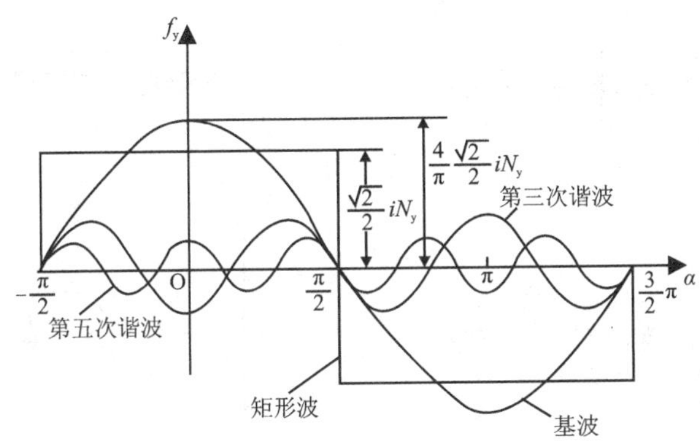

图 4-31　矩形波磁通势的基波及谐波分量

2. 基波及各谐波磁通势的极对数

从图 4-31 可看出，基波磁通势的极对数与原矩形波磁通势的极对数一样多。三次谐波磁通势的极对数是基波的 3 倍；五次谐波磁通势的极对数是基波的 5 倍；等等。

3. 基波及各谐波磁通势幅值随时间变化的关系

当电流随时间按余弦规律变化时，不论是基波磁通势还是谐波磁通势，它们的幅值都随时间按电流的变化规律（$\cos\omega t$）而变化，即在时间上都为脉振波。

图 4-32 给出不同瞬间整距线圈的电流和它产生的矩形波脉振磁通势及其基波脉振磁通势。图 4-32(a)、(b)、(c)、(d)、(e)、(f)和(g)分别为 $\omega t=0°$、30°、60°、90°、120°、150°和 180°时的波形。

整距线圈产生的磁通势中，基波磁通势是最主要的，其最大幅值是 $\frac{4}{\pi}\frac{\sqrt{2}}{2}IN_y$。

根据三角公式

$$2\cos\alpha\cos\beta=\cos(\alpha-\beta)+\cos(\alpha+\beta) \tag{4-107}$$

把整距线圈的基波磁通势 f_{y1} 变为

$$\begin{aligned} f_{y1} &= \frac{1}{2}F_{y1}\cos(\alpha-\omega t)+\frac{1}{2}F_{y1}\cos(\alpha+\omega t) \\ &= f'_{y1}+f''_{y1} \end{aligned} \tag{4-108}$$

1）讨论 $f'_{y1}=\frac{1}{2}F_{y1}\cos(\alpha-\omega t)$ 项

这是一个行波的表达式。当给定时间，若磁通势沿气隙圆周方向按余弦规律分布，则它

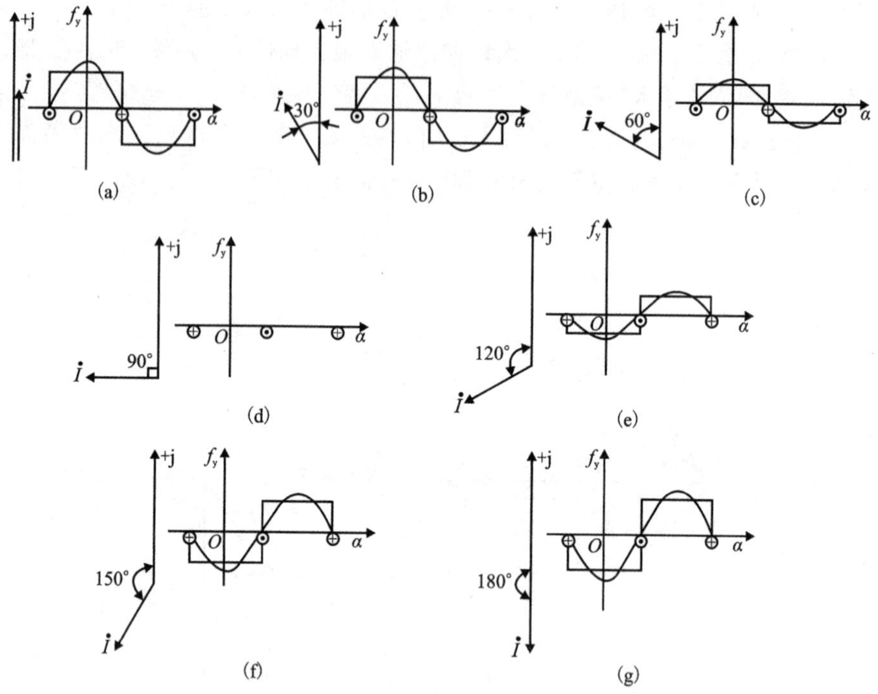

图 4-32　不同瞬间的电流、矩形波磁通势和基波磁通势

的幅值只有原脉振波最大振幅的一半。随着时间的推移，这个在空间按余弦分布的磁通势的位置发生变化。拿磁通势的幅值[等于 $\frac{1}{2}F_{y1}$，即行波公式 $\cos(\alpha-\omega t)$ 中，$(\alpha-\omega t)=0$ 的情况]来看，当 $\omega t=0°$ 时，出现在 $\alpha=0°$ 处，如图 4-33 中的波形 1；当 $\omega t=30°$ 时，只出现在 $\alpha=30°$ 处，如图 4-33 中的波形 2，以此类推。可见，随着时间的推移，磁通势波也在移动。

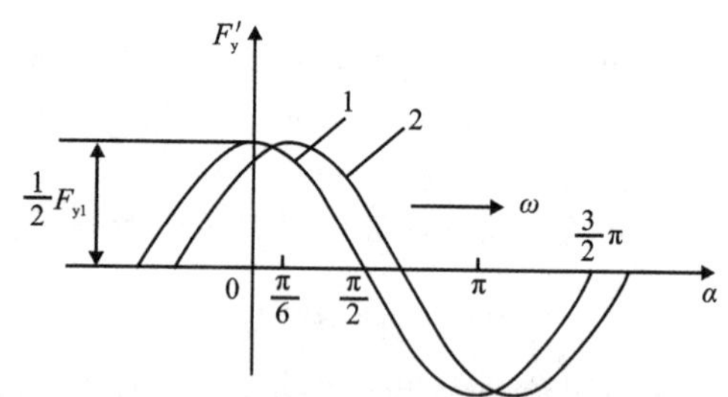

图 4-33　正转的基波旋转磁通势

把 $(\alpha-\omega t)=0$ 微分，便可得到行波的角速度，即

$$\frac{\mathrm{d}\alpha}{\mathrm{d}t}=\omega \tag{4-109}$$

即行波在电机气隙里朝着 $+\alpha$ 方向以 ω 大小的角速度旋转，行波在电机里即为旋转波。

2)讨论 $f''_{y1}=\frac{1}{2}F_{y1}\cos(\alpha+\omega t)$ 项

显然这也是一个行波的表达式，它的幅值是 $\frac{1}{2}F_{y1}$，只不过是朝着 $-\alpha$ 方向，以角速度 ω 旋转而已。由此可见：①一个脉振磁通势波可以分为两个波长与脉振波完全一样，分别朝相反方向旋转的旋转波，旋转波的幅值是原脉振波最大振幅的一半；②当脉振波振幅为最大值时，两个旋转波正好重叠在一起。

一个在空间按余弦分布的磁通势波，可以用一个空间矢量 $\dot{F}$ 来表示。让矢量的长短等于该磁通势的幅值，矢量的位置就在该磁通势波正幅值所在的位置。

已知图 4-34(a)中所示的行波朝着 $+\alpha$ 方向移动。当某瞬间行波正幅值 F 正好位于 α 空间电角度处，用空间矢量表示时，采用极坐标最直观，让矢量的长短等于行波的正幅值 F，矢量的位置也在 α_1 空间电角度处，矢量的旁边再加上个箭头表示其旋转方向，ω 为旋转角速度，如图 4-34(b)所示。

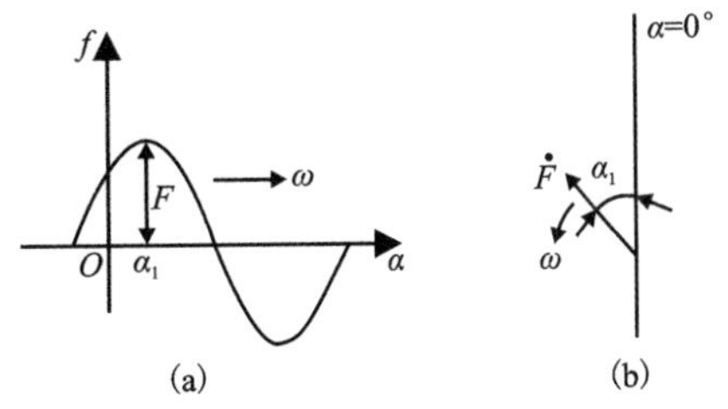

图 4-34　用空间矢量表示磁通势

图 4-35 所示为整距线圈产生的基波脉振磁通势，以及用两个分别朝相反方向旋转的旋转磁通势表示的矢量图。图中 $\dot{F}$ 是脉振磁通势，$\dot{F}'$，$\dot{F}''$ 是两个分别朝正、反方向旋转的旋转磁通势。图 4-35 分别是当 $\omega = 0°$、$30°$、$60°$、$90°$、$120°$、$150°$、$180°$等瞬间，正转、反转及脉振磁通势之间所对应的矢量图。

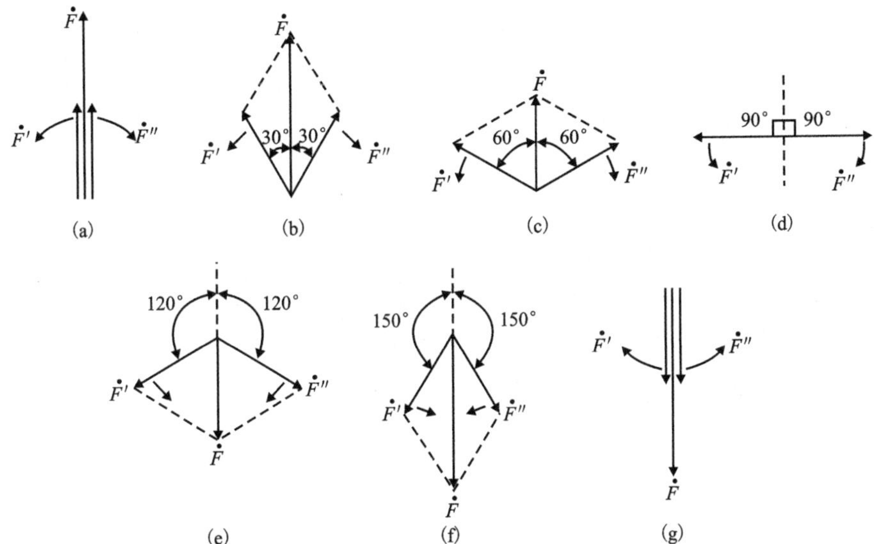

图 4-35　脉振磁通势及分成的两个选传磁通势表示的矢量图

(二)短距线圈的磁通势

图 4-36(a)所示为单相双层短距绕组，在一对极范围里，1-1′ 是一个短距线圈，2-2′ 是另一个短距线圈，两个线圈尾尾相连串联在一起，如图 4-36(b)所示。两个串联的短距线圈中流过的电流为

$$i = \sqrt{2} I \cos\omega t \tag{4-110}$$

图 4-36(c)分别是每个短距线圈单独产生的磁通势在气隙空间的分布图，图 4-36(d)是它们合成的总磁通势波形图。

从图 4-36(d)磁通势波形图中可看出，它是依纵、横轴对称，没有直流分量及各次正弦项

和偶次谐波分量，只有奇次的余弦项。展成傅里叶级数为

$$
\begin{aligned}
f_{双}(\alpha,\omega t) &= C_1\cos\alpha + C_3\cos3\alpha + C_5\cos5\alpha + \cdots \\
&= \sum\nolimits_{v}^{\infty} C_v \cos v\alpha
\end{aligned}
\tag{4-111}
$$

系数

$$
C_v = \frac{4}{\pi} i N_y \frac{1}{v} \sin v y \frac{\pi}{2} = \frac{4}{\pi} i N_y \frac{1}{v} k_{pv} \tag{4-112}
$$

$$
k_{pv} = \sin v y \frac{\pi}{2} \tag{4-113}
$$

式中：$v = 1,3,5,\cdots$，为谐波的次数。

把式(4-100)与式(4-111)进行比较，为了抓主要矛盾，只比较两式中的基波项（即 $v = 1$ 的项）。整距线圈时，基波磁通势为

$$
\frac{4}{\pi}\frac{1}{2}\sqrt{2} I N_y \cos\omega t \cos\alpha \tag{4-114}
$$

双层短距线圈时，基波磁通势为

$$
\frac{4}{\pi}\sqrt{2} I N_y \sin y \frac{\pi}{2} \cos\omega t \cos\alpha = \frac{4}{\pi}\sqrt{2} I N_y k_{p1} \cos\omega t \cos\alpha \tag{4-115}
$$

从式(4-114)与式(4-115)中可以看出，两种情况下产生的基波磁通势有两点差别：

(1)在计算双层短距线圈每极磁通势的大小时，要乘上由线圈短距引起的短距系数。现在仅讨论基波磁通势，所以基波短距系数 $k_{p1} = \sin y \frac{\pi}{2}$。基波短距系数 k_{p1} 的式子与计算基波电动势时的基波短距系数完全一样，都是小于 1 的数。

(2)在每个线圈串联匝数 N_y 相同的情况下，双层绕组产生的每极磁通势要大，这是因为双层线圈在一对极下有两个线圈(图 4-36)。

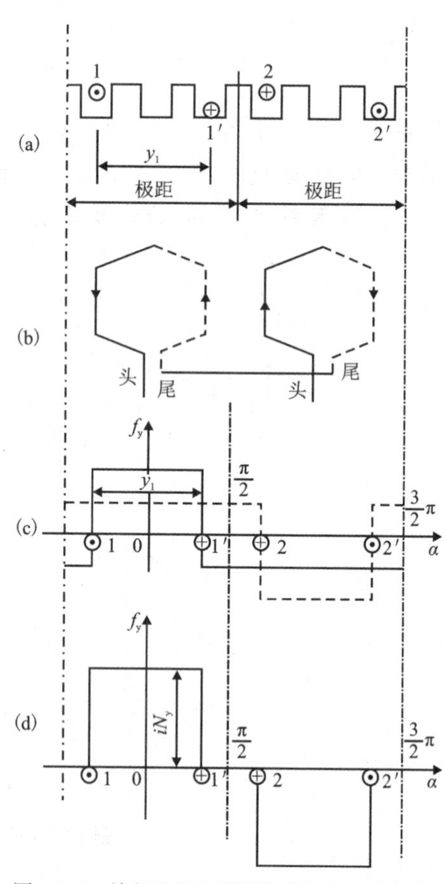

图 4-36　单相双层短距线圈产生的磁通势（极对数 $p = 1$）

（三）单层分布线圈组产生的磁通势

当在图 4-22(b)中 3 个空间分布而匝数彼此相同的整距线圈里通以相同的电流时，每个线圈产生磁通势的大小应该一样，不同的是由于各线圈在空间的位置没有重叠在一起，因此，它们的磁通势在空间的位置不会相同。以各线圈产生的基波磁通势为例，3 个线圈的基波磁通势用空间矢量表示，如图 4-37 所示，它们彼此大小相同，在空间位置上依次相差 α 电角度。这个结论可以推广到 q 个线圈的分布情况，分布后，整个线圈组磁通势的最大振幅为

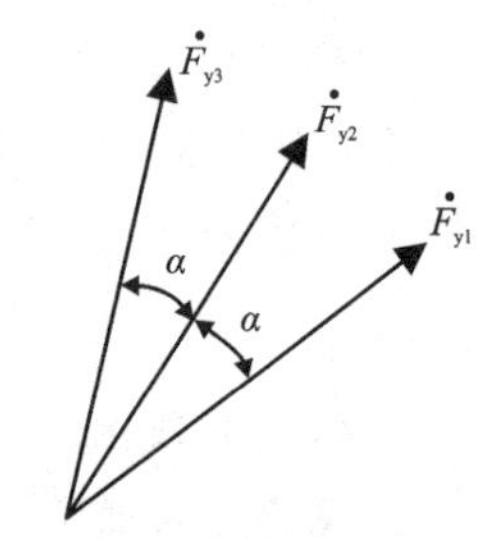

图 4-37　各线圈产生的基波磁通势的空间矢量图

$$F_{q1} = qF_{y1}\frac{\sin q\frac{\alpha}{2}}{q\sin\frac{\alpha}{2}} = qF_{y1}k_{d1} \tag{4-116}$$

式中：$k_{d1} = \dfrac{\sin q\frac{\alpha}{2}}{q\sin\frac{\alpha}{2}}$称为基波磁通势的分布系数，它与计算基波电动势时的分布系数是同一个数；F_{y1}是每个线圈产生的基波磁通势最大幅值。

写成一般式子，v次谐波磁通势的分布系数为

$$k_{dv} = \frac{\sin qv\frac{\alpha}{2}}{q\sin v\frac{\alpha}{2}} \tag{4-117}$$

v次谐波磁通势的最大幅值为

$$F_{qv} = qF_{yv}k_{dv} \tag{4-118}$$

式中：F_{yv}为每个线圈v次谐波磁通势的最大幅值。

（四）分布短距对气隙磁通势波形的影响

在电机中，为了改善电机的性能，希望基波磁通势占主要分量，即尽量减小各次谐波磁通势，为此，设计电机的绕组时，要采用短距分布绕组。只要设计得合适，就能够大大削弱各次谐波磁通势。当各次谐波磁通势减小很多时，剩下的主要就是基波磁通势。

分布短距后，要在基波磁通势和各次谐波磁通势上乘上一个短距系数和分布系数。把$k_{dpv} = k_{pv}k_{dv}$叫v次谐波的绕组系数，它也是小于1的数。与电动势时的情况一样，设计合适时，基波绕组系数k_{dp1}比各次谐波绕组系数大，即短距分布对基波磁通势削弱得少，对谐波磁通势削弱得多。

一般情况下，取线圈的y为0.8左右，以大大削弱五、七次谐波磁通势。至于三次谐波以及3的倍数次谐波磁通势，在三相绕组连接中互相抵消（下面介绍）。

（五）单相绕组磁通势

根据以上分析，如果绕组是双层短距分布绕组，由它产生的相绕组磁通势为

$$\begin{aligned} f_{\varphi}(\alpha,\omega t) &= \frac{4}{\pi}\frac{\sqrt{2}}{2}\frac{NI}{p}\left(k_{dp1}\cos\alpha + \frac{1}{3}k_{dp3}\cos 3\alpha + \frac{1}{5}k_{dp5}\cos 5\alpha + \cdots\right)\cos\omega t \\ &= F_{\varphi 1}\cos\omega t\cos\alpha + F_{\varphi 3}\cos\omega t\cos 3\alpha + F_{\varphi 5}\cos\omega t\cos 5\alpha + \cdots \end{aligned} \tag{4-119}$$

式中：各磁通势分量的最大幅值分别为

$$\begin{cases} F_{\varphi 1} = \dfrac{4}{\pi}\dfrac{\sqrt{2}}{2}\dfrac{Nk_{dp1}I}{p} \\ F_{\varphi 3} = \dfrac{4}{\pi}\dfrac{\sqrt{2}}{2}\dfrac{1}{3}\dfrac{Nk_{dp3}I}{p} \\ F_{\varphi 5} = \dfrac{4}{\pi}\dfrac{\sqrt{2}}{2}\dfrac{1}{5}\dfrac{Nk_{dp5}I}{p} \\ \quad\vdots \end{cases} \tag{4-120}$$

其中，$N = \frac{2pqN_y}{a}$ 为每相绕组串联的匝数。

应该记住，式(4-119)中，基波磁通势(用 f_1 表示)最为重要，且 $f_1 = F_{\varphi1}\cos\omega t\cos\alpha$ 。

基波磁通势虽然是由双层短距分布绕组所产生，但是可以想象为由一个等效的整距线圈所产生。所谓等效线圈，就是它能够产生式(4-119)给出的基波磁通势。

关于双层短距分布绕组的基波磁通势有如下的特点：

(1)单相双层短距分布绕组产生的基波磁通势为 $f_1 = F_{\varphi1}\cos\omega t\cos\alpha$ ，即在气隙空间按 $\cos\alpha$ 分布，它的振幅 $F_{\varphi1}\cos\omega t$ 随时间按 $\cos\omega t$ 变化，其中 $F_{\varphi1}$ 为最大振幅。

(2)当时间电角度 $\omega t = 0°$ 的时候，在空间电角度 $\alpha = 0°$ 的地方是基波磁通势最大正幅值所在地，即单相绕组的轴线处。

四、交流电机电枢三相绕组产生的磁通势

大容量交流发电机以及电动机几乎都是三相电机，它们都有三相绕组，绕组又都流过三相对称电流，所以应研究三相绕组产生磁通势的情况。

图 4-38(a)是最简单的三相绕组在定子内表面上的空间分布。关于坐标的放置以及坐标原点的选择如图 4-38 所示。当然，三相只能用同一个坐标。每相绕组里要标出电流的正方向。图 4-38 这个最简单的绕组，也可以理解为任何三相对称的复杂绕组，只不过是每一相都用一个等效整距线圈来代替原来的复杂绕组。

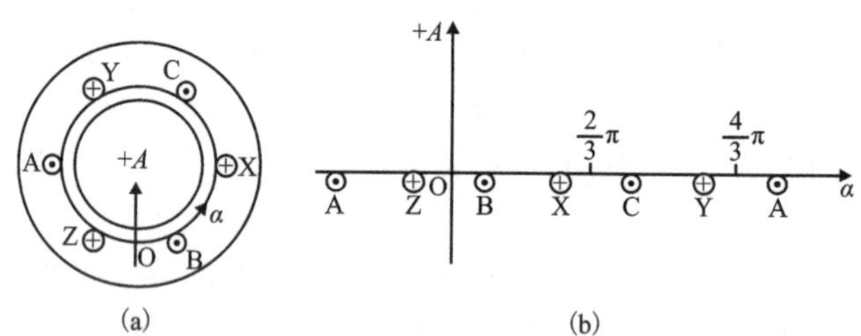

图 4-38　等效三相绕组

已知三相绕组流过的电流分别为

$$\begin{cases} i_A = \sqrt{2}\cos\omega t \\ i_B = \sqrt{2}\cos(\omega t - 120°) \\ i_C = \sqrt{2}\cos(\omega t - 240°) \end{cases} \tag{4-121}$$

A 相电流在电机气隙圆周方向产生的基波磁通势为

$$f_{A1} = F_{\varphi1}\cos\omega t\cos\alpha \tag{4-122}$$

滞后 A 相 120°时间电角度的 B 相电流 i_B ，流过位于 A 相前面 120°空间电角度的 B 相绕组时，产生的基波磁通势为

$$f_{B1} = F_{\varphi1}\cos(\omega t - 120°)\cos(\alpha - 120°) \tag{4-123}$$

同样，i_C 产生的基波磁通势为

$$f_{C1} = F_{\varphi1}\cos(\omega t - 240°)\cos(\alpha - 240°) \tag{4-124}$$

式中：$F_{\varphi 1}=\frac{4}{\pi}\frac{\sqrt{2}}{2}\frac{Nk_{\mathrm{dp1}}I}{p}$。

用前面介绍过的把一个脉振波分解为两个行波的办法，将上述 3 个相的脉振磁通势分别分解为

$$\begin{cases}f_{\mathrm{A1}}=\frac{1}{2}F_{\varphi 1}\cos(\alpha-\omega t)+\frac{1}{2}F_{\varphi 1}\cos(\alpha+\omega t)\\ f_{\mathrm{B1}}=\frac{1}{2}F_{\varphi 1}\cos(\alpha-\omega t)+\frac{1}{2}F_{\varphi 1}\cos(\alpha+\omega t-240^\circ)\\ f_{\mathrm{C1}}=\frac{1}{2}F_{\varphi 1}\cos(\alpha-\omega t)+\frac{1}{2}F_{\varphi 1}\cos(\alpha+\omega t-120^\circ)\end{cases}\tag{4-125}$$

把上面 3 个相产生的基波磁通势加起来，就得到三相合成基波磁通势为

$$\begin{aligned}f(\alpha,\omega t)&=f_{\mathrm{A1}}+f_{\mathrm{B1}}+f_{\mathrm{C1}}\\&=\frac{1}{2}F_{\varphi 1}\cos(\alpha-\omega t)+\frac{1}{2}F_{\varphi 1}\cos(\alpha+\omega t)+\\&\quad\frac{1}{2}F_{\varphi 1}\cos(\alpha-\omega t)+\frac{1}{2}F_{\varphi 1}\cos(\alpha+\omega t-240^\circ)+\\&\quad\frac{1}{2}F_{\varphi 1}\cos(\alpha-\omega t)+\frac{1}{2}F_{\varphi 1}\cos(\alpha+\omega t-120^\circ)\\&=\frac{3}{2}F_{\varphi 1}\cos(\alpha-\omega t)\\&=F_1\cos(\alpha-\omega t)\end{aligned}\tag{4-126}$$

可见，三相合成基波磁通势是个行波，或称旋转磁通势。它的幅值为

$$F_1=\frac{3}{2}F_{\varphi 1}=\frac{3}{2}\frac{4}{\pi}\frac{\sqrt{2}}{2}\frac{Nk_{\mathrm{dp1}}}{p}I\tag{4-127}$$

朝着 $+\alpha$ 方向以角速度 ω（或转速为 $n=\frac{60f}{p}\mathrm{r/min}$，注意，式中 f 为电流的频率）旋转。由于 F_1 为常数，$\dot{F}_1$ 矢量端点的轨迹是个圆，因此也叫圆形旋转磁通势。

关于三相合成基波旋转磁通势幅值的位置，当给定时间后，便可根据式(4-127)找出来。例如当 $\omega t=0^\circ$ 时，三相合成基波旋转磁通势的幅值 F_1 在 $\alpha=0^\circ$ 的地方，即位于图 4-38 中坐标原点处，显然这个地方就是 A 相绕组的轴线，标以 $+A$。从电流的公式中知道，$\omega t=0^\circ$ 的时候，A 相电流为正最大值。也就是说，当 A 相电流达正最大值时，三相合成基波旋转磁通势正好位于图 4-38 中 $\alpha=0^\circ$ 的地方（即 A 相绕组的轴线）。随着时间的推移，当 $\omega t=120^\circ$ 时间电角度时，三相合成基波旋转磁通势的幅值 F_1，从式(4-127)可以看出，在 $\alpha=120^\circ$（$2\pi/3$）的地方（这里正好是 B 相绕组的轴线）。从电流的表达式中看出，这时 B 相电流达正最大值。由此可见，B 相电流为正最大值时，三相合成基波旋转磁通势的幅值 F_1 在 $\alpha=120^\circ$ 的地方，即位于 B 相绕组的轴线处。C 相电流为正最大值时，幅值 F_1 在 $\alpha=240^\circ$（$4\pi/3$）的地方，即 C 相绕组的轴线处。在以上 3 个特定时间，三相合成基波旋转磁通势幅值的特定位置，对分析磁通势问题很有帮助，应该记住。实际上，当电流在时间上变化的电角度 ωt 已知后，三相合成基波旋转磁通势幅值所在地方的角度 α 与 ωt，的值相等，因为 $\alpha=\omega t$ 时，才能使 $\cos(\alpha-\omega t)=1$，得磁通势的幅值 F_1。

用空间旋转矢量表示磁通势时，也能求出三相合成基波旋转磁通势。画矢量图时，只能画出某个瞬间旋转磁通势矢量的大小和位置。画任意瞬间的都可以，各矢量之间的相对关系不会改变。以画 $\omega t = 0^\circ$ 时 A 相电流达正最大值的瞬间磁通势矢量图为例。

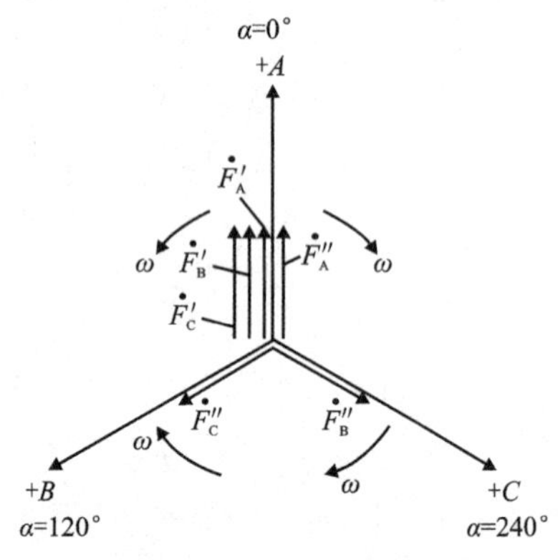

图 4-39　三相 6 个旋转磁通势的合成

图 4-39 中的极坐标，逆时针方向是 α 角的正方向。根据前面的介绍，一个脉振磁通势可以分解为两个向相反方向旋转的磁通势，这两个旋转磁通势的幅值以及转速大小都彼此相等。A 相的两个旋转磁通势是 $\dot{F}'_{A1}$ 和 $\dot{F}''_{A1}$，其中 $\dot{F}'_{A1}$ 朝 $+\alpha$ 方向旋转，叫正转磁通势；$\dot{F}''_{A1}$ 朝 $-\alpha$ 方向旋转，叫反转磁通势。由于 A 相电流为正最大值正位于 $\alpha = 0^\circ$ 的地方，即 $+A$ 轴处。$\dot{F}'_{B1}$ 和 $\dot{F}''_{B1}$ 是 B 相的两个旋转磁通势，其中 $\dot{F}'_{B1}$ 朝 $+\alpha$ 方向旋转，叫正转磁通势；$\dot{F}''_{B1}$ 朝 $-\alpha$ 方向旋转，叫反转磁通势。如何确定当 $\omega t = 0^\circ$ 时，这两个旋转磁通势的位置？如果时间角 $\omega t = 120^\circ$ 空间电角度时，B 相电流达正最大值，B 相脉振磁通势振幅也为正最大值，位置在 $\alpha = 120^\circ$ 的地方，也就是说，$\dot{F}'_{B1}$ 和 $\dot{F}''_{B1}$ 都应该转到 $\alpha = 120^\circ$ 的地方。但是，画图的瞬间 $\dot{F}'_{B1}$ 和 $\dot{F}''_{B1}$ 应各自从 $\alpha = 120^\circ$ 的地方向后退 120°空间电角度，如图 4-39 所示位置。为了清楚起见，在 $\alpha = 120^\circ$ 的地方标以 $+B$ 轴。同样，$\dot{F}'_{C1}$ 和 $\dot{F}''_{C1}$ 是 C 相的两个旋转磁通势，$\dot{F}'_{C1}$ 是正转磁通势，$\dot{F}''_{C1}$ 是反转磁通势。如果时间角 $\omega t = 240^\circ$ 空间电角度时，两个旋转磁通势都转到 $\alpha = 240^\circ$ 的地方。但是，画图的瞬间是 $\omega t = 0^\circ$，所以它们各自应向后退 240°空间电角度，如图 4-39 所示位置。同样，在 $\alpha = 240^\circ$ 的地方标以 $+C$ 轴。从图 4-39 中看出，三相的 6 个旋转磁通势矢量中 $\dot{F}''_{A1}$、$\dot{F}''_{B1}$、$\dot{F}''_{C1}$ 3 个转速相同而反转的旋转矢量彼此相距 120°空间电角度，幅值大小又都相等，把它们加起来正好等于零，即互相抵消。另外 3 个正转的旋转矢量 $\dot{F}'_{A1}$，$\dot{F}'_{B1}$，$\dot{F}'_{C1}$，它们在空间位置相同，当 $\omega t = 0^\circ$ 时，都处在 $\alpha = 0^\circ$ 的位置上，它们的转速相同，幅值相等，加起来为单相脉振磁通势最大振幅的 3/2 倍。这就是三相合成基波磁通势。随着时间的推移，三相合成基波磁通势在空间上是旋转的。这个方法比前边用数学解析式分析更直观些，但用来进行计算不够方便。

综上所述，三相合成基波旋转磁通势有以下几个特点。

(1)幅值。

$$F_1 = \frac{3}{2}\frac{4}{\pi}\frac{\sqrt{2}}{2}\frac{Nk_{dp1}}{p}I \tag{4-128}$$

幅值 F_1 不变，是圆形旋转磁通势。

(2)转向。磁通势的转向决定于电流的相序，从领先相向滞后相旋转。

(3)转速。旋转磁通势相对于定子绕组的转速为同步转速 $n = \frac{60f}{p}\mathrm{r/min}$，用角速度 ω 表示时，为 $\omega = 2\pi pn/60$（每秒电弧度）。

(4)瞬间位置。当三相电流中某相电流值达正最大值时，三相合成基波旋转磁通势的正幅值，正好位于该相绕组的轴线处。

为了更形象地表现三相旋转磁通势，画出三相旋转磁场用磁力线表示的示意图，见图 4-40。图中给出两极和四极两个电枢绕组的情况，其中图 4-40(a)是 A 相电流为正最大值瞬间，即 $\omega t = 0°$；图 4-40(b)是 $\omega t = 60°$ 瞬间。图中各相绕组标出的电流方向是实际方向，其正方向与图 4-38 相同。图 4-40(a)与(b)对比，显然是时间上相差 60°电角度，磁通势在空间旋转 60°电角度。

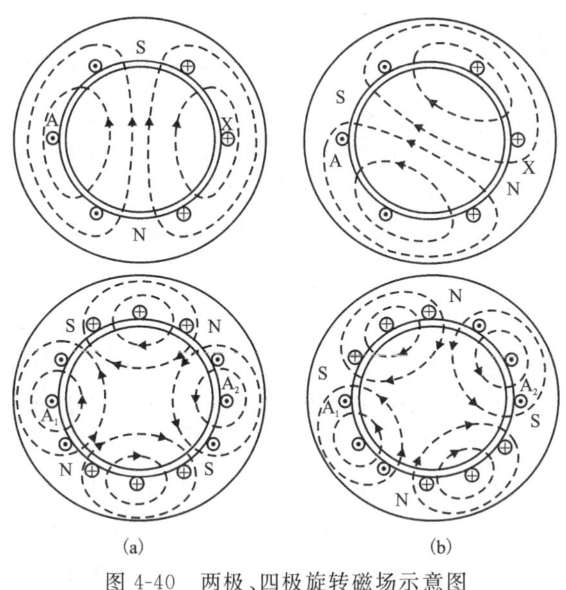

图 4-40　两极、四极旋转磁场示意图

(a) $\omega t = 0°$；(b) $\omega t = 60°$

与基波不同的是，对应于基波的一个极距，三次谐波已是 3 个极距，即对应于基波的 α 空间电角度，三次谐波已是 3α 空间电角度。分析时，仍用基波磁通势时的坐标，则各相三次谐波磁通势的表达式分别为

$$f_{A3} = -F_{\varphi3}\cos\omega t\cos3\alpha \tag{4-129}$$

$$\begin{aligned} f_{B3} &= -F_{\varphi3}\cos(\omega t - 120°)\cos3(\alpha - 120°) \\ &= -F_{\varphi3}\cos(\omega t - 120°)\cos3\alpha \end{aligned} \tag{4-130}$$

$$\begin{aligned} f_{C3} &= -F_{\varphi3}\cos(\omega t - 240°)\cos3(\alpha - 240°) \\ &= -F_{\varphi3}\cos(\omega t - 240°)\cos3\alpha \end{aligned} \tag{4-131}$$

式中：$F_{\varphi3} = \frac{4}{\pi}\frac{\sqrt{2}}{2}\frac{1}{3}\frac{Nk_{dp1}}{p}I$，为三次谐波脉振磁通势的最大幅值。

把 3 个相的三次谐波磁通势相加，就是三相合成的三次谐波磁通势 $f_3(\alpha, \omega t)$，即

$$\begin{aligned} f_3(\alpha, \omega t) &= f_{A3} + f_{B3} + f_{C3} \\ &= -F_{\varphi3}\cos\omega t\cos3\alpha - F_{\varphi3}\cos(\omega t - 120°)\cos3\alpha - F_{\varphi3}\cos(\omega t - 240°)\cos3\alpha \\ &= -F_{\varphi3}\cos3\alpha[\cos\omega t + \cos(\omega t - 120°) + \cos(\omega t - 240°)] \\ &= 0 \end{aligned} \tag{4-132}$$

从式(4-132)看出，各相三次谐波磁通势的空间位置相同，因为三相电流在时间上互差120°电角度，致使三相三次谐波磁通势互相抵消了。

显然3的倍数次谐波，如九次、十五次等的磁通势都为零。

至于三相绕组的五、七次谐波磁通势，采用分布、短距绕组使之削弱到极小；更高次数的谐波磁通势，本身已很小。因此，三相绕组产生的磁通势可以忽略谐波，只认为基波磁通势是主要的。后面分析同步电机、异步电机时的磁通势均指基波。本书从此处开始，再提到基波磁通势时，下标中的数字1都去掉，如 f_{y} 、F_{y} ，都不再写成 f_{y1} 、F_{y1} 。

第三节　三相异步电动机的基本结构与原理

异步电机主要用作电动机，拖动各种生产机械。例如，在工业方面，用于拖动中小型轧钢设备、各种金属切削机床、轻工机械、矿山机械等；在农业方面，用于拖动风机、水泵、脱粒机、粉碎机以及其他农副产品的加工机械等；在民用电器方面的电扇、洗衣机、电冰箱、空调机等也都是用异步电动机拖动的。

异步电动机的优点是结构简单、容易制造、价格低廉、运行可靠、坚固耐用、运行效率较高且适用性强，缺点是功率因数较差。异步电动机运行时，必须从电网里吸收滞后性的无功功率，它的功率因数总是小于1。但电网的功率因数可以用别的办法进行补偿，并不妨碍异步电动机的广泛使用。

对那些单机容量较大、转速又恒定的生产机械，一般采用同步电动机拖动，因为同步电动机的功率因数是可调的(可使 $\cos\varphi = 1$ 或领先)。但并不是说，异步电动机就不能拖动这类生产机械，而是要根据具体情况进行分析比较，以确定采用哪种电机为好。

异步电动机运行时，定子绕组接到交流电源上，转子绕组自身短路，由于电磁感应的关系，在转子绕组中产生电动势、电流，从而产生电磁转矩，所以异步电机又叫感应电机。

异步电动机的种类很多，从不同角度看，有不同的分类法。例如，按定子相数分，有单相异步电动机、两相异步电动机及三相异步电动机；按转子结构分，有绕线式异步电动机和鼠笼式异步电动机，其中鼠笼式异步电动机又包括单鼠笼异步电动机、双鼠笼异步电动机及深槽式异步电动机；按有无换向器分，有无换向器异步电动机和换向器异步电动机。

此外，根据电机定子绕组上所加电压大小，又有高压异步电动机、低压异步电动机。从其他角度看，还有高启动转矩异步电机、高转差率异步电机和高转速异步电机等。异步电机也可作为异步发电机使用。单机使用时，常用于电网尚未到达又找不到同步发电机的情况，或用于风力发电等特殊场合。在异步电动机的电力拖动中，有时利用异步电机回馈制动，即运行在异步发电机状态。

本节针对无换向器的三相异步电动机进行分析，讲述它的基本结构与原理。

一、三相异步电动机结构、额定数据与基本工作原理

(一)三相异步电动机的结构

图4-41是一台鼠笼式三相异步电动机的结构图。它主要是由定子和转子两大部分组成

的，定、转子中间是空气隙。此外，还有端盖、轴承、机座、风扇等部件，分别简述如下。

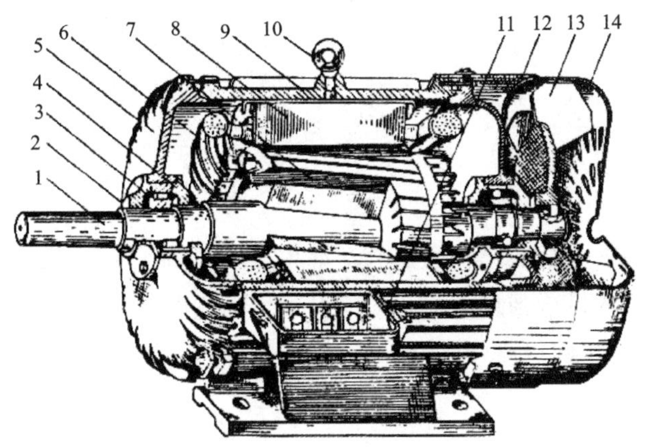

1. 轴；2，4. 轴承盖；3. 轴承；5，12. 端盖；6. 定子绕组；7. 转子；8. 定子铁心；9. 机座；
10. 吊环；11. 出线盒；13. 风扇；14. 风罩。

图 4-41　鼠笼式三相异步电动机的结构图

1. 异步电动机的定子

异步电动机的定子由机座、定子铁心和定子绕组 3 个部分组成。

定子铁心是电动机磁路的一部分，装在机座里。为了降低定子铁心里的铁损耗，定子铁心用 0.5mm 厚的硅钢片叠压而成，在硅钢片的两面还应涂有绝缘漆。图 4-42 是异步电动机定子铁心。当铁心直径小于 1m 时，用整圆的硅钢片叠成，大于 1m 时，用扇形硅钢片。

在定子铁心内圆上开有槽，槽内放置定子绕组（也叫电枢绕组）。图 4-43 所示为定子槽，其中图 4-43(a)是开口槽，用于大、中型容量高压异步电动机；图 4-43(b)是半开口槽，用于中型 500V 以下的异步电动机；图 4-43(c)是半闭口槽，用于低压小型异步电动机。

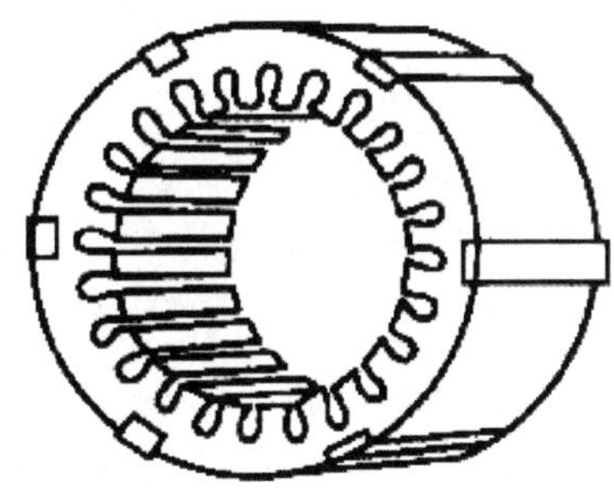

图 4-42　定子铁心

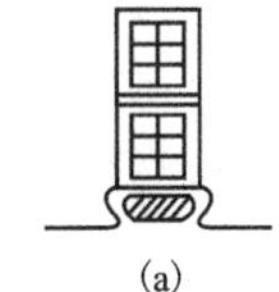

(a)

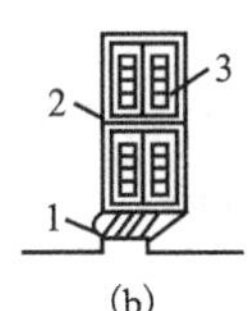

(b)

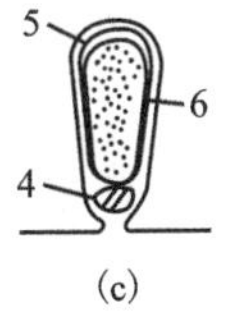

(c)

1，4. 槽楔；2. 层间绝缘；3. 扁铜线；5. 绝缘槽；6. 圆导线。

图 4-43　定子槽

高压大、中型容量异步电动机定子绕组常采用 Y 接，只有 3 根引出线。对中、小容量低压异步电动机，通常把定子三相绕组的 6 根出线头都引出来，根据需要可接成 Y 形或△形，如图 4-44所示，其中图 4-44(a)为 Y 接，图 4-44(b)为△接。定子绕组用包绝缘的铜（或铝）导线绕成，嵌在定子槽内。绕组与槽壁间用绝缘体隔开。

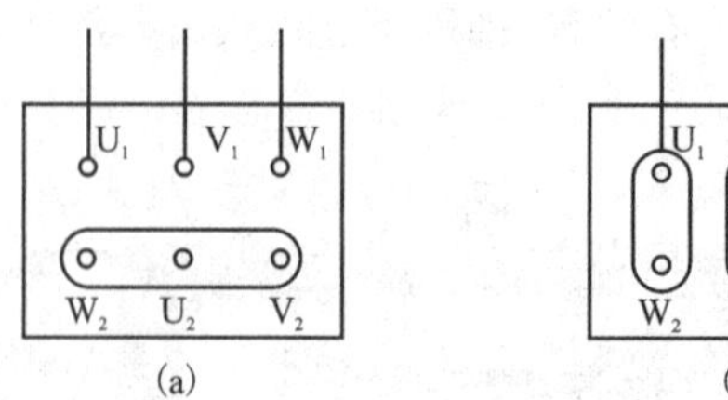

图 4-44 三相异步电动机的引出线

机座的作用主要是固定与支撑定子铁心。如果是端盖轴承电机，还要支撑电机的转子部分，因此，机座应有足够的机械强度和刚度。对中、小型异步电动机，通常用铸铁机座。对大型电机，一般采用钢板焊接的机座，整个机座和座式轴承都固定在同一个底板上。

2. 气隙

异步电动机的气隙比同容量直流电动机的气隙小得多，在中、小型异步电动机中，气隙一般为 0.2～1.5mm。

异步电动机的励磁电流是由定子电源供给的。气隙大时，要求的励磁电流也大，从而影响电动机的功率因数。为了提高功率因数，应尽量让气隙小些，但也不能太小，否则定子和转子有可能发生摩擦或碰撞。从减少附加损耗以及减少高次谐波磁通势产生的磁通来看，气隙大些也有好处。

3. 异步电动机的转子

异步电动机的转子是由转子铁心、转子绕组和转轴组成的，转子铁心也是电动机磁路的一部分，它用 0.5mm 厚的硅钢片叠压而成。图 4-45 是转子槽形图，其中图 4-45(a)是绕线式异步电动机转子槽形，图 4-45(b)是单鼠笼转子槽形，图 4-45(c)是双鼠笼转子槽形。整个转子铁心固定在转轴上，或固定在转子支架上，转子支架再套在转轴上。

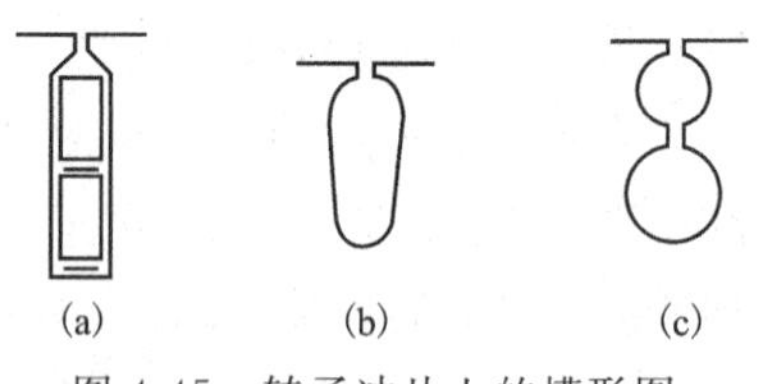

图 4-45 转子冲片上的槽形图

如果是绕线式异步电动机，则转子绕组也是三相绕组，它可以连接成 Y 形或△形。一般小容量电动机连接成△形，中、大容量电动机都连接成 Y 形。转子绕组的 3 条引线分别接到 3 个滑环上，用一套电刷装置引出来，如图 4-46 所示。这就可以把静止的外接电路串联到转子绕组回路里去，其目的是改善电动机的特性或是调速，以后再详细介绍。

鼠笼式绕组与定子绕组大不相同，它是一个自己短路的绕组。在转子的每个槽里放上一根导体，每根导体都比铁心长，在铁心的两端用两个端环把所有的导条都短路起来，形成一个自己短路的绕组。如果把转子铁心拿掉，则可看出剩下的绕组形状像个松鼠笼子，如图 4-47(a)所示，因此叫鼠笼转子。导条的材料有用铜的，也有用铝的。如果用的是铜料，就需要把事先做好的裸铜条插入转子铁心上的槽里，再用铜端环套在伸出两端的铜条上，最后焊在一起，如图 4-47(b)所示。如果用的是铝料，就用熔化了的铝液直接浇铸在转子铁心上的槽里，连同端环、风扇一次铸成，如图 4-47(c)所示

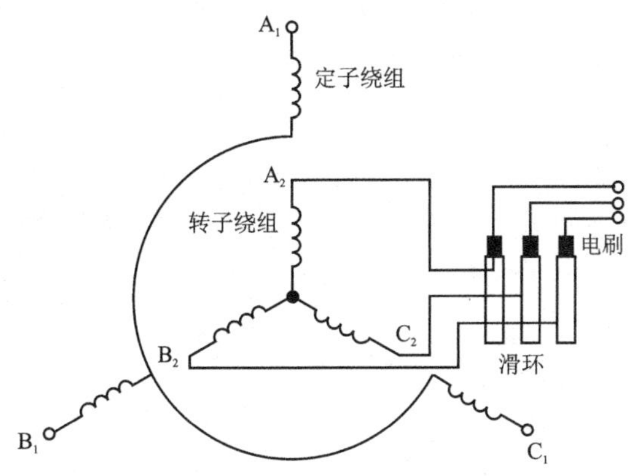

图 4-46 绕线式异步电动机定、转子绕组接线方式

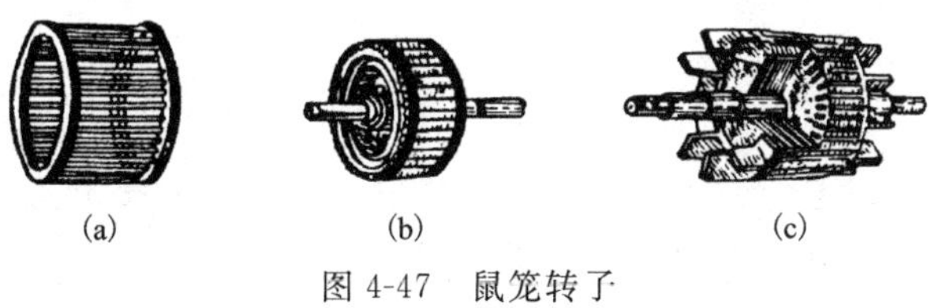

图 4-47 鼠笼转子

(二)三相异步电动机的结构形式

根据不同的冷却方式和保护方式,异步电动机有防护式、封闭式和防爆式几种。

防护式异步电动机能够防止外界的杂物落入电机内部,并能在与垂直线呈 45°角的任何方向防止水滴、铁屑等掉入电机内部。这种电动机的冷却方式是在电动机的转轴上装有风扇,冷空气从端盖的两端进入电动机,冷却定、转子以后再从机座旁边出去。

封闭式异步电动机使电动机内部的空气和机壳外面的空气彼此相互隔开。电动机内部的热量通过机壳的外表面散出去。为了提高散热效果,在电动机外面的转轴上装上风扇和风罩,并在机座的外表面铸出许多冷却片。这种电动机多用在灰尘较多的场所。

防爆式异步电动机是一种全封闭的电动机,它把电动机内部和外界的易燃、易爆气体隔开,多用于有汽油、酒精、天然气、煤气等易爆性气体的场所。

(三)三相异步电动机的铭牌数据

三相异步电动机的铭牌上标明电机的型号及额定数据等。

1. 型号

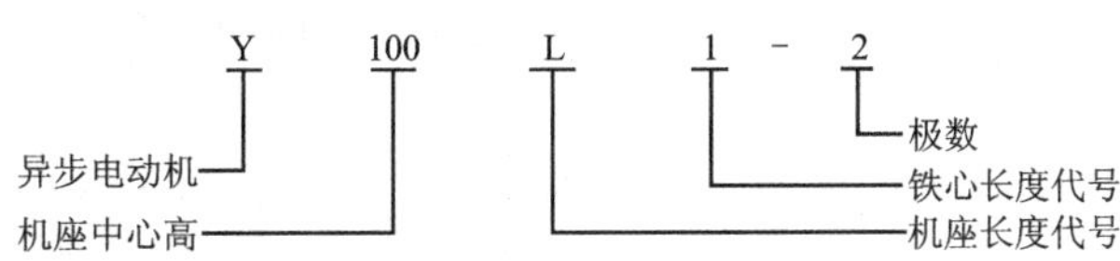

电机产品的型号，一般采用大写印刷体的汉语拼音字母和阿拉伯数字组成。其中汉语拼音字母是根据电机的全名称选择有代表意义的汉字，再用该汉字的第一个拼音字母组成。

我国生产的异步电动机种类很多，下面列出一些常见的产品系列。

Y 系列为小型鼠笼全封闭自冷式三相异步电动机，用于金属切削机床、通用机械、矿山机械、农业机械等，也可用于拖动静止负载或惯性负载较大的机械，如压缩机、传送带、磨床、锤击机、粉碎机、小型起重机、运输机械等。目前，Y_2 系列也已问世。

JQ_2 和 JQO_2 系列是高启动转矩异步电动机，用在启动静止负载或惯性负载较大的机械上。JQ_2 是防护式，JQO_2 是封闭式的。

JS 系列是中型防护式三相鼠笼异步电动机。

JR 系列是防护式三相绕线式异步电动机，用在电源容量小、不能用同容量鼠笼式电动机启动的生产机械上。

JSL_2 和 JRL_2 系列是中型立式水泵用的三相异步电动机，其中 JSL_2 是鼠笼式，JRL_2 是绕线式。

JZ_2 和 JZR_2 系列是起重和冶金用的三相异步电动机，JZ_2 是鼠笼式，JZR_2 是绕线式。

JD_2 和 JDO_2 系列是防护式和封闭式多速异步电动机。

BJO_2 系列是防爆式鼠笼异步电动机。

JPZ 系列是旁磁式制动异步电动机。

JZZ 系列是锥形转子制动异步电动机。

JZT 系列是电磁调速异步电动机其他类型的异步电动机可参阅产品目录。

2. 额定值

异步电动机的额定值包含下列内容。

(1)额定功率 P_N 。指电动机在额定运行时轴上输出的机械功率，单位为 kW。

(2)额定电压 U_N 。指额定运行状态下加在定子绕组上的线电压，单位为 V。

(3)额定电流 I_N 。指电动机在定子绕组上加额定电压、轴上输出额定功率时，定子绕组中的线电流，单位为 A。

(4)额定频率 f_1 。我国规定工业用电的频率是 50Hz。异步机定子边的量加下标 1 表示，转子边的量加下标 2 表示。

(5)额定转速 n_N 。指电动机定子加额定频率的额定电压，且轴端输出额定功率时电机的转速，单位为 r/min 。

(6)额定功率因数 $\cos\varphi$ 。指电动机在额定负载时，定子边的功率因数。

(7)绝缘等级与温升。各种绝缘材料耐温的能力不一样，按照不同的耐热能力，绝缘材料可分为一定等级。温升是指电动机运行时高出周围环境的温度值。我国规定环境最高温度为 40℃。

电动机的额定输出转矩可以由额定功率、额定转速计算，公式为

$$T_{2N} = 9550\,\frac{P_N}{n_N} \tag{4-133}$$

其中，功率的单位为 kW，转速的单位为 r/min，转矩的单位为 N·m。

此外，铭牌上还标明了工作方式、连接方法等。对绕线式异步电动机还要标明转子绕组的接法、转子绕组额定电动势 E_{2N}（指定子绕组加额定电压、转子绕组开路时滑环之间的电动势）和转子的额定电流 I_{2N}。

如何根据电机的铭牌进行定子的接线？如果电动机定子绕组有 6 根引出线，并已知其首、末端，分几种情况讨论。

(1)当电动机铭牌上标明"电压 380/220V，接法 Y/△"时，这种情况下，究竟是接成 Y 或△，要看电源电压的大小。如果电源电压为 380V，则接成 Y 接；电源电压为 220V 时，则接成△接。注意，不可乱接。

(2)当电动机铭牌上标明"电压 380V，接法△"时，则只有△接法。但是，在电动机启动过程中，可以接成 Y 接，接在 380V 电源上，启动完毕，恢复△接法。

对有些高压电动机，往往定子绕组有 3 根引出线，只要电源电压符合电动机铭牌电压值，便可使用。

(四)三相异步电动机的基本工作原理

三相异步电动机定子接三相电源后，电机内便形成圆形旋转磁通势，圆形旋转磁密，设其方向为逆时针转，如图 4-48 所示。若转子不转，转子鼠笼导条与旋转磁密有相对运动，导条中有感应电动势 e，方向由右手定则确定。由于转子导条彼此在端部短路，于是导条中有电流 i，不考虑电动势与电流的相位差时，电流方向同电动势方向。这样，导条就在磁场中受力 f 用左手定则确定受力方向，如图 4-48 所示。转子受力，产生转矩 T，便为电磁转矩，方向与旋转磁通势同方向，转子便在该方向上旋转起来。

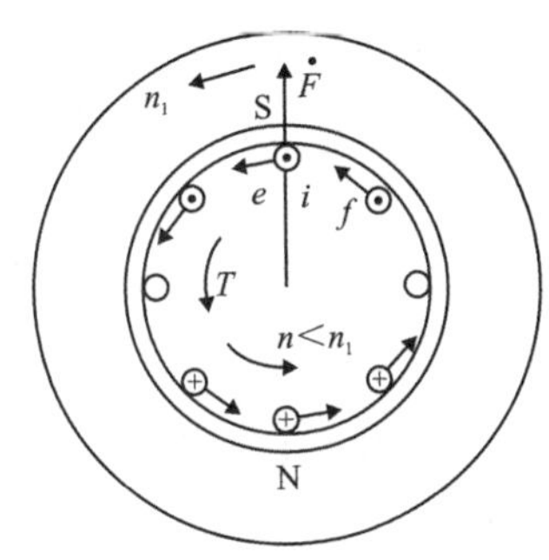

图 4-48　异步电动机工作原理

转子旋转后，转速为 n，只要 $n < n_1$（n_1 为旋转磁通势同步转速），转子导条与磁场仍有相对运动，产生与转子不转时相同方向的电动势、电流及受力，电磁转矩 T 仍旧为逆时针方向，转子继续旋转，稳定运行在 $T = T_L$ 情况下。

二、三相异步电动机电磁关系

正常运行的异步电动机，转子总是旋转的。本章因为篇幅关系，只讨论三相异步电动机转子旋转时的电磁关系。

(一)规定正方向

图 4-49 所示为一台绕线式三相异步电动机，定、转子绕组都是 Y 接，定子绕组接在三相对称电源上，转子绕组开路。其中图 4-49(a)是定、转子三相等效绕组在定、转子铁心中的布置图。这个图是从电机轴向看进去，应该想象它的铁心和导体都有一定的轴向长度，用 l 表示。图 4-49(b)仅仅画出定、转子三相绕组的连接方式，并在图中标明各有关物理量的规定正

方向。这两个图是一致的，是从不同的角度画出的，应当弄清楚。

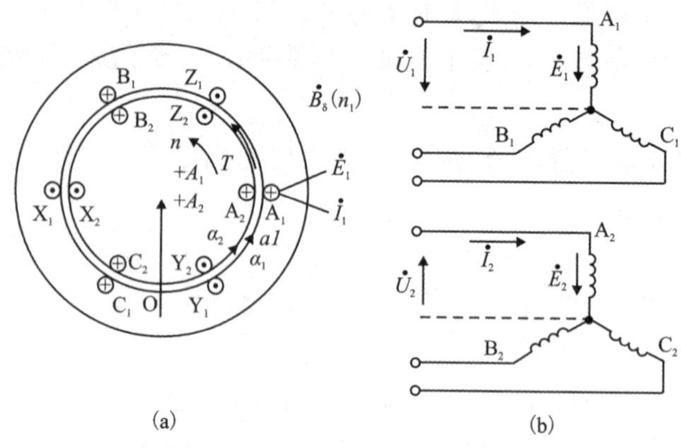

图 4-49　转子绕组开路时三相绕线式异步电动机的规定正方向

图 4-49 中 $\dot{U}_1$ 、$\dot{E}_1$ 、$\dot{I}_1$ 分别是定子绕组的相电压、相电动势和相电流；$\dot{U}_2$ 、$\dot{E}_2$ 、$\dot{I}_2$ 分别是转子绕组的相电压、相电动势和相电流；图中的箭头指向表示各量的正方向。还规定磁通势、磁通和磁密都是从定子出来而进入转子的方向为它们的正方向。此外，把定、转子空间坐标轴的纵轴都选在 A 相绕组的轴线处，如图 4-49(a)中的 $+A_1$ 和 $+A_2$ 。其中 $+A_1$ 是定子空间坐标轴；$+A_2$ 是转子空间坐标轴。为了方便起见，假设 $+A_1$ 、$+A_2$ 两个轴重叠在一起。

（二）转差率

当异步电动机定子绕组接到三相对称电源，转子绕组短路时，便有电磁转矩作用在转子上。如果不再把转子堵住，转子就要向气隙旋转磁密 $\dot{B}_\delta$ 旋转的方向转起来，如为逆时针方向旋转。

下面就会提出这样的问题，异步电机转子受电磁转矩的作用，逆时针方向加速，但最后稳定的转速是多少呢？设想电动机转子的转速 n 恰恰等于同步转速 n_1 ，即电动机的转子与气隙旋转磁密 $\dot{B}_\delta$ 之间没有相对运动，这时的转子绕组里就没有感应电动势，当然也就没有感应电流。转子电流 I_2 为 0，电磁转矩也必定等于 0，不可能维持转子的转速，所以转子转速不能达到同步转速 n_1 ，而是 $n < n_1$ 。只有 $n < n_1$ ，转子绕组与气隙旋转磁密之间才有相对运动，才能在转子绕组里感应电动势、电流，产生电磁转矩。可见，异步电动机转子转速 n 总是小于同步转速 n_1 的。异步电动机的名称就是由此而得来的。

当异步电动机转子的转速 n 为某一确定值时，这时产生的电磁转矩 T 恰恰等于作用在电机转轴上的负载转矩(还包括由电机本身摩擦及附加损耗引起的转矩)，于是异步电动机转子的转速 n 便会稳定运行在这个恒定的转速下。

通常把同步转速 n_1 和电动机转子转速 n 二者之差与同步转速 n_1 的比值叫做转差率(也叫转差或者滑差)，用 s 表示。

关于转差率 s 的定义可理解如下。

当电机的定子绕组接电源时，站在定子绕组边看，首先看到气隙旋转磁密 $\dot{B}_\delta$ 的转向和旋转的快慢(用 n_1 表示)，其次是过气隙看转子本身的转向和旋转的快慢(用 n 表示)。如果二者为同转向，则转差率 s 为

$$s=\frac{n_1-n}{n_1} \tag{4-134}$$

如果二者转向相反，则

$$s=\frac{n_1+n}{n_1} \tag{4-135}$$

式中：n_1 、n 为转速的绝对值。

s 是一个没有单位的数，它的大小也能反映电动机转子的转速。例如 $n=0$ 时，$s=1$；$n=n_1$ 时，$s=0$；$n>n_1$ 时，s 为负；电动机转子的转向与气隙旋转磁密 $\dot{B}_\delta$ 的转向相反时，$s>1$。正常运行的异步电动机，转子转速 n 接近于同步转速 n_1 ，转差率 s 很小，一般 $s=0.01\sim0.05$。

(三)转子电动势

当异步电动机转子以转速 n 恒速旋转时，转子回路的电压方程式为

$$\dot{E}_{2s}=\dot{I}_{2s}(R_2+jX_{2s}) \tag{4-136}$$

式中：$\dot{E}_{2s}$ 是转子转速为 n 时，转子绕组的相电动势；$\dot{I}_{2s}$ 是上述情况下转子的相电流；R_2 是转子一相绕组的电阻；X_{2s} 是转子转速为 n 时，转子绕组一相的漏电抗(注意，X_{2s} 与 X_2 的数值不同，下面还要介绍)。

转子以转速 n 恒速旋转时，转子绕组的感应电动势、电流和漏电抗的频率(下面简称转子频率)用 f_2 表示，这就和转子不转时的大不一样。异步电动机运行时，转子的转向与气隙旋转磁密 $\dot{B}_\delta$ 的转向一致，它们之间的相对转速为 $n_2=n_1-n$ ，表现在电动机转子上的频率 f_2 为

$$f_2=\frac{pn_2}{60}=\frac{p(n_1-n)}{60}=\frac{pn_1}{60}\frac{n_1-n}{n_1}=f_1s \tag{4-137}$$

转子频率 f_2 等于定子频率 f_1 乘以转差率 s 。为此，转子频率 f_2 也叫转差频率。当然，s 为任何值时，式(4-137)成立。正常运行的异步电动机，转子频率 f_2 为0.5～2.5Hz。转子旋转时转子绕组中感应电动势为

$$E_{2s}=4.44f_2N_2k_{dp2}\Phi_1=4.44sf_1N_2k_{dp2}\Phi_1=sE_2 \tag{4-138}$$

式中：E_2 为转子不转时转子绕组中感应电动势。

式(4-138)说明了当转子旋转时，每相感应电动势与转差率 s 成正比。

值得注意的是，电动势 E_2 并不是异步电机堵转时真正的电动势，因为电机堵转时，气隙主磁通 Φ_1 的大小要发生变化，在以后还要叙述。式(4-138)中的 $E_2=4.44f_1N_2k_{dp2}\Phi_1$ ，其中 Φ_1 就是电机正常运行时气隙里每极磁通量，被认为是常数。

转子漏抗 X_{2s} 是对应转子频率 f_2 时的漏电抗，它与转子不转时转子漏电抗 X_2 (对应于频率 $f_1=50\text{Hz}$)的关系为

$$X_{2s}=sX_2 \tag{4-139}$$

可见，当转子以不同的转速旋转时，转子的漏电抗 X_{2s} 是个变数，它与转差率 s 成正比。对于正常运行的异步电动机 $X_{2s}\ll X_2$ 。

(四)定、转子磁通势及磁通势关系

下面对转子旋转时,定、转子绕组电流产生的空间合成磁通势进行分析。

1. 定子磁通势

当异步电机旋转起来后,定子绕组里流过的电流为 $\dot{I}_1$,产生旋转磁通势 $\dot{F}_1$ 。它的特点在前面已经分析过。这里假设它相对于定子绕组以同步转速 n_1 逆时针方向旋转。

2. 转子旋转磁通势

1)幅值分析

当异步电动机以转速 n 旋转时,由转子电流 $\dot{I}_{2s}$ 产生的三相合成旋转磁通势 $\dot{F}_2$ 的幅值为

$$F_2 = \frac{3}{2}\frac{4}{\pi}\frac{\sqrt{2}}{2}\frac{N_2 k_{dp2}}{p}I_{2s} \tag{4-140}$$

2)转向分析

由前面分析转子绕组短路、转速 $n=0$ 的情况知道,气隙旋转磁密 $\dot{B}_\delta$ 逆时针旋转时,在转子绕组里感应电动势,产生电流的相序为 $A_2 \rightarrow B_2 \rightarrow C_2$ 。现在分析的情况是,转子已经旋转起来,有一定的转速 n ,由于是电动机状态,转子旋转的方向与气隙旋转磁密 $\dot{B}_\delta$ 同方向,仅仅是转子的转速 n 小于气隙旋转磁密 $\dot{B}_\delta$ 的转速 n_1 。这时,如果站在转子上看气隙旋转磁密 $\dot{B}_\delta$,它相对于转子的转速为 $n_1 - n$,转向为逆时针方向。这样,由气隙旋转磁密 $\dot{B}_\delta$ 在转子每相绕组感应电动势,产生电流的相序,仍为 $A_2 \rightarrow B_2 \rightarrow C_2$ [见图 4-49(a)]。

既然转子电流 $\dot{I}_{2s}$ 的相序为 $A_2 \rightarrow B_2 \rightarrow C_2$,由转子电流 $\dot{I}_{2s}$ 产生的三相合成旋转磁通势 $\dot{F}_2$ 的转向,相对于转子绕组而言,也是由 $+A_2$ 到 $+B_2$,再转到 $+C_2$,为逆时针方向旋转。

3)转速分析

转子电流 $\dot{I}_{2s}$ 的频率为 f_2 ,显然由转子电流 $\dot{I}_{2s}$ 产生的三相合成旋转磁通势 $\dot{F}_2$,它相对于转子绕组的转速,用 n_2 表示,为

$$n_2 = \frac{60 f_2}{p} \tag{4-141}$$

4)瞬间位置分析

当转子绕组某一相电流达正最大值时, $\dot{F}_2$ 正好位于该相绕组的轴线上。

3. 合成磁通势

搞清楚了定、转子三相合成旋转磁通势 $\dot{F}_1$, $\dot{F}_2$ 的特点后,现在希望站在定子绕组的角度上看定、转子旋转磁通势 $\dot{F}_1$ 与 $\dot{F}_2$ 。

1)幅值分析

关于定、转子磁势 $\dot{F}_1$ 、$\dot{F}_2$ 的幅值,不因站在定子上看而有所改变,仍为前面分析的结果。

2)转向分析

$\dot{F}_1$ 、$\dot{F}_2$ 二者的转向相对于定子都为逆时针方向旋转。

3)转速分析

定子旋转磁通势 $\dot{F}_1$ 相对于定子绕组的转速为 n_1 。转子旋转磁通势 $\dot{F}_2$ 相对于转子绕组的逆时针转速为 n_2 。由于转子本身相对于定子绕组有一逆时针转速 n ,为此站在定子绕组上看转子旋转磁通势 $\dot{F}_2$ 的转速为 $n_2 + n$ 。

已知

$$n_2 = \frac{60f_2}{p} = \frac{60sf_1}{p} = sn_1 \tag{4-142}$$

$$s = \frac{n_1 - n}{n_1} \tag{4-143}$$

于是,转子旋转磁通势 $\dot{F}_2$ 相对于定子绕组的转速为

$$n_2 + n = sn_1 + n = \frac{n_1 - n}{n_1}n_1 + n = n_1 \tag{4-144}$$

这就是说,站在定子绕组上看转子旋转磁通势 $\dot{F}_2$,它也是逆时针方向,以转速 n_1 旋转着。可见,定子旋转磁通势 $\dot{F}_1$ 与转子旋转磁通势 $\dot{F}_2$,它们相对定子来说,都是同转向,以相同的转速 n_1 一前一后旋转着,称为同步旋转。作用在异步电动机磁路上的定、转子旋转磁通势 $\dot{F}_1$ 与 $\dot{F}_2$,既然以同步转速一道旋转,就应该把它们按矢量的办法加起来,得到一个合成的总磁通势,仍用 $\dot{F}_0$ 来表示,即

$$\dot{F}_1 + \dot{F}_2 = \dot{F}_0 \tag{4-145}$$

由此可见,当三相异步电动机转子以转速 n 旋转时,定、转子磁通势关系并未改变,只是每个磁通势的大小及相互之间的相位有所不同而已。

顺便说明一下,这种情况下的合成磁通势 $\dot{F}_0$,与前面介绍过的两种情况下的励磁磁通势 $\dot{F}_0$ 就实质来说都一样,都是产生气隙每极主磁通 Φ_1 的励磁磁通势。但 3 种情况下的励磁磁通势 $\dot{F}_0$,就大小来说,不一定都一样。现在介绍的励磁磁通势 $\dot{F}_0$,才是异步电动机运行时的励磁磁通势。对应的电流 $\dot{I}_0$ 是励磁电流。对于一般的异步电动机, I_0 的大小为(20%～50%) I_N 。

例题 4-3　一台三相异步电机,定子绕组接到频率为 f_1 =50Hz 的三相对称电源上,已知它运行在额定转速 n_N= 960r/min 。求:

(1)该电动机的极对数 p 。

(2)额定转差率 s_N 。

(3)额定转速运行时,转子电动势的频率 f_2 。

解: (1)已知异步电动机额定转差率较小,现根据电动机的额定转速 $n_N=960\text{r/min}$,便可判断出它的气隙旋转磁密 $\dot{B}_\delta$ 的转速 $n_1=1000\text{r/min}$,于是极对数为

$$p=\frac{60f_1}{n_1}=\frac{60\times 50\text{Hz}}{1000\text{r/min}}=3$$

(2)额定转差率

$$s_N=\frac{n_1-n_N}{n_1}=\frac{1000\text{r/min}-960\text{r/min}}{1000\text{r/min}}=0.04$$

(3)转子电动势的频率

$$f_2=s_N f_1=0.04\times 50\text{Hz}=2\text{Hz}$$

(五)转子绕组频率的折合

前面已经分析过转子电流频率 f_2 的大小仅仅影响转子旋转磁通势 $\dot{F}_2$ 相对于转子本身的转速,转子旋转磁通势 $\dot{F}_2$ 相对于定子的相对转速永远为 n_1 ,而与 f_2 的大小无关。此外,定、转子之间的联系是通过磁通势相联系,只要保持转子旋转磁通势 $\dot{F}_2$ 的大小不变,即每极安匝不变即可,至于电流的频率是多少无所谓。根据这个概念,把式(4-136)变换为

$$\begin{aligned}\dot{I}_{2s}&=\frac{\dot{E}_{2s}}{R_2+jX_{2s}}=\frac{s\dot{E}_2}{R_2+jsX_2}\\&=\frac{\dot{E}_2}{\frac{R_2}{s}+jX_2}=\dot{I}_2\end{aligned}\tag{4-146}$$

式中: E_{2s} 、I_{2s} 、X_{2s} 分别为异步电动机转子旋转时,转子绕组一相的电动势、电流和漏电抗;E_2 、I_2 、X_2 分别为电动机转子不转时,一相的电动势、电流和漏电抗。

由式(4-146)还可看出,在频率变换的过程中,除了电流有效值保持不变外,转子电路的功率因数角 φ_2 也没有发生任何变化,即

$$\varphi_2=\arctan\frac{X_{2s}}{R_2}=\arctan\frac{sX_2}{R_2}=\arctan\frac{X_2}{\frac{R_2}{s}}\tag{4-147}$$

在式(4-147)的推导过程中,并没做任何的假设,结果证明了两个电流 $\dot{I}_{2s}$ 和 $\dot{I}_2$ 的有效值以及初相角完全相等。

下面分析一下这两个有效值相等的电流 $\dot{I}_{2s}$ 和 $\dot{I}_2$ 它们的频率。

关于电流 $\dot{I}_{2s}$,它是由转子绕组的转差电动势 $\dot{E}_{2s}$ 和转子绕组本身的电阻 R_2 以及实际运行时转子的漏电抗 X_{2s} 求得的,对应的电路如图 4-50(a)所示。

关于电流 $\dot{I}_2$,它是由转子不转时的电势 E_2 和转子的等效电阻 R_2/s 、转子不转时转子漏电抗 X_2 (注意, $X_2=X_{2s}/s$)得到的,对应的电路如图 4-50(b)所示。

图 4-50 所示两个电路中，图 4-50(a)是异步电动机实际运行时，转子一相的电路，图 4-50(b)是等效电路。所谓等效，就是两个电路的电流有效值大小彼此相等。再看图 4-50 两个电路的频率，其中图 4-50(a)是 f_2 ，图 4-50(b)则是 f_1 。两个电流的频率虽然不同，由于有效值相等，在产生转子旋转磁通势 $\dot{F}_2$ 的幅值上又都一样。转子电路虽然经过这种变换，但是从定子边看转子旋转磁通势并没有任何不同。所以图 4-50 中，从图 4-50(a)电路变成了图 4-50(b)电路的形式，就产生转子旋转磁通势 $\dot{F}_2$ 幅值的大小来说，完全是一样的。这就是转子电路的频率折合，即把转子旋转时实际频率为 f_2 的电路，变成了转子不转，频率为 f_1 的电路。

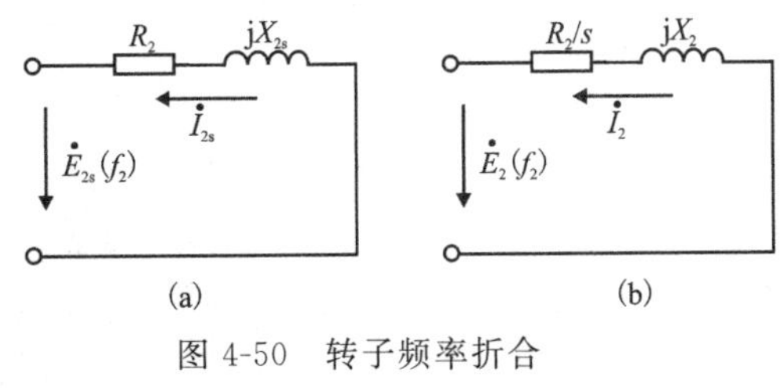

图 4-50　转子频率折合

以上这种把图 4-50(a)电路折合成图 4-50(b)电路，即所谓的频率折合，折合后图 4-50(b)电路的电动势为转子不转时的电动势 $\dot{E}_2$（注意不是转子堵转时的电动势），转子回路的电阻变成 R_2/s ，漏电抗变成 $X_{2s}/s = X_2$ 。对其中转子回路电阻来说，除原来转子绕组本身电阻 R_2 外，相当于多串一个大小为 $\left(\frac{1-s}{s}\right)R_2$ 的电阻，漏电抗也变成了转子不转时的漏电抗 X_2（即对应的频率为 f_1 ）。

再考虑把转子绕组的相数、匝数以及绕组系数都折合到定子边，转子回路的电压方程式则变为

$$\dot{E}'_2 = \dot{I}'_2\left(\frac{R'_2}{s} + jX'_2\right) \tag{4-148}$$

当异步电动机转子电路进行了频率折合后，转子旋转磁通势 $\dot{F}_2$ 的幅值可写成

$$F_2 = \frac{m_2}{2}\frac{4}{\pi}\frac{\sqrt{2}}{2}\frac{N_2 k_{dp2}}{p}I_2 \tag{4-149}$$

再考虑转子绕组的相数、匝数折合，F_2 的幅值为

$$F_2 = \frac{3}{2}\frac{4}{\pi}\frac{\sqrt{2}}{2}\frac{N_1 k_{dp1}}{p}I'_2 \tag{4-150}$$

这样一来，定、转子旋转磁通势 $\dot{F}_1 + \dot{F}_2 = \dot{F}_0$ 的关系，又可写成

$$\dot{I}_1 + \dot{I}'_2 = \dot{I}_0 \tag{4-151}$$

即为电流关系。

(六)基本方程式、等效电路和时空相矢量图

与异步电动机转子绕组短路并把转子堵住不转时相比较，在基本方程式中，只有转子绕组回路的电压方程式有所差别，其他几个方程式都一样。可见，用式(4-148)代替式 $0 = \dot{E}'_2 - \dot{I}'_2(R'_2 + jX'_2)$，就能得到异步电动机转子旋转时的基本方程式，即

$$
\begin{cases}
\dot{U}_1 = -\dot{E}_1 + \dot{I}_1(R_1 + \mathrm{j}X_1) \\
-\dot{E}_1 = \dot{I}_0(R_\mathrm{m} + \mathrm{j}X_\mathrm{m}) = \dot{I}_0 Z_\mathrm{m} \\
\dot{E}_1 = \dot{E}'_2 \\
\dot{E}'_2 = \dot{I}'_2\left(\dfrac{R'_2}{s} + \mathrm{j}X'_2\right) \\
\dot{I}_1 + \dot{I}'_2 = \dot{I}_0
\end{cases}
\tag{4-152}
$$

根据以上5个方程式，可以画出如图4-51所示的等效电路。

从图4-51等效电路可看出，当异步电动机空载时，转子的转速接近同步速，转差率 s 很小，R'_2/s 趋于 ∞，电流 $\dot{I}'_2$ 可认为等于零，这时定子电流 $\dot{I}_1$ 就是励磁电流 $\dot{I}_0$，电动机的功率因数很低。

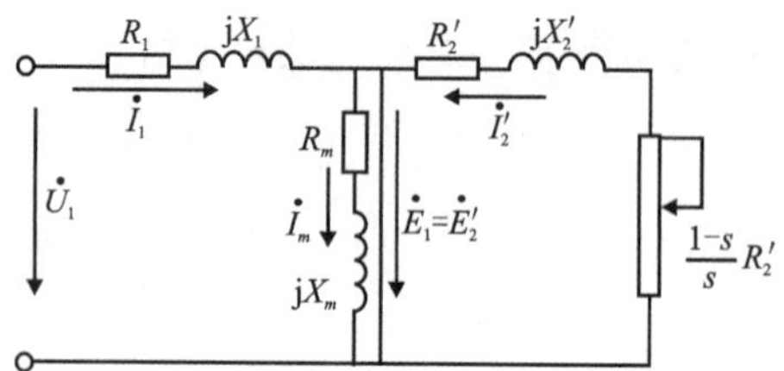

图4-51　三相异步电动机的T形等效电路

当电动机运行于额定负载时，转差率 $s\approx0.05$，R'_2/s 约为 R'_2 的20倍，等效电路里转子边呈电阻性，功率因数 $\cos\varphi_2$ 较高。这时定子边的功率因数 $\cos\varphi_1$ 也比较高，可达0.8～0.85。

已知气隙主磁通 Φ_1 的大小与电动势 E_1 的大小成正比，而 $-\dot{E}_1$ 的大小又决定于 $\dot{U}_1$ 与 $\dot{I}_1 Z_1$ 的相量差。由于异步电动机定子漏阻抗 Z_1 不很大，所以定子电流 $\dot{I}_1$ 从空载到额定负载时，在定子漏阻抗上产生的压降 $I_1 Z_1$ 与 U_1 大小相比也是较小的，可见 $\dot{U}_1$ 差不多等于 $-\dot{E}_1$。这就是说，异步电动机从空载到额定负载运行时，由于定子电压 U_1 不变，主磁通 Φ_1 基本上也是固定的数值。因此，励磁电流也差不多是个常数。但是，当异步电动机运行于低速时，如刚启动时，转速 $n=0$（$s=1$），这时定子电压 U_1 全部降落在定、转子的漏阻抗上。已知定、转子漏阻抗 $Z_1\approx Z'_2$。这样，定、转子漏阻抗上的电压降各近似为定子电压 U_1 的一半左右。也就是说，E_1 近似是 U_1 的一半左右，气隙主磁通 Φ_1 也将变为空载时的一半左右。

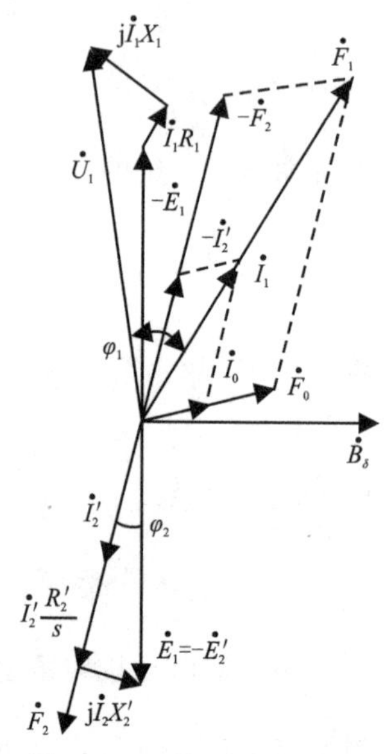

图4-52　三相异步电动机时空相矢量图

既然异步电动机稳态运行可以用一个等效电路表示，那么当知道电动机的参数时，通过等效电路就可以计算出电动机的性能。

图4-52是根据上述5个基本方程式画出的异步电动机时空相矢量图。画相矢量图的目的是研究各量之间的相对关系，为

此，时间参考轴、空间坐标轴都没有必要再标出来，图 4-52 的时空相矢量图与三相变压器负载运行的相量图相似。

三相异步电动机负载运行的电磁关系见图 4-53。

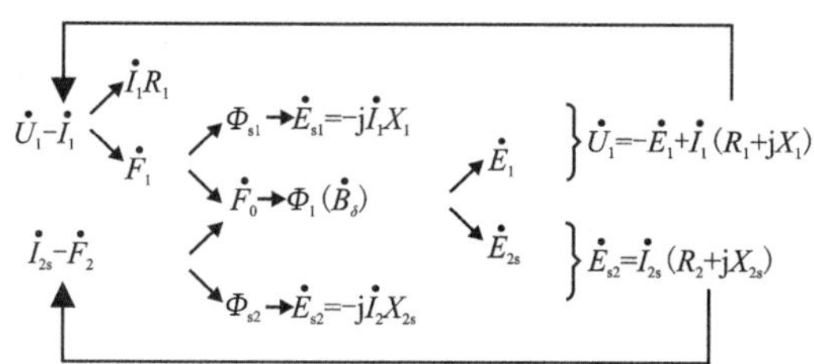

图 4-53　三相异步电动机电磁关系示意图

（七）鼠笼转子

鼠笼转子每相邻两根导条电动势（电流）相位相差的电角度与它们空间相差的电角度相同。导条是均匀分布的，一对磁极范围内有 m_2 根鼠笼条，转子就感应产生 m_2 相对称的感应电动势和电流。采用三相对称绕组通入三相对称电流产生圆形旋转磁通势的办法，可以得到 m_2 相对称鼠笼绕组在 m_2 相对称电流条件下产生圆形旋转磁通势的结论。具体分析过程不予赘述。鼠笼式转子产生旋转磁通势的转向与绕线式转子的一样，也是与定子旋转磁通势转向一致，$\dot{F}_1$ 与 $\dot{F}_2$ 一前一后同步转动，其极数亦与定子的相同。因此鼠笼转子三相异步电动机磁通势关系亦为

$$\dot{F}_1+\dot{F}_2=\dot{F}_0 \tag{4-153}$$

鼠笼式转子 m_2 根鼠笼条，相数为 m_2，每相绕组匝数为 1/2，绕组系数为 1。鼠笼式异步电动机电磁关系与绕线式的相同，也采用折合算法、等效电路及时空相矢量图的方法分析。道理一样，方法相同，仅仅是折合系数的数值不同而已。

三、三相异步电动机的机械特性

三相异步电动机的机械特性是指在定子电压、频率和参数固定的条件下，电磁转矩 T 与转速 n（或转差率 s）之间的函数关系。

（一）机械特性的参数表达式

电磁转矩与转子电流的关系为

$$T=\frac{3I_2'^2\dfrac{R_2'}{s}}{\dfrac{2\pi n_1}{60}}=\frac{3I_2'^2\dfrac{R_2'}{s}}{\dfrac{2\pi f_1}{p}} \tag{4-154}$$

在异步机等效电路中，由于励磁阻抗比定、转子漏阻抗大很多很多，把 T 形等效电路中励磁阻抗这一段电路认为是开路来计算 I_2'，误差很小，故

$$I'_2=\frac{U_1}{\sqrt{\left(R_1+\frac{R'_2}{s}\right)^2+(X_1+X'_2)^2}} \tag{4-155}$$

将式(4-155)代入式(4-154)中，得到

$$\begin{aligned} T &= \frac{3U_1^2\frac{R'_2}{s}}{\frac{2\pi n_1}{60}\left[\left(R_1+\frac{R'_2}{s}\right)^2+(X_1+X'_2)^2\right]} \\ &= \frac{3pU_1^2\frac{R'_2}{s}}{2\pi f_1\left[\left(R_1+\frac{R'_2}{s}\right)^2+(X_1+X'_2)^2\right]} \end{aligned} \tag{4-156}$$

这就是机械特性的参数表达式。固定 U_1 、f_1 及阻抗等参数，$T=f(s)$ 画成曲线便为 $T-s$ 曲线。

（二）固有机械特性

1. 固有机械特性曲线

三相异步电动机在电压、频率均为额定值不变，定、转子回路不串入任何电路元件条件下的机械特性称为固有机械特性，其 $T-s$ 曲线（也即 $T-n$ 曲线）如图 4-54 所示。其中曲线 1 为电源正相序时的曲线，曲线 2 为负相序时的曲线。

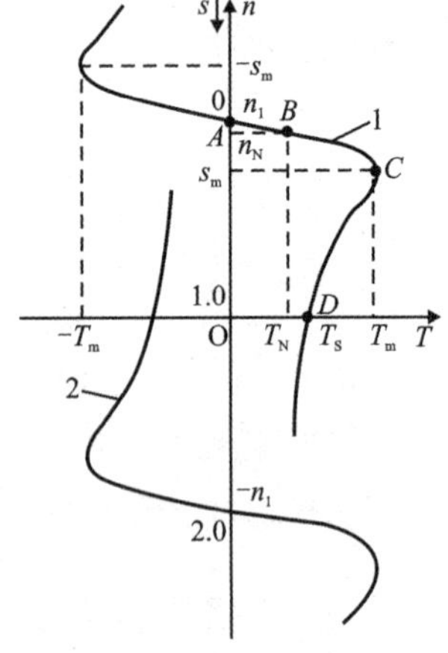

图 4-54　三相异步电动机固有机械特性

从图 4-54 可看出，三相异步电动机固有机械特性不是一条直线，且具有以下特点。

(1)在 $0<s\leqslant l$，即 $n_1<n\leqslant 0$ 的范围内，特性在第Ⅰ象限，电磁转矩 T 和转速 n 都为正，从规定正方向判断，T 与 n 同方向，n 与 n_1 同方向，如图 4-48 所示，电动机工作在电动状态。

(2)在 $s<0$ 范围内，$n>n_1$，特性在第Ⅱ象限，电磁转矩为负值，是制动性转矩，电磁功率也是负值，是发电状态，如图 4-55(a)所示。

(3)在 $s>l$ 范围内，$n<0$，特性在第Ⅳ象限，$T>0$，也是一种制动状态，其电磁量方向如图 4-55(b)所示。

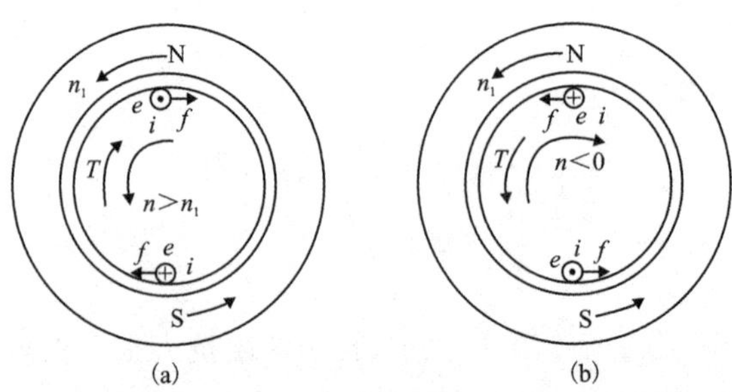

图 4-55　三相异步电动机制动电磁转矩

在第Ⅰ象限电动状态的特性上，B 点为额定运行点，其电磁转矩与转速均为额定值。A 点 $n = n_1$，$T = 0$，为理想空载运行点。C 点是电磁转矩最大点。D 点 $n = 0$，转矩为 T_s，是启动点(图 4-54)。

2. 最大电磁转矩

正、负最大电磁转矩可以从参数表达式求得，即

$$\frac{\mathrm{d}T}{\mathrm{d}s} = 0 \tag{4-157}$$

得到最大电磁转矩为

$$T_m = \pm \frac{1}{2} \frac{3pU_1^2}{2\pi f_1 \left[\pm R_1 + \sqrt{R_1^2 + (X_1 + X_2')^2} \right]} \tag{4-158}$$

最大转矩对应的转差率称为临界转差率，为

$$s_m = \pm \frac{R_2'}{\sqrt{R_1^2 + (X_1 + X_2')^2}} \tag{4-159}$$

式中："＋"号适用于电动机状态；"－"号适用于发电机状态。

一般情况下，R_1^2 值不超过 $(X_1 + X_2')^2$ 的 5%，可以忽略其影响。这样一来有

$$T_m = \pm \frac{1}{2} \frac{3pU_1^2}{2\pi f_1 (X_1 + X_2')} \tag{4-160}$$

$$s_m = \pm \frac{R_2'}{X_1 + X_2'} \tag{4-161}$$

也就是说，可以认为异步发电机状态和电动机状态的最大电磁转矩绝对值近似相等，临界转差率也近似相等，机械特性具有对称性。

式(4-160)和式(4-161)说明，最大电磁转矩与电压平方成正比，与漏电抗 $(X_1 + X_2')$ 成反比；临界转差率与电阻 R_2 成正比，与漏电抗 $(X_1 + X_2')$ 成反比，与电压大小无关。

最大电磁转矩与额定电磁转矩的比值即最大转矩倍数，又称过载倍数，用 λ 表示为

$$\lambda = \frac{T_m}{T_N} \tag{4-162}$$

一般三相异步电动机 $\lambda = 1.6 \sim 2.2$，起重、冶金用的异步电动机 $\lambda = 2.2 \sim 2.8$。应用于不同场合的三相异步电动机都有足够大的过载倍数，当电压突然降低或负载转矩突然增大时，电动机转速变化不大，待干扰消失后又恢复正常运行。但是要注意，绝不能让电动机长期工作在最大转矩处，这样电流过大，温升超出允许值，将会烧毁电机，同时，在最大转矩处运行也不稳定。

3. 堵转转矩

电动机启动时，$n = 0$、$s = 1$ 的电磁转矩称为堵转转矩，将 $s = 1$ 代入式(4-156)中，得到堵转转矩 T_S 为

$$T_S = \frac{3pU_1^2 R_2'}{2\pi f_1 [(R_1 + R_2')^2 + (X_1 + X_2')^2]} \tag{4-163}$$

从式(4-163)中可以看出，T_S 与电压的平方成正比，漏电抗越大，堵转转矩越小。

堵转转矩与额定转矩的比值称为堵转转矩倍数，用 K_T 表示，即

$$K_T = \frac{T_S}{T_N} \tag{4-164}$$

电动机启动时，T_S 大于 1.1 倍的负载转矩就可顺利启动。一般异步电动机堵转转矩倍数 $K_T = 0.8 \sim 1.2$ 。

4. 稳定运行问题

从三相异步电动机机械特性上看，当 $0 < s < s_m$ ，机械特性下斜，拖动恒转矩负载和泵类负载运行时均能稳定运行。当 $s_m < s < 1$ ，机械特性上翘，拖动恒转矩负载不能稳定运行。但拖动泵类负载时，满足 $T = T_L$ 处，$\frac{dT}{dn} = \frac{dT_L}{dn}$ 的条件，即可以稳定运行。但是，由于这时候转速低，转差率大，转子电动势 $E_{2s} = sE_2$ 比正常运行时大很多，造成转子电流、定子电流均很大，因此不能长期运行。三相异步电动机应长期稳定运行在 $0 < s < s_N$ 范围内。

例题 4-4　一台三相六极鼠笼式异步电动机定子绕组 Y 接，额定电压 $U_N = 380\text{V}$ ，额定转速 $n_N = 975\text{r/min}$ ，电源频率 $f_1 = 50\text{Hz}$ ，定子电阻 $R_1 = 2.08\Omega$ ，定子漏电抗 $X_1 = 3.12\Omega$，转子电阻折合值 $R'_2 = 1.53\Omega$，转子漏电抗折合值 $X'_2 = 4.25\Omega$ 。计算：

(1)额定电磁转矩。

(2)最大电磁转矩及过载倍数。

(3)临界转差率。

(4)堵转转矩及堵转转矩倍数。

解：　气隙旋转磁密 $\dot{B}_\delta$ 的转速为

$$n_1 = \frac{60\ f_1}{p} = \frac{60 \times 50}{3}\text{r/min} = 1000\text{r/min}$$

额定转差率

$$s_N = \frac{n_1 - n_N}{n_1} = \frac{1000\text{r/min} - 957\text{r/min}}{1000\text{r/min}} = 0.043$$

定子绕组额定相电压

$$U_1 = \frac{380}{\sqrt{3}}\text{V} = 220\text{V}$$

额定转矩

$$\begin{aligned} T_N &= \frac{3\ pU_1^2 \frac{R'_2}{s_N}}{2\pi f_1 \left[\left(R_1 + \frac{R'_2}{s_N}\right)^2 + (X_1 + X'_2)^2 \right]} \\ &= \frac{3 \times 3 \times 220^2 \times \frac{1.53}{0.043}}{2\pi \times 50 \times \left[\left(2.08 + \frac{1.53}{0.043}\right)^2 + (3.12 + 4.25)^2 \right]} \text{N} \cdot \text{m} \\ &= 33.5\text{N} \cdot \text{m} \end{aligned}$$

最大转矩

$$T_m = \frac{1}{2}\frac{3pU_1^2}{2\pi f_1(X_1+X'_2)} = \frac{1}{2}\frac{3\times3\times220^2}{2\pi\times50\times(3.12+4.25)}\text{N}\cdot\text{m} = 94\text{N}\cdot\text{m}$$

过载倍数

$$\lambda = \frac{T_m}{T_N} = \frac{94}{33.5} = 2.8$$

临界转差率

$$s_m = \frac{R'_2}{X_1+X'_2} = \frac{1.53}{3.12+4.25} = 0.2$$

堵转转矩

$$T_S = \frac{3pU_1^2R'_2}{2\pi f_1[(R_1+R'_2)^2+(X_1+X'_2)^2]} = \frac{33\times3\times220^2\times1.53}{2\pi\times50\times[(2.08+1.53)^2+(3.12+4.25)^2]}\text{N}\cdot\text{m} = 31.5\text{N}\cdot\text{m}$$

堵转转矩倍数

$$K_T = \frac{T_S}{T_N} = \frac{31.5}{33.5} = 0.94$$

(三)人为机械特性

1. 降低定子端电压的人为机械特性

假设式(4-156)中只改变定子电压 U_1 的大小,保持其他量不变,这种情况下的机械特性如何呢?由于异步电机的磁路在额定电压下已有点饱和,故不宜再升高电压。下面只讨论降低定子端电压 U_1 时的人为机械特性。

已知异步电机的同步转速 n_1 与电压 U_1 毫无关系,可见,不管 U_1 变为多少,不会改变 n_1 的大小。这就是说,不同电压 U_1 的人为机械特性,都是同一个理想空载运行点。电磁转矩 T 与 U_1^2 成正比,为此最大转矩 T_m 以及堵转转矩 T_S 共都要随 U_1 的降低而按 U_1 平方规律减小。至于最大转矩对应的转差率 s_m 与电压 U_1 无关,并不改变大小。把不同电压 U_1 的人为特性画在图 4-56 中。

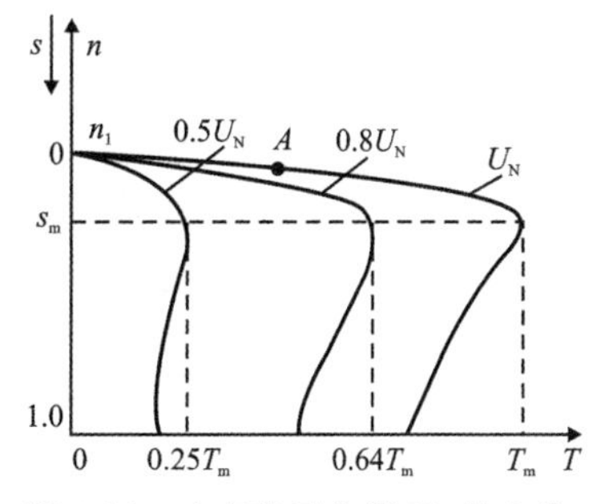

图 4-56　改变定子电压 U_1 的人为机械特性

如果异步电机原来拖动额定负载工作在 A 点(图 4-56),当负载转矩 T_L 不变,仅把电机的端电压 U_1 降低,电机的转速略降低一些。由于负载转矩不变,电压 U_1 虽然减小,但是电磁转矩依然不变。从转矩

$T = C_{Tj}\Phi_1 I_2\cos\varphi_2$ 可看出，当定子端电压降低后，气隙主磁通 Φ_1 减小，但转子功率因数 $\cos\varphi_2$ 却变化不大(因转速 n 变化不大)，所以转子电流 I_2 要增大，同时定子电流也要增大。从电机的损耗来看，主磁通的减小能降低铁损耗，但是，随着电流 I_2 的增大，铜损耗与电流的平方成正比，增加很快。如果电压降低过多，拖动额定负载的异步电动机长期处于低电压下运行，由于铜损耗增大很多，有可能烧坏电机。这点要十分注意。相反地，如果异步电机处于半载或者轻负载下运行，降低它的定子端电压 U_1，使主磁通 Φ_1 减小以降低电机的铁损耗，从节能的角度看，又是有好处的。

2. 定子回路串接三相对称电阻的人为机械特性

在其他量不变的条件下，仅改变异步电机定子回路电阻，如串入三相对称电阻 R 时，显然，定子回路串入电阻，不影响同步转速 n_1，但是，从式(4-158)、式(4-159)和式(4-163)可看出，最大电磁转矩 T_m，堵转转矩 T_S 和临界转差率 s_m 都随着定子回路电阻值增大而减小，这时公式中的 R_1 可看作是定子回路总的电阻值(一相的)。

定子串三相对称电阻人为机械特性如图 4-57 所示。

3. 定子回路串入三相对称电抗的人为机械特性

定子回路串入三相对称电抗的人为机械特性与串电阻的相似，n_1 不变，T_m、T_S 及 s_m 均减小。串电抗不消耗有功功率，而串电阻消耗有功功率。

4. 转子回路串入三相对称电阻的人为机械特性

绕线式三相异步电动机通过滑环，可以把三相对称电阻串入转子回路，而后三相再短路。从式(4-158)可看出，最大电磁转矩与转子每相电阻值无关，即转子串入电阻后，T_m 不变。从式(4-159)可看出，临界转差率

$$s_m \propto R'_2 \propto (R'_2 + R'_s) \tag{4-165}$$

其中，$R'_2 + R'_s$ 转子回路一相的总电阻，包括外边串入的电阻 R'_s。

转子回路串入电阻并不改变同步转速 n_1。

转子回路串入三相对称电阻后的人为机械特性如图 4-58 所示。

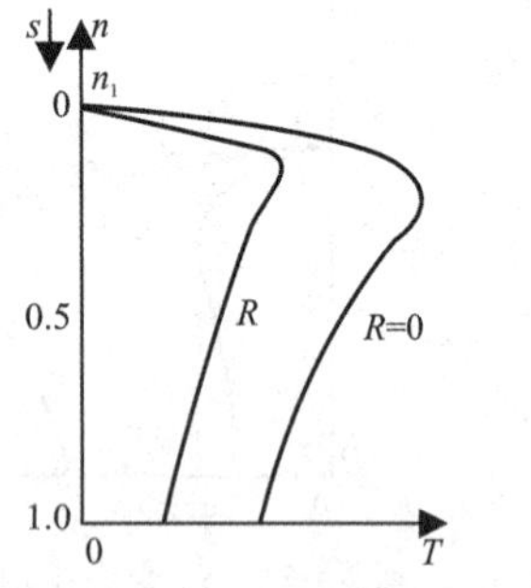

图 4-57　定子串三相对称电阻人为机械特性

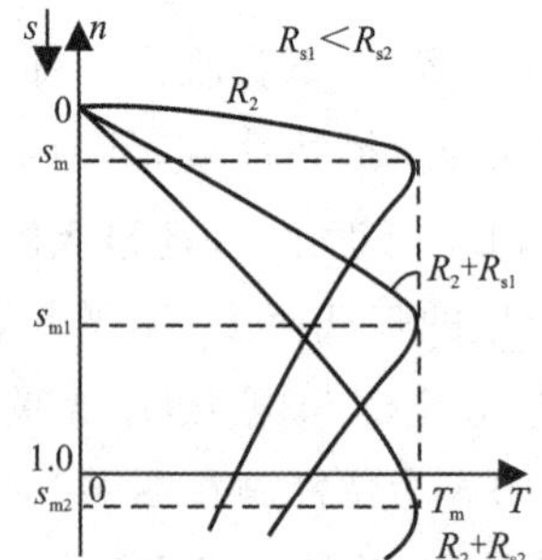

图 4-58　转子回路串三相对称电阻的人为机械特性

从图 4-58 可看出，转子回路串入适当电阻，可以增大堵转转矩。串入的电阻合适时，可使

$$s_m = \frac{R'_2 + R'_s}{X_1 + X'_2} = 1 \tag{4-166}$$

$$T_S = T_m \tag{4-167}$$

即堵转转矩为最大电磁转矩，其中 $R'_s = k_e k_i R'_s$ 。

若串入转子回路的电阻再增加，则 $s_m > 1$ ，$T_S < T_m$ 可见，转子回路串电阻增大堵转转矩，并非是电阻越大越好，而应有一个限度。

三相异步电动机改变定子电源频率，转子回路串对称电抗等的人为机械特性将在异步电动机启动与调速方法中介绍。

（四）机械特性的实用公式

1. 实用公式

实际应用时，三相异步电机的参数不易得到，所以式(4-156)使用不便。若利用异步电机产品目录中给出的数据，找出异步电动机的机械特性公式，即便是粗糙些，但也很有用，这就是实用公式。下面进行推导。

用式(4-158)去除式(4-156)得

$$\frac{T}{T_m} = \frac{2R'_2\left[R_1 + \sqrt{R_1^2 + (X_1 + X'_2)^2}\right]}{s\left[\left(R_1 + \frac{R'_2}{s}\right)^2 + (X_1 + X'_2)^2\right]} \tag{4-168}$$

从式(4-159)知道

$$\sqrt{R_1^2 + (X_1 + X'_2)^2} = \frac{R'_2}{s_m} \tag{4-169}$$

将式(4-169)代入式(4-168)，于是式(4-168)变为

$$\begin{aligned} \frac{T}{T_m} &= \frac{2R'_2\left(R_1 + \frac{R'_2}{s_m}\right)}{\frac{s\,(R'_2)^2}{s_m^2} + \frac{(R'_2)^2}{s} + 2R_1R'_2} \\ &= \frac{2\left(1 + \frac{R_1}{R'_2}s_m\right)}{\frac{s}{s_m} + \frac{s_m}{s} + 2\frac{R_1}{R'_2}s_m} \\ &= \frac{2+q}{\frac{s}{s_m} + \frac{s_m}{s} + q} \end{aligned} \tag{4-170}$$

式中：$q = \frac{2R_1}{R'_2}s_m = 2s_m$ ，其中 s_m 在 0.1～0.2 范围内。

式(4-170)中，显然在任何 s 值时，都有

$$\frac{s}{s_m}+\frac{s_m}{s}\geqslant 2 \tag{4-171}$$

而 $q \ll 2$，可忽略，这样式(4-170)可化简为

$$\frac{T}{T_m}=\frac{2}{\frac{s}{s_m}+\frac{s_m}{s}} \tag{4-172}$$

这就是三相异步电动机机械特性的实用公式。

2. 如何使用实用公式

从实用公式看出，必须先知道最大转矩及临界转差率才能计算。而额定输出转矩可以通过额定功率和额定转速计算，在实际应用中，忽略空载转矩，近似认为 $T_N = T_{2N}$ 过载倍数 λ 可从产品目录中查到，故 $T_m = \lambda T_N$ 便可确定。

下面推导临界转差率 s_m 的计算公式。

若用额定工作点的 s_N 和 T_N 将其代入式(4-172)，得到

$$\frac{1}{\lambda}=\frac{2}{\frac{s_N}{s_m}+\frac{s_m}{s_N}} \tag{4-173}$$

解式(4-173)得

$$s_m = s_N(\lambda+\sqrt{\lambda^2-1}) \tag{4-174}$$

式(4-174)使用时，额定工作点的数据是已知的。

若使用实用公式时，不知道额定工作点数据，更多的情况是在人为机械特性上运行（机械特性照样可以用实用公式计算），但该特性上没有额定运行点，这时可将任一已知点的 T 和 s 代入式(4-172)，找出 s_m 的表达式，过程为

$$\frac{T}{T_m}\cdot\frac{T_N}{T_N}=\frac{2}{\frac{s}{s_m}+\frac{s_m}{s}} \tag{4-175}$$

$$\frac{T}{\lambda T_N}=\frac{2}{\frac{s}{s_m}+\frac{s_m}{s}} \tag{4-176}$$

解式(4-176)，得这种情况下最大转矩对应的转差率 s_m 为

$$s_m = s\left(\lambda\frac{T_N}{T}+\sqrt{\lambda^2\left(\frac{T_N}{T}\right)^2-1}\right) \tag{4-177}$$

异步电动机的电磁转矩实用公式很简单，使用起来也较方便，应该记住。同时，最大转矩对应的转差率 s_m 的公式也应记住。当三相异步电动机在额定负载范围内运行时，它的转差率小于额定转差率（$s_N = 0.01 \sim 0.05$）。这就是说

$$\frac{s}{s_m}\ll\frac{s_m}{s} \tag{4-178}$$

忽略 s/s_m 也是可以的，式(4-172)变为

$$T=\frac{2T_m}{s_m}s \tag{4-179}$$

经过以上简化，使三相异步电动机的机械特性呈线性变化关系，使用起来更为方便。但是，式(4-179)只能用于转差率在 $s_N > s > 0$ 的范围内。在此条件下，把额定工作点的值代入式(4-179)，得到对应于最大转矩的转差率 s_m 为

$$s_m = 2\lambda s_N \tag{4-180}$$

例题 4-5　已知一台三相异步电动机，额定功率 $P_N = 70\text{kW}$，额定电压 220/380V，额定转速 $n_N = 725\text{r/min}$，过载倍数 $\lambda = 2.4$。求其转矩的实用公式(转子不串电阻)。

解：　额定转矩

$$T_N = 9550 \times \frac{P_N}{n_N} = 9550 \times \frac{70}{725}\text{N} \cdot \text{m} = 922\text{N} \cdot \text{m}$$

最大转矩

$$T_m = \lambda T_N = 2.4 \times 922\text{N} \cdot \text{m} = 2\,212.9\text{N} \cdot \text{m}$$

额定转差率(根据额定转速 $n_N = 725\text{r/min}$，可判断出同步转速 $n_1 = 750\text{r/min}$)

$$s_N = \frac{n_1 - n_N}{n_1} = \frac{750\text{r/min} - 725\text{r/min}}{750\text{r/min}} = 0.033$$

临界转差率

$$s_m = s_N(\lambda + \sqrt{\lambda^2 - 1}) = 0.033(2.4 + \sqrt{2.4^2 - 1}) = 0.15$$

转子不串电阻时的转矩实用公式为

$$T = \frac{2T_m}{\dfrac{s}{s_m} + \dfrac{s_m}{s}} = \frac{2 \times 2\,212.9}{\dfrac{s}{0.15} + \dfrac{0.15}{s}} = \frac{4\,425.8}{\dfrac{s}{0.15} + \dfrac{0.15}{s}}$$

例题 4-6　一台绕线式三相异步电动机，一直额定频率 $P_N = 150\text{kW}$，额定电压 $U_N = 380\text{V}$，额定频率 $f_1 = 50\text{Hz}$，额定转速 $n_N = 1460\text{r/min}$，过载倍数 $\lambda = 2.3$。求电动机的转差率 $s = 0.02$ 时的电磁转矩及拖动恒转矩负载 860N·m 时电动机的转速。

解：　根据额定转速 n_N 的大小可以判断出气隙旋转磁密 $\dot{B}_\delta$ 的转速 $n_1 = 1500\text{r/min}$，则额定转差率

$$s_N = \frac{n_1 - n_N}{n_1} = \frac{1500\text{r/min} - 1460\text{r/min}}{1500\text{r/min}} = 0.027$$

临界转差率

$$s_m = s_N(\lambda + \sqrt{\lambda^2 - 1}) = 0.027(2.3 + \sqrt{2.3^2 - 1}) = 0.118$$

额定转矩

$$T_N = 9550 \times \frac{P_N}{n_N} = 9550 \times \frac{150}{1460}\text{N} \cdot \text{m} = 981.2\text{N} \cdot \text{m}$$

当 $s = 0.02$ 时，电磁转矩

$$T = \frac{2T_m}{\dfrac{s}{s_m} + \dfrac{s_m}{s}} = \frac{2 \times 2.3 \times 2\,212.9}{\dfrac{0.02}{0.18} + \dfrac{0.18}{0.02}}\text{N} \cdot \text{m} = 743.5\text{N} \cdot \text{m}$$

电磁转矩为 860N·m 时转差率为 s'，则

$$T = \frac{2\lambda T_m}{\frac{s'}{s_m} + \frac{s_m}{s'}}$$

$$860\text{N} \cdot \text{m} = \frac{2 \times 2.3 \times 981.2}{\frac{s'}{0.118} + \frac{0.118}{s'}} \text{N} \cdot \text{m}$$

求出 $s' = 0.0234$（另一解为 0.596，不合理，舍去）

电动机转速

$$\begin{aligned} n &= n_1 - s' n_1 = (1 - s') n_1 \\ &= (1 - 0.0234) \times 1500\text{r/min} = 1465\text{r/min} \end{aligned}$$

第四节　交流异步电机运行特性

本节着重介绍三相异步电动机的运行特性，讲述内容主要包括启动和各种运行状态。

一、三相异步电动机直接启动

从三相异步电动机固有机械特性可知，如果在额定电压下直接启动电动机，由于最初启动瞬间主磁通 Φ_m 将减少到额定值的一半左右，功率因数 $\cos\varphi_2$ 又很低，造成堵转电流（本章中称为启动电流）相当大而堵转转矩（本章称为启动转矩）并不大的结果。以普通鼠笼式三相异步电动机为例，定子启动电流 $I_{1S} = K_1 I_N = (4 \sim 7) I_N$（$K_1$ 称为启动电流倍数），启动转矩 $T_S = K_T T_N = (0.8 \sim 1.2) T_N$（$K_T$ 称为启动转矩倍数）。图 4-59 所示为三相异步电动机直接启动时的固有机械特性与电流特性。

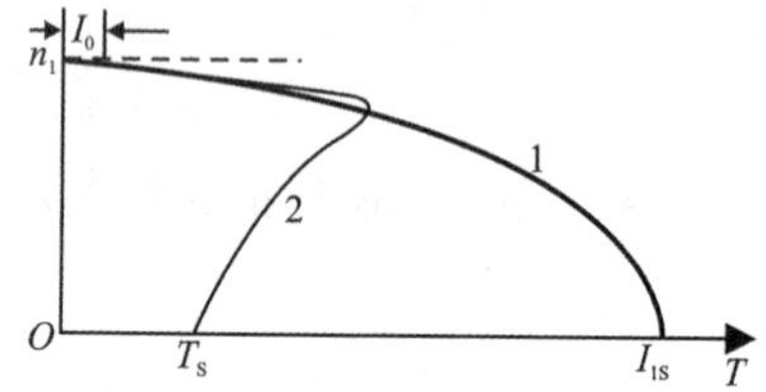

1. 电流特性；2. 固有机械特性。

图 4-59　三相异步电动机直接启动时的电流特性与固有机械特性示意图

启动电流 I_S 值大有什么影响呢？首先看启动过程中出现较大的电流对电动机本身的影响。由于交流电动机不存在换向问题，对不频繁启动的异步电动机来说，短时大电流没什么影响；对频繁启动的异步电动机，频繁短时出现大电流会使电动机本身过热，但是，只要限制每小时最多启动次数，电动机也是能承受的。因此，只考虑电动机本身，是可以直接启动的。再看 I_S 值大对供电变压器的影响。变压器的容量是按其供电的负载总容量设置的。正常运行时，由于电流不超过额定值，其输出电压比较稳定，电压变化率在允许的范围之内。启动异步电动机时，若变压器额定容量相对很大，电动机额定功率相对很小，短时启动电流不会使变压器输出电压下降多少，因此也没什么关系。若变压器额定容量相对不够大，电动机额定功率相对不算小，电动机短时较大的启动电流会使变压器输出电压短时下降幅度较大，超过正常规定值，如 $\Delta U > 10\%$ 或更严重。这将带来如下影响：①就电动机本身而言，由于电压太低启动转矩下降很多（$T_S \propto U_1^2$），当负载较重时，可能启动不了；②影响由同一台配电变压器供电的其他负载，如电灯会变暗，数控设备以及系统保护设备等可能失常，重载的异步电动机可能停转等。显然，上述情况即便是偶尔出现一次，也是不允许的。可见，变压器额定容量相对

电动机来讲不是足够大时，不允许直接启动三相异步电动机。定子启动电流 I_{1S} 和启动转矩 T_S 表达式为

$$\begin{cases} I_{1S} \approx I'_{2S} = \dfrac{U_1}{\sqrt{(R_1 + R'_2)^2 + (X_1 + X'_2)^2}} \\ T_S = \dfrac{3pU_1^2 R'_2}{2\pi f_1 [(R_1 + R'_2)^2 + (X_1 + X'_2)^2]} \end{cases} \tag{4-181}$$

从式(4-181)看出，降低定子启动电流的方法有：①降低电源电压；②加大定子边电阻或电抗；③加大转子边电阻或电抗。加大启动转矩的方法只有适当加大转子电阻，但不能过分，否则启动转矩反而可能减小。

在供电变压器容量较大、电动机容量较小的前提下，可以直接启动三相鼠笼式异步电动机。一般来说，7.5kW 以下的小容量鼠笼式异步电动机都可直接启动。

二、鼠笼式三相异步电动机降压启动

(一)定子串接电抗器启动

三相异步电动机定子串接电抗器，启动时电抗器接入定子电路；启动后，切除电抗器，进入正常运行。

三相异步电动机直接启动时，每相等效电路如图 4-60(a)所示，电源电压 $\dot{U}_1$ 直接加在电动机短路阻抗 $Z_k = R_k + jX_k$ 上。定子边串入电抗 X 启动时，每相等效电路如图 4-60(b)所示，$\dot{U}_1$ 加在 $(jX + Z_k)$ 上，而 Z_k 上的电压是 $\dot{U}'_1$。定子边串电抗启动可以理解为增大定子边电抗值，也可以理解为降低定子实际所加电压，其目的是减小启动电流。

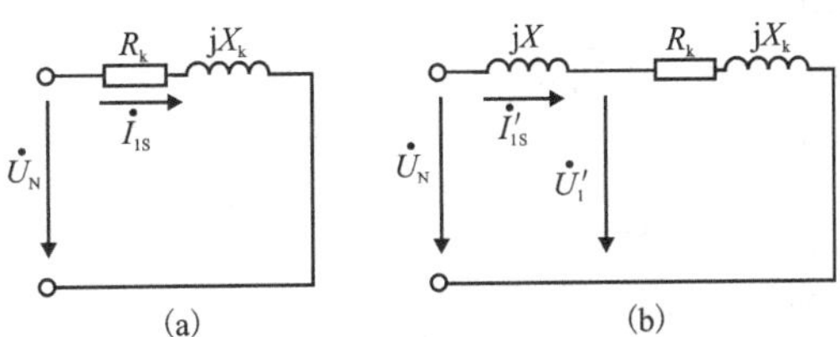

图 4-60　定子串入电抗器启动时的等效电路

(a)直接启动；(b)定子串入电抗器启动

根据图 4-60 等效电路，可以得出

$$\dot{U}_N = \dot{I}_{1S}(Z_k + jX) \tag{4-182}$$

$$\dot{U}'_1 = \dot{I}'_{1S} Z_k \tag{4-183}$$

三相异步电动机的短路阻抗为 $Z_k = R_k + jX_k$，其中 $X_k \approx Z_k$。因此，串电抗启动时，可以近似把 Z_k 看成电抗性质，把 Z_k 的模直接与外串电抗 X 相加。设串电抗为 X 时，电动机定子电压降为 U'_1 与直接启动时额定电压 U_N 比值为 u，则

$$\begin{cases}\dfrac{U_1'}{U_N} = u = \dfrac{Z_k}{Z_k + X} \\ \dfrac{I_{1S}'}{I_{1S}} = u = \dfrac{Z_k}{Z_k + X} \\ \dfrac{T_S'}{T_S} = u^2 = \left(\dfrac{Z_k}{Z_k + X}\right)^2\end{cases} \tag{4-184}$$

显然，定子串电抗器启动，固然降低了启动电流，但启动转矩降低得更多。因此，这种启动方法，只能用于电动机空载和轻载启动。

工程实际中，往往先给定线路允许电动机启动电流的大小 I_{1S}'，再计算出电抗 X 的大小。根据式(4-184)得

$$X = \frac{1-u}{u} Z_k \tag{4-185}$$

式中：电动机短路阻抗为 $Z_k = \dfrac{U_N}{\sqrt{3} I_S} = \dfrac{U_N}{\sqrt{3} K_1 I_N}$。

若定子回路串电阻启动，也属于降压启动，降低启动电流，串电阻与串电抗相比，前者启动过程中，定子边功率因数高，在同样启动电流下，其启动转矩较后者大。实际中大功率异步电动机有采用水电阻的，启动设备简单。串电阻启动，在启动过程中电阻上有较大的损耗，因此不频繁启动的异步电动机，可采用水电阻启动方式。

例题 4-7 一台鼠笼式三相异步电动机的有关数据为：$P_N = 60\text{kW}, U_N = 380\text{V}, I_N = 136\text{A}, K_1 = 6.5, K_T = 1.1$，供电变压器限制该电动机最大启动电流为 500A。

(1)若空载定子串电抗器启动，每相串入的电抗最少应是多少？

(2)若拖动 $T_L = 0.3T_N$ 恒转矩负载，可不可以采用定子串电抗器方法启动？若可以，计算每相串入的电抗值的范围。

解： (1)空载启动每相串入电抗值的计算

直接启动的启动电流为

$$I_{1S} = K_I I_N = 6.5 \times 136\text{A} = 884\text{A}$$

串电抗(最小值)时的启动电流与 I_{1S} 的比值为

$$u = \frac{I_{1S}'}{I_{1S}} = \frac{500}{884} = 0.566$$

短路阻抗为

$$Z_k = \frac{U_N}{\sqrt{3} I_S} = \frac{380}{\sqrt{3} \times 884}\Omega = 0.248\Omega$$

根据式(4-185)，每相串入电抗最小值为

$$X = \frac{(1-u)Z_k}{u} = \frac{(1-0.566) \times 0.248}{0.566}\Omega = 0.190\Omega$$

(2)拖动 $T_L = 0.3T_N$ 恒转矩负载启动的计算

串电抗启动时，最小启动转矩为

$$T_s' = 1.1T_L = 1.1 \times 0.3T_N = 0.33T_N$$

启动转矩与直接启动转矩的比值为

$$\frac{T'_s}{T_s}=\frac{0.33T_N}{K_T T_N}=\frac{0.33}{1.1}=0.3=u^2$$

串电抗器启动电流与直接启动电流比值为

$$\frac{I'_{1s}}{I_s}=u=\sqrt{0.3}=0.548$$

启动电流

$$I'_{1s}=uI_s=0.548\times 884\text{A}=484.4\text{A}<500\text{A}$$

可以串电抗启动。每相串入的电抗最大值为

$$X=\frac{(1-u)Z_k}{u}=\frac{(1-0.548)\times 0.248}{0.548}\Omega=0.205\Omega$$

每相串入的电抗最小值为 $X=0.190\Omega$ 时，启动转矩 $T'_s=u^2K_T T_N=0.352T_N>0.33T_N$，因此电抗值的范围即为 0.190～0.205 Ω 。

（二）Y-△启动

对于额定电压运行时定子绕组接成△形的鼠笼式三相异步电动机，为减小启动电流，在启动过程中，可以采用 Y-△降压启动方法，即启动时，定子绕组 Y 接法，启动后，换成△接法，其接线图如图 4-61 所示。开关 K_1 闭合接通电源后，开关 K_2 合到下边，电动机定子绕组 Y 接法，电动机开始启动；当转速升高到一定程度后，开关 K_2 从下边断开合向上边，定子绕组△接法，电动机进入正常运行。

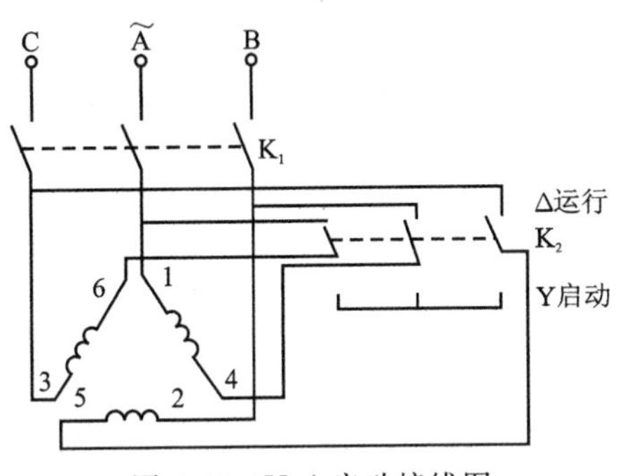

图 4-61　Y-△启动接线图

电动机直接启动时，定子绕组△接法，如图 4-62(a)所示。其中，每一相绕组加的是额定电压 U_N，相电流为 $I_\triangle$，线电流为 $I_s=\sqrt{3}I_\triangle$。采用 Y-△启动，启动时定子绕组为 Y 接法，如图 4-62(b)所示，每相电压降为

$$U'_1=\frac{U_N}{\sqrt{3}} \tag{4-186}$$

每相启动电流为 I_Y，则

$$\frac{I_Y}{I_\triangle}=\frac{U'_1}{U_N}=\frac{U_N/\sqrt{3}}{U_N}=\frac{1}{\sqrt{3}} \tag{4-187}$$

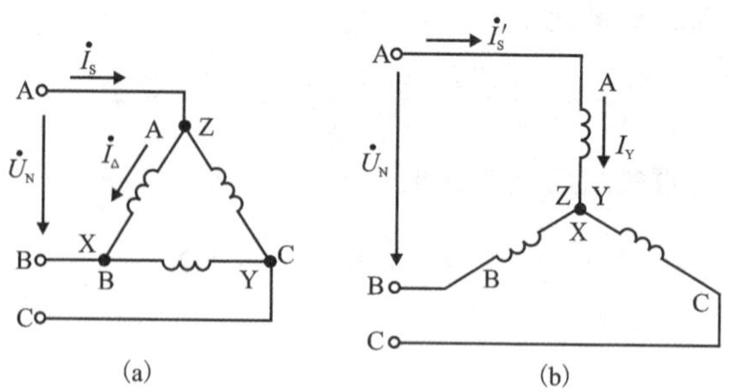

图 4-62　电动机启动时定子绕组的接法

(a)直接启动；(b)Y-△启动

线启动电流为 I'_s 则

$$I'_s = I_Y = \frac{1}{\sqrt{3}} I_\triangle \tag{4-188}$$

于是有

$$\frac{I'_s}{I_s} = \frac{\frac{1}{\sqrt{3}} I_\triangle}{\sqrt{3} I_\triangle} = \frac{1}{3} \tag{4-189}$$

式(4-189)说明，Y-△启动时，尽管相电压和相电流与直接启动时相比，降低到原来的 $1/\sqrt{3}$，但是，对供电变压器造成冲击的启动电流则降低到直接启动时的 1/3。

若直接启动时启动转矩 T_s，Y-△启动时启动转矩为 T'_s，则

$$\frac{T_s'}{T_s} = \left(\frac{U'_1}{U_1}\right)^2 = \frac{1}{3} \tag{4-190}$$

式(4-189)与式(4-190)表明，启动转矩与启动电流降低的倍数一样，都是直接启动的 1/3 。可见，这种启动方式也只能用于轻负载启动。

为了实现 Y-△启动，电动机定子绕组三相共 6 个出线端都要引出来。我国生产的低压(380V)三相异步电动机，定子绕组都是△接法。

Y-△启动还有一个问题值得注意。当由启动时的 Y 接法切换为△接法，电动机绕组里有可能出现短时较大的冲击电流。这是因为图 4-61 中开关 K_2 将电动机定子绕组从 Y 接法断开，定子绕组里没有电流，但转子电流衰减有一个过程。它在衰减的过程中，起了励磁电流的作用，在电机气隙里产生磁通，旋转着的电机，会在定子绕组里感应电动势，称为残压。其大小、频率和相位都在变化。当开关 K_2 闭合，使电动机为△接法，这时电源额定电压加在定子绕组上。两种电压的作用，有时候可能产生很大的电流冲击，严重时会把开关 K_2 的触点熔化。

(三)自耦变压器(启动补偿器)降压启动

鼠笼式三相异步电动机采用自耦变压器降压启动的接线图如图 4-63 所示。启动时，开关 K 投向启动一边，电动机的定子绕组通过自耦变压器接到三相电源上，属降压启动。当转速升高到一定程度后，开关 K 投向运行边，自耦变压器被切除，电动机定子直接接在电源上，电动机进入正常运行状态。

自耦变压器降压启动异步电动机时，一相的电路如图 4-64 所示。U_N 是加在自耦变压器一次绕组的额定电压，U' 是其二次电压，即加在异步电动机定子绕组上的电压。

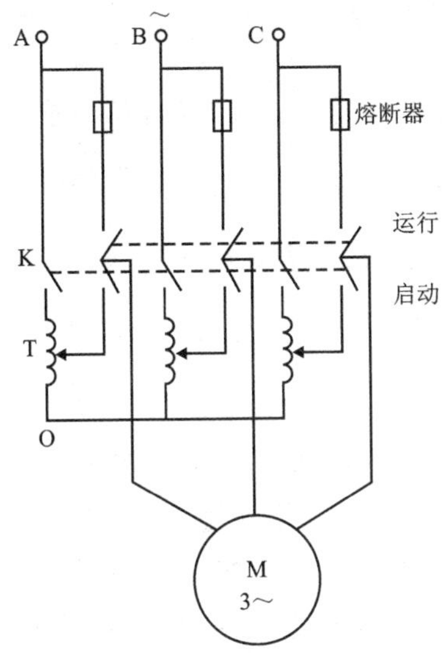

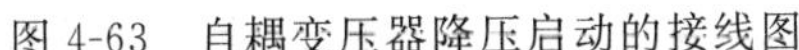
图 4-63　自耦变压器降压启动的接线图

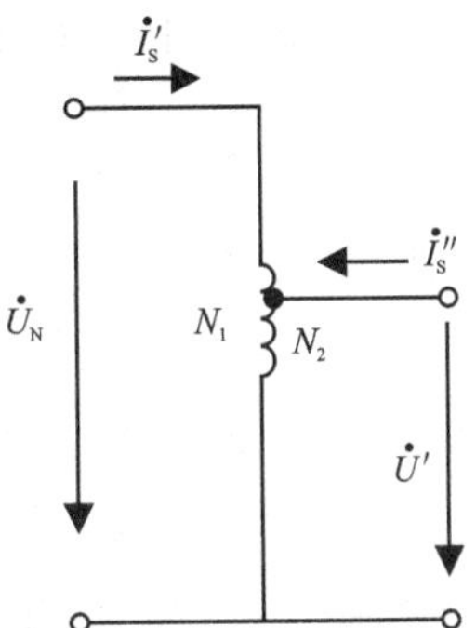

图 4-64　自耦变压器降压启动的一相电路图

根据变压器原理可知

$$\frac{U'}{U_N}=\frac{N_2}{N_1} \tag{4-191}$$

$$\frac{I_s'}{I_s''}=\frac{N_2}{N_1} \tag{4-192}$$

式中：N_1、N_2 分别是自耦变压器一次和二次绕组的串联匝数；I_s'、I_s'' 分别是自耦变压器加额定电压 U_N 时，一次和二次电流(忽略其励磁电流)。

如果电动机定子加额定电压 U_N 直接启动，其启动电流为 I_s，若降压后的电压为 U' 启动，其启动电流为 I_s''，比较 I_s'' 与 I_s，则有

$$\frac{I_s''}{I_s}=\frac{U'}{U_N}=\frac{N_2}{N_1} \tag{4-193}$$

下面分析一下，同是额定电压 U_N，加在电动机定子直接启动异步电动机，供电变压器提供的电流为 I_s，若加在自耦变压器一次绕组上，二次绕组电压 U' 接到异步电动机，这时供电变压器提供的电流为 I_s'。比较 I_s' 和 I_s，二者的关系为

$$\begin{cases}\dfrac{I_s'}{I_s}=\left(\dfrac{N_2}{N_1}\right)^2\\[2ex] I_s'=\left(\dfrac{N_2}{N_1}\right)^2 I_s\end{cases} \tag{4-194}$$

自耦变压器降压启动时电动机的启动转 T_S' 与直接启动时启动转矩 T_S 之间的关系为

$$\begin{cases}\dfrac{T_S'}{T_S}=\left(\dfrac{U'}{U_N}\right)^2=\left(\dfrac{N_2}{N_1}\right)^2\\[2ex] T_S'=\left(\dfrac{N_2}{N_1}\right)^2 T_S\end{cases} \tag{4-195}$$

降压自耦变压器绕组匝数 N_2 小于 N_1 。

式(4-194)和式(4-195)表明,用自耦变压器降压启动,与直接启动相比较,电压降低到原来的 $\frac{N_2}{N_1}$,启动电流与启动转矩降低到原来的 $\left(\frac{N_2}{N_1}\right)^2$ 。

启动用的自耦变压器,备有几个抽头(即输出几种电压)供选用。例如有 3 种抽头,分别为 55%(即 $\frac{N_2}{N_1}=55\%$)、64%和 73%;也有另外 3 种抽头,分别为 40%、60%和 80%等。

自耦变压器降压启动,比起定子串电抗启动,当限定的启动电流相同时,启动转矩损失得较少。比起 Y-△启动,有几种抽头供选用,比较灵活,并且 $\frac{N_2}{N_1}$ 较大时,可以拖动较大的负载启动。但是自耦变压器体积大,价格高,也不能带重负载启动。

例题 4-8 有一台鼠笼式三相异步电动机 $P_N = 28\text{kW}$,△接法,$U_N = 380\text{V}$,$I_N = 58\text{A}$,$\cos\Phi_N = 0.88$,$n_N = 1455\text{r/min}$,启动电流倍数 $K_I = 6$,启动转矩倍数 $K_T = 1.1$,过载倍数 $\lambda = 2.3$ 。供电变压器要求启动电流 $\leqslant 150\text{A}$,负载启动转矩为 $73.5\text{N}\cdot\text{m}$ 。请选择一个合适的降压启动方法,写出必要的计算数据(若采用自耦变压器降压启动,抽头有 55%、64%、73% 3 种,需要算出用哪种抽头;若采用定子边串接电抗启动,需要算出电抗的具体数值;能用 Y-△启动方法时,不用其他方法)。

解: 电动机额定转矩

$$T_N = 9550\frac{P_N}{n_N} = 9550\times\frac{28}{1455}\text{N}\cdot\text{m} = 183.78\text{N}\cdot\text{m}$$

正常启动要求启动转矩 T_{s1} 不小于负载转矩的 1.1 倍,即

$$T_{s1} = 1.1T_L = 1.1\times 73.5\text{N}\cdot\text{m} = 80.85\text{N}\cdot\text{m}$$

(1)校核是否能采用 Y-△启动方法。Y-△启动时的启动电流为

$$I'_s = \frac{1}{3}I_s = \frac{1}{3}K_I I_N = \frac{1}{3}\times 6\times 58\text{A} = 116\text{A}$$

$$I'_s < I_{s1} = 150\text{A}$$

Y-△启动时的启动转矩为

$$T'_s = \frac{1}{3}T_s = \frac{1}{3}K_T T_N = \frac{1}{3}\times 1.1\times 183.78\text{N}\cdot\text{m} = 67.39\text{N}\cdot\text{m}$$

$T'_s < T_{s1}$,故不能采用 Y-△启动。

(2)校核是否能采用串电抗启动方法。限定的最大启动电流 $I_{s1} = 150\text{A}$,则串电抗启动最大启动转矩为

$$T''_s = \left(\frac{I_{s1}}{I_s}\right)^2 T_s = \left(\frac{I_{s1}}{I_s}\right)^2 K_T T_N = \left(\frac{150}{6\times 58}\right)^2\times 1.1\times 183.78\text{N}\cdot\text{m} = 37.4\text{N}\cdot\text{m}$$

$T''_s < T_{s1}$,故不能采用串电抗降压启动。

(3)校核是否能采用自耦变压器降压启动。抽头为 55%时,启动电流与启动转矩分别为

$$I'_{s1} = 0.55^2 I_s = 0.55^2\times 6\times 58\text{A} = 105.27\text{A} < I_{s1}$$

$$T'_{s1} = 0.55^2 T_s = 0.55^2\times 1.1\times 183.78\text{N}\cdot\text{m} = 61.15\text{N}\cdot\text{m} < T_{s1}$$

故不能采用。

抽头为64%时，启动电流与启动转矩分别为

$$I'_{s2} = 0.64^2 I_s = 0.64^2 \times 6 \times 58\text{A} = 142.5\text{A} < I_{s1}$$

$$T'_{s2} = 0.64^2 T_s = 0.64^2 \times 1.1 \times 183.78\text{N} \cdot \text{m} = 82.80\text{N} \cdot \text{m} > T_{s1}$$

可以采用64%的抽头。

抽头为73%时，启动电流为

$$I'_{s3} = 0.73^2 \times 6 \times 58\text{A} = 185.45\text{A}$$

$I'_{s3} > I_{s1}$，不能采用，启动转矩不必计算。

综上所述，前面所介绍的几种鼠笼式异步电动机降压启动方法主要目的都是减小启动电流，但同时又都不同程度地降低启动转矩，因此，只适合电动机空载或轻载启动。对于重载启动，尤其要求启动过程很快的情况下，则经常需要启动转矩较大的异步电动机。式(4-181)表明，加大启动转矩的方法是增大转子电阻。对于绕线式异步电动机，则可在转子回路内串电阻。对于鼠笼式异步电动机，只有设法加大鼠笼本身的电阻值。

第五章 异步电动机的变压变频调速

异步电动机具有结构简单、制造容易、维修工作量小等优点，早期多用于不可调拖动。随着电力电子技术的发展，静止式变频器的诞生，异步电动机在可调拖动中逐渐得到广泛的应用。本章主要介绍基于异步电动机稳态模型的变压变频调速系统。

在基于稳态模型的异步电动机调速系统中，采用稳态等效电路来分析异步电动机在不同电压和频率供电条件下的转矩与磁通的稳态关系和机械特性，并在此基础上设计异步电动机的调速系统。在实际中，常用的基于稳态模型的异步电动机调速方法为变压变频调速，本章将主要介绍异步电动机变压变频调速基本原理、感应电动机他控式交-直-交变频调速系统和异步电动机变压变频调速系统。

第一节 异步电动机变频调速基本原理

一、异步电动机的稳态数学模型

异步电动机的稳态数学模型包括异步电动机稳态时的等效电路和机械特性，两者既有联系，又有区别。稳态等效电路描述了在一定转差率下电动机的稳态电气特性，而机械特性则表示了转矩与转差率(或转速)的稳态关系。

(一)异步电动机的稳态等效电路

根据电机学原理，在忽略空间和时间谐波、忽略磁饱和、忽略铁损这 3 个假设条件下，异步电动机的稳态模型可以用 T 形等效电路表示，如图 5-1 所示。

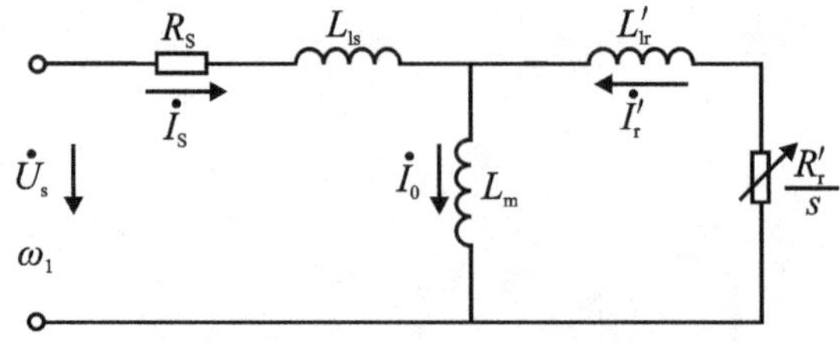

R_s. 定子每相绕组电阻；R'_r. 折合到定子侧的转子每相绕组；L_{ls}. 定子每相绕组漏感；L'_{lr}. 折合到定子侧的转子每相绕组漏感；L_m. 定子每相绕组定生气隙主磁通的等效电感，即励磁电感；$\dot{U}_s$. 定子相电压相量；ω_1. 供电电源角频率，$\omega_1=2\pi f_1$；$\dot{I}_0$. 定子相电流相量；$\dot{I}'_r$. 折合到定子侧的转子相电流相量；箭头规定为正方向；s. 转差率。

图 5-1 异步电动机 T 形等效电路

按照定义，转差率与转速的关系为

$$s=\frac{n_1-n}{n_1} \tag{5-1}$$

或

$$n=(1-s)n_1 \tag{5-2}$$

式中：n_1 为同步转速，$n_1=\frac{60f_1}{n_p}$，f_1 为供电电源频率；n_p 为电动机的极对数。

由图 5-1 可以得到转子相电流的幅值(折合到定子侧)为

$$I'_r=\frac{U_s}{\sqrt{\left(R_s+C_1\frac{R'_r}{s}\right)^2+\omega_1^2(L_{ls}+C_1+L'_{lr})^2}} \tag{5-3}$$

其中，$C_1=1+\frac{R_s+j\omega_1L_{ls}}{j\omega_1L_m}\approx 1+\frac{L_{ls}}{L_m}$。

在一般情况下，$L_m\gg L_{ls}$，即 $C_1\approx 1$，因此，可以忽略励磁电流，得到如图 5-2 所示的简化等效电路。电流幅值公式可简化为

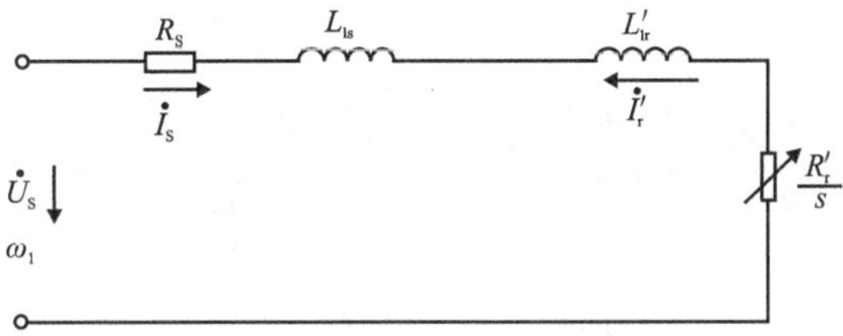

图 5-2　异步电动机简化等效电路

$$I_s\approx I'_r=\frac{U_s}{\sqrt{\left(R_s+\frac{R'_r}{s}\right)^2+\omega_1^2(L_{ls}+L'_{lr})^2}} \tag{5-4}$$

(二)异步电动机的机械特性

异步电动机传递的电磁功率 $P_m=\frac{3I'^2_rR'_r}{s}$，机械同步角速度 $\omega_{m1}=\frac{\omega_1}{n_p}$，则异步电动机的电磁转矩为

$$\begin{aligned}T_e&=\frac{P_m}{\omega_{m1}}=\frac{2n_p}{\omega_1}I'^2_r\frac{R'_r}{s}\\&=\frac{3n_pU_s^2R'_r/s}{\omega_1\left[\left(R_s+\frac{R'_r}{s}\right)^2+\omega_1^2(L_{ls}+L'_{lr})^2\right]}\\&=\frac{3n_pU_s^2R'_rs}{\omega_1[(sR_s+R'_r)^2+s^2\omega_1^2(L_{ls}+L'_{lr})^2]}\end{aligned} \tag{5-5}$$

式(5-5)就被视为异步电动机的机械特性方程式。

对式(5-5)求 s 的导数，并令 $\frac{dT_e}{ds}=0$，可求出对应于最大转矩时的转差率——临界转

差率

$$s_m = \frac{R'_r}{\sqrt{R_s^2 + \omega_1^2 (L_{ls} + L'_{lr})^2}} \tag{5-6}$$

以及最大转矩——临界转矩

$$T_{em} = \frac{3n_p U_s^2}{2\omega_1 [R_s + \sqrt{R_s^2 + \omega_1^2 (L_{ls} + L'_{lr})^2}]} \tag{5-7}$$

将式(5-5)的分母展开,可得

$$\begin{aligned} T_e &= \frac{3n_p U_s^2 R'_r s}{\omega_1 [s^2 R_s^2 + R_r'^2 + 2sR_s R'_r + s^2 \omega_1^2 (L_{ls} + L'_{lr})^2]} \\ &= \frac{3n_p U_s^2 R'_r s}{\omega_1 [\omega_1^2 (L_{ls} + L'_{lr})^2 s^2 + R_s^2 s^2 + 2sR_s R'_r + R'^2_r]} \end{aligned} \tag{5-8}$$

当 s 很小时,忽略分母中含 s 各项,可得

$$T_e \approx \frac{3n_p U_s^2 s}{\omega_1 R'_r} \propto s \tag{5-9}$$

也就是说,当 s 很小时,转矩近似与 s 成正比,机械特性 $T_e = f(s)$ 近似为一段直线,如图 5-3所示。

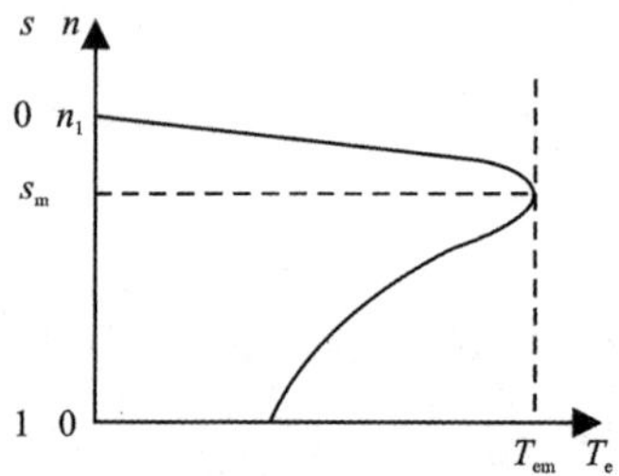

图 5-3 异步电动机的机械特性

当 s 较大时,忽略分母中 s 的一次项和零次项,可得

$$T_e = \frac{3n_p U_s^2 R'_r}{\omega_1 s[R_s^2 + \omega_1^2 (L_{ls} + L'_{lr})^2]} \propto \frac{1}{s} \tag{5-10}$$

即 s 较大时,转矩近似与 s 成反比,此时,$T_e = f(s)$ 是一段双曲线,如图 5-3 所示。

当 s 处于以上两端之间时,机械特性从直线段逐渐过渡到双曲线段,如图 5-3 所示。

异步电动机由额定电压 U_{sN} 、额定频率 f_{1N} 供电,且无外加电阻和电抗时的机械特性方程式为

$$T_e = \frac{3n_p U_{sN}^2 R'_r s}{\omega_{1N}[(sR_s + R'_r)^2 + s^2 \omega_{1N}^2 (L_{ls} + L'_{lr})^2]} \tag{5-11}$$

此时被称作固有特性或自然特性。

二、异步电动机的调速与气隙磁通

所谓异步电动机的调速,具体是指人为地改变机械特性的参数,使电动机的稳定工作点偏离固有特性,工作在人为机械特性上,以达到调速的目的。

由异步电动机的机械特性方程式可知,能够改变的参数可分为 3 类,即电动机参数、电源

电压 U_s 和电源频率 f_1（或角频率 ω_1）。本章重点谈论改变后两种参数的变压变频调速。

在异步电动机的变压变频调速方法中，异步电动机的气隙磁通是一个重要参数。基于气隙磁通，可以得到三项异步电动机定子每相电动势的有效值

$$E_g = 4.44 f_1 N_s k_{N_s} \Phi_m \tag{5-12}$$

式中：E_g 为气隙磁通在定子每相中感应电动势的有效值；N_s 为定子每相绕组串联匝数；k_{N_s} 为定子基波绕组系数；Φ_m 为每极气隙磁通量。

忽略定子绕组电阻和漏磁感抗压降后，可认为定子相电压 $U_s \approx E_g$，则

$$U_s \approx E_g = 4.44 f_1 N_s k_{N_s} \Phi_m \tag{5-13}$$

由式(5-13)可知，当 f_1 等于常数时，气隙磁通 $\Phi_m \propto E_g \approx U_s$。为了保持气隙磁通 Φ_m 恒定，应使 $E_g/f_1 =$ 常数，或近似认为 $E_g/f_1 =$ 常数。

第二节　感应电动机他控式交-直-交变频调速系统

异步电动机变频调速需要电压与频率均可调的交流电源，常用的交流可调电源是由电力电子器件构成的静止式功率变换器，一般称为变频器。变频器结构如图 5-4 所示，按变流方式可分为交-直-交变频器和交-交变频器两种。交-直-交变频器先将恒压恒频的交流电整成直流，再将直流电逆变成电压与频率均为可调的交流，称作间接变频；交-交变频器将恒压恒频的交流电直接变换为电压与频率均为可调的交流电，无需中间直流环节，称作直接变频。

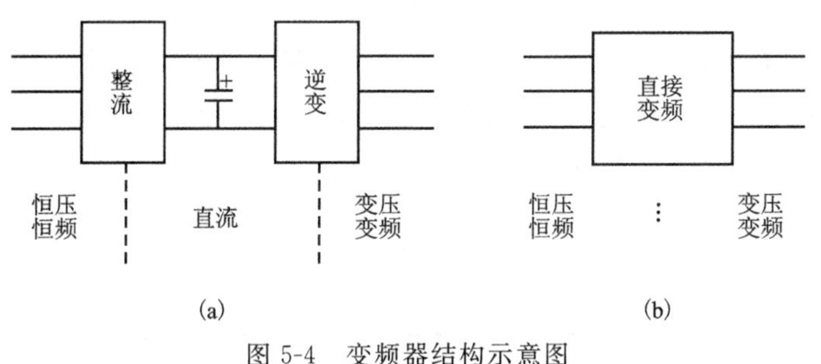

图 5-4　变频器结构示意图

(a)交-直-交变频器；(b)交-交变频器

早期的变频器由晶闸管(SCR)组成，SCR 属于半控型器件，不能通过门极关断 SCR，需要强迫换流装置才能实现换相，故主回路结构复杂。此外，晶闸管的开关速度慢，变频器的开关频率低，输出电压谐波分量大。全控型器件通过门极控制既可使其开通又可使其关断，该类器件的开关速度普遍高于晶闸管，用全控型器件构成的变频器具有主回路结构简单、输出电压质量好的优点。常用的全控型器件有电力场效应晶体管(Power MOSFET)、绝缘栅极双极型晶体管(IGBT)等。

现代变频器中用得最多的控制技术是脉冲宽度调制，其基本思想是：控制逆变器中电力电子器件的开通或关断，输出电压为幅值相等、宽度按一定规律变化的脉冲序列，用这样的高频脉冲序列代替期望的输出电压。

传统的交流 PWM 技术是用正弦波来调制等腰三角波，称为正弦脉冲宽度调制(sirusoidal pulse width modulation，SPWM)，随着控制技术的发展，产生了电流跟踪 PWM (current follow PWM, CFPWM)控制技术和电压空间矢量 PWM (space vector PWM，SVPWM)控制技术。鉴于 SPWM 技术在《电力电子技术》(第六版)中已作详细论述，在此只概述其要点，着重介绍后两种。

一、交-直-交 PWM 变频器主回路

常用的交-直-交 PWM 变频器主回路结构如图 5-5 所示，左边是不可控整流桥，将三相交流电整流成电压恒定的直流电压，右边是逆变器，将直流电压变换为频率与电压均可调的交流电，中间的滤波环节是为了减小直流电压脉动而设置的。这种主回路只有一套可控功率级，具有结构简单、控制方便的优点，采用脉宽调制的方法，输出谐波分量小，缺点是当电动机工作在回馈制动状态时能量不能回馈至电网，造成直流侧电压上升，称作泵升电压。

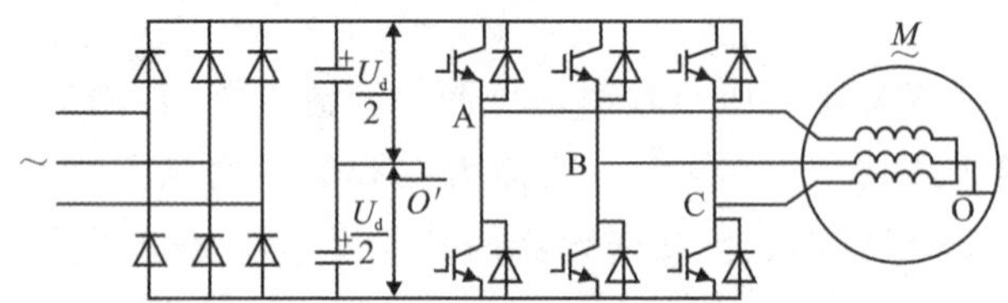

图 5-5　常用的交-直-交 PWM 变频器主回路结构图

随着交流调速技术的发展，变频器的应用越来越广。有时采用一套整流装置给直流母线供电，然后再由直流母线供电给多台逆变器，如图 5-6 所示。此种方式可以减少整流装置的电力电手器件，逆变器从直流母线上汲取能量，还可以通过直流母线来实现能量平衡，提高整流装置的工作效率。例如，当某个电动机工作在回馈制动状态时，直流母线能将回馈的能量送至其他负载，实现能量交换，有效地抑制泵升电压。

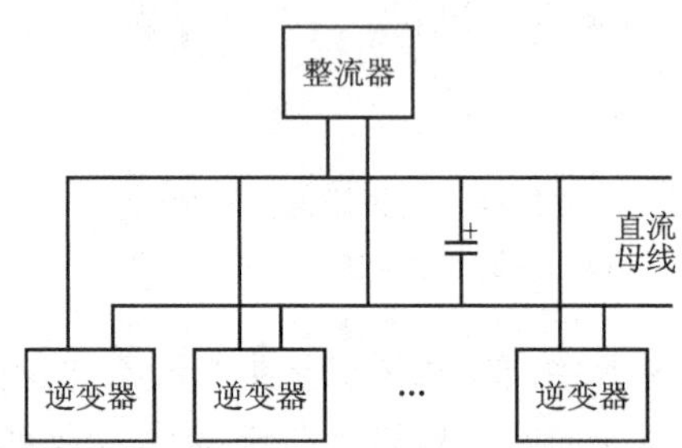

图 5-6　直流母线方式的变频器主回路结构图

二、正弦脉冲宽度调制(SPWM)技术

以频率与期望的输出电压波相同的正弦波作为调制波(modulation wave)，以频率比期望波高得多的等腰三角波作为载波(carrier wave)，当调制波与载波相交时，由它们的交点确定逆变器开关器件的通断时刻，从而获得幅值相等、宽度按正弦规律变化的脉冲序列，这种调制方法称作正弦脉冲宽度调制(SPWM)。

PWM 控制方式有单极性和双极性。双极性控制的 PWM 方式，三相输出电压共有 8 个状态，S_A、S_B、S_C 分别表示 A、B、C 三相的开关状态，“1”表示上桥臂导通，“0”表示下桥臂导通。u_A、u_B、u_C 为以直流电源中性点 O′参考点的三相输出电压，u_{AO}、u_{BO}、u_{CO} 为电动机三相电压，以电动机中性点 O 为参考点。电动机中性点 O 相对于电源中性点 O′的电压

$$u_o = \frac{u_A + u_B + u_C}{3} \tag{5-14}$$

由于 $u_A + u_B + u_C \neq 0$，故 O′和 O 的电位不等。

图 5-7 为双极性控制方式的三相 SPWM 仿真波形，其中 u_{ra}、u_{rb}、u_{rc} 为三相的正弦调制波；u_t 为双极性三角载波；u_A、u_B、u_C 为三相输出与电源中性点 O′之间的相电压波形；u_{AB} 为输出线电压波形，其脉冲幅值为 $+U_d$ 或 $-U_d$；U_{AO} 为电动机相电压波形，其脉冲幅值为 $\pm\frac{2}{3}U_d$、$\pm\frac{1}{3}U_d$ 和 0 共 5 种电平组成。

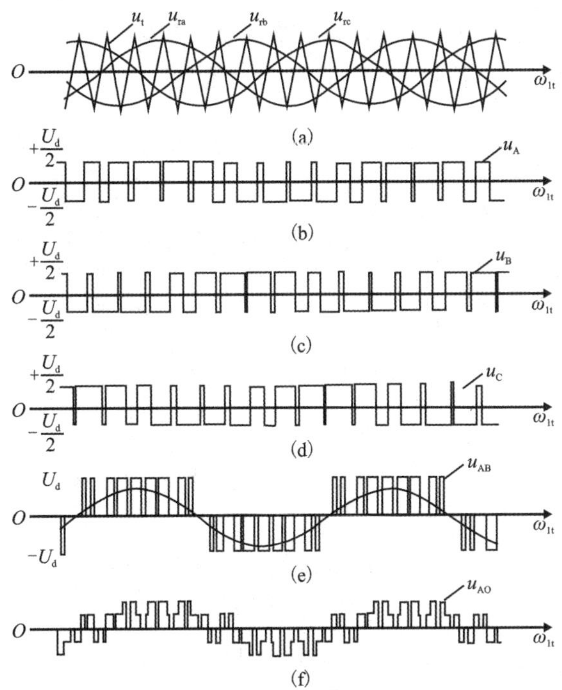

图 5-7　三相 PWM 逆变器双极性 SPWM 波形

(a)三相正弦调制波与双极性三角载波；(b)相电压 U_A；(c)相电压 U_B；(d)相电压 U_C；(e)输出线电压 U_{AB}；(f)电动机相电压 U_{AO}

逆变器开关器件的通断时刻是由调制波与载波的交点确定的，故称“自然采样法”。用硬件电路构成正弦波发生器、三角波发生器和比较器来实现上述的 SPWM 控制，十分方便。由于调制波与载波的交点(采样点)在时间上具有不确定性，同样的方法用计算机软件实现时，运算比较复杂，适当的简化后，衍生出规则采样法。

SPWM 采用三相分别调制，在调制度为 1 时，输出相电压的基波幅值为 $\frac{U_d}{2}$，输出线电压

的基波幅值为 $\frac{\sqrt{3}}{2}U_d$，直流电压的利用率仅为 0.866。若调制度大于 1，直流电压的利用率可以提高，但会产生失真现象，谐波分量增加。采用电压空间矢量 PWM 调制(SVPWM)或三次谐波注入法，可有效提高直流电压的利用率。

随着 PWM 变频器的广泛应用，已制成多种专用集成电路芯片作为 SPWM 信号的发生器，许多用于电机控制的微机芯片集成了带有死区的 PWM 控制功能，经功率放大后，即可驱动电力电子器件，使用相当简便。

三、电流跟踪 PWM (CFPWM)控制技术

SPWM 控制技术以输出电压接近正弦波为目标，电流波形则因负载的性质及大小而异。然而对于交流电动机来说，应该保证为正弦波的是电流，稳态时在绕组中通入三相平衡的正弦电流才能使合成的电磁转矩为恒定值，不产生脉动，因此以正弦波电流为控制目标更为合适。电流跟踪型 PWM 的控制方法是：在原来主回路的基础上，采用电流闭环控制，使实际电流快速跟随给定值，在稳态时，尽可能使实际电流接近正弦波形，这就能比电压控制的 SPWM 获得更好的性能。

常用的一种电流闭环控制方法是电流滞环跟踪 PWM(current hysteresis band PWM, CHBPWM)控制，具有电流滞环跟踪 PWM 控制的 PWM 变压变频器的 A 相控制原理图如图 5-8 所示。其中，电流控制器是带滞环的比较器，环宽为 $2h$ 。将给定电流 i_A^* 与输出电流 i_A 进行比较，电流偏差 Δi_A 超过 $\pm h$ 时，经滞环控制器 HBC 控制逆变器 A 相上(或下)桥臂的功率器件动作。B、C 两相的原理图均与此相同。

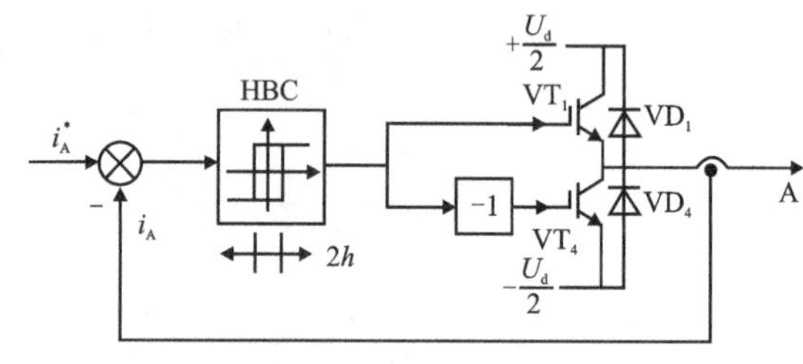

图 5-8 电流滞环跟踪控制的 A 相原理图

采用电流滞环跟踪控制时，变频器的电流波形与 PWM 电压波形如图 5-9 所示。在 t_0 时刻，$i_A < i_A^*$ ，且 $\Delta i_A = i_A^* - i_A \geqslant h$ ，滞环控制器 HRC 输出正电平，使上桥臂功率开关器件 VT_1 导通，输出电压为正，使 i_A 增大。当 i_A 增长到与 i_A^* 相等时，虽然 $\Delta i_A = 0$ ，但 HBC 仍保持正电平输出，VT_1 保持导通，使 i_A 继续增大。直到 $t = t_1$ 时刻，达到 $i_A = i_A^* + h$ ，$\Delta i_A = -h$ 使滞环翻转，HBC 输出负电平，关断 VT_1 ，并经延时后驱动 VT_4 。但此时 VT_4 未必能够导通，由于电动机绕组的电感作用，电流 i_A 不会反向，而是通过二极管 VD_4 续流，使 VT_4 受到反向钳位而不能导通，输出电压为负。此后，i_A 逐渐减小，直到 $t = t_2$ 时，$i_A = i_A^* - h$ ，到达滞环偏差的下限值，使 HBC 再翻转，又重复使 VT_1 导通。这样，VT_1 与 VD_4 交替工作，使输出电流 i_A 快速跟随给定值 i_A^* ，两者的偏差始终保持在 $\pm h$ 范围内。稳态时 i_A^* 为正弦波，i_A 在 i_A^* 上下作锯齿状变化，输出电流 i_A 接近正弦波，图 5-9 为电流滞环跟踪控制 PWM 仿真波形。以上分析了给定正弦波电流 i_A^* 正半波的工作原理和输出电流 i_A 和相电压波形，负半波的工作原理与正半波相同，只是 VD_4 与 VT_1 交替工作。

电流跟踪控制的精度与滞环的宽度有关，同时还受到功率开关器件允许开关频率的制

约。当环宽 $2h$ 选得较大时，开关频率低，但电流波形失真较多、谐波分量高，如果环宽小，电流跟踪性能好，但开关频率却增大了。实际使用中，应在器件开关频率允许的前提下，尽可能选择小的环宽。

电流滞环跟踪控制方法的精度高、响应快，且易于实现，但功率开关器件的开关频率不定。为了克服这个缺点，可以采用具有恒定开关频率的电流控制器，或者在局部范围内限制开关频率，但这样对电流波形都会产生影响。

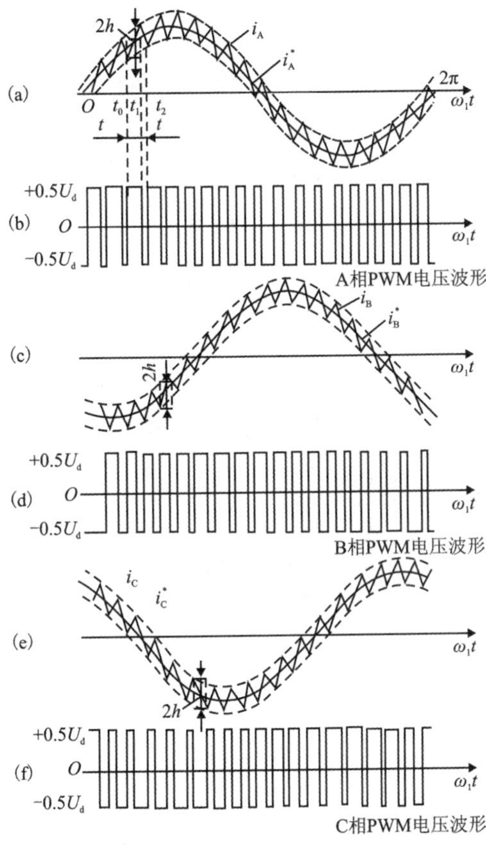

图 5-9　电流滞环跟踪控制时的三相电流波形与相电压 PWM 波形图

具有电流滞环跟踪控制的 PWM 型变频器用于调速系统时，只需改变电流给定信号的频率即可实现变频调速，无须再人为地调节逆变器电压。此时，电流控制环只是系统的内环，外边仍应有转速外环，才能视不同负载的需要自动控制给定电流的幅值。

四、电压空间矢量 PWM（SVPWM）控制技术（磁链跟踪控制技术）

经典的 SPWM 控制主要着眼于使变压变频器的输出电压尽量接近正弦波，并未顾及输出电流的波形。而电流跟踪控制则直接控制输出电流，使之在正弦波附近变化，这就比只要求正弦电压前进了一步。然而交流电动机需要输入三相正弦电流的最终目的是在电动机空间形成圆形旋转磁场，从而产生恒定的电磁转矩。把逆变器和交流电动机视为一体，以圆形旋转磁场为目标来控制逆变器的工作，这种控制方法称为“磁链跟踪控制”，磁链轨迹的控制是通过交替使用不同的电压空间矢量实现的，所以又称电压空间矢量 PWM(SYPWM)控制。

(一)空间矢量的定义

交流电动机绕组的电压、电流、磁链等物理量都是随时间变化的，如果考虑到它们所在绕组的空间位置，可以定义为空间矢量。在图 5-10 中，A、B、C 分别表示在空间静止的电动机定子三相绕组的轴线，它们在空间互差 $\frac{2\pi}{3}$，三相定子相电压 u_{AO}、u_{BO}、u_{CO} 分别加在 3 相绕组上。可以定义 3 个定子电压空间矢量分别为 $\dot{u}_{AO}$、$\dot{u}_{BO}$、$\dot{u}_{CO}$，如图 5-10 所示。当 $\dot{u}_{AO} > 0$ 时，$\dot{u}_{AO}$ 与 A 轴同向，$\dot{u}_{AO} < 0$ 时，$\dot{u}_{AO}$ 与 A 轴反向，B、C 两相也同样如此。

$$\dot{u}_{AO} = ku_{AO} \tag{5-15}$$

$$\dot{u}_{BO} = ku_{BO}e^{j\gamma} \tag{5-16}$$

$$\dot{u}_{CO} = ku_{CO}e^{j2\gamma} \tag{5-17}$$

其中，$\gamma = \frac{2\pi}{3}$，h 为待定系数。

三相合成矢量

$$\dot{u}_s = \dot{u}_{AO} + \dot{u}_{BO} + \dot{u}_{CO} = ku_{AO} + ku_{BO}e^{j\gamma} + ku_{CO}e^{j2\gamma} \tag{5-18}$$

图 5-10 为某一时刻 $u_{AO} > 0$、$u_{BO} > 0$、$u_{CO} < 0$ 时的合成矢量。

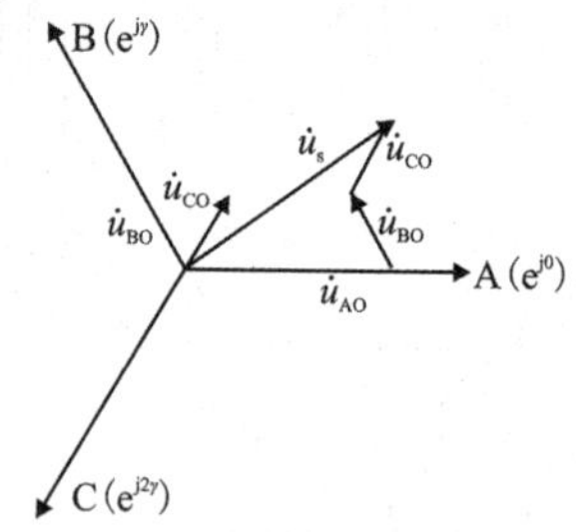

图 5-10　电压空间矢量图

与定子电压空间矢量相仿，可以定义定子电流和磁链的空间矢量 $\dot{i}_s$ 和 $\dot{\Psi}_s$ 分别为

$$\dot{i}_s = \dot{i}_{AO} + \dot{i}_{BO} + \dot{i}_{CO} = ki_{AO} + ki_{BO}e^{j\gamma} + ki_{CO}e^{j2\gamma} \tag{5-19}$$

$$\dot{\Psi}_s = \dot{\Psi}_{AO} + \dot{\Psi}_{BO} + \dot{\Psi}_{CO} = k\psi_{AO} + k\psi_{BO}e^{j\gamma} + k\psi_{CO}e^{j2\gamma} \tag{5-20}$$

由式(5-18)和式(5-19)可得空间矢量功率表达式为

$$\begin{aligned}\dot{p}' &= \mathrm{Re}(\dot{u}_s \dot{i}'_s) \\ &= [k^2(u_{AO} + u_{BO}e^{j\gamma} + u_{CO}e^{j2\gamma})(i_{AO} + i_{BO}e^{-j\gamma} + i_{CO}e^{-j2\gamma})]\end{aligned} \tag{5-21}$$

$\dot{i}_s^*$ 和 $\dot{i}_s$ 是一对共轭矢量，将式(5-21)展开，得

$$\begin{aligned}\dot{p}' = {} & k^2(u_{AO}i_{AO} + u_{BO}i_{BO} + u_{CO}i_{CO}) + k^2\mathrm{Re}[(u_{BO}i_{AO}e^{j\gamma} + u_{CO}i_{AO}e^{j2\gamma} \\ & + u_{AO}i_{BO}e^{-j\gamma} + u_{CO}i_{BO}e^{j\gamma} + u_{AO}i_{CO}e^{j2\gamma} + u_{BO}i_{CO}e^{-j\gamma})]\end{aligned} \tag{5-22}$$

考虑到 $i_{AO} + i_{BO} + i_{CO} = 0$，$\gamma = \frac{2\pi}{3}$，得

$$
\begin{aligned}
&\mathrm{Re}[(u_{BO}i_{AO}e^{j\gamma}+u_{CO}i_{AO}e^{j2\gamma}+u_{AO}i_{BO}e^{-j\gamma}+u_{CO}i_{BO}e^{j\gamma}+u_{AO}i_{CO}e^{j2\gamma}+u_{BO}i_{CO}e^{-j\gamma})]\\
&=(u_{BO}i_{AO}\cos\gamma+u_{CO}i_{AO}\cos2\gamma+u_{AO}i_{BO}\cos\gamma+u_{CO}i_{BO}\cos\gamma+u_{AO}i_{CO}\cos2\gamma+u_{BO}i_{CO}\cos\gamma)\\
&=-(u_{AO}i_{AO}+u_{BO}i_{BO}+u_{CO}i_{CO})\cos\gamma\\
&=\frac{1}{2}(u_{AO}i_{AO}+u_{BO}i_{BO}+u_{CO}i_{CO})
\end{aligned}
\tag{5-23}
$$

由此可得

$$
\dot{p}'=\frac{3}{2}k^2(u_{AO}i_{AO}+u_{BO}i_{BO}+u_{CO}i_{CO})=\frac{3}{2}k^2\dot{p} \tag{5-24}
$$

式中：$\dot{p}$ 为三相瞬时功率，$p=u_{AO}i_{AO}+u_{BO}i_{BO}+u_{CO}i_{CO}$ 。

按空间矢量功率 $\dot{p}'$ 与三相瞬时功率 $\dot{p}$ 相等的原则，应使 $\frac{3}{2}k^2=1$，即 $k=\sqrt{\frac{2}{3}}$ 。空间矢量表达式为

$$
\dot{u}_s=\sqrt{\frac{2}{3}}(u_{AO}+u_{BO}e^{j\gamma}+u_{CO}e^{j2\gamma}) \tag{5-25}
$$

$$
\dot{i}_s=\sqrt{\frac{2}{3}}(i_{AO}+i_{BO}e^{j\gamma}+i_{CO}e^{j2\gamma}) \tag{5-26}
$$

$$
\dot{\Psi}_s=\sqrt{\frac{2}{3}}(\psi_{AO}+\psi_{BO}e^{j\gamma}+\psi_{CO}e^{j2\gamma}) \tag{5-27}
$$

当定子相电压 u_{AO} 、u_{BO} 、u_{CO} 为三相平衡正弦电压时，三相合成矢量

$$
\begin{aligned}
\dot{u}_s&=u_{AO}+u_{BO}+u_{CO}\\
&=\sqrt{\frac{2}{3}}[U_m\cos\omega_1 t+U_m\cos(\omega_1 t-\frac{2\pi}{3})e^{j\gamma}+U_m\cos(\omega_1 t-\frac{4\pi}{3})e^{j2\gamma}]\\
&=\sqrt{\frac{2}{3}}U_m e^{j\omega_1 t}=U_s e^{j\omega_1 t}
\end{aligned}
\tag{5-28}
$$

$\dot{u}_s$ 是一个以电源角频率 ω_1 为角速度作恒速旋转的空间矢量，它的幅值是相电压幅值的 $\sqrt{\frac{2}{3}}$ 倍，当某一相电压为最大值时，合成电压矢量 $\dot{u}_s$，就落在该相的轴线上。在三相平衡正弦电压供电时，若电动机转速已稳定，则定子电流和磁链的空间矢量 $\dot{i}_s$ 和 $\dot{\Psi}_s$ 的幅值恒定，以电源角频率 ω_1 为电气角速度在空间作恒速旋转。

（二）电压与磁链空间矢量的关系

当异步电动机的三相对称定子绕组由三相电压供电时，对每一相都可写出一个电压平衡方程式，求三相电压平衡方程式的矢量和，即得用合成空间矢量表示的定子电压方程式

$$
\dot{u}_s=R_s\dot{i}_s+\frac{d\dot{\Psi}_s}{dt} \tag{5-29}
$$

当电动机转速不是很低时，定子电阻压降所占的成分很小，可忽略不计，则定子合成电压与合成磁链空间矢量的近似关系为

$$\dot{u}_s \approx \frac{d\dot{\Psi}_s}{dt} \tag{5-30}$$

或

$$\dot{\Psi}_s \approx \int \dot{u}_s dt \tag{5-31}$$

当电动机由三相平衡正弦电压供电时，电动机定子磁链幅值恒定，其空间矢量以恒速旋转，磁链矢量顶端的运动轨迹呈圆形（简称为磁链圆）。定子磁链旋转矢量为

$$\dot{\Psi}_s = \psi_s e^{j(\omega_1 t+\varphi)} \tag{5-32}$$

式中：ψ_s 为定子磁链矢量幅值；φ 为定子磁链矢量的空间角度。

将式(5-32)对 t 求导得

$$\dot{u}_s \approx \frac{d}{dx}(\psi_s e^{j(\omega_1 t+\varphi)}) = j\omega_1 \psi_s e^{j(\omega_1 t+\varphi)} = \omega_1 \psi_s e^{j(\omega_1 t+\frac{\pi}{2}+\varphi)} \tag{5-33}$$

式(5-33)表明，磁链幅值 ψ_s 等于电压与频率之比 $\frac{u_s}{\omega_1}$，$\dot{u}_s$ 的方向与磁链矢量 $\dot{\Psi}_s$ 正交，即为磁链圆的切线方向，如图 5-11(a)所示。当磁链矢量在空间旋转一周时，电压矢量也连续地按磁链圆的切线方向运动 2π 弧度，若将电压矢量的参考点放在一起，则电压矢量的轨迹也是一个圆，如图 5-11(b)所示。因此，电动机旋转磁场的轨迹问题就可转化为电压空间矢量的运动轨迹问题。

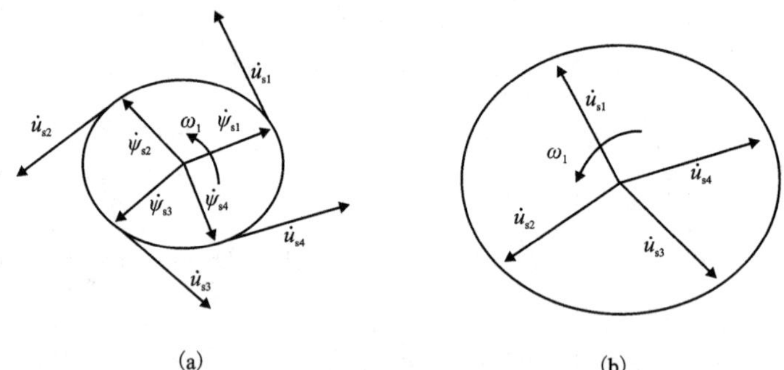

图 5-11　旋转磁场与电压空间矢量的运动轨迹(a)和电压矢量圆轨迹(b)

(三)PWM 逆变器基本输出电压矢量

由式(5-25)得

$$\begin{aligned}\dot{u}_s &= \dot{u}_{AO} + \dot{u}_{BO} + \dot{u}_{CO} = \sqrt{\frac{2}{3}}(u_{AO} + u_{BO}e^{j\gamma} + u_{CO}e^{j2\gamma}) \\ &= \sqrt{\frac{2}{3}}[(u_A - u_{OO'}) + (u_B - u_{OO'})e^{j\gamma} + (u_C - u_{OO'})e^{j2\gamma}] \\ &= \sqrt{\frac{2}{3}}[(u_A + u_B e^{j\gamma} + u_C e^{j2\gamma} - u_{OO'}(1 + e^{j\gamma} + e^{j2\gamma})] \\ &= \sqrt{\frac{2}{3}}(u_A + u_B e^{j\gamma} + u_C e^{j2\gamma})\end{aligned} \tag{5-34}$$

其中，$\gamma = \frac{2\pi}{3}$，$1 + e^{j\gamma} + e^{j2\gamma} = 0$，$u_A$、$u_B$、$u_C$ 是以直流电源中性点 O′为参考点的 PWM 逆变

器三相输出电压。由式(5-34)可知，虽然直流电源中性点 O′和交流电动机中性点 O 的电位不等，但合成电压矢量的表达式相等。因此，三相合成电压空间矢量与参考点无关。

图 5-5 所示的 PWM 逆变器共有 8 种工作状态，当 $(S_A, S_B, S_C) = (1,0,0)$ 时，$(u_A, u_B, u_C) = \left(\frac{U_d}{2}, -\frac{U_d}{2}, -\frac{U_d}{2}\right)$，代入式(5-25)得

$$\begin{aligned}\dot{u}_1 &= \sqrt{\frac{2}{3}}\frac{U_d}{2}(1 - e^{j\gamma} - e^{j2\gamma}) = \sqrt{\frac{2}{3}}\frac{U_d}{2}\left(1 - e^{j\frac{2\pi}{3}} - e^{j\frac{4\pi}{3}}\right) \\ &= \sqrt{\frac{2}{3}}\frac{U_d}{2}\left[\left(1 + \cos\frac{2\pi}{3} - \cos\frac{4\pi}{3}\right) + j\left(\sin\frac{2\pi}{3} - \sin\frac{4\pi}{3}\right)\right] \\ &= \sqrt{\frac{2}{3}}U_d\end{aligned} \tag{5-35}$$

同理，当 $(S_A, S_B, S_C) = (1,1,0)$ 时，$(u_A, u_B, u_C) = \left(\frac{U_d}{2}, \frac{U_d}{2}, -\frac{U_d}{2}\right)$，得

$$\begin{aligned}\dot{u}_1 &= \sqrt{\frac{2}{3}}\frac{U_d}{2}(1 + e^{j\gamma} - e^{j2\gamma}) = \sqrt{\frac{2}{3}}\frac{U_d}{2}\left(1 + e^{j\frac{2\pi}{3}} - e^{j\frac{4\pi}{3}}\right) \\ &= \sqrt{\frac{2}{3}}\frac{U_d}{2}\left[\left(1 + \cos\frac{2\pi}{3} - \cos\frac{4\pi}{3}\right) + j\left(\sin\frac{2\pi}{3} - \sin\frac{4\pi}{3}\right)\right] \\ &= \sqrt{\frac{2}{3}}U_d(1 + j\sqrt{3}) = \sqrt{\frac{2}{3}}U_d e^{j\frac{\pi}{3}}\end{aligned} \tag{5-36}$$

依此类推，可得 8 个基本空间矢量，见表 5-1，其中 6 个有效工作矢量 $\dot{u}_1 \sim \dot{u}_6$，幅值为直流电压 $\sqrt{\frac{2}{3}}U_d$，在空间上互差 $\frac{\pi}{3}$，另两个矢量 $\dot{u}_0$ 和 $\dot{u}_7$ 为 0。

表 5-1 基本空间电压矢量

	S_A	S_B	S_C	u_A	u_B	u_C	u_D
$\dot{u}_0$	0	0	0	$-\frac{U_d}{2}$	$-\frac{U_d}{2}$	$-\frac{U_d}{2}$	0
$\dot{u}_1$	1	0	0	$\frac{U_d}{2}$	$-\frac{U_d}{2}$	$-\frac{U_d}{2}$	$\sqrt{\frac{2}{3}}U_d$
$\dot{u}_2$	1	1	0	$\frac{U_d}{2}$	$\frac{U_d}{2}$	$-\frac{U_d}{2}$	$\sqrt{\frac{2}{3}}U_d e^{j\frac{\pi}{3}}$
$\dot{u}_3$	0	1	0	$-\frac{U_d}{2}$	$\frac{U_d}{2}$	$-\frac{U_d}{2}$	$\sqrt{\frac{2}{3}}U_d e^{j\frac{2\pi}{3}}$
$\dot{u}_4$	0	1	1	$-\frac{U_d}{2}$	$\frac{U_d}{2}$	$\frac{U_d}{2}$	$\sqrt{\frac{2}{3}}U_d e^{j\pi}$
$\dot{u}_5$	0	0	1	$-\frac{U_d}{2}$	$-\frac{U_d}{2}$	$\frac{U_d}{2}$	$\sqrt{\frac{2}{3}}U_d e^{j\frac{4\pi}{3}}$
$\dot{u}_6$	1	0	1	$\frac{U_d}{2}$	$-\frac{U_d}{2}$	$\frac{U_d}{2}$	$\sqrt{\frac{2}{3}}U_d e^{j\frac{5\pi}{3}}$
$\dot{u}_7$	1	1	1	$\frac{U_d}{2}$	$\frac{U_d}{2}$	$\frac{U_d}{2}$	0

（四）正六边形空间旋转磁场

令 6 个有效工作矢量按 $\dot{u}_1 \sim \dot{u}_6$ 的顺序分别作用 Δt 时间，并使 $\Delta t=\dfrac{\pi}{3\omega_1}$，也就是说，每个有效工作矢量作用 $\dfrac{\pi}{3}$ 弧度，6 个有效工作矢量完成一个周期，输出基波电压角频率 $\omega_1=\dfrac{\pi}{3\Delta t}$。

在 Δt 时间内，$\dot{u}_s$ 保持不变，式(5-30)可以用增量式表达为

$$\Delta\dot{\Psi}_s=\dot{u}_s\Delta t \tag{5-37}$$

根据式(5-37)可知，定子磁链矢量的增量为

$$\Delta\dot{\Psi}_s(k)=\dot{u}_s(k)\Delta t=\sqrt{\frac{2}{3}}U_d\Delta t e^{j\frac{(k-1)\pi}{3}} \qquad k=1,2,3,4,5,6 \tag{5-38}$$

定子磁链矢量运动方向与电压矢量相同，增量的幅值等于电压矢量的幅值 $\sqrt{\dfrac{2}{3}}U_d$ 与作用时间 Δt 的乘积，定子磁链矢量的运动轨迹为

$$\dot{\Psi}_s(k+1)=\dot{\Psi}_s(k)+\Delta\dot{\Psi}_s(k)=\dot{\Psi}_s(k)+\dot{u}_s(k)\Delta t \tag{5-39}$$

图 5-12 显示了定子磁链矢量增量 $\Delta\dot{\Psi}_s(k)$ 与电压矢量 $\dot{u}_s(k)$ 和时间增量 Δt 的关系。

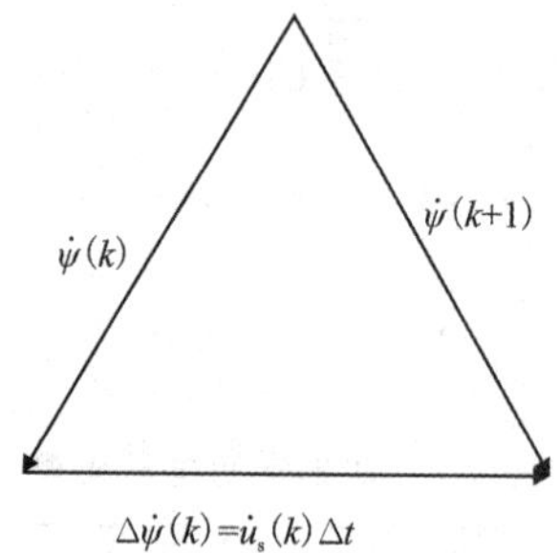

图 5-12　定子磁链矢量增量 $\Delta\dot{\Psi}_s(k)$ 与电压矢量 $\dot{u}_s(k)$ 和时间增量 Δt 的关系

在一个周期内，6 个有效工作矢量顺序各作用一次，将 6 个 $\Delta\dot{\Psi}_s(k)$ 首尾相接，定子磁链矢量是一个封闭的正六边形，如图 5-13 所示。由正六边形的性质可知

$$|\dot{\Psi}_s(k)|=|\Delta\dot{\Psi}_s(k)|=|\dot{u}_s(k)|\Delta t=\sqrt{\frac{2}{3}}U_d\Delta t=\sqrt{\frac{2}{3}}\frac{\pi U_d}{3\omega_1} \tag{5-40}$$

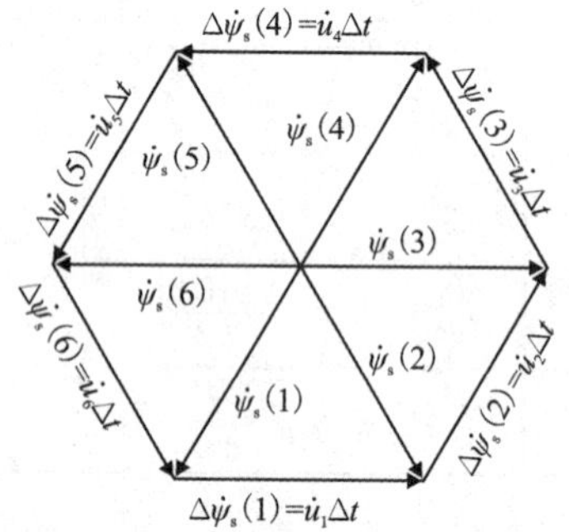

图 5-13　正六边形定子磁链轨迹

式(5-40)表明，正六边形定子磁链的大小与直流侧电压 U_d 成正比，而与电源角频率成反比。在基频以下调速时，应保持正六边形定子磁链的最大值恒定。若直流侧电压 U_d 恒定，则 ω_1 越小时，Δt 越大，势必导致 $|\dot{\Psi}_s(k)|$ 增大。因此，要保持正六边形定子磁链不变，必须使 $\frac{U_d}{\omega_1}$ 为常数，这意味着在变频的同时必须调节直流电压 U_d，造成了控制的复杂性。

有效的方法是插入零矢量，由式(5-37)可知，当零矢量 $u_s=0$ 作用时，定子磁链矢量的增量 $\Delta\dot{\Psi}_s=0$，表明定子磁链矢量 $\Delta\dot{\Psi}_s=0$ 停留不动。如果让有效工作矢量的作用时间为 $\Delta t_1<\Delta t$，其余的时间 $\Delta t_0=\Delta t-\Delta t_1$，用零矢量来补，当 $\omega_1\Delta t=\omega_1(\Delta t_1+\Delta t_0)=\frac{\pi}{3}$ 时，在 $\frac{\pi}{3}$ 弧度内定子磁链矢量的增量为

$$\Delta\dot{\Psi}_s(k)=\dot{u}_s(k)\Delta t_1+0\Delta t_0=\sqrt{\frac{2}{3}}U_d\Delta t_1\mathrm{e}^{\mathrm{j}\frac{(k-1)\pi}{3}} \tag{5-41}$$

在 Δt_1 时间段内，定子磁链矢量轨迹沿着有效工作电压矢量方向运行，在 Δt_0 时间段内，零矢量起作用，定子磁链矢量轨迹停留在原地，等待下一个有效工作矢量的到来。

正六边形定子磁链的最大值为

$$|\dot{\Psi}_s(k)|=|\Delta\dot{\Psi}_s(k)|=|\dot{u}_s(k)|\Delta t_1=\sqrt{\frac{2}{3}}U_d\Delta t_1 \tag{5-42}$$

在直流电压 U_d 不变的条件下，要保持 $|\dot{\Psi}_s(k)|$ 恒定，只要使 Δt_1 为常数即可。电源角频率 ω_1 越低，ω_1 越大，零矢量作用时间 $\Delta t_0=\Delta t-\Delta t_1$ 也越大，定子磁链矢量轨迹停留的时间越长。由此可知，零矢量的插入有效地解决了定子磁链矢量幅值与旋转速度的矛盾。

(五)期望电压空间矢量的合成

每个有效工作矢量在一个周期内只作用一次的方式只能生成正六边形的旋转磁场，与在正弦波供电时所产生的圆形旋转磁场相差甚远，六边形旋转磁场带有较大的谐波分量，这将导致转矩与转速的脉动。要获得更多边形或接近圆形的旋转磁场，就必须有更多的空间位置不同的电压空间矢量以供选择，但 PWM 逆变器只有 8 个基本电压矢量，能否用这 8 个基本矢量合成出其他多种不同的矢量呢？答案是肯定的，按空间矢量的平行四边形合成法则，用相邻的两个有效工作矢量合成期望的输出矢量，这就是电压空间矢量 PWM (SVPWM)的基本思想。

按 6 个有效工作矢量将电压空间矢量分为对称的 6 个扇区，如图 5-14 所示，每个扇区对应 $\frac{\pi}{3}$，当期望输出电压矢量落在某个扇区内时，就用与期望输出电压矢量相邻的两个有效工作矢量等效地合成期望输出矢量。所谓等效是指在一个开关周期内，产生的定子磁链的增量近似相等。

以在第Ⅰ扇区内的期望输出矢量为例，图 5-15 表示由基本电压空间矢量 $\dot{u}_1$ 和 $\dot{u}_2$ 的线性组合构成期望的电压矢量 $\dot{u}_s$，θ 为期望输出电压矢量与扇区起始边的夹角。在一个开关周期 T_0 中，$\dot{u}_1$ 的作用时间为 t_1，$\dot{u}_2$ 的作用时间为 t_2，按矢量合成法则可得

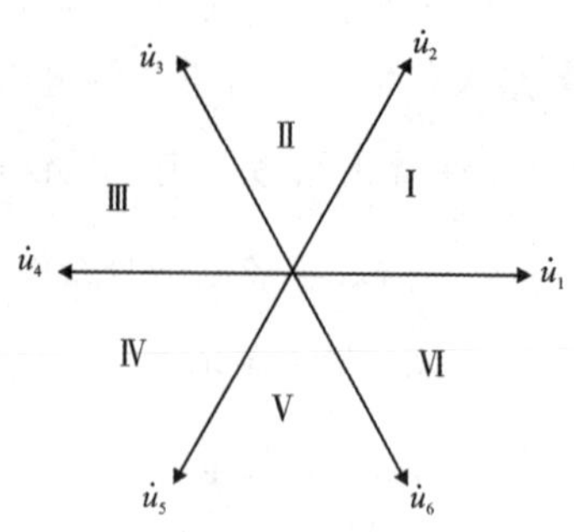

图 5-14　电压空间矢量的 6 个扇区

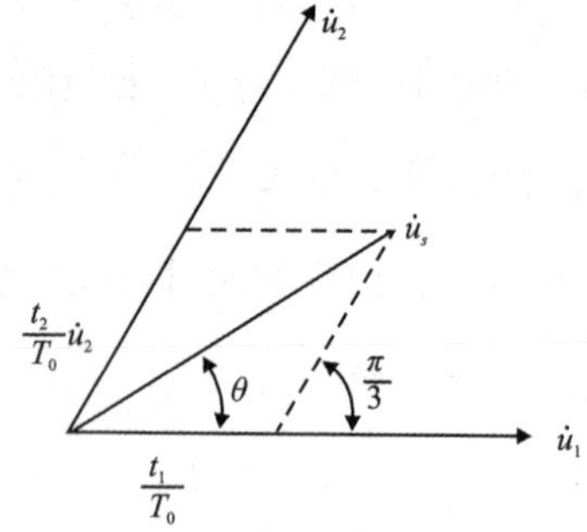

图 5-15　期望输出电压矢量的合成

$$\dot{u}_s = \frac{t_1}{T_0}\dot{u}_1 + \frac{t_2}{T_0}\dot{u}_2 = \frac{t_1}{T_0}\sqrt{\frac{2}{3}}U_d + \frac{t_2}{T_0}\sqrt{\frac{2}{3}}U_d e^{j\frac{\pi}{3}} \tag{5-43}$$

由正弦定理可得

$$\frac{\frac{t_1}{T_0}\sqrt{\frac{2}{3}}U_d}{\sin(\frac{\pi}{3}-\theta)} = \frac{\frac{t_2}{T_0}\sqrt{\frac{2}{3}}U_d}{\sin\theta} = \frac{u_s}{\sin\frac{2\pi}{3}} \tag{5-44}$$

由式(5-44)解得

$$t_1 = \frac{\sqrt{2}u_s T_0}{U_d}\sin(\frac{\pi}{3}-\theta) \tag{5-45}$$

$$t_2 = \frac{\sqrt{2}u_s T_0}{U_d}\sin\theta \tag{5-46}$$

一般说来 $t_1 + t_2 < T_0$，其余的时间可用零矢量 $\dot{u}_0$ 或 $\dot{u}_7$ 来填补，零矢量的作用时间为

$$t_0 = T_0 - t_1 - t_2 \tag{5-47}$$

两个基本矢量作用时间之和应满足

$$\frac{t_1+t_2}{T_0} = \frac{\sqrt{2}u_s}{U_d}\left[\sin\left(\frac{\pi}{3}-\theta\right)+\sin\theta\right] = \frac{\sqrt{2}u_s}{U_d}\cos\left(\frac{\pi}{6}-\theta\right) \leqslant 1 \tag{5-48}$$

由式(5-48)可知，当 $\theta = \frac{\pi}{6}$ 时，$t_1 + t_2 = T_0$ 最大，输出电压矢量最大幅值为

$$u_{smax} = \frac{U_d}{\sqrt{2}} \tag{5-49}$$

由式(5-48)可知，当定子相电压 u_{AO}、u_{BO}、u_{CO} 为三相平衡正弦电压时，三相合成矢量幅值是相电压幅值的$\sqrt{\frac{3}{2}}$倍，$U_s = \sqrt{\frac{3}{2}}U_m$，故基波相电压最大幅值可达

$$u_{mmax} = \sqrt{\frac{2}{3}}u_{smax} = \frac{U_d}{\sqrt{3}} \tag{5-50}$$

基波线电压最大幅值为

$$U_{lmmax} = \sqrt{3}u_{mmax} = U_d \tag{5-51}$$

SPWM 的基波线电压最大幅值为 $U'_{\mathrm{lmmax}}=\frac{\sqrt{3}U_{\mathrm{d}}}{2}$，两者之比

$$\frac{U_{\mathrm{lmmax}}}{U'_{\mathrm{lmmax}}}=\frac{2}{\sqrt{3}}\approx 1.15 \tag{5-52}$$

因此，SVPWM 方式的逆变器输出线电压基波最大值为直流侧电压，比 SPWM 逆变器输出电压最多提高了约 15%。

由于扇区的对称性，以上的分析可以推广到其他各个扇区。

（六）SVPWM 的实现方法

由期望输出电压矢量的幅值及位置可确定相邻的两个基本电压矢量以及它们作用时间的长短，并由此得出零矢量的作用时间的大小，但尚未确定它们的作用顺序。这就给 SVPWM 的实现留下了很大的余地，通常以开关损耗和谐波分量都较小为原则来安排基本矢量和零矢量的作用顺序，一般在减少开关次数的同时，尽量使 PWM 输出波形对称，以减少谐波分量。下面以第Ⅰ扇区为例，介绍两种常用的 SVPWM 实现方法。

1. 零矢量集中的实现方法

按照对称原则，将两个基本电压矢量 $\dot{u}_1$、$\dot{u}_2$ 的作用时间 t 平分为二后，安放在开关周期的首端和末端，把零矢量的作用时间放在开关周期的中间，并按开关次数最少的原则选择零矢量。

图 5-16 给出了两种零矢量集中的 SVPWM 的实现。图 5-16(a)的作用顺序为 $\dot{u}_1(\frac{t_1}{2})$、$\dot{u}_2(\frac{t_2}{2})$、$\dot{u}_7(t_0)$、$\dot{u}_2(\frac{t_2}{2})$、$\dot{u}_1(\frac{t_1}{2})$，在中间选用零矢量 $\dot{u}_7$；图 5-16(b)的作用顺序为 $\dot{u}_2(\frac{t_2}{2})$、$\dot{u}_1(\frac{t_1}{2})$、$\dot{u}_0(t_0)$、$\dot{u}_1(\frac{t_1}{2})$、$\dot{u}_2(\frac{t_2}{2})$，在中间选用零矢量 $\dot{u}_0$。

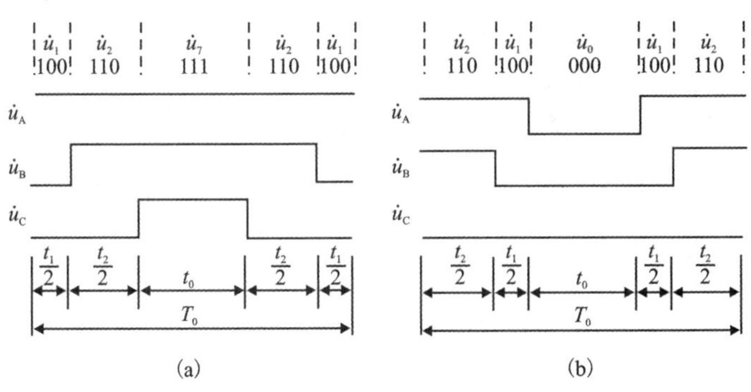

图 5-16　零矢量集中的 SVPWM 实现

从图 5-16 可知，在一个开关周期内，有一相的状态保持不变，始终为“1”或“0”，从一个矢量切换到另一个矢量时，只有一相状态发生变化，因而开关次数少，开关损耗小。用于电机控制的 DSP 集成了 SVPWM 方法，能根据基本矢量的作用顺序和时间，按照开关损耗最小的原则，自动选取零矢量，并确定零矢量的作用时间，大大减少了软件的工作量。

2.零矢量分散的实现方法

将零矢量平均分为4份，在开关周期的首、尾各放一份，在中间放两份，将两个基本电压矢量 $\dot{u}_1$ 、$\dot{u}_2$ 的作用时间 t_1 、t_2 平分为二后，插在零矢量间，按开关损耗较小的原则，首、尾的零矢量取 $\dot{u}_0$ ，中间的零矢量取 $\dot{u}_7$ 。SVPWM的顺序和作用时间为：$\dot{u}_0(\frac{t_0}{4})$ 、$\dot{u}_1(\frac{t_1}{2})$ 、$\dot{u}_2(\frac{t_2}{2})$ 、$\dot{u}_7(\frac{t_0}{2})$ 、$\dot{u}_2(\frac{t_2}{2})$ 、$\dot{u}_1(\frac{t_1}{2})$ 、$\dot{u}_0(\frac{t_0}{4})$ ，如图5-17所示。

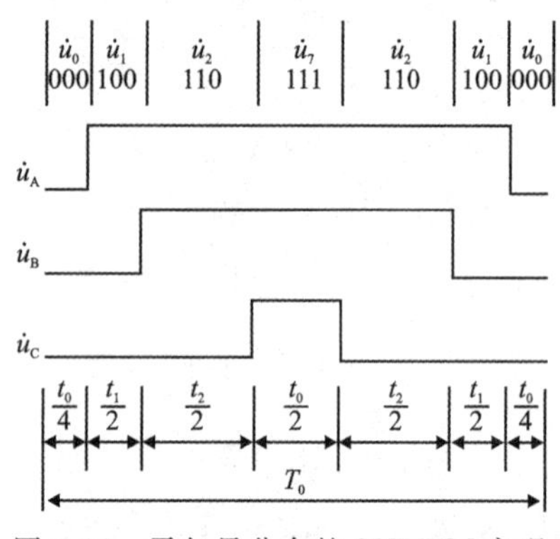

图5-17 零矢量分布的SVPWM实现

这种实现方法的特点是：每个周期均以零矢量开始，并以零矢量结束，从一个矢量切换到另一个矢量时，只有一相状态发生变化，但在一个开关周期内，三相状态均各变化一次，开关损耗略大于零矢量集中的方法。

（七）SVPWM控制的定子磁链

将占据 $\frac{\pi}{3}$ 的定子磁链矢量轨迹等分为 N 个小区间，每个小区间所占的时间为 $T_0=\frac{\pi}{3\omega_1 N}$ ，则定子磁链矢量轨迹为正 $6N$ 边形，与正六边形的磁链矢量轨迹相比较，正 $6N$ 边形轨迹更接近于圆，谐波分量小，能有效减小转矩脉动。图5-18是 $N=4$ 时期望的定子磁链矢量轨迹，在每个小区间内，定子磁链矢量的增量为 $\Delta\dot{\Psi}_s(k)=\dot{u}_s(k)T_0$ ，由于 $\dot{u}_s(k)$ 非基本电压矢量，必须用两个基本矢量合成。图中在定子磁链矢量 $\dot{u}_s(0)$ 顶端绘出6个工作电压空间矢量，可以看出，施加不同的电压矢量将产生不同的磁链增量，由于6个电压矢量的方向不同，不同的电压作用后产生的磁链变化也不一样。

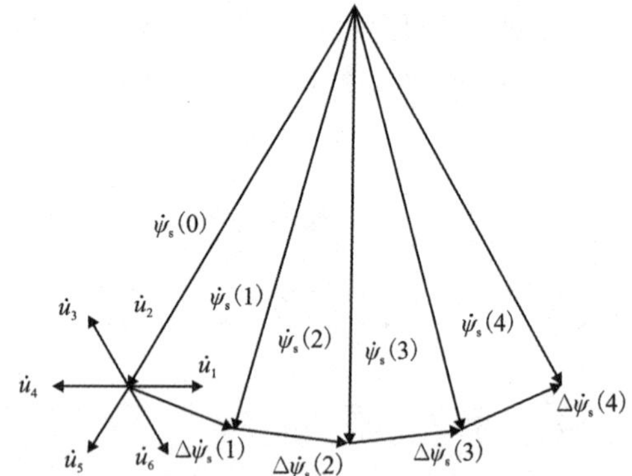

图5-18 $N=4$ 时期望的定子磁链矢量轨迹图

由图5-17可以看出，当 $k=0$ 时，为了产生 $\Delta\dot{\Psi}_s(0)$ ，$\dot{u}_s(0)$ 可用 $\dot{u}_6$ 和 $\dot{u}_1$ 合成

$$\dot{u}_s(0)=\frac{t_1}{T_0}\dot{u}_6+\frac{t_2}{T_0}\dot{u}_1=\frac{t_1}{T_0}\sqrt{\frac{2}{3}}U_d e^{j\frac{5\pi}{3}}+\frac{t_2}{T_0}\sqrt{\frac{2}{3}}U_d \tag{5-53}$$

则定子磁链矢量的增量为

$$\Delta\dot{\Psi}_s(0)=\dot{u}_s(0)\quad T_0=t_1\dot{u}_6+t_2\dot{u}_1=t_1\sqrt{\frac{2}{3}}U_d e^{j\frac{5\pi}{3}}+t_2\sqrt{\frac{2}{3}}U_d \tag{5-54}$$

采用零矢量分布的实现方法，按开关损耗较小的原则，各基本矢量作用的顺序和时间为 $\dot{u}_0(\frac{t_0}{4})$ 、$\dot{u}_1(\frac{t_2}{2})$ 、$\dot{u}_6(\frac{t_1}{2})$ 、$\dot{u}_7(\frac{t_0}{2})$ 、$\dot{u}_6(\frac{t_1}{2})$ 、$\dot{u}_1(\frac{t_2}{2})$ 、$\dot{u}_0(\frac{t_0}{4})$ 。因此，在 T_0 时间内，定子磁链

矢量的运动轨迹分 7 步完成，即

$$\Delta\dot{\Psi}_s(0,^*)=\begin{cases}\Delta\dot{\Psi}s(0,1)=0\\ \Delta\dot{\Psi}_s(0,2)=\dfrac{t_2}{2}\dot{u}_1\\ \Delta\dot{\Psi}_s(0,3)=\dfrac{t_1}{2}\dot{u}_6\\ \Delta\dot{\Psi}_s(0,4)=0\\ \Delta\dot{\Psi}_s(0,5)=\dfrac{t_1}{2}\dot{u}_6\\ \Delta\dot{\Psi}_s(0,6)=\dfrac{t_2}{2}\dot{u}_1\\ \Delta\dot{\Psi}_s(0,7)=0\end{cases}\tag{5-55}$$

由式(5-55)可知，当 $\Delta\dot{\Psi}_s(0,^*)=0$ 时，定子磁链矢量停留在原地，$\Delta\dot{\Psi}_s(0,^*)\neq 0$ 时，定子磁链矢量沿着电压矢量的方向运动，如图 5-19 所示。

对于 $\Delta\dot{\Psi}_s(1)$ 的分析方法与 $\Delta\dot{\Psi}_s(0)$ 相同，对于 $\Delta\dot{\Psi}_s(2)$ 和 $\Delta\dot{\Psi}_s(3)$，需用 $\dot{u}_1$ 和 $\dot{u}_2$ 合成，图 5-20是在 $\frac{\pi}{3}$ 弧度内实际的定子磁链矢量轨迹。

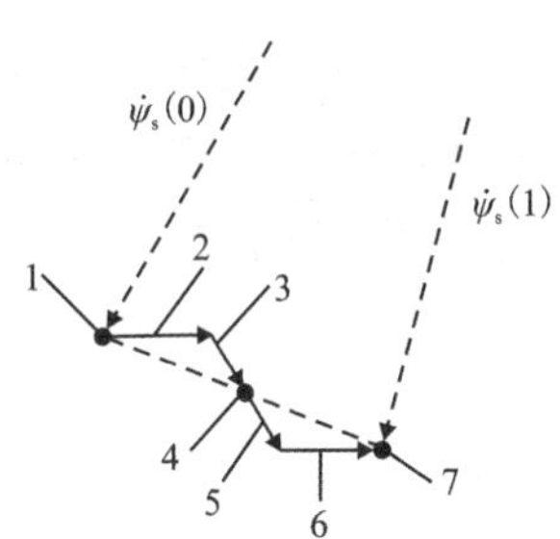

图 5-19 定子磁链矢量的运动的 7 步轨迹图

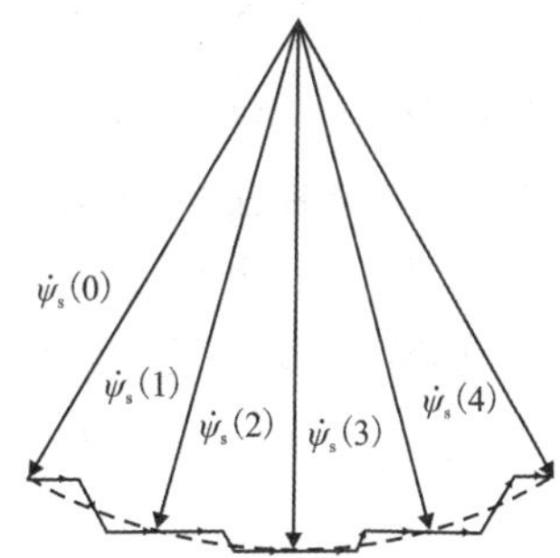

图 5-20 $N=4$ 时实际的定子磁链矢量轨迹图

当磁链矢量位于其他的 $\frac{\pi}{3}$ 区域内时，可用不同的基本电压矢量合成期望的电压矢量。例如，定子磁链矢量在 $0\sim 2\pi$ 的轨迹，实际的定子磁链矢量轨迹在期望的磁链圆周围波动。N 越大，T_0 越小，磁链轨迹越接近于圆，但开关频率随之增大。由于 N 是有限的，所以磁链轨迹只能接近于圆，而不可能等于圆。

归纳起来，SVPWM 控制模式有以下特点：

(1)逆变器共有 8 个基本输出矢量，有 6 个有效工作矢量和两个零矢量，在一个旋转周期内，每个有效工作矢量只作用一次的方式只能生成正六边形的旋转磁链，谐波分量大，将导致转矩脉动。

(2)用相邻的两个有效工作矢量，可合成任意的期望输出电压矢量，使磁链轨迹接近于圆。开关周期 T_0 越小，旋转磁场越接近于圆，但功率器件的开关频率越高。

(3)利用电压空间矢量直接生成三相 PWM 波，计算简便。

(4)与一般的 SPWM 相比较，SVPWM 控制方式的输出电压最多可提高 15%。

第三节　异步电动机变压变频调速系统

一、交变频调速系统的原理

变压变频调速是改变异步电动机同步转速的一种调速方法，在极对数 n_p 一定时，同步转速 n_1 随频率变化，即

$$n_1 = \frac{60f_1}{n_p} = \frac{60\omega_1}{2\pi n_p} \tag{5-56}$$

由式(5-2)可知，异步电机的实际转速为

$$n = (1-s)n_1 = n_1 - sn_1 = n_1 - \Delta n \tag{5-57}$$

其中，稳态速降 $\Delta n = sn_1$ 虽负载大小变化。

由式(5-12)和式(5-13)可得，

$$E_g = 4.44 f_1 N_s k_{N_S} \Phi_m \tag{5-58}$$

因此，只要控制好 E_g 和 f_1，便可达到控制气隙磁通 Φ_m 目的。

(一)基频以下调速

当异步电动机在基频(额定频率)以下运行时，如果磁通太弱，没有充分利用电动机的铁心，造成浪费；如果磁通过大，又会使铁心饱和，从而导致过大的励磁电流，严重时还会因绕组过热而损坏电动机。由此可见，最好是保持每极磁通量中 Φ_m 为额定值不变。当频率 f_1 从额定值 f_{1N} 向下调节时，必须同时降低 E_g，使

$$\frac{E_g}{f_1} = 4.44 N_g k_{N_s} \Phi_{mN} = \text{常值} \tag{5-59}$$

即在基频以下应采用电动势频率比为恒值的控制方式。

然而，异步电动机绕组中的电动势是难以直接检测与控制的。当电动势值较高时，可忽略定子电阻和漏感压降，而认为定子相电压 $U_s \approx E_g$，则得

$$\frac{U_s}{f_1} = \text{常值} \tag{5-60}$$

这就是恒压频比的控制方式。

低频时，U_s 和 E_g 都较小，定子电阻和漏感压降所占的份量比较显著，不能再忽略。这时，可以人为地把定子电压 U_s 抬高一些，以便近似地补偿定子阻抗压降，称作低频补偿，也可称作低频转矩提升。带定子电压补偿的恒压频比控制特性为图 5-21 中的 b 线，无补偿的控制特性则为 a 线。实际应用时，如果负载大小不同，需要补偿的定子电压也不一样，通常在控制软件中备有不同斜率的补偿特性，以供用户选择。

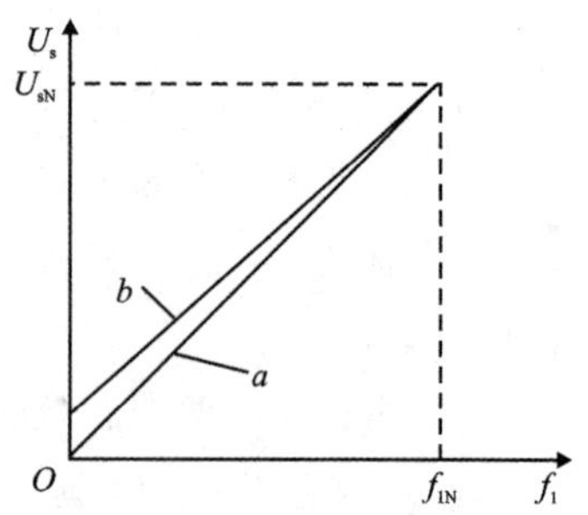

a. 无补偿；b. 带定子电压补偿。

图 5-21　恒压频比控制特性

（二）基频以上调速

在基频以上调速时，频率从 f_{1N} 向上升高，受到电动机绝缘耐压和磁路饱和的限制，定子电压 U_s 不能随之升高，最多只能保持额定电压 U_{sN} 不变，这将导致磁通与频率成反比地降低，使得异步电动机工作在弱磁状态。

把基频以下和基频以上两种情况的控制特性画在一起，如图 5-22 所示。一般认为，异步电动机在不同转速下允许长期运行的电流为额定电流，即能在允许温升下长期运行的电流，额定电流不变时，电动机允许输出的转矩将随磁通变化。在基频以下，由于磁通恒定，允许输出转矩也恒定，属于“恒转矩调速”方式；在基频以上，转速升高时磁通减小，允许输出转矩也随之降低，输出功率基本不变，属于“近似的恒功率调速”方式。

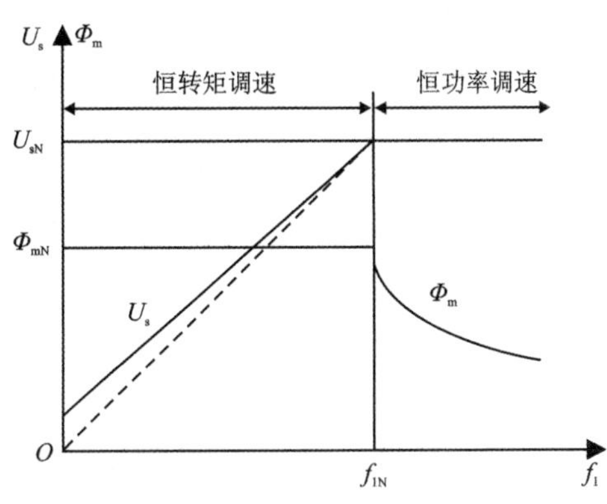

图 5-22　异步电动机变压变频调速的控制特性

二、变压变频调速时的机械特性

在基频以下采用恒压频比控制时，可将式(5-5)所示的异步电动机机械特性方程式改写为

$$T_e = 3n_p\left(\frac{U_s}{\omega_1}\right)^2 \frac{s\omega_1 R'_r}{(sR_s + R'_r)^2 + s^2\omega_1^2(L_{ls} + L'_{lr})^2} \tag{5-61}$$

当 s 较小时，忽略式(5-61)分母中含 s 的各项，则

$$T_e \approx 3n_p\left(\frac{U_s}{\omega_1}\right)^2 \frac{s\Omega_1}{R'_s} \propto s \tag{5-62}$$

或

$$\Delta n = sn_1 = \frac{60}{2\pi n_p} s\omega_1 \approx \frac{10R'_r T_e}{\pi n_p^2}\left(\frac{\omega_1}{U_s}\right)^2 \propto T_e \tag{5-63}$$

转速降落 Δn 在带负载时为

$$T_{em} = \frac{3n_p}{2}\left(\frac{U_s}{\omega_1}\right)^2 \frac{1}{\frac{R_s}{\omega_1} + \sqrt{\left(\frac{R_s}{\omega_1}\right)^2 + (L_{ls} + L'_{ls})^2}} \tag{5-64}$$

由此可见，当 U_s/ω_1 为恒值时，对于同一转矩 T_e，Δn 基本不变。这就是说，在恒压频比的条件下把频率 f_1 向下调节时，机械特性基本上是平行下移的，如图 5-23 所示。

临界转矩亦可改写为

$$T_{em} = \frac{3n_p}{2}\left(\frac{U_s}{\omega_1}\right)^2 \frac{1}{\frac{R_s}{\omega_1} + \sqrt{\left(\frac{R_s}{\omega_1}\right)^2 + (L_{ls} + L'_{ls})^2}} \tag{5-65}$$

可见临界转矩 T_{em} 是随着 ω_1 的降低而减小的。当频率较低时，T_{em} 较小，电动机带载能力减弱，采用低频定子压降补偿，适当地提高电压 U_s 可以增强带载能力，如图 5-23 所示。由于带定子压降补偿的恒压频比控制能够基本上保持气隙磁通不变，故允许输出转矩也基本不变，所以基频以下的变压变频调速属于恒转矩调速。

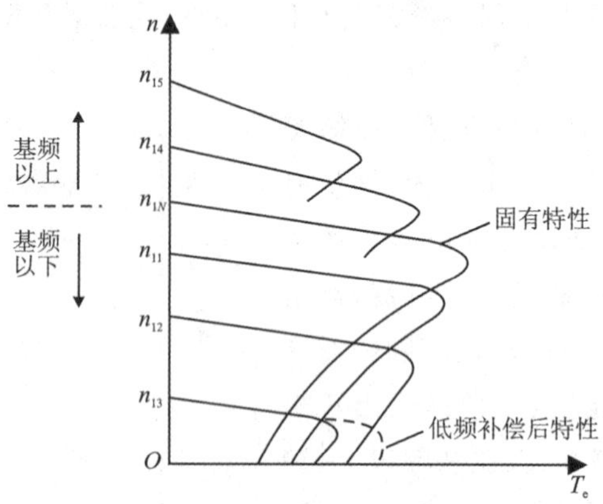

图 5-23　异步电动机变压变频调速机械特性

在基频以下变压变频调速时，转差功率为

$$P_s = sP_m = \frac{s\omega_1 T_e}{n_p} \approx \frac{R'_r T_e^2}{3n_p^2\left(\frac{U_s}{\omega_1}\right)^2} \tag{5-66}$$

与转速无关，故称作转差功率不变型调速方法。

在基频 f_{1N} 以上变频调速时，由于电压不能从额定值 U_{sN} 再向上提高，只能保持 $U_s = U_{sN}$ 不变，机械特性方程式可写成

$$T_e = 3n_p U_{sN}^2 \frac{sR'_r}{\omega_1[(sR_s + R'_r)^2 + s^2\omega_1^2(L_{ls} + L'_{lr})^2]} \tag{5-67}$$

而临界转矩表达式可以改写成

$$T_{em} = \frac{3}{2} n_p U_{sN}^2 \frac{1}{\omega_1[R_s + \sqrt{R_s^2 + \omega_1^2(L_{ls} + L'_{lr})}]} \tag{5-68}$$

临界转差率表达式与式(5-6)相同，即

$$s_m = \frac{R'_r}{\sqrt{R_S^2 + \omega_1^2\,(L_{ls} + L'_{lr})^2}} \tag{5-69}$$

当 s 较小时，忽略式(5-69)中分母项中含有的 s 各项，则

$$T_e \approx 3n_p \frac{U_{sN}^2}{\omega_1} \frac{s}{R'_r} \tag{5-70}$$

或

$$s\omega_1 \approx \frac{R'_r T_e \omega_1^2}{3n_p U_s N^2} \tag{5-71}$$

带负载时转速降落 Δn 为

$$\Delta n = sn_1 = \frac{60}{2\pi n_p} s\omega_1 \approx \frac{10R'_r T_e}{\pi n_p^2} \frac{\omega_1^2}{U_{sN}^2} \tag{5-72}$$

由此可见，当角频率 ω_1 提高而电压不变时，同步转速随之提高，临界转矩减小，气隙磁通

也势必减弱，由于输出转矩减小而转速升高，允许输出功率基本不变，所以基频以上的变频调速属于弱磁恒功率调速。式(5-72)表明，对于相同的电磁转矩 T_e，ω_1 越大，转速降落 Δn 越大，机械特性越软，与直流电动机弱磁调速相似，如图 5-23 中 n_{1N} 以上的特性。

在基频以上变频调速的时候，转差功率为

$$P_s = sP_m = \frac{s\omega_1 T_e}{n_P} \approx \frac{R_r' T_e^2 \omega_1^2}{3n_p^2 U_{sN}^2} \tag{5-73}$$

带恒功率负载运行时，$T_e^2\omega_1^2 \approx$ 常数，所以转差功率也基本不变。

三、基频以下电压补偿控制

在基频以下运行时，采用恒压频比的控制方法具有控制简便的优点，但负载变化时定子压降不同，将导致磁通改变，因此需采用定子电压补偿控制。根据定子电流的大小改变定子电压，以保持磁通恒定。将图 5-1 异步电动机 T 形等效电路再次绘出，如图 5-24 所示，为了使参考极性与电动状态下的实际极性相吻合，感应电动势采用电压降的表示方法，由高电位指向低电位。

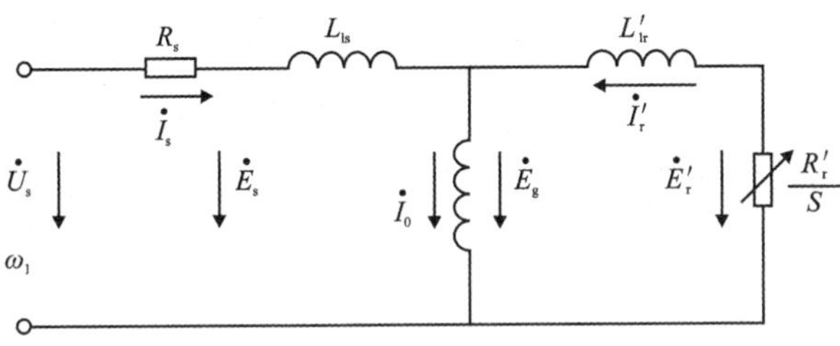

图 5-24　异步电动机等效电路和感应电动势

前已指出，式(5-12)表示气隙磁通 Φ_m 中，定子每相绕组中的感应电动势，即

$$E_g = 4.44 f_1 N_s k_{N_s} \Phi_m \tag{5-74}$$

与此相应，定子全磁通 Φ_{ms} 在定子每相绕组中的感应电动势为

$$E_s = 4.44 f_1 N_s k_{N_s} \Phi_{ms} \tag{5-75}$$

转子全磁通 Φ_{mr} 在转子绕组中的感应电动势(折合到定子边)为

$$E_r' = 4.44 f_1 N_s k_{N_s} \Phi_{mr} \tag{5-76}$$

下面分别讨论保持定子磁通 Φ_{ms}、气隙磁通 Φ_m 和转子磁通 Φ_{mr} 恒定的控制方法及机械特性。

(一)恒定子磁通 Φ_{ms} 控制

由式(5-75)可知，只要使 $E_s/f_1 =$ 常值，即可保持定子磁通 Φ_{ms} 恒定。但定子电动势不好直接控制，能够直接控制的只有定子电压 $\dot{U}_s$，而 $\dot{U}_s$ 与 $\dot{E}_s$ 的关系是

$$\dot{U}_s = R_s \dot{I}_s + \dot{E}_s \tag{5-77}$$

其相量差为定子电阻压降，只要恰当地提高定子电压 $\dot{U}_s$，按式(5-77)补偿定子电阻压降，以保持 $E_s/f_1 =$ 常值，就能够得到恒定子磁通。

忽略励磁电流 $\dot{I}_0$ 时，由图 5-24 等效电路可得转子电流幅值为

$$I'_r = \frac{E_s}{\sqrt{\left(\frac{R'_r}{s}\right)^2 + \omega_1^2 (L_{ls} + L'_{lr})^2}} \tag{5-78}$$

带入电磁转矩关系式，得

$$\begin{aligned} T_e &= \frac{3n_p}{\omega_1} \frac{E_s^2}{\left(\frac{R'_r}{s}\right)^2 + \omega_1^2 (L_{ls} + L'_{lr})^2} \\ &= 3n_p \left(\frac{E_s}{\omega_1}\right)^2 \frac{s\omega_1 R'_r}{R'^2_r + s^2 \omega_1^2 (L_{ls} + L'_{lr})^2} \end{aligned} \tag{5-79}$$

再将恒压频比控制时的转矩式(5-61)重新列出

$$T_e = 3n_p \left(\frac{U_s}{\omega_1}\right)^2 \frac{s\omega_1 R'_r}{(sR_s + R'_r)^2 + s^2 \omega_1^2 (L_{ls} + L'_{lr})^2} \tag{5-80}$$

比较式(5-61)和式(5-79)可知，恒定子磁通 Φ_{ms} 控制时转矩表达式的分母小于恒 U_s/ω_1 控制特性中的同类项。因此，当转差率 s 相同时，采用恒定子磁通 Φ_{ms} 控制方式的电磁转矩大于恒 U_s/ω_s 控制方式。或者说，当负载转矩相同时，恒定子磁通 Φ_{ms} 控制方式的转速降落小于恒 U_s/ω_s 控制方式。

将式(5-79)对 s 求导，并令 $\frac{dT_e}{ds} = 0$，求出临界转差率 s_m 和临界转矩 T_{em}

$$s_m = \frac{R'_r}{\omega_1^2 (L_{ls} + L'_{lr})^2} \tag{5-81}$$

$$T_{em} = \frac{3n_p}{2} \left(\frac{E_s}{\omega_1}\right)^2 \frac{1}{(L_{ls} + L'_{lr})^2} \tag{5-82}$$

由式(5-82)可见，当频率变化时，恒定子磁通 Φ_{ms} 控制的临界转矩 T_{em} 恒定不变，机械特性如图 5-25 所示。比较式(5-81)与式(5-6)可知，恒定子磁通 Φ_{ms} 控制的临界转差率大于恒 U_s/ω_1，控制方式。再比较式(5-82)和式(5-7)可知，恒定子磁通 Φ_{ms} 控制的临界转矩也大于恒 U_s/ω_1 控制方式，同样的结论也可在图 5-25 中的机械特性曲线 b 和 a 上看出。

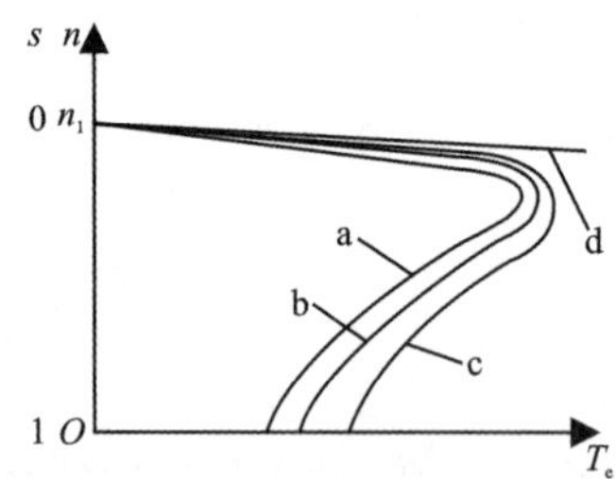

a. 恒 U_s/ω_1 控制；b. 恒定子磁通 Φ_{ms} 控制；c. 恒气隙磁通 Φ_m 控制；d. 恒转子磁通 Φ_{mr} 控制。

图 5-25　异步电动机在不同控制方式下的机械特性

(二)恒气隙磁通 Φ_m 控制

控制由式(5-12)可知，只要维持 E_g/ω_1 为恒值，即可保持气隙磁通中 Φ_m 恒定。由图 5-24

等电路可以看出，定子电压为

$$\dot{U}_s = (R_s + j\omega_1 L_{ls})\dot{I}_s + \dot{E}_g \tag{5-83}$$

要维持 E_g/ω_1 为恒值，除了补偿定子电阻压降外，还应补偿定子漏抗压降。由图 5-24 可见，此时转子电流幅值为

$$I'_r = \frac{E_g}{\sqrt{\left(\frac{R'_r}{s}\right)^2 + \omega_1^2 L'^2_{lr}}} \tag{5-84}$$

带入电磁转矩关系式，得

$$T_e = \frac{3n_p}{\omega_1}\frac{E_g^2}{\left(\frac{R'_r}{s}\right)^2 + \omega_1^2 L'^2_{lr}} = 3n_p\left(\frac{E_g}{\omega_1}\right)^2 \frac{s\omega_1 R'_r}{R'^2_r + s^2\omega_1^2 L'^2_{lr}} \tag{5-85}$$

将式(5-85)对 s 求导，并令 $\frac{dT_e}{ds} = 0$，可得临界转差率 s_m 和临界转矩 T_{em}

$$s_m = \frac{R'_r}{\omega_1 L'^2_{lr}} \tag{5-86}$$

$$T_{em} = \frac{3n_p}{2}\left(\frac{E_s}{\omega_1}\right)^2 \frac{1}{L'^2_{lr}} \tag{5-87}$$

机械特性如图 5-25 中曲线 c 所示，与恒定子磁通 Φ_{ms} 控制方式相比较，恒气隙磁通 Φ_m 控制方式的临界转差率和临界转矩更大，机械特性更硬。

（三）恒转子磁通 Φ_{mr} 控制

由式(5-76)可知，只要维持 E_r/ω_1 恒定，即可保持转子磁通 Φ_{mr} 恒定。由图 5-24 还可看出

$$\dot{U}_s = [R_s + j\omega_1(l_{ls} + L'_{lr})]\dot{I}_s + \dot{E}'_r \tag{5-88}$$

而转子电流幅值为

$$l'_r = \frac{E'_r}{R'_r/s} \tag{5-89}$$

代入电磁转矩基本关系式，得

$$T_e = \frac{3n_p}{\omega_1}\frac{E'^2_r}{\left(\frac{R'_r}{s}\right)^2}\frac{R'_r}{s} = 3n_p\left(\frac{E'_r}{\omega_1}\right)^2 \frac{s\omega_1}{R'_r} \tag{5-90}$$

这时的机械特性 $T_e = f(s)$ 完全是一条直线，如图 5-25 中曲线 d 所示。显然，恒转子磁通 Φ_{mr} 控制的稳态性能最好，可以获得和直流电动机一样的线性机械特性，这正是高性能交流变频调速所要求的稳态性能。

（四）小结

恒压频比（$U_s/\omega_1 =$ 恒值）控制最容易实现，它的机械特性基本上是平行下移，硬度也较好，够满足一般的调速要求，低速时需适当提高定子电压，以近似补偿定子阻抗压降。

恒定子磁通 Φ_{ms}、气隙磁通 Φ_{m} 和恒转子磁通 Φ_{mr} 的控制方式均需要定子电压补偿，控制要复杂一些。恒定子磁 Φ_{ms} 和恒气隙磁通 Φ_{m} 的控制方式虽然改善了低速性能，但机械特性还是非线性的，仍受到临界转的限制。恒转子磁通 Φ_{mr} 控制方式可以获得和直流他励电动机样的线性机械特性，性能最佳。

第六章 感应电动机矢量控制的变频调速系统

第一节 三相异步电机动态数学模型

基于稳态数学模型的异步电动机调速系统虽然能够在一定范围内实现平滑调速，但对于轧钢机、数控机床、机器人、载客电梯等需要高动态性能的对象，就不能满足要求了(控制速度快、控制精度高的系统)。要实现高动态性能的调速系统和伺服系统，必须依据异步电动机的动态数学模型来设计。

一、异步电动机动态数学模型的性质

电磁耦合是机电能量转换的必要条件，电流与磁通的乘积得到转矩，转速与磁通的乘积得到感应电动势，无论是直流电动机，还是交流电动机均是如此，但是由于交、直流电动机结构和工作原理的不同，其表达式差异很大。

他励式直流电动机的励磁绕组和电枢绕组相互独立，励磁电流和电枢电流单独可控，若忽略电枢反应或通过补偿绕组抵消，则励磁和电枢绕组各自产生的磁动势在空间相差 $\frac{\pi}{2}$，无交叉耦合。气隙磁通由励磁绕组单独产生，而电磁转矩正比于磁通与电枢电流的乘积。不考虑弱磁调速时，可以在电枢合上电源以前建立磁通，并保持励磁电流恒定，这样就可认为磁通不参与系统的动态过程。因此，可以只通过电枢电流来控制电磁转矩。

在上述假定条件下，直流电动机的动态数学模型只有一个输入变量——电枢电压和一个输出变量——转速，可以用单变量(单输入单输出)的线性系统来描述，完全可以应用线性控制理论和工程设计方法进行分析与设计。

而交流电动机的数学模型则不同，不能简单地采用同样的方法来分析与设计交流调速系统，主要原因如下：

(1)异步电动机变压变频调速时需要进行电压(或电流)和频率的协调控制，有电压(或电流)和频率两种独立的输入变量。在输出变量中，除转速外，磁链(或磁通)也是一个输出变量，这是由于异步电动机输入为三相电源，磁链的建立和转速变化是同时进行的，为了获得良好的动态性能，也需要对磁链施加控制。因此异步电动机是一个多变量(多输入多输出)系统。

(2)直流电动机在基速以下运行时，容易保持磁通恒定，可以视为常数。异步电动机无法

单独对磁通进行控制，电流矢量与磁链矢量的矢积（叉积）得到转矩，转速与磁链矢量的乘积得到感应电动势，在数学模型中含有两个变量的乘积项。因此，即使不考虑磁路饱和等因素，数学模型也是非线性的。

（3）三相异步电动机定子三相绕组在空间互差 $\frac{2\pi}{3}$，转子也可等效为空间互差 $\frac{2\pi}{3}$ 的三相绕组，各绕组间存在交叉耦合，每个绕组都有各自的电磁惯性，再考虑运动系统的机电惯性，转速与转角的积分关系等，动态模型是一个高阶系统。

总之，异步电动机的动态数学模型是一个高阶、非线性、强耦合的多变量系统。

二、异步电动机的三相数学模型

在研究异步电动机数学模型时，做如下的假设：

（1）忽略空间谐波，设三相绕组对称，在空间互差 $\frac{2\pi}{3}$ 电角度，所产生的磁动势沿气隙按正弦规律分布。

（2）忽略磁路饱和，各绕组的自感和互感都是恒定的。

（3）忽略铁心损耗。

（4）不考虑频率变化和温度变化对绕组电阻的影响。

无论异步电动机转子是绕线型还是笼型的，都可以等效成三相绕线转子，并折算到定子侧，折算后的定子和转子绕组匝数相等。异步电动机三相绕组可以是 Y 联结，也可以是△联结，以下均以 Y 联结进行讨论。若三相绕组为△联结，可以先用△-Y 变换，等效为 Y 联结，然后按 Y 联结进行分析和设计。

三相异步电动机的物理模型如图 6-1 所示，定子三相绕组轴线 A、B、C 在空间是固定的，转子绕组轴线 a、b、c 以角转速 ω 随转子旋转。如以 A 轴为参考坐标轴，转子 a 轴和定子 A 轴间的电角度 θ 为空间角位移变量。规定各绕组电压、电流、磁链的正方向符合电动机惯例和右手螺旋定则。

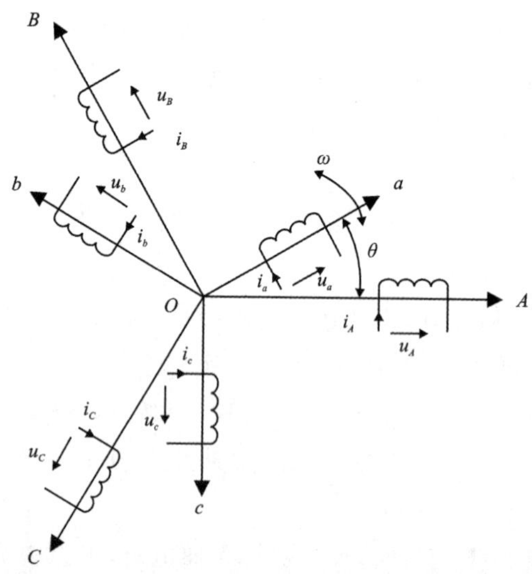

图 6-1　三相异步电动机的物理模型示意图

异步电动机三相动态模型由磁链方程、电压方程、转矩方程和运动方程组成，其中磁链方程和转矩方程为代数方程，电压方程和运动方程为微分方程。

(一)磁链方程

异步电动机每个绕组的磁链是它本身的自感磁链和其他绕组对它的互感磁链之和，因此，6 个绕组的磁链可表示为

$$\begin{bmatrix}\psi_A\\ \psi_B\\ \psi_C\\ \psi_a\\ \psi_b\\ \psi_c\end{bmatrix}=\begin{bmatrix}L_{AA} & L_{AB} & L_{AC} & L_{Aa} & L_{Ab} & L_{Ac}\\ L_{BA} & L_{BB} & L_{BC} & L_{Ba} & L_{Bb} & L_{Bc}\\ L_{CA} & L_{CB} & L_{CC} & L_{Ca} & L_{Cb} & L_{Cc}\\ L_{aA} & L_{aB} & L_{aC} & L_{aa} & L_{ab} & L_{ab}\\ L_{bA} & L_{bB} & L_{bC} & L_{ba} & L_{bb} & L_{bc}\\ L_{cA} & L_{cB} & L_{cC} & L_{ca} & L_{cb} & L_{cc}\end{bmatrix}\begin{bmatrix}i_A\\ i_B\\ i_C\\ i_a\\ i_b\\ i_c\end{bmatrix} \tag{6-1}$$

或写成

$$\dot{\Psi}=\dot{L}\dot{i} \tag{6-2}$$

式中：i_A、i_B、i_C、i_a、i_b、i_c 表示定子和转子相电流的瞬时值；ψ_A、ψ_B、ψ_C、ψ_a、ψ_b、ψ_c 表示各项绕组的全磁链；$\dot{L}$ 表示 6×6 电感矩阵，其中对角线元素 L_{AA}、L_{BB}、L_{CC}、L_{aa}、L_{bb}、L_{cc} 是各绕组的自感，其余各项则是相应绕组间的互感。

定子各相漏磁通所对应的电感称作定子漏感 L_{ls}，转子各相漏磁通则对应于转子漏感 L_{lt}，由于绕组的对称性，各相漏感值均相等。与定子一相绕组交链的最大互感磁通对应于定子互感 L_{ms}，与转子一相绕组交链的最大互感磁通对应于转子互感 L_{mr}，由于折算后定、转子绕组匝数相等，故 $L_{\mathrm{ms}}=L_{\mathrm{mr}}$。上述各量都已折算到定子侧，为了简单起见，表示折算的上角标“′”均省略，以下同此。

对于每一相绕组来说，它所交链的磁链是互感磁链与漏感磁链之和，因此定子各相自感为

$$L_{AA}=L_{BB}=L_{CC}=L_{\mathrm{ms}}+L_{\mathrm{ls}} \tag{6-3}$$

转子各相自感为

$$L_{aa}=L_{bb}=L_{\mathrm{cc}}=L_{\mathrm{ms}}+L_{\mathrm{lr}} \tag{6-4}$$

绕组之间的互感又分为两类：①定子三相彼此之间和转子三相彼此之间空间位置都是固定的，故互感为常值；②定子任一相与转子任一相之间的空间相对位置是变化的，互感是角位移 θ 的函数。

先讨论第一类，三相绕组轴线彼此在空间的位置差是 $\pm\frac{2\pi}{3}$，互感值应为 $L_{\mathrm{ms}}\cos\left(\frac{2\pi}{3}\right)=L_{\mathrm{ms}}\cos\left(-\frac{2\pi}{3}\right)=-\frac{1}{2}L_{\mathrm{ms}}$，于是

$$\begin{cases}L_{AB}=L_{BC}=L_{CA}=L_{BA}=L_{CB}=L_{AC}=-\dfrac{1}{2}L_{\mathrm{ms}}\\ L_{ab}=L_{bc}=L_{ca}=L_{ba}=L_{cb}=L_{ac}=-\dfrac{1}{2}L_{\mathrm{ms}}\end{cases} \tag{6-5}$$

至于第二类，即定子、转子绕组间的互感，由于相互间位置的变化(图 6-1)，可分别表示为

$$
\begin{cases}
L_{Aa} = L_{aA} = L_{Bb} = L_{bB} = L_{Cc} = L_{cC} = L_{ms}\cos\theta \\
L_{Ab} = L_{bA} = L_{Bc} = L_{cB} = L_{Ca} = L_{aC} = L_{ms}\cos\left(\theta + \dfrac{2\pi}{3}\right) \\
L_{Ac} = L_{cA} = L_{Ba} = L_{aB} = L_{Cb} = L_{bC} = L_{ms}\cos\left(\theta - \dfrac{2\pi}{3}\right)
\end{cases}
\tag{6-6}
$$

当定子、转子两相绕组轴线重合时，两者之间的互感值最大，L_{ms} 就是最大互感。

将式(6-5)、式(6-6)代入式(6-1)，即得完整的磁链方程，用分块矩阵表示为

$$
\begin{bmatrix} \dot{\Psi}_s \\ \dot{\Psi}_r \end{bmatrix} = \begin{bmatrix} \dot{L}_{ss} & \dot{L}_{sr} \\ \dot{L}_{rs} & \dot{L}_{rr} \end{bmatrix} \begin{bmatrix} \dot{i}_s \\ \dot{i}_r \end{bmatrix}
\tag{6-7}
$$

$$\dot{\Psi}_s = [\psi_A \quad \psi_B \quad \psi_C]^T;$$

$$\dot{\Psi}_r = [\psi_a \quad \psi_b \quad \psi_c]^T;$$

$$\dot{i}_s = [i_A \quad i_B \quad i_C]^T;$$

$$\dot{i}_r = [i_a \quad i_b \quad i_c]^T;$$

$$
\dot{L}_{ss} = \begin{bmatrix}
L_{ms} + L_{ls} & -\dfrac{1}{2}L_{ms} & -\dfrac{1}{2}L_{ms} \\
-\dfrac{1}{2}L_{ms} & L_{ms} + L_{ls} & -\dfrac{1}{2}L_{ms} \\
-\dfrac{1}{2}L_{ms} & -\dfrac{1}{2}L_{ms} & L_{ms} + L_{ls}
\end{bmatrix}
\tag{6-8}
$$

$$
\dot{L}_{rr} = \begin{bmatrix}
L_{ms} + L_{lr} & -\dfrac{1}{2}L_{ms} & -\dfrac{1}{2}L_{ms} \\
-\dfrac{1}{2}L_{ms} & L_{ms} + L_{lr} & -\dfrac{1}{2}L_{ms} \\
-\dfrac{1}{2}L_{ms} & -\dfrac{1}{2}L_{ms} & L_{ms} + L_{lr}
\end{bmatrix}
\tag{6-9}
$$

$$
\dot{L}_{rs} = \dot{L}_{sr}^T = \dot{L}_{ms} \begin{bmatrix}
\cos\theta & \cos\left(\theta - \dfrac{2\pi}{3}\right) & \cos\left(\theta + \dfrac{2\pi}{3}\right) \\
\cos\left(\theta + \dfrac{2\pi}{3}\right) & \cos\theta & \cos\left(\theta - \dfrac{2\pi}{3}\right) \\
\cos\left(\theta - \dfrac{2\pi}{3}\right) & \cos\left(\theta + \dfrac{2\pi}{3}\right) & \cos\theta
\end{bmatrix}
\tag{6-10}
$$

式中：$\dot{L}_{ss}$ 为定子电感阵；$\dot{L}_{rr}$ 为转子电感阵；$\dot{L}_{rs}$ 和 $\dot{L}_{sr}$ 为定转子互感阵，互为转置，且均与转子位置 θ 有关，它们的元素都是变参数。

(二)电压方程

三相定子绕组的电压平衡方程为

$$\begin{cases} u_A = i_A R_s + \dfrac{d\psi_A}{dt} \\ u_B = i_B R_s + \dfrac{d\psi_B}{dt} \\ u_C = i_C R_s + \dfrac{d\psi_C}{dt} \end{cases} \tag{6-11}$$

与此对应,三相转子绕组折算到定子侧后的电压方程为

$$\begin{cases} u_a = i_a R_r + \dfrac{d\psi_a}{dt} \\ u_b = i_b R_r + \dfrac{d\psi_b}{dt} \\ u_c = i_c R_r + \dfrac{d\psi_c}{dt} \end{cases} \tag{6-12}$$

式中:u_A 、u_B 、u_C 、u_a 、u_b 、u_c 为定子和转子相电压的瞬时值;R_s ,R_r 定子和转子绕组电阻。

将电压方程写成矩阵形式

$$\begin{bmatrix} u_A \\ u_B \\ u_C \\ u_a \\ u_b \\ u_c \end{bmatrix} = \begin{bmatrix} R_s & 0 & 0 & 0 & 0 & 0 \\ 0 & R_s & 0 & 0 & 0 & 0 \\ 0 & 0 & R_s & 0 & 0 & 0 \\ 0 & 0 & 0 & R_r & 0 & 0 \\ 0 & 0 & 0 & 0 & R_r & 0 \\ 0 & 0 & 0 & 0 & 0 & R_r \end{bmatrix} \begin{bmatrix} i_A \\ i_B \\ i_C \\ i_a \\ i_b \\ i_c \end{bmatrix} + \frac{d}{dt} \begin{bmatrix} \psi_A \\ \psi_B \\ \psi_C \\ \psi_a \\ \psi_b \\ \psi_c \end{bmatrix} \tag{6-13}$$

或写成

$$\dot{u} = \dot{R}\dot{i} + \frac{d\dot{\Psi}}{dt} \tag{6-14}$$

如果把磁链方程代入电压方程,得展开后的电压方程为

$$\begin{aligned} \dot{u} &= \dot{R}\dot{i} + \frac{d}{dt}(\dot{L}\dot{i}) = \dot{R}\dot{i} + \dot{L}\frac{d\dot{i}}{dt} + \frac{d\dot{L}}{dt}\dot{i} \\ &= \dot{R}\dot{i} + \dot{L}\frac{d\dot{i}}{dt} + \frac{d\dot{L}}{d\theta}\omega\dot{i} \end{aligned} \tag{6-15}$$

式中:$\dot{L}\dfrac{d\dot{i}}{dt}$ 为由于电流变化引起的脉变电动势(或称变压器电动势);$\dfrac{d\dot{L}}{d\theta}\omega\dot{i}$ 为由于定、转子相对位置变化产生的与转速 ω 成正比的旋转电动势。

(三)转矩方程

根据机电能量转换原理,在线性电感的条件下,磁场的储能 W_m 和磁共能 W'_m 为

$$W_m = W'_m = \frac{1}{2}\dot{i}^T\psi = \frac{1}{2}\dot{i}^T\dot{L}\dot{i} \tag{6-16}$$

电磁转矩等于机械角位移变化时磁共能的变化率 $\dfrac{\partial W'_m}{\partial \theta_m}$ (电流约束为常值),机械角位移

$\theta_m = \dfrac{\theta}{n_p}$，于是

$$T_e = \left.\frac{\partial W'_m}{\partial \theta_m}\right|_{i=\text{常数}} = n_p \left.\frac{\partial W'_m}{\partial \theta}\right|_{i=\text{常数}} \tag{6-17}$$

将式(6-16)代入式(6-17)，并考虑到电感的分块矩阵关系式，得

$$T_e = \frac{1}{2} n_p i^T \frac{\partial L}{\partial \theta} i = \frac{1}{2} n_p i^T \begin{bmatrix} 0 & \dfrac{\partial L_{sr}}{\partial \theta} \\ \dfrac{\partial L_{rs}}{\partial \theta} & 0 \end{bmatrix} i \tag{6-18}$$

又考虑到 $i^T = [i_s^T \quad i_r^T] = [i_A \quad i_B \quad i_C \quad i_a \quad i_b \quad i_c]$，代入式(6-18)得

$$T_e = \frac{1}{2} n_p \left[i_r^T \frac{\partial L_{rs}}{\partial \theta} i_s + i_s^T \frac{\partial L_{sr}}{\partial \theta} i_r \right] \tag{6-19}$$

将式(6-10)代入式(6-18)并展开后，得

$$\begin{aligned} T_e = -n_p L_{ms} \Big[& (i_A i_a + i_B i_b + i_C i_c)\sin\theta + (i_A i_b + i_B i_c + i_C i_a)\sin\left(\theta + \frac{2\pi}{3}\right) + \\ & (i_A i_c + i_B i_a + i_C i_b)\sin\left(\theta - \frac{2\pi}{3}\right) \Big] \end{aligned} \tag{6-20}$$

(四)运动方程

运动控制系统的运动方程式为

$$\frac{J}{n_p} \frac{d\omega}{dt} = T_e - T_L \tag{6-21}$$

式中：J 为机组的转动惯量；T_L 为包括摩擦阻转矩的负载转矩。

转角方程为

$$\frac{d\theta}{dt} = \omega \tag{6-22}$$

上述的异步电动机动态模型是在线性磁路、磁动势在空间按正弦分布的假定条件下得出来的，对定子、转子电压和电流未作任何假定，因此，该动态模型完全可以用来分析含有电压、电流谐波的三相异步电动机调速系统的动态过程。

三、异步电动机三相原始模型的性质

(一)异步电动机三相原始模型的非线性强耦合性

从上节分析的异步电动机三相动态模型可见，非线性耦合在磁链方程、电压方程与转矩方程中都有体现。既存在定子和转子间的耦合，也存在三相绕组间的交叉耦合。旋转电动势和电磁转矩中都包含变量之间的乘积，这是非线性的基本因素，定转子间的相对运动，夹角 θ 不断变化，使得互感矩阵 L_{sr} 和 L_{rs} 均为非线性变参数矩阵，所有这些都使异步电动机成为高阶、非线性、强耦合的多变量系统。

(二)异步电动机三相原始模型的非独立性

假定异步电动机三相绕组为无中性线Y联结,若为△联结,可等效为Y联结,则定子和转子三相电流代数和为

$$\begin{cases} i_A + i_B + i_C = 0 \\ i_a + i_b + i_c = 0 \end{cases}$$

由式(6-7)可得

$$\begin{bmatrix} \psi_A \\ \psi_B \\ \psi_C \end{bmatrix} = L_{ss} \begin{bmatrix} i_A \\ i_B \\ i_C \end{bmatrix} + L_{sr} \begin{bmatrix} i_a \\ i_b \\ i_c \end{bmatrix} \tag{6-23}$$

将式(6-8)、式(6-9)代入式(6-23),并把矩阵展开后的所有元相加,可以证明三相定子磁链代数和为

$$\psi_A + \psi_B + \psi_C = 0 \tag{6-24}$$

再由电压方程式(6-11)可知,三相定子电压代数和为

$$u_A + u_B + u_C = R_s(i_A + i_B + i_C) + \frac{d}{dt}(\psi_A + \psi_B + \psi_C) = 0 \tag{6-25}$$

因此,异步电动机三相数学模型中存在一定的约束条件

$$\begin{cases} \psi_A + \psi_B + \psi_C = 0 \\ i_A + i_B + i_C = 0 \\ u_A + u_B + u_C = 0 \end{cases} \tag{6-26}$$

同理转子绕组也存在相应的约束条件

$$\begin{cases} \psi_a + \psi_b + \psi_c = 0 \\ i_a + i_b + i_c = 0 \\ u_a + u_b + u_c = 0 \end{cases} \tag{6-27}$$

以上分析表明,对于无中性线Y/Y联结绕组的电动机,三相变量中只有两相是独立的,因此三相原始数学模型并不是物理对象最简洁的描述,完全可以而且也有必要用两相模型代替。

第二节 坐标变换

异步电动机三相原始动态模型相当复杂,分析和求解这组非线性方程十分困难。在实际应用中必须予以简化,简化的基本方法就是坐标变换。异步电动机数学模型之所以复杂,关键是因为有一个复杂的电感矩阵和转矩方程,它们体现了异步电动机的电磁耦合和能量转换的复杂关系。因此,简化数学模型,需从电磁耦合关系入手。

一、坐标变换的基本思路

直流电动机的数学模型比较简单,先看看直流电动机的磁链关系。图6-2中绘出了二极

直流电动机的物理模型，图中 F 为励磁绕组，A 为电枢绕组，C 为补偿绕组。F 和 C 都在定子上，只有 A 是在转子上。把 F 的轴线称作直轴或 d 轴(direct axis)，主磁通 Φ 的方向就是沿着 d 轴的；A 和 C 的轴线则称为交轴或 q 轴(quadrature axis)。虽然电枢本身是旋转的，但其绕组通过换向器电刷接到端接板上，电刷将闭合的电枢绕组分成两条支路。当一条支路中的导线经过正电刷归入另一条支路中时，在负电刷下又有一根导线补回来。这样，电刷两侧每条支路中导线的电流方向总是相同的，因此，当电刷位于磁极的中性线上时，电枢磁动势的轴线始终被电刷限定在 q 轴位置上，其效果好像一个在 q 轴上静止的绕组一样。但它实际上是旋转的，会切割 d 轴的磁通而产生旋转电动势，这又与真正静止的绕组不同，通常把这种等效的静止绕组称作伪静止绕组(pseudo-stationary coils)。电枢磁动势的作用可以用补偿绕组磁动势抵消，或者由于其作用方向与 d 轴垂直而对主磁通影响甚微，所以直流电动机的主磁通基本上由励磁绕组的励磁电流决定，这是直流电动机的数学模型及其控制系统比较简单的根本原因。

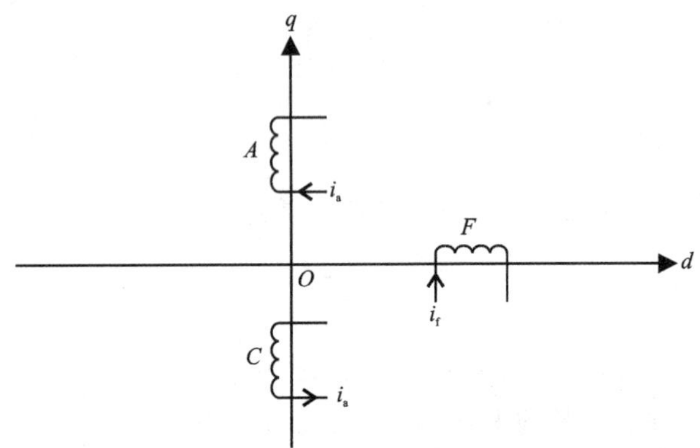

图 6-2　二极直流电机的物理模型

如果能将交流电动机的物理模型等效地变换成类似直流电动机的模型，分析和控制就可以大大简化。坐标变换正是按照这条思路进行的。在这里，不同坐标系中电动机模型等效的原则是在不同坐标下绕组所产生的合成磁动势相等。

在交流电动机三相对称的静止绕组 A、B、C 中，通以三相平衡的正弦电流 i_A、i_B、i_C 时，所产生的合成磁动势是旋转磁动势 F，它在空间呈正弦分布，以同步转速 ω_1（即电流的角频率）顺着 $A—B—C$ 的相序旋转，如图 6-3 所示。

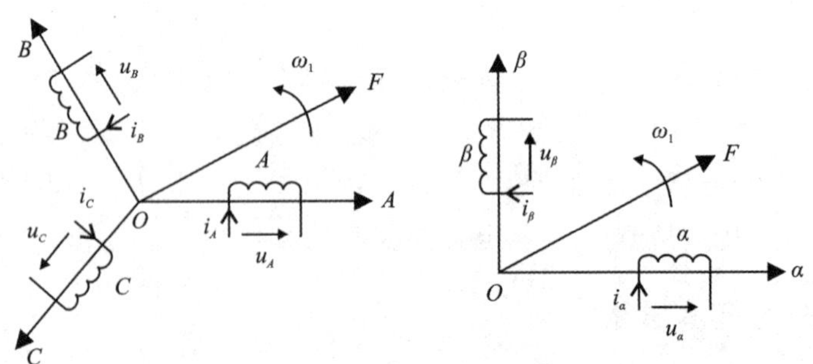

图 6-3　三相坐标系和两相坐标系物理模型

然而,旋转磁动势并不一定非要三相不可,除单相以外,二相、三相、四相……任意对称的多相绕组,通入平衡的多相电流都能产生旋转磁动势,当然以两相最为简单。此外,在没有零线时,三相变量中只有两相为独立变量,完全可以也应该消去一相。所以三相绕组可以用相互独立的两相正交对称绕组等效代替,等效的原则是产生的磁动势相等。所谓独立是指两相绕组间无约束条件,即不存在与式(6-26)和式(6-27)类似的约束条件。所谓正交是指两相绕组在空间互差 $\frac{\pi}{2}$,所谓对称是指两相绕组的匝数和阻值相等。图 6-3 中绘出的两相绕组 α 、β ,通以两相平衡交流电流 i_α 和 i_β ,也能产生旋转磁动势。当三相绕组和两相绕组产生的两个旋转磁动势大小和转速都相等时,即认为两相绕组与三相绕组等效,这就是 3/2 变换。

图 6-4 中除两相绕组 α 、β 外,还绘出两个匝数相等相互正交的绕组 d、q,分别通以直流电流 i_d 和 i_q ,产生合成磁动势 F ,其位置相对于绕组来说是固定的。如果人为地让包含两个绕组在内的整个铁心以同步转速旋转,则磁动势 F 自然也随之旋转起来,成为旋转磁动势。如果这个旋转磁动势的大小和转速与固定的交流绕组产生的旋转磁动势相等,那么这套旋转的直流绕组也就和前面两套固定的交流绕组都等效了。当观察者也站到铁心上和绕组一起旋转时,在他看来,d 和 q 是两个通入直流而相互垂直的静止绕组。如果控制磁通的空间位置在 d 轴,就和图 6-2 的直流电动机物理模型没有本质上的区别了。这时,绕组 d 相当于励磁绕组,q 相当于伪静止的电枢绕组。

由此可见,以产生同样的旋转磁动势为准则,三相交流绕组、两相交流绕组和旋转的直流绕组彼此等效。或者说,在三相坐标系下的 i_A 、i_B 、i_C 和在两相坐标系下的 i_α 、i_β 以及在旋转正交坐标系下的直流 i_d 、i_q 产生的旋转磁动势相等。有意思的是,就图 6-4 中的 d、q 两个绕组而言,当观察者站在地面看上去,它们是与三相交流绕组等效的旋转直流绕组;如果跳到旋转着的铁心上看,它们的的确确就是一个直流电动机的物理模型了。这样,通过坐标系的变换可以找到与交流三相绕组等效的直流电动机模型。现在的问题是如何求出 i_A 、i_B 、i_C 与 i_α 、i_β 和 i_d、i_q 之间准确的等效关系,这就是坐标变换的任务。

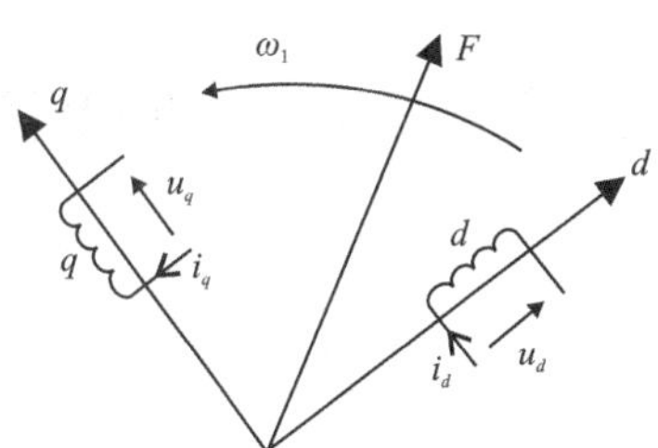

图 6-4 静止两相正交坐标系和旋转正交坐标系的物理模型

二、三相-两相变换(3/2 变换)

三相绕组 A、B、C 和两相绕组 α 、β 之间的变换,称作三相坐标系和两相正交坐标系间的变换,简称 3/2 变换。

图 6-5 中绘出了 ABC 和 $\alpha\beta$ 两个坐标系中的磁动势矢量,将两个坐标系原点重合,并使 A 轴和 α 轴重合。设三相绕组每相有效匝数为 N_3 ,两相绕组每相有效匝数为 N_2 ,各相磁动势为有效匝数与电流的乘积,其空间矢量均位于相关的坐标轴上。

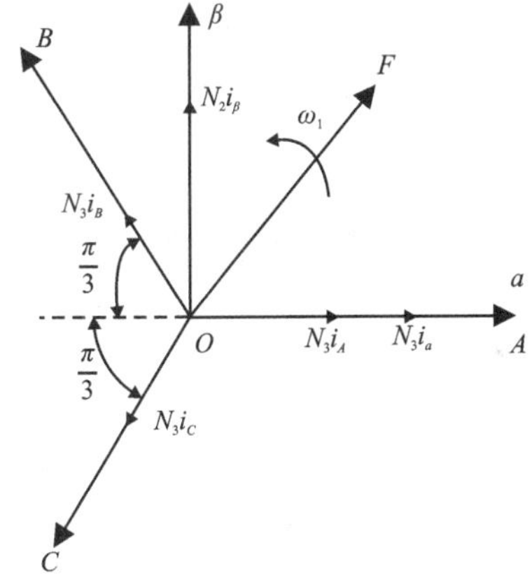

图 6-5 三相坐标系和两相正交坐标系中的磁动势矢量

按照磁动势相等的等效原则，三相合成磁动势与两相合成磁动势相等，故两套绕组磁动势在 α 、β 轴上的投影都应相等，因此

$$N_2 i_\alpha = N_3 i_A - N_3 i_B \cos\frac{\pi}{3} - N_3 i_C \cos\frac{\pi}{3} = N_3 \left(i_A - \frac{1}{2} i_B - \frac{1}{2} i_C\right)$$

$$N_2 i_\beta = N_3 i_B \sin\frac{\pi}{3} - N_3 i_C \sin\frac{\pi}{3} = \frac{\sqrt{3}}{2} N_3 (i_B - i_C)$$

写成矩阵形式，得

$$\begin{bmatrix} i_\alpha \\ i_\beta \end{bmatrix} = \frac{N_3}{N_2} \begin{bmatrix} 1 & -\frac{1}{2} & -\frac{1}{2} \\ 0 & \frac{\sqrt{3}}{2} & -\frac{\sqrt{3}}{2} \end{bmatrix} \begin{bmatrix} i_A \\ i_B \\ i_C \end{bmatrix} \tag{6-28}$$

按照变换前后总功率不变，可以证明匝数比为

$$\frac{N_3}{N_2} = \sqrt{\frac{2}{3}} \tag{6-29}$$

代入式(6-28)，得

$$\begin{bmatrix} i_\alpha \\ i_\beta \end{bmatrix} = \sqrt{\frac{2}{3}} \begin{bmatrix} 1 & -\frac{1}{2} & -\frac{1}{2} \\ 0 & \frac{\sqrt{3}}{2} & -\frac{\sqrt{3}}{2} \end{bmatrix} \begin{bmatrix} i_A \\ i_B \\ i_C \end{bmatrix} \tag{6-30}$$

令 $\dot{C}_{3/2}$ 表示从三相坐标系变换到两相正交坐标系的变换矩阵，则

$$\dot{C}_{3/2} = \sqrt{\frac{2}{3}} \begin{bmatrix} 1 & -\frac{1}{2} & -\frac{1}{2} \\ 0 & \frac{\sqrt{3}}{2} & -\frac{\sqrt{3}}{2} \end{bmatrix} \tag{6-31}$$

利用 $i_A + i_B + i_C = 0$ ，$i_A + i_B + i_C = 0$ 的约束条件，将式(6-31)扩展为

$$\begin{bmatrix} i_\alpha \\ i_\beta \\ 0 \end{bmatrix} = \sqrt{\frac{2}{3}} \begin{bmatrix} 1 & -\frac{1}{2} & -\frac{1}{2} \\ 0 & \frac{\sqrt{3}}{2} & -\frac{\sqrt{3}}{2} \\ \frac{1}{\sqrt{2}} & \frac{1}{\sqrt{2}} & \frac{1}{\sqrt{2}} \end{bmatrix} \begin{bmatrix} i_A \\ i_B \\ i_C \end{bmatrix} \tag{6-32}$$

式(6-32)第三行的元素取作 $\frac{1}{\sqrt{2}}$，使相应的变换矩阵

$$\sqrt{\frac{2}{3}} \begin{bmatrix} 1 & -\frac{1}{2} & -\frac{1}{2} \\ 0 & \frac{\sqrt{3}}{2} & -\frac{\sqrt{3}}{2} \\ \frac{1}{\sqrt{2}} & \frac{1}{\sqrt{2}} & \frac{1}{\sqrt{2}} \end{bmatrix}$$

再除去第三列，即得两相正交坐标系变换到三相坐标系(简称 2/3 变换)的变换矩阵

$$\begin{bmatrix} i_A \\ i_B \\ i_C \end{bmatrix} = \sqrt{\frac{2}{3}} \begin{bmatrix} 1 & 0 & \frac{1}{\sqrt{2}} \\ -\frac{1}{2} & \frac{\sqrt{3}}{2} & \frac{1}{\sqrt{2}} \\ -\frac{1}{2} & -\frac{\sqrt{3}}{2} & \frac{1}{\sqrt{2}} \end{bmatrix} \begin{bmatrix} i_\alpha \\ i_\beta \\ 0 \end{bmatrix} \tag{6-33}$$

再除去第三列，即得两相正交坐标系变换到三相坐标系（简称 2/3 变换）的变换矩阵

$$\dot{C}_{2/3} = \sqrt{\frac{3}{2}} \begin{bmatrix} 1 & 0 \\ -\frac{1}{2} & \frac{\sqrt{3}}{2} \\ -\frac{1}{2} & -\frac{\sqrt{3}}{2} \end{bmatrix} \tag{6-34}$$

考虑到 $i_A + i_B + i_C = 0$，代入式(6-34)并整理得到

$$\begin{bmatrix} i_\alpha \\ i_\beta \end{bmatrix} = \begin{bmatrix} \sqrt{\frac{3}{2}} & 0 \\ \frac{1}{\sqrt{2}} & \sqrt{2} \end{bmatrix} \begin{bmatrix} i_A \\ i_B \end{bmatrix} \tag{6-35}$$

相应的逆变换

$$\begin{bmatrix} i_A \\ i_B \end{bmatrix} = \begin{bmatrix} \sqrt{\frac{2}{3}} & 0 \\ -\frac{1}{\sqrt{6}} & \frac{1}{\sqrt{2}} \end{bmatrix} \begin{bmatrix} i_\alpha \\ i_\beta \end{bmatrix} \tag{6-36}$$

以上只推导了电流变换阵，在前述条件下，电压变换阵和磁链变换阵与电流变换阵相同，读者可自行推导。

三、静止两相-旋转正交变换(2s/2r 变换)

从静止两相正交坐标系 $\alpha\beta$ 到旋转正交坐标系 dq 的变换称作静止两相-旋转正交变换，简称 2s/2r 变换，其中 s 表示静止，r 表示旋转，变换的原则同样是产生的磁动势相等。

图 6-6 中绘出了 $\alpha\beta$ 和 dq 坐标系中的磁动势矢量，绕组每相有效匝数为 N_2，磁动势矢量位于相关的坐标轴上。两相交流电流 i_α、i_β 和两个直流电流 i_d、i_q 产生同样的以角速度 ω_1 旋转的合成磁动势。

由图 6-6 可见，i_α、i_β 和 i_d、i_q 之间存在的关系为

$$\begin{aligned} i_d &= i_\alpha \cos\varphi + i_\beta \sin\varphi \\ i_q &= -i_\alpha \sin\varphi + i_\beta \cos\varphi \end{aligned} \tag{6-37}$$

写成矩阵形式，得

$$\begin{bmatrix} i_d \\ i_q \end{bmatrix} = \begin{bmatrix} \cos\varphi & \sin\varphi \\ -\sin\varphi & \cos\varphi \end{bmatrix} \begin{bmatrix} i_\alpha \\ i_\beta \end{bmatrix} = \dot{C}_{2s/2r} \begin{bmatrix} i_\alpha \\ i_\beta \end{bmatrix} \tag{6-38}$$

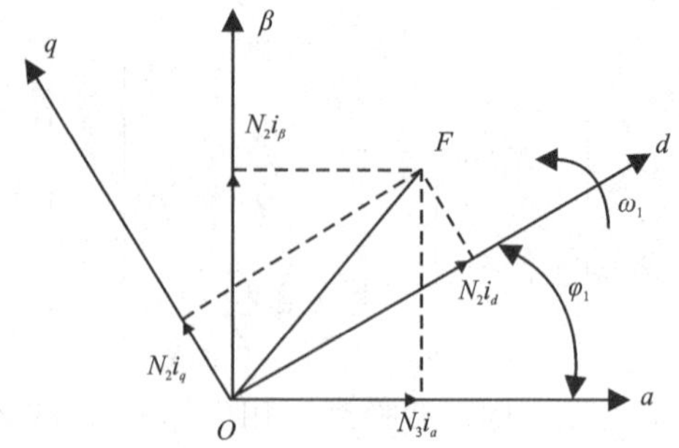

图 6-6　静止两相正交坐标系和旋转正交坐标系中的磁动势矢量

因此，静止两相正交坐标系到旋转正交坐标系的变换阵为

$$\dot{C}_{2s/2r}=\begin{bmatrix}\cos\varphi & -\sin\varphi\\ \sin\varphi & \cos\varphi\end{bmatrix} \tag{6-39}$$

即

$$\begin{bmatrix}i_\alpha\\ i_\beta\end{bmatrix}=\begin{bmatrix}\cos\varphi & -\sin\varphi\\ \sin\varphi & \cos\varphi\end{bmatrix}\begin{bmatrix}i_d\\ i_q\end{bmatrix} \tag{6-40}$$

电压和磁链的旋转变换与电流旋转变换阵相同。

第三节　感应电动机正交坐标系下的状态方程

一、异步电动机在正交坐标系上的动态数学模型

异步电动机三项原始模型相当复杂，通过坐标变换能够简化数学模型，便于进行分析和计算。按照从特殊到一般，直接给出静止两相正交坐标系中的动态数学模型和旋转正坐标系的动态数学模型。

（一）静止两相正交坐标系中的动态数学模型

异步电动机定子绕组是静止的，只要进行 3/2 变换就行了，而转子绕组是旋转的，必须通过 3/2 变换和旋转到静止的变换，才能变化到静止两相正交坐标系。

相应的数学模型如下。

电压方程

$$\begin{bmatrix}u_{s\alpha}\\ u_{s\beta}\\ u_{r\alpha}'\\ u_{r\beta}'\end{bmatrix}=\begin{bmatrix}R_s & 0 & 0 & 0\\ 0 & R_s & 0 & 0\\ 0 & 0 & R_r & 0\\ 0 & 0 & 0 & R_r\end{bmatrix}\begin{bmatrix}i_{s\alpha}\\ i_{s\beta}\\ i_{r\alpha}'\\ i_{r\beta}'\end{bmatrix}+\frac{\mathrm{d}}{\mathrm{d}t}\begin{bmatrix}\psi_{s\alpha}\\ \psi_{s\beta}\\ \psi_{r\alpha}'\\ \psi_{r\beta}'\end{bmatrix} \tag{6-41}$$

磁链方程

$$\begin{bmatrix}\psi_{s\alpha}\\ \psi_{s\beta}\\ \psi_{r\alpha}'\\ \psi_{r\beta}'\end{bmatrix}=\begin{bmatrix}L_s & 0 & L_m\cos\theta & -L_m\sin\theta\\ 0 & L_s & L_m\sin\theta & L_m\cos\theta\\ L_m\cos\theta & L_m\sin\theta & L_r & 0\\ -L_m\sin\theta & L_m\cos\theta & 0 & L_r\end{bmatrix}\begin{bmatrix}i_{s\alpha}\\ i_{s\beta}\\ i_{r\alpha}'\\ i_{r\beta}'\end{bmatrix} \tag{6-42}$$

转矩方程

$$T_e = -n_p L_m[(i_{s\alpha}i_{r\alpha}{}' + i_{s\beta}i_{r\beta}{}')\sin\theta + (i_{s\alpha}i_{r\beta}{}' - i_{s\beta}i_{r\alpha}{}')\cos\theta] \tag{6-43}$$

式中：L_m 为定子与转子同轴等效绕组间的互感，$L_m = \frac{3}{2}L_m$；L_s 为定子等效两相绕组的自感，$L_s = \frac{3}{2}L_{ms} + L_{ls} = L_m + L_{ls}$；$L_r$ 为转子等效两组绕组的自感，$L_r = \frac{3}{2}L_{ms} + L_{ls} = L_m + L_{lr}$。

(二)静止两相正交坐标系中的矩阵方程

旋转变换阵为

$$\dot{C}_{2r/2s}(\theta) = \begin{bmatrix} \cos\theta & -\sin\theta \\ \sin\theta & \cos\theta \end{bmatrix} \tag{6-44}$$

变化后的电压方程为

$$\begin{bmatrix} u_{s\alpha} \\ u_{s\beta} \\ u_{r\alpha} \\ u_{r\beta} \end{bmatrix} = \begin{bmatrix} R_s & 0 & 0 & 0 \\ 0 & R_s & 0 & 0 \\ 0 & 0 & R_r & 0 \\ 0 & 0 & 0 & R_r \end{bmatrix} \begin{bmatrix} i_{s\alpha} \\ i_{s\beta} \\ i_{r\alpha} \\ i_{r\beta} \end{bmatrix} + \frac{d}{dt}\begin{bmatrix} \psi_{s\alpha} \\ \psi_{s\beta} \\ \psi_{r\alpha} \\ \psi_{r\beta} \end{bmatrix} + \begin{bmatrix} 0 \\ 0 \\ \omega\psi_{r\beta} \\ -\omega\psi_{r\alpha} \end{bmatrix} \tag{6-45}$$

磁链方程为

$$\begin{bmatrix} \psi_{s\alpha} \\ \psi_{s\beta} \\ \psi_{r\alpha} \\ \psi_{r\beta} \end{bmatrix} = \begin{bmatrix} L_s & 0 & L_m & 0 \\ 0 & L_s & 0 & L_m \\ L_m & 0 & L_r & 0 \\ 0 & L_m & 0 & L_r \end{bmatrix} \begin{bmatrix} i_{s\alpha} \\ i_{s\beta} \\ i_{r\alpha} \\ i_{r\beta} \end{bmatrix} \tag{6-46}$$

转矩方程为

$$T_e = n_p L_m(i_{s\beta}i_{r\alpha} - i_{s\alpha}i_{r\beta}) \tag{6-47}$$

旋转变换改变了定子、转子绕组间的耦合关系，将相对运动的定子、转子绕组用相对静止的等效绕组来代替，从而消除了定子、转子绕组间夹角 θ 对磁链和转矩的影响。旋转变换的优点在于将非线性变参数的磁链方程转化为线性定常的方程，但却加剧了电压方程中的非线性耦合程度，将矛盾从磁链方程转移到电压方程中来了，并没有改变对象的非线性耦合性质。

(三)旋转正交坐标系中的动态数学模型

定子旋转变化阵为

$$\dot{C}_{2s/2r}(\varphi) = \begin{bmatrix} \cos\varphi & \sin\varphi \\ -\sin\varphi & \cos\varphi \end{bmatrix} \tag{6-48}$$

转子旋转变换阵为

$$\dot{C}_{2s/2r}(\varphi-\theta) = \begin{bmatrix} \cos(\varphi-\theta) & \sin(\varphi-\theta) \\ -\sin(\varphi-\theta) & \cos(\varphi-\theta) \end{bmatrix} \tag{6-49}$$

旋转正交坐标系中的异步电动机的电压方程为

$$\begin{bmatrix} u_{sd} \\ u_{sq} \\ u_{rd} \\ u_{rq} \end{bmatrix} = \begin{bmatrix} R_s & 0 & 0 & 0 \\ 0 & R_s & 0 & 0 \\ 0 & 0 & R_r & 0 \\ 0 & 0 & 0 & R_r \end{bmatrix} \begin{bmatrix} i_{sd} \\ i_{sq} \\ i_{rd} \\ i_{rq} \end{bmatrix} + \frac{d}{dt} \begin{bmatrix} \psi_{sd} \\ \psi_{sq} \\ \psi_{rd} \\ \psi_{rq} \end{bmatrix} + \begin{bmatrix} -\omega_1 \psi_{sq} \\ \omega_1 \psi_{sd} \\ -(\omega_1 - \omega)\psi_{rq} \\ (\omega_1 - \omega)\psi_{rd} \end{bmatrix} \tag{6-50}$$

磁链方程为

$$\begin{bmatrix} \psi_{sd} \\ \psi_{sq} \\ \psi_{rd} \\ \psi_{rq} \end{bmatrix} = \begin{bmatrix} L_s & 0 & L_m & 0 \\ 0 & L_s & 0 & L_m \\ L_m & 0 & L_r & 0 \\ 0 & L_m & 0 & L_r \end{bmatrix} \begin{bmatrix} i_{sd} \\ i_{sq} \\ i_{rd} \\ i_{rq} \end{bmatrix} \tag{6-51}$$

转矩方程为

$$T_e = n_p L_m (i_{sq} i_{rd} - i_{sd} i_{rq}) \tag{6-52}$$

旋转变换是用旋转的绕组代替原来静止的定子绕组，并使等效的转子绕组与等效的定子绕组重合，且保持严格同步，等效后定、转子绕组间不存在相对运动，故旋转坐标系中的磁链方程和转矩方程与静止两相正交坐标系中相同，仅下标发生变化。两相旋转坐标系的电压方程中旋转电动势非线性耦合作用更为严重，这是因为不仅对转子绕组进行了旋转变换，对定子绕组也进行了相应的旋转变换。

二、异步电动机在正交坐标系上的状态方程

以上讨论了用矩阵方程表示的异步电动机动态数学模型，其中既有微分方程（电压方程与运动方程），又有代数方程（磁链方程和转矩方程），下面以正交旋转坐标系（简称 dq 坐标系）为例，讨论用状态方程描述的动态数学模型，然后推广到静止两相正交坐标系（简称为 $\alpha\beta$ 坐标系）

（一）状态变量的选取

旋转正交坐标系上的异步电动机具有四阶电压方程和一阶运动方程，因此需选取 5 个状态变量。可选的状态变量共有 9 个，这 9 个变量分为 5 组：①转速 ω；②定子电流 i_{sd} 和 i_{sq}；③转子电流 i_{rd} 和 i_{rq}；④定子磁链 ψ_{sd} 和 ψ_{sq}；⑤转子磁链 ψ_{rd} 和 ψ_{rq}。

转速作为输出变量必须选取，其余的 4 组变量可以任意选取 2 组，其中定子电流可以直接检测，应当选为状态变量，剩下的均不可直接检测或检测十分困难，考虑到磁链对电动机的运行很重要，可以在定子磁链和转子磁链中任选一组。

（二）以 ω—i_s—ψ_r 为状态变量的状态方程

1. dq 坐标系中的状态方程

选取状态变量

$$\dot{X} = [\omega \quad \psi_{rd} \quad \psi_{rq} \quad i_{sd} \quad i_{sq}]^T \tag{6-53}$$

输入变量

$$\dot{U}=[u_{sd}\quad u_{sq}\quad \omega_1\quad T_L]^T \tag{6-54}$$

输出变量

$$\dot{Y}=[\omega\quad \psi_r]^T \tag{6-55}$$

dq 坐标系中的磁链方程式(6-51)，表述如下：

$$\begin{cases}\psi_{sd}=L_s i_{sd}+L_m i_{rd}\\ \psi_{sq}=L_s i_{sq}+L_m i_{rq}\\ \psi_{sd}=L_m i_{sd}+L_r i_{rd}\\ \psi_{rd}=L_m i_{sq}+L_r i_{rq}\end{cases} \tag{6-56}$$

将式(6-50)的电压方程改写为

$$\begin{cases}\dfrac{d\psi_{sd}}{dt}=-R_s i_{sd}+\omega_1\psi_{sq}+u_{sd}\\ \dfrac{d\psi_{sq}}{dt}=-R_s i_{sq}-\omega_1\psi_{sd}+u_{sq}\\ \dfrac{d\psi_{rd}}{dt}=-R_r i_{rd}+(\omega_1-\omega)\psi_{rq}+u_{rd}\\ \dfrac{d\psi_{rq}}{dt}=-R_r i_{rq}-(\omega_1-\omega)\psi_{rd}+u_{rq}\end{cases} \tag{6-57}$$

考虑到笼形转子内部是短路的，则 $u_{rd}=u_{rq}=0$，于是电压方程可以写成

$$\begin{cases}\dfrac{d\psi_{sd}}{dt}=-R_s i_{sd}+\omega_1\psi_{sq}+u_{sd}\\ \dfrac{d\psi_{sq}}{dt}=-R_s i_{sq}-\omega_1\psi_{sd}+u_{sq}\\ \dfrac{d\psi_{rd}}{dt}=-R_r i_{rd}+(\omega_1-\omega)\psi_{rq}\\ \dfrac{d\psi_{rq}}{dt}=-R_r i_{rq}-(\omega_1-\omega)\psi_{rd}\end{cases} \tag{6-58}$$

由式(6-56)中第三、四行可以解出

$$\begin{cases}i_{rd}=\dfrac{1}{L_r}(\psi_{rd}-L_m i_{sd})\\ i_{rq}=\dfrac{1}{L_r}(\psi_{rq}-L_m i_{sq})\end{cases} \tag{6-59}$$

代入转矩方程式(6-52)，得

$$\begin{aligned}T_e&=\frac{n_p L_m}{L_r}(i_{sq}\psi_{rd}-L_m i_{sdv}i_{sq}-i_{sd}\psi_{rq}+L_m i_{sd}i_{sq})\\&=\frac{n_p L_m}{L_r}(i_{sq}\psi_{rd}-i_{sd}\psi_{rq})\end{aligned} \tag{6-60}$$

将式(6-59)代入式(6-56)前两行，得

$$\begin{cases}\psi_{sd}=\sigma L_s i_{sd}+\dfrac{L_m}{L_r}\psi_{rd}\\ \psi_{sq}=\sigma L_s i_{sq}+\dfrac{L_m}{L_r}\psi_{rq}\end{cases} \tag{6-61}$$

式中：σ 为电动机漏磁系数，$\sigma = 1 - \dfrac{L_m^2}{L_s L_r}$。

将式(6-59)和式(6-61)代入微分方程组式(6-57)，消去 i_{rd} 、i_{rq}、ψ_{sd}、ψ_{sq}，再将式(6-60)代入运动方程式，经整理后的状态方程为

$$\begin{cases}\dfrac{d\omega}{dt} = -\dfrac{n_p^2 L_m}{JL_r}(i_{sq}\psi_{rd} - i_{sd}\psi_{rq}) - \dfrac{n_p}{J}T_L \\ \dfrac{d\psi_{rd}}{dt} = -\dfrac{1}{T_r}\psi_{rd} + (\omega_1 - \omega)\psi_{rq} + \dfrac{L_m}{T_r}i_{sd} \\ \dfrac{d\psi_{rq}}{dt} = -\dfrac{1}{T_r}\psi_{rq} + (\omega_1 - \omega)\psi_{rd} + \dfrac{L_m}{T_r}i_{sq} \\ \dfrac{di_{sd}}{dt} = \dfrac{L_m}{\sigma L_s L_r T_r}\psi_{rd} + \dfrac{L_m}{\sigma L_s L_r}\omega\psi_{rq} - \dfrac{R_s L_r^2 + R_r L_m^2}{\sigma L_s L_r^2}i_{sd} + \omega_1 i_{sq} + \dfrac{u_{sd}}{\sigma L_s} \\ \dfrac{di_{sq}}{dt} = \dfrac{L_m}{\sigma L_s L_r T_r}\psi_{rq} - \dfrac{L_m}{\sigma L_s L_r}\omega\psi_{rd} - \dfrac{R_s L_r^2 + R_r L_m^2}{\sigma L_s L_r^2}i_{sq} - \omega_1 i_{sd} + \dfrac{u_{sq}}{\sigma L_s}\end{cases} \tag{6-62}$$

式中：T_r 为转子电磁时间常数，$T_r = \dfrac{L_r}{R_r}$。

输出方程

$$\dot{Y} = [\omega \quad \sqrt{\psi_{rd}^2 + \psi_{rq}^2}]^T \tag{6-63}$$

图 6-7 是异步电动机在 dq 坐标系中，以 $\omega - i_s - \psi_r$ 为状态变量的动态结构图。

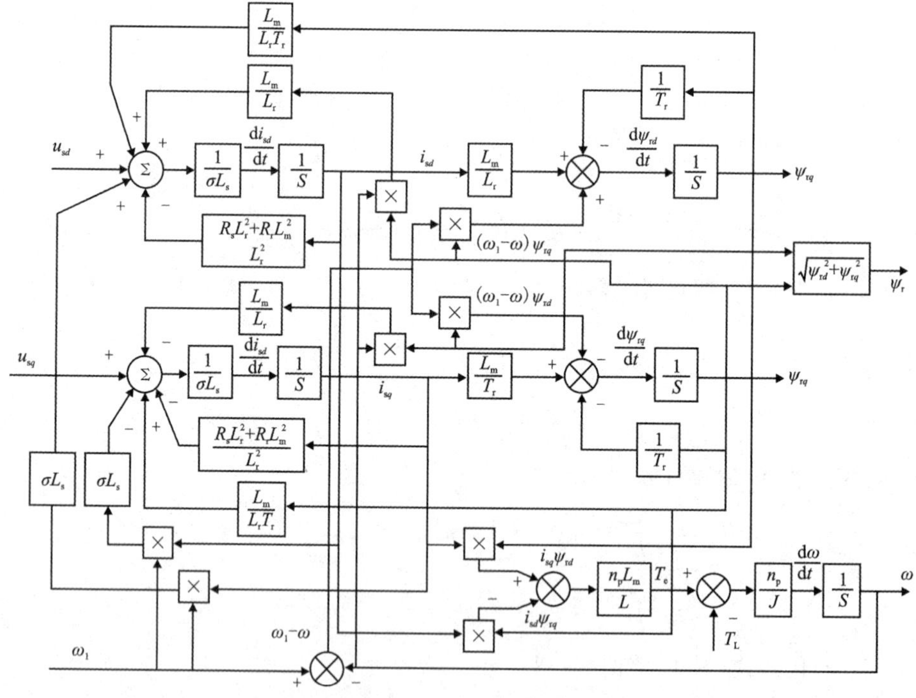

图 6-7　状态变量在 dq 坐标系中的动态结构图

2. $\alpha\beta$ 坐标系中的状态方程

若令 $\omega_1=0$，dq 坐标系蜕化成为 $\alpha\beta$ 坐标系，即可得 $\alpha\beta$ 坐标系中的状态方程

$$\begin{cases}\dfrac{\mathrm{d}\omega}{\mathrm{d}t}=\dfrac{n_p^2L_m}{JL_r}(i_{s\beta}\psi_{r\alpha}-i_{s\alpha}\psi_{r\beta})-\dfrac{n_p}{J}T_L\\ \dfrac{\mathrm{d}\psi_{r\alpha}}{\mathrm{d}t}=-\dfrac{1}{T_r}\psi_{r\alpha}-\omega\psi_{r\beta}+\dfrac{L_m}{T_r}i_{s\alpha}\\ \dfrac{\mathrm{d}\psi_{r\beta}}{\mathrm{d}t}=-\dfrac{1}{T_r}\psi_{r\beta}+\omega\psi_{r\alpha}+\dfrac{L_m}{T_r}i_{s\beta}\\ \dfrac{\mathrm{d}i_{s\alpha}}{\mathrm{d}t}=\dfrac{L_m}{\sigma L_sL_rT_r}\psi_{rd}+\dfrac{L_m}{\sigma L_sL_r}\omega\psi_{r\beta}-\dfrac{R_sL_r^2+R_rL_m^2}{\sigma L_sL_r^2}i_{s\alpha}+\omega_1i_{sq}+\dfrac{u_{s\alpha}}{\sigma L_s}\\ \dfrac{\mathrm{d}i_{s\beta}}{\mathrm{d}t}=\dfrac{L_m}{\sigma L_sL_rT_r}\psi_{r\beta}-\dfrac{L_m}{\sigma L_sL_r}\omega\psi_{r\alpha}-\dfrac{R_sL_r^2+R_rL_m^2}{\sigma L_sL_r^2}i_{s\beta}+\dfrac{u_{s\beta}}{\sigma L_s}\end{cases}\tag{6-64}$$

输出方程

$$\dot{Y}=\begin{bmatrix}\omega & \sqrt{\psi_{r\alpha}^2+\psi_{r\beta}^2}\end{bmatrix}^{\mathrm{T}}\tag{6-65}$$

其中，状态变量

$$\dot{X}=\begin{bmatrix}\omega & \psi_{r\alpha} & \psi_{r\beta} & i_{s\alpha} & i_{s\beta}\end{bmatrix}^{\mathrm{T}}\tag{6-66}$$

输入变量

$$\dot{U}=\begin{bmatrix}u_{s\alpha} & u_{s\beta} & T_L\end{bmatrix}^{\mathrm{T}}\tag{6-67}$$

电磁转矩

$$T_e=\frac{n_pL_m}{L_r}(i_{s\beta}\psi_{r\alpha}-i_{s\alpha}\psi_{r\beta})\tag{6-68}$$

图 6-8 是异步电动机在 $\alpha\beta$ 坐标系中，以 $\omega-i_s-\psi_r$ 为状态变量的动态结构图。

（三）以 $\omega-i_s-\psi_s$ 为状态变量的状态方程

1. dq 坐标系中的状态方程

选取状态变量

$$\dot{X}=\begin{bmatrix}\omega & \psi_{sd} & \psi_{sq} & i_{sd} & i_{sq}\end{bmatrix}^{\mathrm{T}}\tag{6-69}$$

输入变量与式(6-54)相同，即

$$\dot{U}=\begin{bmatrix}u_{sd} & u_{sq} & \omega_1 & T_L\end{bmatrix}^{\mathrm{T}}\tag{6-70}$$

输入变量

$$\dot{Y}=\begin{bmatrix}\omega & \psi_s\end{bmatrix}^{\mathrm{T}}\tag{6-71}$$

由式(6-56)中第一、第二行解出

$$\begin{cases}i_{rd}=\dfrac{1}{L_m}(\psi_{sd}-L_si_{sd})\\ i_{rq}=\dfrac{1}{L_m}(\psi_{sq}-L_si_{sq})\end{cases}\tag{6-72}$$

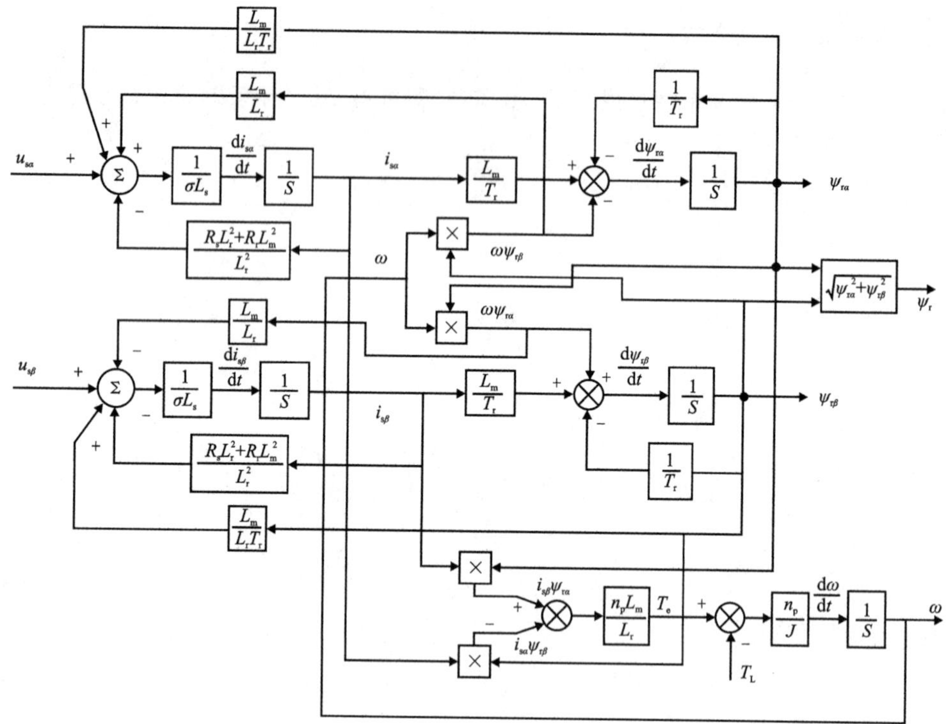

图 6-8 状态变量在 $\alpha\beta$ 坐标系中的动态结构图

代入转矩方程式(6-52),得

$$
\begin{aligned}
T_e &= n_p(i_{sq}\psi_{sd} - L_s i_{sd} i_{sq} - i_{sd}\psi_{sq} + L_s i_{sq} i_{sd}) \\
&= n_p(i_{sq}\psi_{sd} - i_{sd}\psi_{sq})
\end{aligned}
\tag{6-73}
$$

将式(6-72)代入式(6-56)后两行,得

$$
\begin{cases}
\psi_{rd} = -\sigma \dfrac{L_r L_s}{L_m} i_{sd} + \dfrac{L_r}{L_m}\psi_{sd} \\
\psi_{rq} = -\sigma \dfrac{L_r L_s}{L_m} i_{sq} + \dfrac{L_r}{L_m}\psi_{sq}
\end{cases}
\tag{6-74}
$$

将式(6-72)和式(6-74)代入微分方程组式(6-58),消去 i_{rd}、i_{rq}、ψ_{rd}、ψ_{rq},再将式(6-73)代入运动方程式,经整理后的状态方程式为

$$
\begin{cases}
\dfrac{d\omega}{dt} = \dfrac{n_p^2}{J}(i_{sq}\psi_{sd} - i_{sd}\psi_{sq}) - \dfrac{n_p}{J}T_L \\
\dfrac{d\psi_{sd}}{dt} = -R_s i_{sd} + \omega_1\psi_{sq} + u_{sd} \\
\dfrac{d\psi_{sq}}{dt} = -R_s i_{sq} - \omega_1\psi_{sd} + u_{sq} \\
\dfrac{di_{sd}}{dt} = \dfrac{1}{\sigma L_s T_r}\psi_{sd} + \dfrac{1}{\sigma L_s}\omega\psi_{sq} - \dfrac{R_s L_r + R_r L_s}{\sigma L_s L_r} i_{sd} + (\omega_1 - \omega) i_{sq} + \dfrac{u_{sd}}{\sigma L_s} \\
\dfrac{di_{sq}}{dt} = \dfrac{1}{\sigma L_s T_r}\psi_{sq} - \dfrac{1}{\sigma L_s}\omega\psi_{sd} - \dfrac{R_s L_r + R_r L_s}{\sigma L_s L_r} i_{sq} - (\omega_1 - \omega) i_{sd} + \dfrac{u_{sq}}{\sigma L_s}
\end{cases}
\tag{6-75}
$$

输出方程

$$\dot{Y} = [\omega \quad \sqrt{\psi_{sd}^2 + \psi_{sq}^2}]^{T} \tag{6-76}$$

图 6-9 是异步电机在 dq 坐标系中以 $\omega - i_s - \psi_s$ 为状态变量的动态结构图。

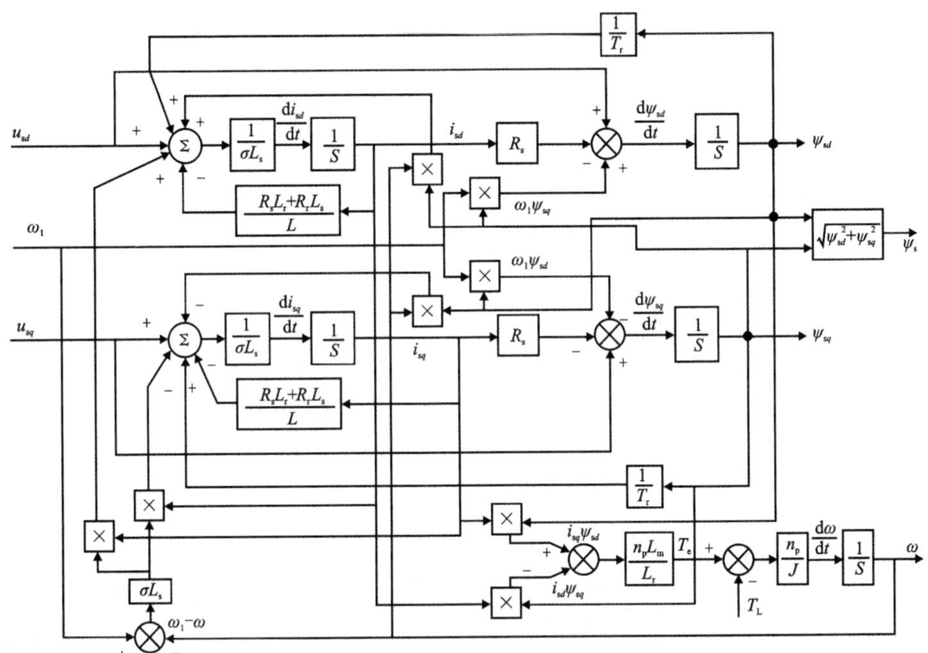

图 6-9　状态变量在 dq 坐标系中的动态结构图

2. $\alpha\beta$ 坐标系中的状态方程

同样，若令 $\omega_1 = 0$，可以得到 $\omega - i_s - \psi_s$ 为状态变量在 $\alpha\beta$ 坐标系中的状态方程为

$$\begin{cases} \dfrac{d\omega}{dt} = \dfrac{n_p^2}{J}(i_{s\beta}\psi_{s\alpha} - i_{s\alpha}\psi_{s\beta}) - \dfrac{n_p}{J}T_L \\ \dfrac{d\psi_{s\alpha}}{dt} = -R_s i_{s\alpha} + u_{s\alpha} \\ \dfrac{d\psi_{s\beta}}{dt} = -R_s i_{s\beta} + u_{s\beta} \\ \dfrac{di_{s\alpha}}{dt} = \dfrac{1}{\sigma L_s T_r}\psi_{s\alpha} + \dfrac{1}{\sigma L_s}\omega\psi_{s\beta} - \dfrac{R_s L_r + R_r L_s}{\sigma L_s L_r} i_{s\alpha} - \omega i_{s\beta} + \dfrac{u_{s\alpha}}{\sigma L_s} \\ \dfrac{di_{s\beta}}{dt} = \dfrac{1}{\sigma L_s T_r}\psi_{s\beta} - \dfrac{1}{\sigma L_s}\omega\psi_{s\alpha} - \dfrac{R_s L_r + R_r L_s}{\sigma L_s L_r} i_{s\beta} + \omega i_{s\alpha} + \dfrac{u_{s\beta}}{\sigma L_s} \end{cases} \tag{6-77}$$

输出方程

$$\dot{Y} = [\omega \quad \sqrt{\psi_{s\alpha}^2 + \psi_{s\beta}^2}]^{T} \tag{6-78}$$

电磁转矩

$$T_e = n_p(i_{s\beta}\psi_{s\alpha} - i_{s\alpha}\psi_{s\beta}) \tag{6-79}$$

输入变量

$$\dot{U} = [u_{s\alpha} \quad u_{s\beta} \quad T_L]^T \tag{6-80}$$

状态变量

$$\dot{X} = [\omega \quad \psi_{s\alpha} \quad \psi_{s\beta} \quad i_{s\alpha} \quad i_{s\beta}]^T \tag{6-81}$$

图 6-10 所示是异步电机在 $\alpha\beta$ 坐标系中，以 $\omega - i_s - \psi_s$ 为状态变量的动态结构图。

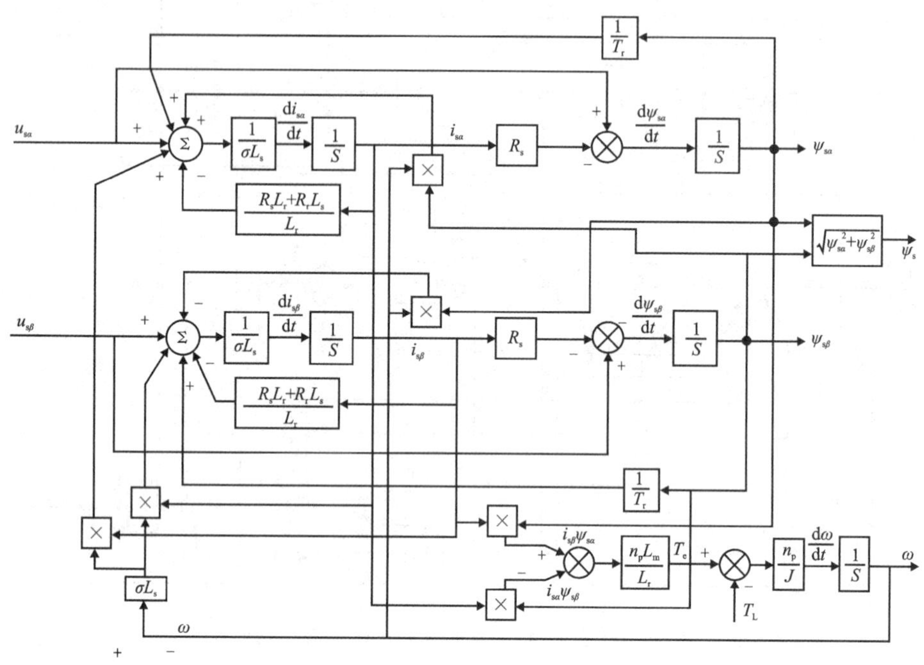

图 6-10　状态变量在 $\alpha\beta$ 坐标系中的动态结构图

第四节　异步电机矢量控制原理

按转子磁链定向矢量控制的基本思想是通过坐标变换，在按转子磁链定向同步旋转正交坐标系中得到等效的直流电动机模型，仿照直流电动机的控制方法控制电磁转矩与磁链，而后再将转子磁链定向坐标系中的控制量反变换得到三相坐标系的对应量，以便实施控制。由于变换的是矢量，所以这样的坐标变换也可称作矢量变换，相应的控制系统称为矢量控制(vector control，VC)系统或按转子磁链定向控制(flux orientation control，FOC)系统。

一、按转子磁链定向的同步旋转正交坐标系状态方程

将静止正交 $\alpha\beta$ 坐标系中的转子磁链旋转矢量写成复数形式，即

$$\dot{\Psi}_r = \psi_{r\alpha} + j\psi_{r\beta} == \psi_r e^{j\varphi} \tag{6-82}$$

式中：φ 为转子磁链旋转矢量 $\dot{\Psi}_r$ 的空间角度；$\omega_1 = \frac{d\varphi}{dt}$ 为旋转角速度。

dq 坐标系的一个特例是与转子磁链旋转矢量 $\dot{\Psi}_r$ 同步旋转的坐标系，若令 d 轴与转子磁链矢量重合，称作按转子磁链定向的同步旋转正交坐标系，简称 mt 坐标系，如图 6-11 所示，

此时 d 轴改称 m 轴，q 轴改称 t 轴。

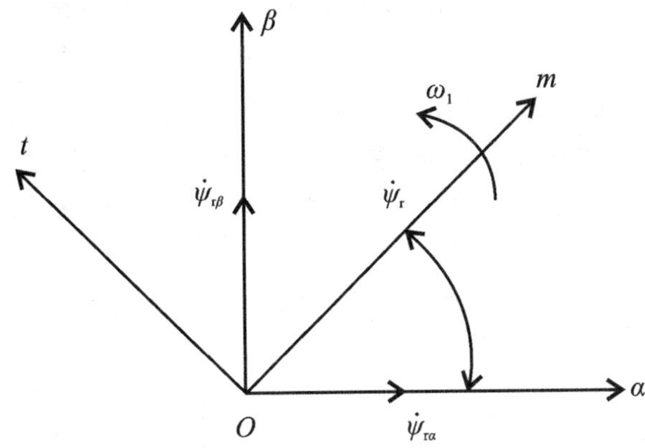

图 6-11　静止正交坐标系与按转子磁链定向的同步旋转正交坐标系

由于 m 轴与转子磁链矢量重合，因此

$$\begin{cases}\psi_{rm}=\psi_{rd}=\dot{\Psi}_r\\ \psi_{rt}=\psi_{rq}=0\end{cases}\tag{6-83}$$

为了保证 m 轴与转子磁链矢量始终重合，还必须保证

$$\frac{d\psi_{rt}}{dt}=\frac{d\psi_{rq}}{dt}=0\tag{6-84}$$

将式(6-83)、式(6-84)代入式(6-62)，得到 mt 坐标系中的状态方程为

$$\begin{cases}\dfrac{d\omega}{dt}=\dfrac{n_p^2L_m}{JL_x}i_{st}\psi_r-\dfrac{n_p}{J}T_L\\ \dfrac{d\psi_r}{dt}=-\dfrac{1}{T_r}\psi_r+\dfrac{L_m}{T_r}i_{sm}\\ \dfrac{di_{sm}}{dt}=\dfrac{L_m}{\sigma L_sL_rT_r}\psi_r-\dfrac{R_sL_r^2+R_rL_m^2}{\sigma L_sL_r^2}i_{sm}+\omega_Li_{st}+\dfrac{u_{sm}}{\sigma L_s}\\ \dfrac{di_{st}}{dt}=-\dfrac{L_m}{\sigma L_sL_r}\omega\psi_r-\dfrac{R_sL_r^2+R_rL_m^2}{\sigma L_sL_r^2}i_{st}-\omega_1i_{sm}+\dfrac{u_{st}}{\sigma L_s}\end{cases}\tag{6-85}$$

由式(6-62)第三行得

$$\frac{d\psi_{rt}}{dt}=-(\omega_1-\omega)\psi_r+\frac{L_m}{T_r}i_{st}=0\tag{6-86}$$

导出 mt 坐标系的旋转角速度

$$\omega_1=\omega+\frac{L_m}{T_r\psi_r}i_{st}\tag{6-87}$$

mt 坐标系旋转角速度与转子转速之差定义为转差角频率

$$\omega_s=\omega_1-\omega=\frac{L_m}{T_r\psi_r}i_{st}\tag{6-88}$$

mt 坐标中的电磁转矩表达式

$$T_e=\frac{n_pL_m}{L_r}i_{st}\psi_r\tag{6-89}$$

按转子磁链定向同步旋转正交坐标系上的数学模型是同步旋转正交坐标系模型的一个特例。通过按转子磁链定向，将定子电流分解为励磁分量 i_{sm} 和转矩分量 i_{st} ，转子磁链 ψ_r 仅由定子电流励磁分量 i_{sm} 产生，而电磁转矩 T_r 正比于转子磁链和定子电流转矩分量的乘积 $i_{st}\psi_r$ ，实现了定子电流两个分量的解耦，而且降低了微分方程组的阶次。这样，在按转子磁链定向同步旋转正交坐标系中的异步电动机数学模型与直流电动机动态模型相当。图 6-12 为按转子磁链定向的异步电动机动态结构图，点画线框内是等效直流电动机模型。

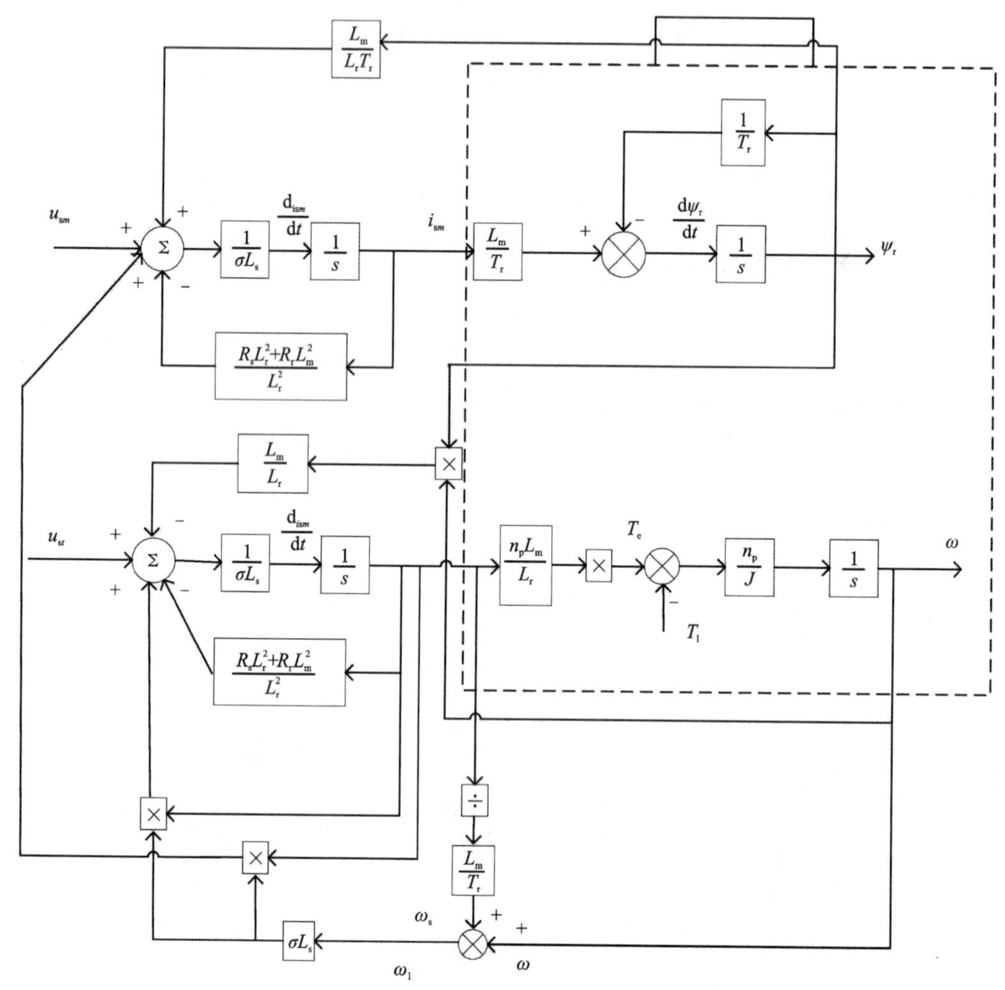

图 6-12 按转子磁链定向的异步电动机动态结构图

二、按转子磁链定向矢量控制的基本思想

在三相坐标系上的定子交流电流 i_A 、i_B 、i_C ，通过 3/2 变换可以等效成两相静止正交坐标系上的交流电流 $i_{s\alpha}$ 和 $i_{i\beta}$ ，再通过与转子磁链同步的旋转变换，可以等效成同步旋转正交坐标系上的直流电流 i_{sm} 和 i_{st} 。如上所述，以 i_{sm} 和 i_{st} 为输入的电动机模型就是等效直流电动机模型，见图 6-13 中点画线右侧。

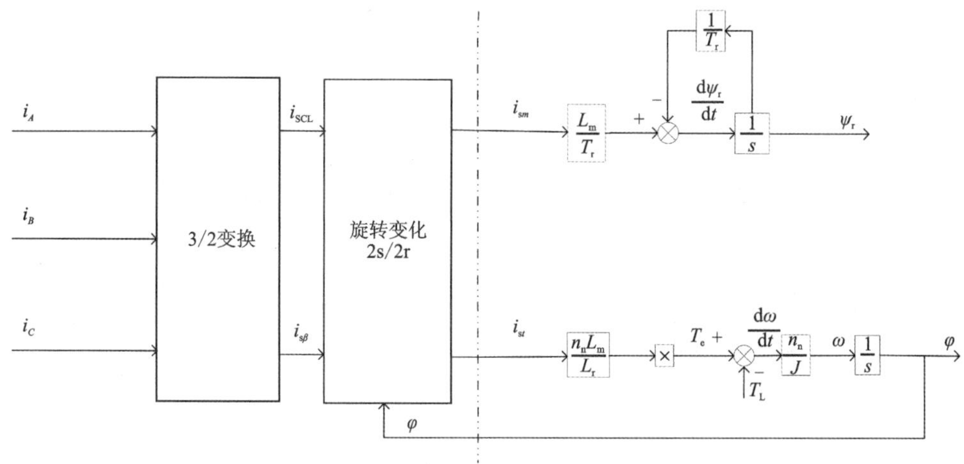

图 6-13　异步电动机矢量变化及等效直流电动机模型

从图 6-13 的输入输出端口看进去，输入为 A、B、C 三相电流，输出为转速 ω，是一台异步电动机。从内部看，经过 3/2 变换和旋转变换 2s/2r，变成一台以 i_{sm} 和 i_{st} 为输入、ω 为输出的直流电动机。m 绕组相当于直流电动机的励磁绕组，i_{sm} 相当于励磁电流，t 绕组相当于电枢绕组，i_{st} 相当于与转矩成正比的电枢电流。

由状态方程式和动态结构图 6-12 可知，按转子磁链定向仅仅实现了定子电流两个分量的解耦，电流的微分方程中仍存在非线性和交叉耦合。采用电流闭环控制，可有效抑制这一现象，使实际电流快速跟随给定值，图 6-14 是基于电流跟随控制变频器的矢量控制系统示意图。首先在按转子磁链定向坐标系中计算定子电流励磁分量和转矩分量给定值 i_{sm}^* 和 i_{st}^*，经过反旋转变换 2r/2s 得到 $i_{s\alpha}^*$ 和 $i_{s\beta}^*$，再经过 2/3 变换得到 i_A^*、i_B^* 和 i_C^*，然后通过电流闭环的跟随控制，输出异步电动机所需的三相定子电流。

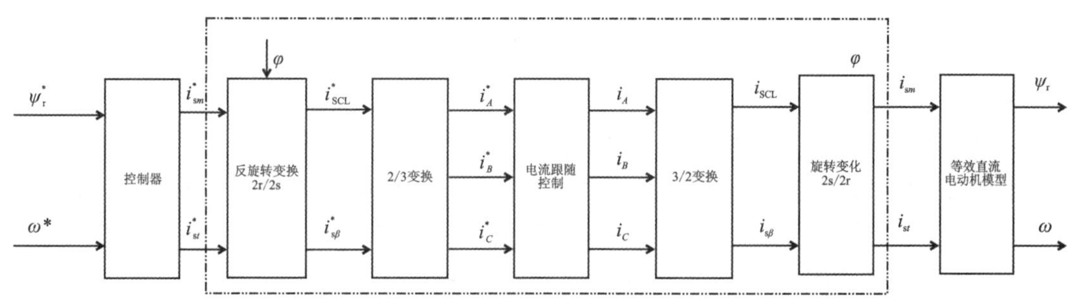

图 6-14　矢量控制系统原理结构图

忽略变频器可能产生的滞后，认为电流跟随控制的近似传递函数为 1，且 2/3 变换与电动机内部的 3/2 变换环节相抵消，反旋转变换 2r/2s 与电动机内部的旋转变换 2s/2r 相抵消，则图 6-14 中点画线框内的部分可以用传递函数 1 代替，那么矢量控制系统的控制对象就相当于直流电动机了，图 6-15 为简化后的等效结构图。可以想象，这样的矢量控制交流变压变频调速系统在静、动态性能上可以与直流调速系统媲美。

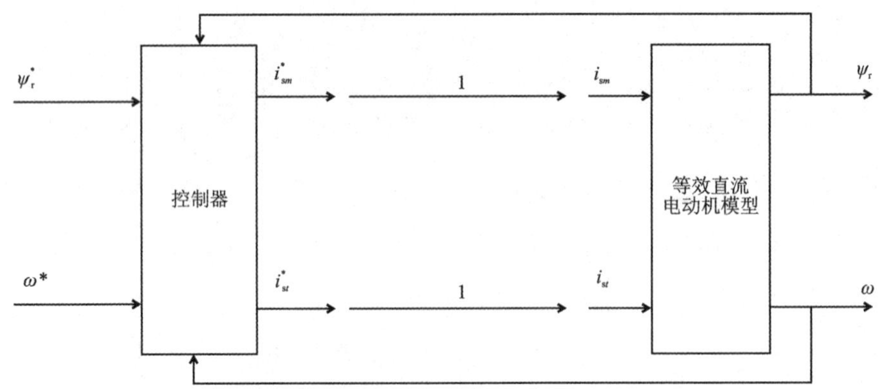

图 6-15　简化后的等效结构图

三、按转子磁链定向矢量控制系统的电流闭环控制方式

图 6-16 为电流闭环控制后的系统结构图，转子磁链环节为稳定的惯性环节，对转子磁链可以采用闭环控制方式，也可以采用开环控制方式；而转速通道存在积分环节，为不稳定结构，必须加转速外环使之稳定。

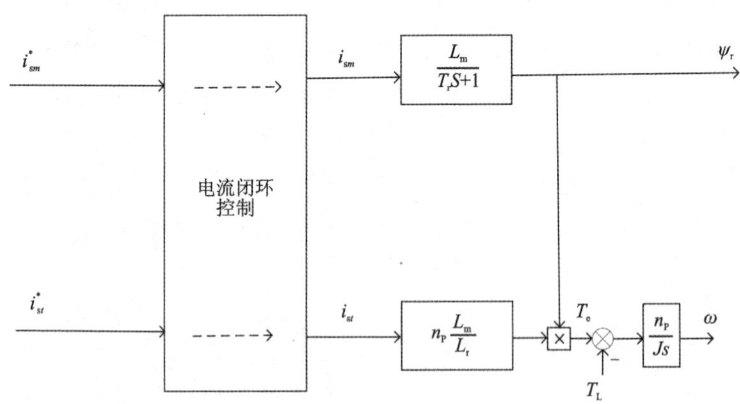

图 6-16　电流闭环控制后的系统结构图

常用的电流闭环控制有两种方法：①将定子电流两个分量的给定值 i_{sm}^* 和 i_{st}^* 施行变换，得到三相电流给定值 i_A^* 、i_B^* 和 i_C^* ，采用电流滞环控制型 PWM 变频器，在三相定子坐标系中完成电流闭环控制，如图 6-17 所示；②将检测到的三相电流（实际只要检测两相就够了）施行 3/2 变换和旋转变换，得到 mt 坐标系中的电流 i_{sm} 和 i_{st} ，采用 PI 调节软件构成电流闭环控制，电流调节器的输出为定子电压给定值 u_{sm}^* 和 u_{st}^* ，经过反旋转变换得到静止两相坐标系的定子电压给定值 $u_{s\alpha}^*$ 和 $u_{s\beta}^*$ ，再经 SVPWM 控制逆变器输出三相电压，如图 6-18 所示。

从理论上来说，两种电流闭环控制的作用相同，差异是前者采用电流的两点式控制，动态响应快，但电流纹波相对较大；后者采用连续的 PI 控制，一般来说电流纹波略小（与 SVPWM 有关）。前者一般采用硬件电路，后者可用软件实现。由于受到微机运算速度的限制，早期的产品多采用前一种方案，随着计算机运算速度的提高、功能的强化，现代的产品多采用软件电流闭环。

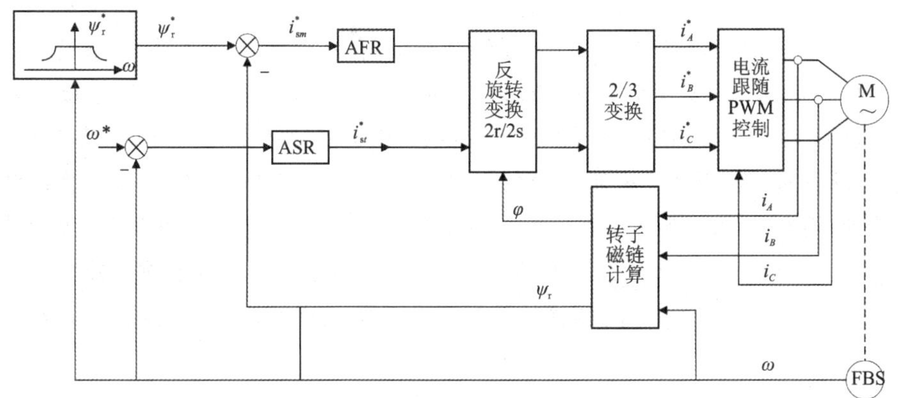

图 6-17　三相电流闭环控制的矢量控制系统结构图

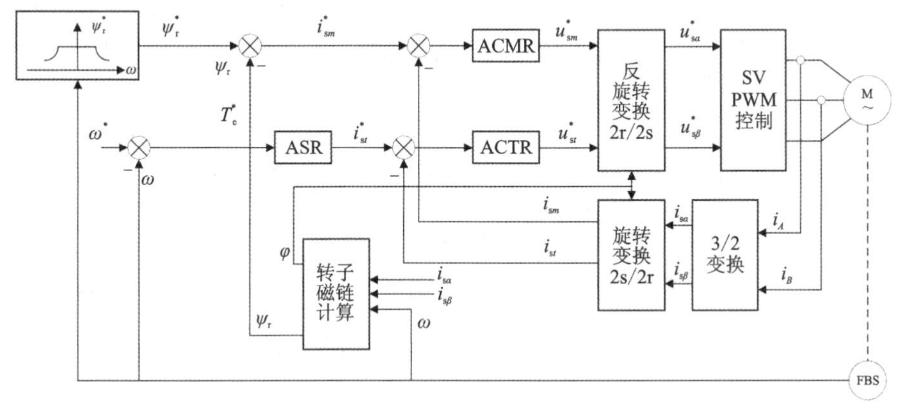

图 6-18　定子电流励磁分量和转矩分量闭环控制的矢量控制系统结构图

在图 6-17 和图 6-18 中，ASR(automatic speed regulator)为转速调节器，AFR(automatic flux linkage regulator)为转子磁链调节器，ACMR(automatic current/M regulator)为定子电流励磁分量调节器，ACTR(automatic current/T regulator)为定子电流转矩分量调节器，FBS (FBS speed sensor)为转速传感器，转子磁链的计算将另行讨论。对转子磁链和转速而言，均表现为双闭环控制的系统结构，内环为电流环，外环为转子磁链或转速环。转子磁链给定 ψ_r^* 与实际转速有关，在额定转速以下保持恒定，额定转速以上，转子磁链给定 ψ_r^* 相应减小。若采用转子磁链开环控制，则去掉转子磁链调节器(AFR)，仅采用励磁电流闭环控制。

四、按转子磁链定向矢量控制系统的转矩控制方式

由图 6-16 可知，当转子磁链发生波动时将影响电磁转矩，进而影响电动机转速。此时，转子磁链调节器力图使转子磁链恒定，而转速调节器则调节电流的转矩分量，以抵消转子磁链变化对电磁转矩的影响，最后达到平衡，转速 ω 等于给定值 ω^*，电磁转矩 T_e，等于负载转矩 T_L。以上分析表明，转速闭环控制能够通过调节电流转矩分量来抑制转子磁链波动所引起的电磁转矩变化，但这种调节只有当转速发生变化后才起作用。为了改善动态性能，可以采用转矩控制方式，常用的转矩控制方式有转矩闭环控制和在转速调节器的输出增加除法环

节两种。

图 6-19 是转矩闭环控制的矢量控制系统结构图，在转速调节器 ASR 和电流转矩分量调节器 ACTR 间增设了转矩调节器 ATR(automatic torque regulator)，当转子磁链发生波动时，通过转矩调节器及时调整电流转矩分量给定值，以抵消磁链变化的影响，尽可能不影响或少影响电动机转速。转矩闭环控制系统的原理框图如图 6-20 所示，转子磁链扰动的作用点是包含在转矩环内的，可以通过转矩反馈控制来抑制此扰动，若没有转矩闭环，就只能通过转速外环来抑制转子磁链扰动，控制作用相对比较滞后。显然，采用转矩内环控制可以有效地改善系统的动态性能。当然，系统结构较为复杂。由于电磁转矩的实测相对困难，往往通过式(6-89)间接计算得到。

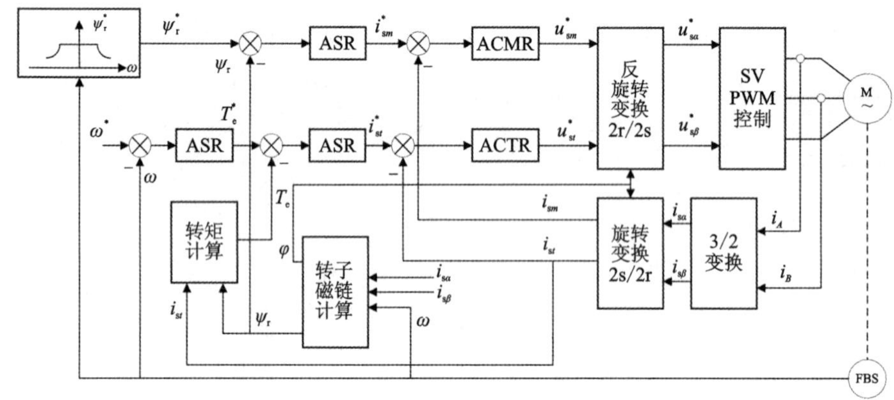

图 6-19　转矩闭环控制的矢量控制系统结构图

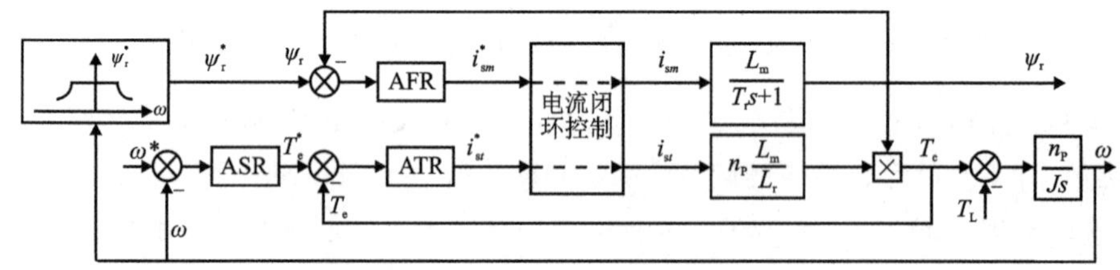

图 6-20　转矩闭环的矢量控制系统原理框图

图 6-21 是带除法环节的矢量控制系统结构图，转速调节器 ASR 的输出为转矩给定 T_e^*，除以转子磁链 ψ_r，得到电流转矩分量给定 i_{st}^*。由于某种原因使 ψ_r 减小时，通过除法环节可使 i_{st}^* 增大，尽可能保持电磁转矩不变。由图 6-22 控制系统原理框图可知，用除法环节消去对象中固有的乘法环节，实现了转矩与转子磁链的动态解耦。

五、转子磁链计算

按转子磁链定向的矢量控制系统的关键是 ψ_r 的准确定向，也就是说需要获得转子磁链矢量的空间位置。除此之外，在构成转子磁链反馈以及转矩控制时，转子磁链幅值也是不可缺少的信息。根据转子磁链的实际值进行控制的方法称作直接定向。

转子磁链的直接检测比较困难，现在实用的系统中多采用按模型计算的方法，即利用容

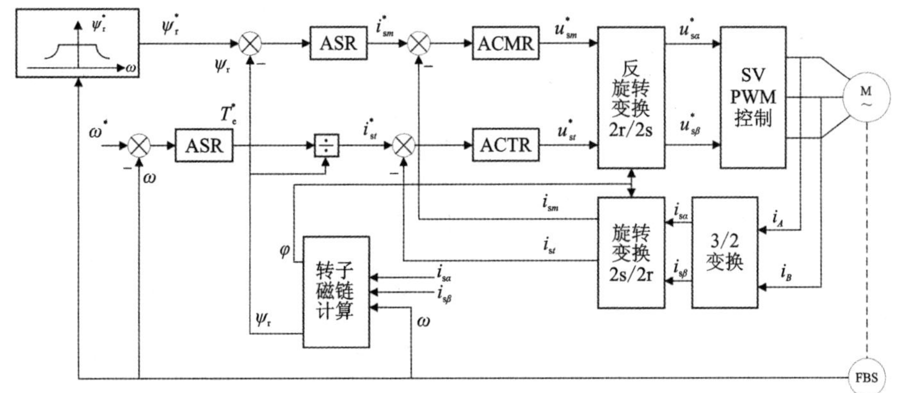

图 6-21　带除法环节的矢量控制系统结构图

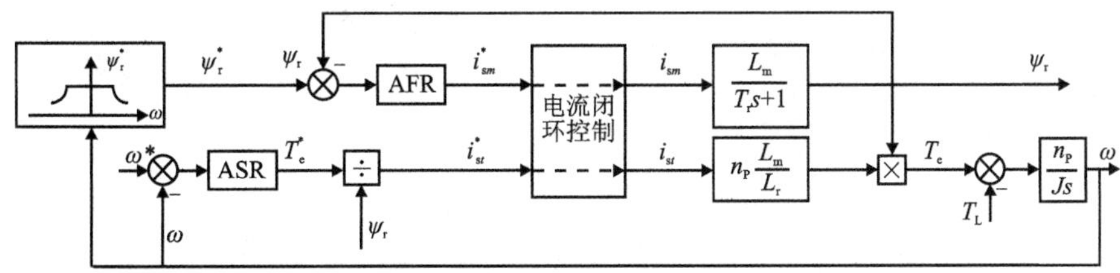

图 6-22　带除法环节的矢量控制系统原理框图

易测得的电压、电流或转速等信号，借助于转子磁链模型，实时计算磁链的幅值与空间位置。转子磁链模型可以从电动机数学模型中推导出来，也可以利用状态观测器或状态估计理论得到闭环的观测模型。在实用中，多用比较简单的计算模型。在计算模型中，由于主要实测信号的不同，又分为电流模型和电压模型两种。

(一)计算转子磁链的电流模型

根据描述磁链与电流关系的磁链方程来计算转子磁链，所得出的模型叫做电流模型。电流模型可以在不同的坐标系上获得。

1. 在 $\alpha\beta$ 坐标系上计算转子磁链的电流模型

由实测的三相定子电流通过 3/2 变换得到静止两相正交坐标系上的电流 $i_{s\alpha}$ 和 $i_{s\beta}$，再利用 $\alpha\beta$ 坐标系中的数学模型式计算转子磁链在 α 、β 轴上的分量

$$\begin{cases}\dfrac{d\psi_{r\alpha}}{dt}=-\dfrac{1}{T_r}\psi_{r\alpha}-\omega\psi_{r\beta}+\dfrac{L_m}{T_r}i_{s\alpha}\\ \dfrac{d\psi_{r\beta}}{dt}=-\dfrac{1}{T_r}\psi_{r\beta}-\omega\psi_{r\alpha}+\dfrac{L_m}{T_r}i_{s\beta}\end{cases}\tag{6-90}$$

也可表述为

$$\begin{aligned}\psi_{r\alpha}&=-\frac{1}{T_r s+1}(L_m i_{s\alpha}-\omega t_r\psi_{r\beta})\\ \psi_{r\beta}&=\frac{1}{T_r s+1}(L_m i_{s\beta}+\omega t_r\psi_{r\alpha})\end{aligned}\tag{6-91}$$

然后,采用直角坐标-极坐标变换,就可得到转子磁链矢量的幅值 ψ_r 和空间位置 φ,考虑到矢量变换中实际使用的是 φ 的正弦和余弦函数,故可以采用变换式

$$
\begin{aligned}
\psi_r &= \sqrt{\psi_{r\alpha}^2+\psi_{r\beta}^2} \\
\sin\varphi &= \frac{\psi_{r\beta}}{\psi_r} \\
\cos\varphi &= \frac{\psi_{r\alpha}}{\psi_r}
\end{aligned}
\tag{6-92}
$$

图 6-23 是在静止两相正交坐标系上计算转子磁链的电流模型结构图。

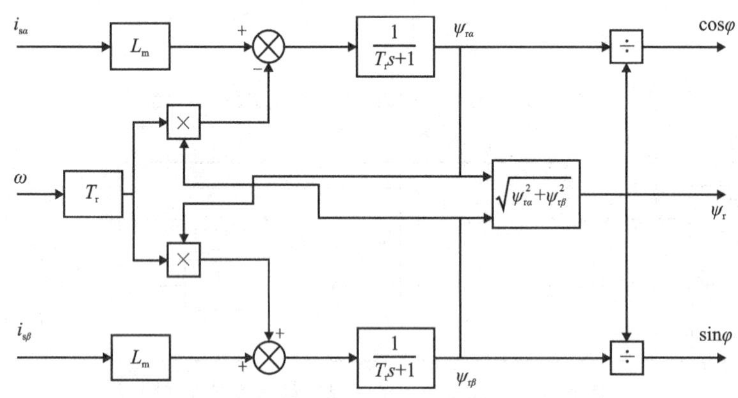

图 6-23　在 $\alpha\beta$ 坐标系上计算转子磁链的电流模型

在 $\alpha\beta$ 坐标系中计算转子磁链时,即使系统达到稳态,由于电压、电流和磁链均为正弦量,计算量大,程序复杂,对计算步长敏感。

2. 在 *mt* 坐标系上计算转子磁链的电流模型

由式(6-85)第二行和式(6-86)计算转子磁链

$$
\begin{cases}
\dfrac{d\psi_r}{dt} = -\dfrac{1}{T_r}\psi_r + \dfrac{L_m}{T_r} i_{sm} \\
\omega_1 = \omega + \dfrac{L_m}{T_r\psi_r} i_{st}
\end{cases}
\tag{6-93}
$$

图 6-24 是在 *mt* 坐标系上计算转子磁链的电流模型。三相定子电流 i_A、i_B 和 i_C(实际上用 i_A、i_B 即可)经 3/2 变换变成两相电流 $i_{s\alpha}$、$i_{s\beta}$,再经同步旋转变换并按转子磁链定向,得到 *mt* 坐标系上的电流 i_{sm}、i_{st},求得 ψ_r 和 ω_s 信号,由 ω_s 与实测转速 ω 相加得到转子磁链旋转角速度 ω_1,再经积分即为转子磁链的空间位置 φ,也就是同步旋转变换的变换角。和在 $\alpha\beta$ 坐标系上计算转子磁链的电流模型相比,这种模型容易收敛,更适合于微机实时计算,也比较准确。

在 *mt* 坐标系中计算转子磁链(图 6-24),当系统达到稳态时,电压、电流和磁链均为直流量,与 $\alpha\beta$ 坐标系相比较计算量相对较小,计算步长可适当大一些。但在计算同步角速度前,需要将电压、电流和磁链变换到 *mt* 坐标系,定向不准,导致 ω_1 计算不准,而 ω_1 的计算误差又影响下一步计算。

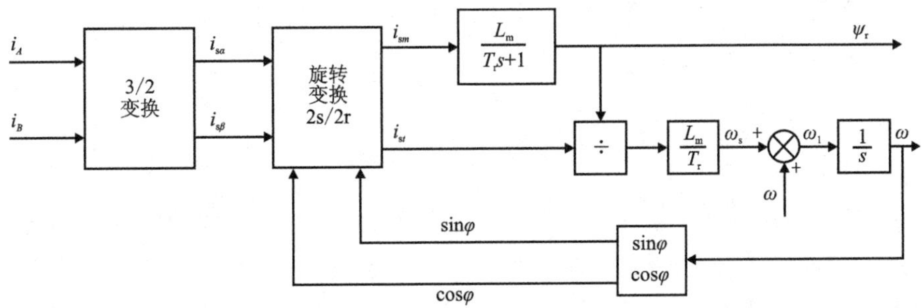

图 6-24　在 mt 坐标系上计算转子磁链的电流模型

上述两种计算转子磁链的电流模型都需要实测的电流和转速信号，不论转速高低都能适用，但都受电动机参数变化的影响，如电动机温升和频率变化都会影响转子电阻 R_r，磁饱和程度将影响电感 L_m 和 L_r。这些影响都将导致磁链幅值与位置信号失真，而反馈信号的失真必然使控制系统的性能降低，这也是电流模型的不足之处。

（二）计算转子磁链的电压模型

根据电压方程中感应电动势等于磁链变化率的关系，取电动势的积分就可以得到磁链，这样的模型叫做电压模型。

$\alpha\beta$ 坐标系上定子电压方程为

$$\begin{cases}\dfrac{d\psi_{s\alpha}}{dt}=-R_s i_{s\alpha}+u_{s\alpha}\\[2ex]\dfrac{d\psi_{s\beta}}{dt}=-R_s i_{s\beta}+u_{s\beta}\end{cases}\tag{6-94}$$

磁链方程为

$$\begin{cases}\psi_{s\alpha}=L_s i_{s\alpha}+L_m i_{r\alpha}\\ \psi_{s\beta}=L_s i_{s\beta}+L_m i_{r\beta}\\ \psi_{r\alpha}=L_m i_{s\alpha}+L_r i_{r\alpha}\\ \psi_{r\beta}=L_m i_{s\beta}+L_r i_{r\beta}\end{cases}\tag{6-95}$$

由式(6-95)前两行得

$$\begin{cases}i_{r\alpha}=\dfrac{\psi_{s\alpha}-L_s i_{s\alpha}}{L_m}\\[2ex] i_{r\beta}=\dfrac{\psi_{s\beta}-L_s i_{s\beta}}{L_m}\end{cases}\tag{6-96}$$

代入式(6-95)后两行得

$$\begin{cases}\psi_{r\alpha}=\dfrac{L_r}{L_m}(\psi_{s\alpha}-\sigma L_s i_{s\alpha})\\[2ex] \psi_{r\beta}=\dfrac{L_r}{L_m}(\psi_{s\beta}-\sigma L_s i_{s\beta})\end{cases}\tag{6-97}$$

由式(6-96)和式(6-97)得计算转子磁链的电压模型为

$$\begin{cases}\psi_{r\alpha}=\dfrac{L_r}{L_m}\left[\int(u_{s\alpha}-R_s i_{s\alpha})\mathrm{d}t-\sigma L_s i_{s\alpha}\right]\\ \psi_{r\beta}=\dfrac{L_r}{L_m}\left[\int(u_{s\beta}-R_s i_{s\beta})\mathrm{d}t-\sigma L_s i_{s\beta}\right]\end{cases} \tag{6-98}$$

计算转子磁链的电压模型如图 6-25 所示,其物理意义是:根据实测的电压和电流信号计算定子磁链,然后计算转子磁链。电压模型不需要转速信号,且算法与转子电阻 R_r 无关,只与定子电阻 R_s 有关,而 R_s 相对容易测得。与电流模型相比,电压模型受电动机参数变化的影响较小,而且算法简单,便于应用。但是,由于电压模型包含纯积分项,积分的初始值和累积误差都影响计算结果,在低速时,定子电阻压降变化的影响也较大。

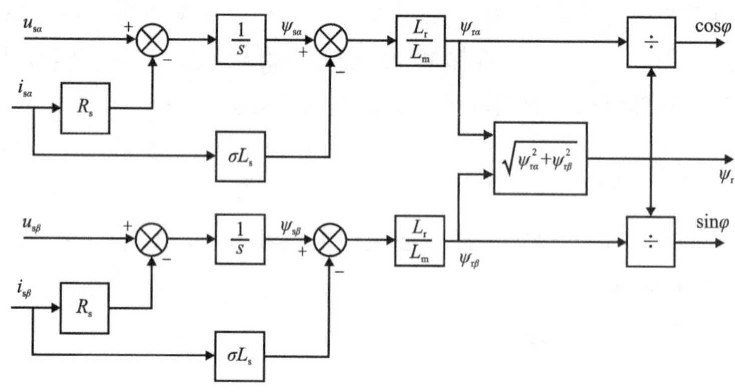

图 6-25 计算转子磁链的电压模型

比较起来,电压模型更适合于中、高速范围,而电流模型能适应低速。有时为了提高准确度,把两种模型结合起来,在低速(如 $n\leqslant 15\%n_N$)时采用电流模型,在中、高速时采用电压模型,只要解决好如何过渡的问题,就可以提高整个运行范围中计算转子磁链的准确度。

六、磁链开环转差型矢量控制系统——间接定向

在以上介绍的转子磁链闭环控制的矢量控制系统中,转子磁链幅值和位置信号均由磁链模型计算获得,都受到电动机参数 T_r 和 L_m 变化的影响,造成控制的不准确。采用磁链开环的控制方式,无需转子磁链幅值,但对于矢量变换而言,仍然需要转子磁链的位置信号,转子磁链的计算仍然不可避免。如果利用给定值间接计算转子磁链的位置,可简化系统结构,这种方法称为间接定向。

间接定向的矢量控制系统借助于矢量控制方程中的转差公式,构成转差型的矢量控制系统(图 6-26)。它继承了基于稳态模型转差频率控制系统的优点,又利用基于动态模型的矢量控制规律克服了它大部分的不足之处。

该系统的主要特点如下:

(1)用定子电流转矩分量 i_{st}^* 和转子磁链 ψ_r^* 计算转差频率给定信号 ω_s^* ,即

$$\omega_s^*=\frac{L_m}{T_r\psi_r^*}i_{st}^* \tag{6-99}$$

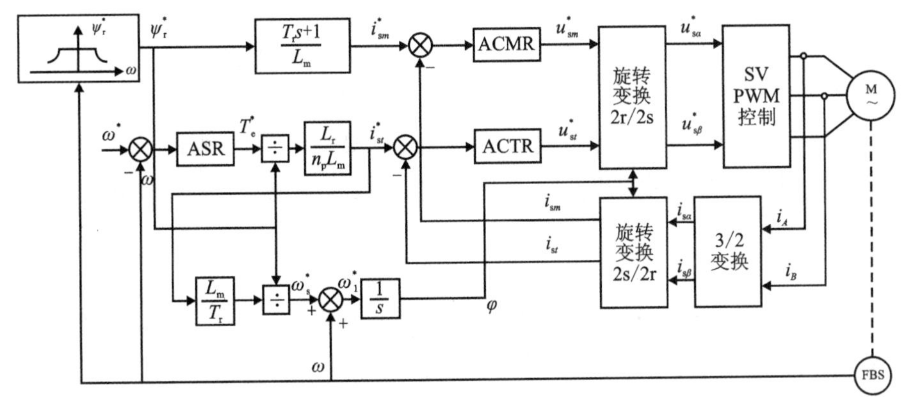

图 6-26 磁链开环转差型矢量控制系统

将转差频率给定信号 ω_s^* 加上实际转速 ω，得到坐标系的旋转角速度 ω_1，经积分环节产生矢量变换角，实现转差频率控制功能。

(2)定子电流励磁分量给定信号 i_{st}^* 和转子磁链给定信号 ψ_r^* 之间的关系是靠下式建立的。

$$i_{sm}=\frac{T_r s+1}{L_m}\psi_r \tag{6-100}$$

其中的比例微分环节 $T_r s+1$ 使 i_{sm} 在动态中获得强迫励磁效应，从而克服实际磁通的滞后。

由以上特点可以看出，磁链开环转差型矢量控制系统的磁场定向由磁链和电流转矩分量给定信号确定，靠矢量控制方程保证，并没有用磁链模型实际计算转子磁链及其相位，所以属于间接的磁场定向。但由于矢量控制方程中包含电动机转子参数，定向精度仍受参数变化的影响，磁链和电流转矩分量给定值与实际值存在差异，将影响系统的性能。

七、矢量控制系统的特点与存在的问题

1. 矢量控制系统的特点

(1)按转子磁链定向，实现了定子电流励磁分量和转矩分量的解耦，需要电流闭环控制。

(2)转子磁链系统的控制对象是稳定的惯性环节，可以采用磁链闭环控制，也可以采用开环控制。

(3)采用连续的 PI 控制，转矩与磁链变化平稳，电流闭环控制可有效地限制启、制动电流。

2. 矢量控制系统存在的问题

(1)转子磁链计算精度受易于变化的转子电阻的影响，转子磁链的角度精度影响定向的准确性。

(2)需要进行矢量变换，系统结构复杂，运算量大。

第五节　异步电动机直接转矩控制

直接转矩控制(direct torque control,DTC)系统,是继矢量控制系统之后发展起来的另一种高动态性能的交流电动机变压变频调速系统。在它的转速换里面,利用转矩反馈直接控制电机的电磁转矩而得名。

直接转矩控制系统的基本思想是根据定子磁链幅值偏差 $\Delta\psi_s$ 的正负符号和电磁转矩偏差 ΔT_e 的正负符号,再依据当前定子磁链矢量 ψ_s 所在位置,直接选取合适的电压空间矢量,减小定子磁链幅值的偏差和电磁转矩的偏差,实现电磁转矩与定子磁链的控制。

一、定子电压矢量对定子磁链与电磁转矩的控制作用

本节从按定子磁链定向的磁链和转矩模型出发,分析电压空间对定子磁链与电磁转矩的控制作用。

(一)按定子磁链控制的磁链和转矩模型

如图 6-27 所示,使 d 轴与定子磁链矢量重合,则 $\psi_s=\psi_{sd}$,$\psi_{sq}=0$。根据式(6-75),得到异步电动机按定子磁链控制的动态模型为

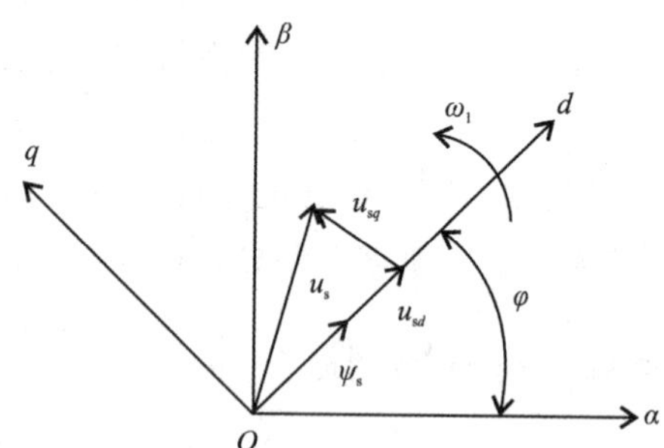

图 6-27　d 轴与定子磁链矢量重合

$$\begin{cases}\dfrac{d\omega}{dt}=\dfrac{n_p^2}{J}i_{sq}\psi_s-\dfrac{n_p}{J}T_L\\ \dfrac{d\psi_s}{dt}=-R_si_{sd}+u_{sd}\\ \dfrac{di_{sd}}{dt}=-\dfrac{R_sL_r+R_rL_s}{\sigma L_sL_r}i_{sd}+\dfrac{1}{\sigma L_sT_r}\psi_s+(\omega_1-\omega)i_{sq}+\dfrac{u_{sd}}{\sigma L_s}\\ \dfrac{di_{sq}}{dt}=-\dfrac{R_sL_r+R_rL_s}{\sigma L_sL_r}i_{sq}-\dfrac{1}{\sigma L_s}\omega\psi_s-(\omega_1-\omega)i_{sd}+\dfrac{u_{sq}}{\sigma L_s}\end{cases} \tag{6-101}$$

电磁转矩表达式为

$$T_e=n_pi_{sq}\psi_s \tag{6-102}$$

定子磁链矢量的旋转角速度 ω_1 为

$$\omega_1 = \frac{d\varphi}{dt} = \frac{u_{sq} - R_s i_{sq}}{\psi_s} \tag{6-103}$$

由式(6-103)得 $u_{sq} = \psi_s \omega_1 + R_s i_{sq}$，代入式(6-101)第四行，得

$$\begin{cases} \dfrac{d\omega}{dt} = \dfrac{n_p^2}{J} i_{sq} \psi_s - \dfrac{n_p}{J} T_L \\ \dfrac{d\psi_s}{dt} = -R_s i_{sd} + u_{sd} \\ \dfrac{di_{sd}}{dt} = -\dfrac{R_s L_r + R_r L_s}{\sigma L_s L_r} i_{sd} + \dfrac{1}{\sigma L_s T_r} \psi_s + \omega_s i_{sq} + \dfrac{u_{sd}}{\sigma L_s} \\ \dfrac{di_{sq}}{dt} = -\dfrac{1}{\sigma T_r} i_{sq} + \dfrac{1}{\sigma L_s} \omega_s (\psi_s - \sigma L_s i_{sd}) \end{cases} \tag{6-104}$$

式中：ω_s 转差频率，$\omega_s = \omega_1 - \omega$。

为了方便分析，将旋转坐标 dq 按定子磁链 ψ_s 定向，把电压矢量分解为 u_{sd} 和 u_{sq} 分量，显然 u_{sd} 决定定子磁链幅值的增减，而 u_{sq} 决定定子磁链矢量的旋转角速度，从而决定转差频率和电磁转矩。

(二)定子电压矢量的控制作用

两电平 PWM 逆变器可输出 8 个空间电压矢量、6 个有效工作矢量 $\dot{u}_1 \sim \dot{u}_6$ 和 2 个零矢量 $\dot{u}_0$ 和 $\dot{u}_7$。将期望的定子磁链原柜机分为 6 个扇区。在第Ⅰ扇区的定子磁链矢量 $\dot{\Psi}_{s\mathrm{I}}$ 顶端施加 6 个工作电压空间矢量，将产生不同的磁链增量，如图 6-28 所示。由于 6 个电压矢量的方向不同，有的电压作用后会使磁链的幅值增加，另一些电压作用则使磁链幅值减小，磁链的空间矢量位置也都有相应变化。例如，施加电压矢量 $\dot{u}_2$，可使定子磁链矢量 $\dot{\Psi}_{s\mathrm{I}}$ 的幅值增加，同时朝正向旋转；若施加电压矢量 $\dot{u}_4$，则使 $\dot{\Psi}_{s\mathrm{I}}$ 的幅值减小，同样朝正向旋转；若施加电压矢量 $\dot{u}_5$，则使 $\dot{\Psi}_{s\mathrm{I}}$ 的幅值减小，而朝反向旋转。当定子磁链矢量 $\dot{\Psi}_{s\mathrm{III}}$ 位于第Ⅲ扇区时，如同样施加电压矢量 $\dot{u}_2$，将使磁链矢量 $\dot{\Psi}_{s\mathrm{III}}$ 的幅值减小，同时朝反向旋转；若施加电压矢量 $\dot{u}_5$，则使 $\psi_{s\mathrm{III}}$ 的幅值增加，而朝正向旋转。在不同扇区，施加不同电压矢量，对磁链矢量也有不同的影响，其规律与此相仿。施加零矢量 $\dot{u}_7$ 和 $\dot{u}_0$ 时，定子磁链的幅值和位置均保持不变。

电压矢量分解图如图 6-29 所示，图 6-29(a)表明，当定子磁链矢量 $\dot{\Psi}_{s\mathrm{I}}$ 位于第Ⅰ扇区时，施加电压 $\dot{u}_2$，其分量 $\dot{u}_{sd}$ 和 $\dot{u}_{sq}$ 均为正值，即 $\dot{u}_2$ 的作用是使定子磁链幅值和电磁转矩都增加。图 6-29(b)表明，当定子磁链矢量 $\dot{\Psi}_{s\mathrm{III}}$ 位于第Ⅲ扇区时，同样施加电压 $\dot{u}_2$，其分量 $\dot{u}_{sd}$ 和 $\dot{u}_{sq}$ 均为负值，即 $\dot{u}_2$ 的作用是使定子磁链幅值和电磁转矩都减小。

图 6-30 为第Ⅰ扇区的定子磁链与电压空间矢量图。转速 $\omega > 0$，电动机运行在正向电动状态，定子磁链矢量 $\dot{\Psi}_{s\mathrm{I}}$ 位于第Ⅰ扇区。将 6 个电压空间矢量沿定子磁链矢量方向和垂直方向分解，得到分量 u_{sd} 和 u_{sq}。按照上面的分析，两个分量的极性及其作用效果如表 6-1 所示，前面的符号表示 u_{sd} 的极性，后面的表示 u_{sq} 的极性。

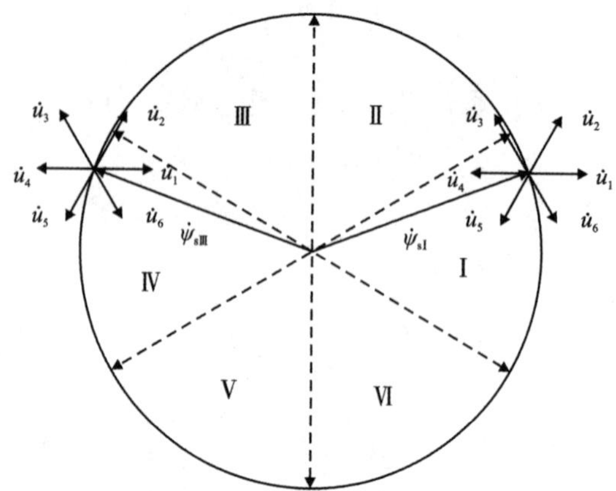

图 6-28　定子磁链圆轨迹扇区图

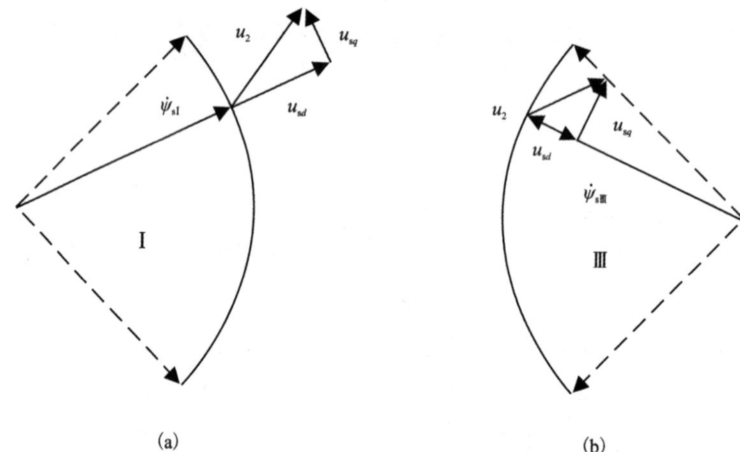

图 6-29　电压矢量分解图第Ⅰ扇区(a)和第Ⅲ扇区(b)

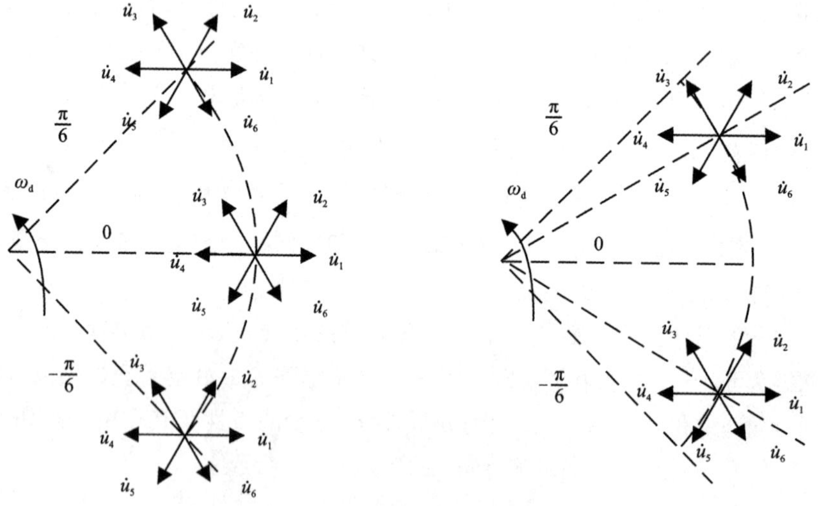

图 6-30　定子磁链与电压空间矢量图

表 6-1　电压空间矢量分量(u_{sd},u_{sq})的极性

磁链位置	u_1	u_2	u_3	u_4	u_5	u_6	u_0、u_7
$-\frac{\pi}{6}$	+,+	0,+	−,+	−,−	0,−	+,−	0,0
$-\frac{\pi}{6}\sim 0$	+,+	+,+	−,+	−,−	−,−	+,−	0,0
0	+,0	+,+	−,+	−,0	−,−	+,−	0,0
$0\sim\frac{\pi}{6}$	+,−	+,+	−,+	−,+	−,−	+,−	0,0
$\frac{\pi}{6}$	+,−	+,+	0,+	−,+	−,−	0,−	0,0

忽略定子电阻压降,当所施加的定子电压分量 u_{sd} 为“+”时,定子磁链幅值加大;当 $u_{sd}=0$,定子磁链幅值维持不变;当 u_{sd} 为“−”,定子磁链幅值减小。当电压分量 u_{sq} 为“+”时,定子磁链矢量正向旋转,转差频率 ω_s 增大,电流转矩分量 i_{sq} 和电磁转矩 T_e 加大;当 $u_{sq}=0$,定子磁链矢量停在原地,$\omega_1=0$,转差频率 ω_s 为负,电流转矩分量 i_{sd} 和电磁转矩 T_e 减小;当 u_{sq} 为“−”,定子磁链矢量反向旋转,电流转矩分量 i_{sq} 急剧变负,产生制动转矩。

图 6-30 和表 6-1 表明,在第Ⅰ扇区内正向电动运行时,电压矢量对定子磁链与电磁转矩的控制作用,同样的方法可以推广到其他运行状态和另外 5 个扇区。

二、基于定子磁链控制的直接转矩控制系统

直接转矩控制系统的原理结构图如图 6-31 所示,速度调节器 ASR 采用 PI 调节器,定子磁链调节器 AFR 采用带有滞环的双位式控制器[图 6-32(a)],转矩调节器 ATR 采用带有滞环的三位式控制器[图 6-32(b)]。图中,定子磁链给定 ψ_s^* 与实际转速 ω 有关,在额定转速以下,ψ_s^* 保持恒定,在额定转速以上,ψ_s^* 随着 ω 的增加而减小。

定子磁链幅值偏差 $\Delta\psi_s$ 的符号函数

$$\mathrm{Sign}(\Delta\psi_s)=\begin{cases}1 & \Delta\psi_s=\psi_s^*-\psi_s>c\\ 0 & \Delta\psi_s=\psi_s^*-\psi_s<-c\end{cases}\tag{6-105}$$

当 $\mathrm{Sign}(\Delta\psi_s)=1$ 时,选择合适的矢量使定子磁链加大;反之 $\mathrm{Sign}(\Delta\psi_s)=0$ 时,选择合适的矢量使定子磁链减小。

电磁转矩偏差 ΔT_e 的符号函数

$$\mathrm{Sign}(\Delta T_e)=\begin{cases}1 & \Delta T_e=T_e^*-T_e>c_2\\ 0 & -c_1<\Delta T_e=T_e^*-T_e<c_1\\ -1 & \Delta T_e=T_e^*-T_e<-c_2\end{cases}\tag{6-106}$$

当 $\mathrm{Sign}(\Delta T_e)=1$ 时,定子磁场正向旋转、实际转矩 T_e 加大;当 $\mathrm{Sign}(\Delta T_e)=0$ 时,定子磁场停止转动,电磁转矩减小;当 $\mathrm{Sign}(\Delta T_e)=-1$ 时,定子磁场反向旋转,实际电磁转矩 T_e 反向增大。

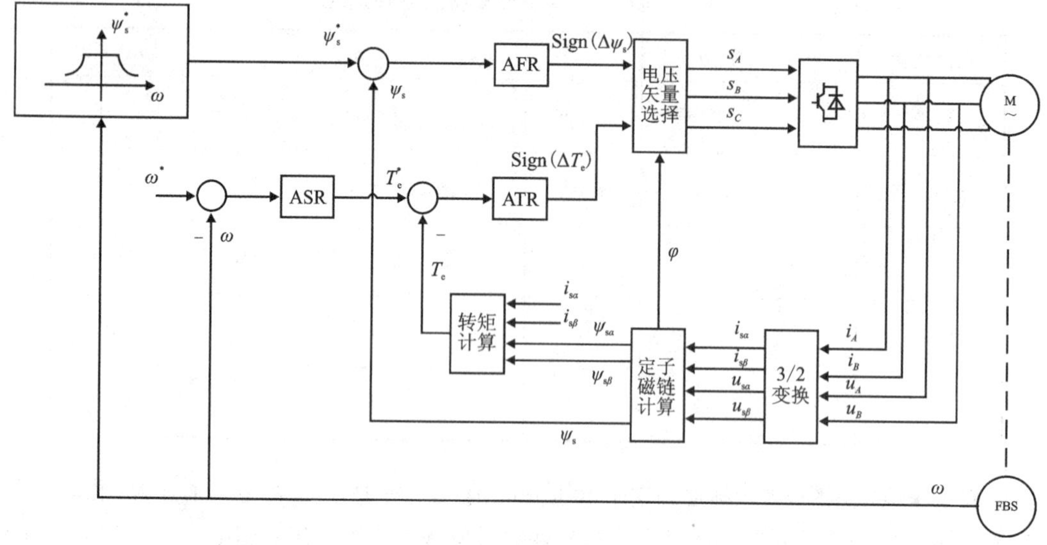

图 6-31 直接转矩控制系统原理结构图

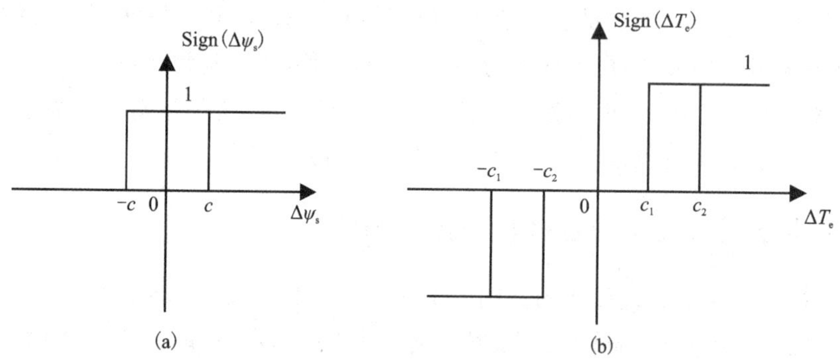

图 6-32 双位式控制器(a)和三位式控制器(b)

当定子磁链矢量位于第Ⅰ扇区中的不同位置时，根据 Sign($\Delta\psi_s$) 和 Sign(ΔT_e) 值用查表法(表 6-2)选取电压空间矢量，如磁链控制与转矩控制发生冲突时，以转矩控制优先，零矢量可按开关损耗最小原则选取。其他扇区磁链的电压空间矢量选择可以此类推。

表 6-2 电压空间矢量选择表

Sign($\Delta\psi_s$)	Sign(ΔT_e)	$-\frac{\pi}{6}$	$-\frac{\pi}{6}\sim 0$	0	$0\sim\frac{\pi}{6}$	$\frac{\pi}{6}$
1	1	u_1	u_2	u_2	u_2	u_2
	0	u_0 或 u_7				
	−1	u_6	u_6	u_6	u_6	u_1
0	1	u_3	u_3	u_3	u_3	u_4
	0	u_0 或 u_7				
	−1	u_4	u_5	u_5	u_5	u_5

三、定子磁链和转矩计算模型

(一)定子磁链计算模型

直接转矩控制系统需要采用两相静止坐标($\alpha\beta$ 坐标)计算定子磁链，而避开旋转坐标变换。$\alpha\beta$ 坐标系上定子电压方程

$$\begin{aligned}\frac{d\psi_{s\alpha}}{dt}&=-R_s i_{s\alpha}+u_{s\alpha}\\ \frac{d\psi_{s\beta}}{dt}&=-R_s i_{s\beta}+u_{s\beta}\end{aligned}\tag{6-107}$$

移项并进行积分可得

$$\begin{aligned}\psi_{s\alpha}&=\int(u_{s\alpha}-R_s i_{s\alpha})dt\\ \psi_{s\beta}&=\int(u_{s\beta}-R_s i_{s\beta})dt\end{aligned}\tag{6-108}$$

式(6-108)就是定子磁链计算模型，其结构如图 6-33 所示。显然，这是一个电压模型，如前所述，它适合于以中、高速运行的系统，在低速时误差较大，甚至无法使用。必要时，只好在低速时切换到电流模型，但这时上述能提高鲁棒性的优点就不得不丢弃了。

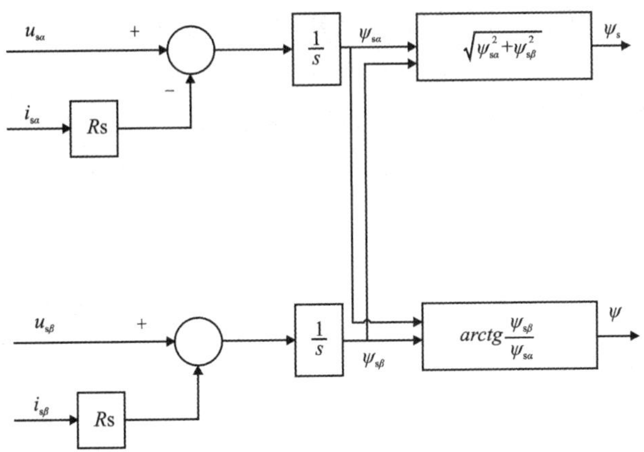

图 6-33　定子磁链计算模型

(二)转矩计算模型

由式(6-79)可知，在静止两相坐标系中电磁转矩表达式为

$$T=n_p(i_{s\beta}\psi_{s\alpha}-i_{s\alpha}\psi_{s\beta})\tag{6-109}$$

这就是转矩计算模型，其结构框图如图 6-34 所示。

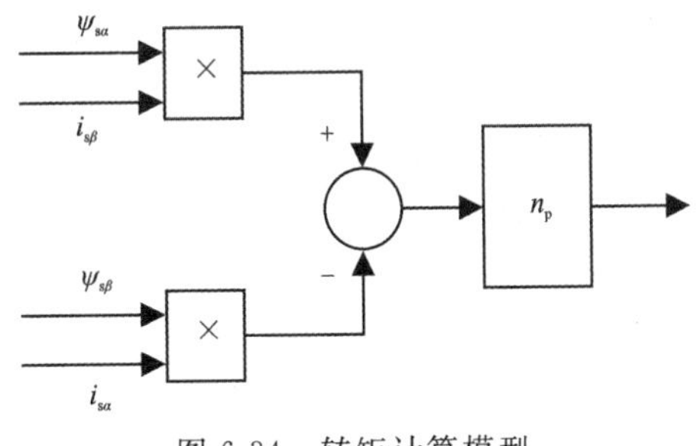

图 6-34　转矩计算模型

四、直接转矩控制系统的特点与存在的问题

1. 直接转矩控制系统的特点

(1)转矩和磁链的控制采用多位式控制器,并在 PWM 逆变器中直接用这两个控制信号产生输出电压,省去了旋转变换和电流控制,简化了控制器的结构。

(2)选定定子磁链作为被控量,计算磁链的模型可以不受转子参数变化的影响,提高了控制系统的鲁棒性。

(3)由于采用了直接转矩控制,在加减速或负载变动的动态过程中,可以获取快速的转矩响应,但必须注意限制过大的冲击电流,以免损坏功率开关器件,因此实际的转矩响应也是有限的。

2. 直接转矩控制系统存在的问题

(1)由于采用多位式控制,实际转矩必然在上下限内脉动。

(2)由于磁链计算采用了带积分环节的电压模型,积分初值、累计误差和定子电阻的变化都会影响磁链计算的准确度。

这两个问题的影响在低速时都比较明显,因而系统的调速范围受到限制。因此抑制转矩脉动、提高低速性能便成为改进原始的直接转矩控制系统的主要方向,许多学者和研发工程师都在努力使其得到一定程度的改善,改进方案有以下两种:

(1)对此连偏差和转矩偏差实行细化,使磁链轨迹接近圆形,减少转矩脉动。

(2)改多位式控制为连续控制,如间接自控制(ISR)系统和按定子磁链定向的控制系统。

第七章　永磁同步电机

同步电动机是一种交流电机，具有可逆性，既可作为电动机，也可作为发电机。发电厂送出的三相交流电都是用同步发电机产生的；而工矿企业中，一些大功率生产机械多是用同步电动机拖动的。本章主要介绍交流同步电动机的工作原理、机械特性、数学模型以及永磁同步电机矢量控制系统和直接转矩控制系统。

第一节　交流同步电动机工作原理、机械特性和数学模型

本节的主要内容包括同步电动机的基本结构、工作原理、内部电磁关系、功率方程、功角特性以及启动。

一、同步电动机的基本结构和工作原理

（一）同步电动机的基本结构

如果三相交流电机的转子转速 n 与定子电流的频率 f 满足方程式

$$n=\frac{60f}{p} \tag{7-1}$$

的关系，这种电机就称为同步电机。同步电动机的负载改变时，只要电源频率不变，转速就不变。我国电力系统的频率规定为 50Hz，而电机的极对数 p 又为整数，这样一来，同步电动机的转速 n 与极对数 p 之间有着严格的对应关系，如 p 为 1，2，3，4，…时，对应的 n 分别为 3000r/min，1500r/min，1000r/min，750r/min，…。

同步电动机主要用作发电机，也可以用作电动机，不过比起三相异步电动机来，同步电动机用得不广泛，更适用于大型机械。首先，同步电动机的功率因数较高，在运行时不仅不降低电网的功率因数，还能够改善电网的功率因数，这是异步电动机做不到的；其次，大功率低转速的电动机，同步电动机的体积比异步电动机的要小些。

同步电动机的结构主要由定子和转子两大部分组成的。定、转子之间是空气隙。同步电动机的定子部分与三相异步电动机的完全一样，也是由机座、定子铁心和电枢绕组 3 个部分组成的。其中电枢绕组也就是前面介绍过的三相对称交流绕组。

同步电动机的转子上装有磁极，一般做成凸极式的，即有明显的磁极，如图 7-1 所示，磁极用钢板叠成或用铸钢铸成。在磁极上套有线圈，各磁极上的线圈串联起来构成励磁绕组。

在励磁绕组里通入直流电流 I_f，便使磁极产生极性，如图 7-1 中的 N、S 极。

大容量高转速的同步电动机转子也有做成隐极式的，即转子是圆柱体，里面装有励磁绕组，如图 7-2 所示。隐极式同步电动机空气隙是均匀的。其他结构这里不作介绍。

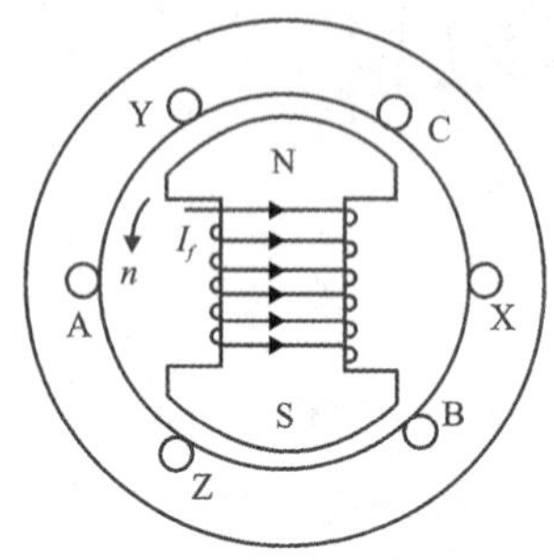

图 7-1　凸极式同步电动机

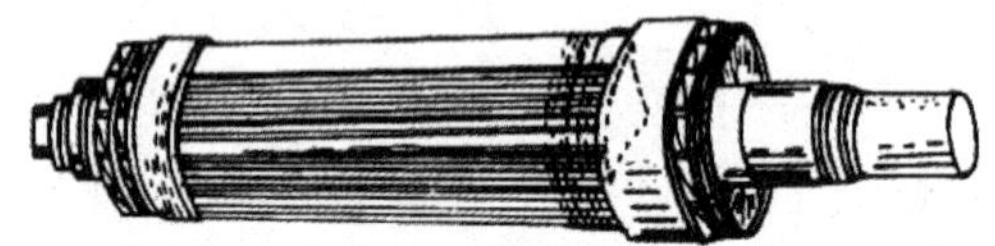

图 7-2　隐极式同步电动机转子

现代生产的同步电动机，其励磁电源有两种，即由励磁机供电或由交流电源经整流（可控的）得到，所以每台同步电动机应配备一台励磁机或整流励磁装置，这样可以很方便地调节它的励磁电流。

TD118/41-6 国产同步电动机的型号含义如表 7-1 所示，即极数为 6（同步转速为 1000 r/min），铁心外径为 118cm，铁心长度为 41cm 的同步电动机。

表 7-1　国产同步电动机型号含义

TD118/41-6				
T—同步	D—电动机	118—定子铁心外径/cm	41—铁心长度/cm	6—级数

常用的同步电动机型号如下：

(1)TD 系列是防护式，卧式结构一般同步电动机配直流励磁机或可控硅励磁装置。可拖动通风机、水泵、电动发电机组。

(2)TDK 系列一般为开启式，也有防爆型或管道通风型拖动压缩机用的同步电动机，配可控硅整流励磁装置。用于拖动空压机，磨煤机等。

(3)TDZ 系列是一般管道通风，卧式结构轧钢用同步电动机，配直流发电机励磁或可控硅整流励磁装置。用于拖动各种类型的轧钢设备。

(4)TDG 系列是封闭式轴向分区通风隐极结构的高速同步电动机，配直流发电机励磁或可控硅整流励磁。用于化工、冶金或电力部门拖动空压机、水泵及其他设备。

(5)TDL 系列是立式，开启式自冷通风同步电动机，配单独励磁机。用于拖动立式轴流泵或离心式水泵。

同步电动机的额定数据如下：

(1)额定容量 P_N 指轴上输出的有功功率，单位为 kW。

(2)额定电压 U_N 指加在定子绕组上的线电压，单位为 V 或 kV。

(3)额定电流 I_N 指电动机额定运行时流过定子绕组的线电流，单位为 A。

(4)额定功率因数 $\cos\varphi_N$ 指电动机额定运行时的功率因数。

(5)额定转速 n_N 的单位为 r/min。

(6)额定效率 η_N 为电动机额定运行时的效率。

此外,同步电动机铭牌上还给出额定频率 f_N ,单位为 Hz;额定励磁电压 U_{fN} ,单位为 V;额定励磁电流 I_{fN} ,单位为 A。

(二)同步电动机的分类

同步电动机按励磁方式分为可控励磁同步电动机和永磁同步电动机两种。

可控励磁同步电动机在转子侧有独立的直流励磁,可以通过调节转子的直流励磁电流改变输入功率因数,可以滞后,也可以超前。当 $\cos\varphi = 1.0$ 时,电枢铜损最小。永磁同步电动机的转子用永磁材料制成,无需直流励磁。永磁同步电动机具有以下突出的优点,被广泛应用于调速和伺服系统。

(1)由于采用了永磁材料磁极,特别是采用了稀土金属永磁体,如钕铁硼(NdFeB)、钐钴(SmCo)等,其磁能积高,可得较高的气隙磁通密度,因此容量相同的电动机体积小、重量轻。

(2)转子既没有铜损和铁损,又没有集电环和电刷的摩擦损耗,运行效率高。

(3)转动惯量小,允许脉冲转矩大,可获得较高的加速度,动态性能好。

(4)结构紧凑,运行可靠。

永磁同步电动机按气隙磁场分布又可分为以下两种:

(1)正弦波永磁同步电动机。磁极采用永磁材料,输入三相正弦波电流时,气隙磁场为正弦分布,称作正弦波永磁同步电动机,或简称永磁同步电动机(permanent magnet synchronous motor,PMSM)。

(2)梯形波永磁同步电动机。磁极仍为永磁材料,但输入方波电流,气隙磁场呈梯形波分布,性能更接近于直流电动机。用梯形波水磁同步电动机构成的自控变频同步电动机又称作无刷直流电动机(brushless DC motor,BLDM)。

(三)同步电动机的工作原理

同步电动机的基本工作原理可以用图 7-3 来说明。当定子三相对称绕组通入三相对称电流后,在气隙中便建立起以 $n_1 = \dfrac{60f_1}{p}$ 速度旋转的旋转磁场。同时,在转子的励磁绕组中通入直流电,建立起大小不变、极性固定的励磁磁场。由于定、转子磁极数相同,在两方面磁极的相互作用下,转子将被定子旋转磁场拖着以同步转速 n_1 一起旋转。如同两块磁铁一样,由于存在着异极性相吸、同性相斥的磁力作用,当一块磁铁转动时,另一块磁铁在磁力的作用下将跟着同步转动。同步电机的名称由此而得。

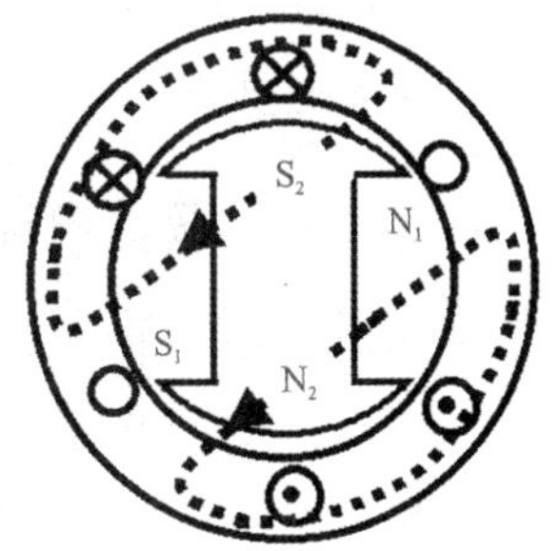

图 7-3　同步电动机工作原理示意图

由于定、转子磁势在气隙中同步旋转，稳定时彼此在空间的相对位置不变，这完全与异步电动机在空间的定、转子磁势一样。但是，由于同步电动机的转子转速就是定子旋转磁势的转速，即 $n=n_1$，可见 n 的稳定值只取决于电源频率和本身的极对数，而与负载转矩的大小无关。人们将这种机械特性称为绝对硬特性。

如果同步电动机轴上带有机械负载，则定子绕组将从电流吸取有功功率，除一小部分变为定子绕组的铜耗外，余下大部分将作为电磁功率通过气隙磁场传递给转子，再去掉铁损耗、机械损耗、附加损耗后，便为机械功率，输出给生产机械。这就是说，同步电动机在能量转换关系上与异步电动机相似。

（四）同步电动机的特点

与异步电动机相比，同步电动机具有以下特点：

(1)交流电机旋转磁场的同步转速 n_1 与定子电源频率 f_1 有确定的关系，即

$$n_1=\frac{60f_1}{p}=\frac{60\omega_1}{2\pi p} \tag{7-2}$$

异步电动机的稳态转速总是低于同步转速，而同步电动机的稳态转速恒等于同步转速。因此，同步电动机机械特性很硬。

(2)异步电动机的转子磁动势靠感应产生，而同步电动机除定子磁动势外，在转子侧还有独立的直流励磁，或者靠永久磁钢励磁。

(3)同步电动机和异步电动机的定子都有同样的交流绕组，一般都是三相的，而转子绕组则不同，同步电动机转子具有明确的极对数和极性，此外还可能有自身短路的阻尼绕组。

(4)异步电动机的气隙是均匀的，而同步电动机则有隐极与凸极之分。隐极电动机气隙均匀；凸极电动机的气隙则不均匀，磁极直轴磁阻小，极间交轴磁阻大，两轴的电感系数不等，数学模型更复杂。凸极效应能产生同步转矩，单靠凸极效应运行的同步电动机称作磁阻式同步电动机。

(5)由于同步电动机转子有独立励磁，在极低的电源频率下也能运行，因此，在同样条件下，同步电动机的调速范围比异步电动机更宽。

(6)异步电动机要加大转差才能提高转矩，而同步电动机只需加大转矩角，因此，同步电动机比异步电动机对转矩扰动具有更强的承受能力，动态响应快。

二、同步电动机内部的电磁关系

同步电动机中，同时环链着定子、转子绕组的磁通为主磁通，主磁通一定通过气隙，其路径为主磁路；只环链定子绕组不环链转子绕组的磁通为定子漏磁通，漏磁通感应产生的电动势可以用电流在电抗上的电压降来表示，这些与异步电机主、漏磁通的概念和处理方法完全一致。

（一）同步电动机的磁通势

当同步电动机的定子三相对称绕组接到三相对称电源上时，就会产生三相合成旋转磁通

势，简称电枢磁通势，用空间矢量 $\dot{F}_a$ 表示。设电枢磁通势 $\dot{F}_a$ 的转向为逆时针方向，转速为同步转速。

先不考虑同步电动机的启动过程，认为它的转子也是逆时针方向以同步转速旋转，并在转子上的励磁绕组里通入直流励磁电流 I_f 。由励磁电流 I_f 产生的磁通势，称励磁磁通势，用 $\dot{F}_0$ 表示，它也是一个空间矢量。由于励磁电流 I_f 是直流，励磁磁通势 $\dot{F}_0$ 相对于转子而言是静止的，但转子本身以同步转速逆时针方向旋转着，所以励磁磁通势 $\dot{F}_0$ 相对于定子也以同步转速逆时针方向旋转。可见，作用在同步电动机的主磁路上一共有两个磁通势，即电枢磁通势 $\dot{F}_a$ 和励磁磁通势 $\dot{F}_0$ ，二者都以同步转速逆时针方向旋转，即所谓同步旋转。但是，二者在空间却不一定非位置相同不可，可能是一个在前，一个在后，一道旋转。

先不考虑电机主磁路饱和现象，认为主磁路是线性磁路。那么作用在电机主磁路上的各个磁通势，可以认为它们在主磁路里单独产生自己的磁通，当这些磁通与定子相绕组交链时，单独产生自己的相电动势。最后把相绕组里的各电动势根据基尔霍夫第二定律一起考虑即可。

先考虑励磁磁通势 $\dot{F}_0$ 。单独在电机主磁路里产生磁通时的情况。在研究磁通势产生磁通之前，先规定两个轴：把转子一个 N 极和一个 S 极的中心线称纵轴或 d 轴；与纵轴相距 90°空间电角度的地方称横轴或 q 轴，见图 7-4。d 轴、q 轴都随着转子一同旋转。励磁磁通势 $\dot{F}_0$ 作用在纵轴方向，产生的磁通如图 7-5 所示。把由励磁磁通势 $\dot{F}_0$ 单独产生的磁通叫励磁磁通，用 Φ_0 表示，显然 Φ_0 经过的磁路是依纵轴对称的磁路，并且 Φ_0 随着转子一起旋转。

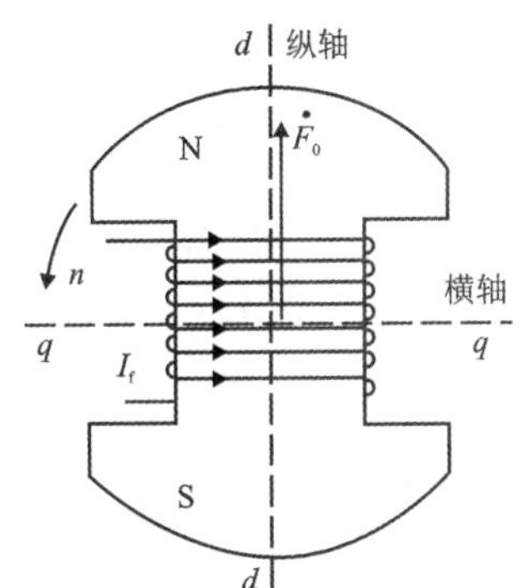

图 7-4　同步电机的纵轴与横轴图

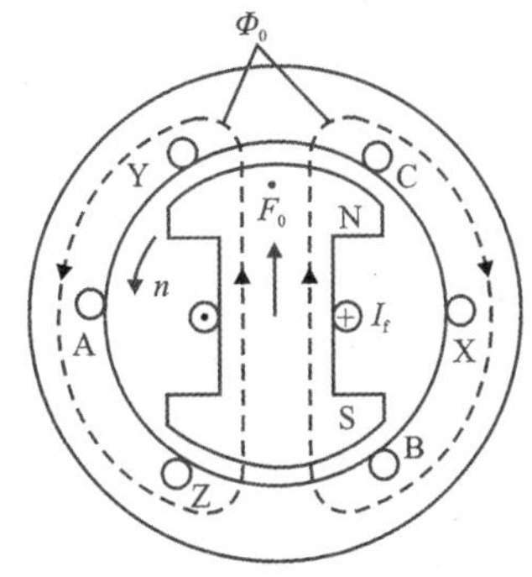

图 7-5　由励磁磁通势 $\dot{F}_0$ 单独产生的磁通 Φ_0

前面说过，$\dot{F}_a$ 与 $\dot{F}_0$ 仅仅同步，但不一定位置相同，已经知道 $\dot{F}_0$ 作用在纵轴方向，只要 $\dot{F}_a$ 与 $\dot{F}_0$ 不同位置（包括相反方向在内），$\dot{F}_a$ 的作用方向就肯定不在纵轴上。这样一来就遇到了困难。因为在凸极式同步电机中，沿着定子内圆的圆周方向气隙很不均匀，极面下的气隙小，两极之间的气隙较大，即使知道了电枢磁通势 $\dot{F}_a$ 的大小和位置，也无法求磁通。因此，需另想别的办法。

(二)凸极式同步电动机电磁分析和相量图

1.凸极式同步电动机的双反应原理

如果电枢磁通势 $\dot{F}_{a}$ 与励磁磁通势 $\dot{F}_{a}$ 的相对位置已给定,如图 7-6(a)所示,由于电枢磁通势 $\dot{F}_{a}$ 与转子之间无相对运动,可以把电枢磁通势 $\dot{F}_{a}$ 分成两个分量:一个分量叫纵轴电枢磁通势,用 $\dot{F}_{ad}$ 表示,作用在纵轴方向;一个分量叫横轴电枢磁通势,用 $\dot{F}_{aq}$ 表示,作用在横轴方向,即

$$\dot{F}_{a} = \dot{F}_{ad} + \dot{F}_{aq} \tag{7-3}$$

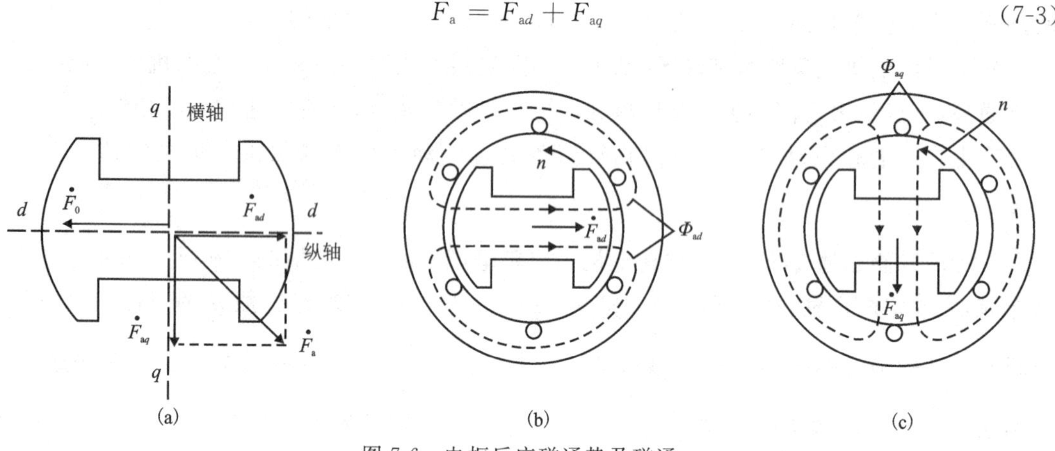

图 7-6 电枢反应磁通势及磁通

下面可以单独考虑 $\dot{F}_{ad}$ 或 $\dot{F}_{aq}$ 在电机主磁路里产生磁通的情况,即分别考虑纵轴电枢磁通势 $\dot{F}_{ad}$、横轴电枢磁通势 $\dot{F}_{aq}$ 单独在主磁路里产生的磁通 Φ_{ad} 和 Φ_{aq},其结果就等于考虑了电枢磁通势 $\dot{F}_{a}$ 的作用。而 $\dot{F}_{ad}$ 永远作用在纵轴方向,$\dot{F}_{aq}$ 永远作用在横轴方向,尽管气隙不均匀,但对纵轴或横轴来说,都分别为对称磁路,这就给分析带来了方便。这种处理问题的方法称为双反应原理。

由纵轴电枢磁通势 $\dot{F}_{ad}$ 单独在电机的主磁路里产生的磁通,称纵轴电枢磁通,用 Φ_{ad} 表示,见图 7-6(b)。由横轴电枢磁通势 $\dot{F}_{aq}$ 单独在电机的主磁路里产生的磁通,称横轴电枢磁通,用 Φ_{aq} 表示,见图 7-6(c)。Φ_{ad}、Φ_{aq} 都以同步转速逆时针方向旋转。

纵轴、横轴电枢磁通势 $\dot{F}_{ad}$、$\dot{F}_{aq}$ 除了单独在主磁路产生过气隙的磁通外,分别都要在定子绕组漏磁路里产生漏磁通。

电枢磁通势 $\dot{F}_{a}$ 的大小为

$$\dot{F}_{a} = \frac{3}{2} \cdot \frac{4}{\pi} \cdot \frac{\sqrt{2}}{2} \cdot \frac{Nk_{dp}}{p} \cdot \dot{I} \tag{7-4}$$

现在纵轴电枢磁通势 $\dot{F}_{ad}$ 可以写成

$$\dot{F}_{ad}=\frac{3}{2}\cdot\frac{4}{\pi}\cdot\frac{\sqrt{2}}{2}\cdot\frac{Nk_{dp}}{p}\cdot\dot{I}_d \tag{7-5}$$

横轴电枢磁通势 $\dot{F}_{aq}$ 写成

$$\dot{F}_{aq}=\frac{3}{2}\cdot\frac{4}{\pi}\cdot\frac{\sqrt{2}}{2}\cdot\frac{Nk_{dp}}{p}\cdot\dot{I}_q \tag{7-6}$$

若 $\dot{F}_{ad}$ 转到 A 相绕组轴线上，i_{dA} 为最大值；若 $\dot{F}_{aq}$ 转到 A 相绕组轴线上，i_{qA} 为最大值。显然 $\dot{I}_{dA}$ 与 $\dot{I}_{qA}$ 相差 90°时间电角度。由于三相对称，只取 A 相，简写为 $\dot{I}_d$ 与 $\dot{I}_q$ 便可。考虑到 $\dot{F}_a=\dot{F}_{ad}+\dot{F}_{aq}$ 的关系，所以有

$$\dot{I}=\dot{I}_d+\dot{I}_q \tag{7-7}$$

即把电枢电流 $\dot{I}$ 按相量的关系分成 $\dot{I}_d$ 和 $\dot{I}_q$ 两个分量，其中 $\dot{I}_d$ 产生了磁通势 $\dot{F}_{ad}$，$\dot{I}_q$ 产生了磁通势 $\dot{F}_{aq}$。

2. 凸极式同步电动机的电压平衡方程式

下面分别考虑电机主磁路里各磁通在定子绕组里感应电动势的情况。

不管是励磁磁通 Φ_0，还是各电枢磁通 Φ_{ad}、Φ_{aq}，它们都以同步转速逆时针方向旋转，都要在定子绕组里感应电动势。

各感应电动势表示分别如下：励磁磁通 Φ_0 在定子绕组里用 $\dot{E}_0$ 表示，纵轴电枢磁通 Φ_{ad} 在定子绕组里用 $\dot{E}_{ad}$ 表示，横轴电枢磁通 Φ_{aq} 在定子绕组里用 $\dot{E}_{aq}$ 表示。

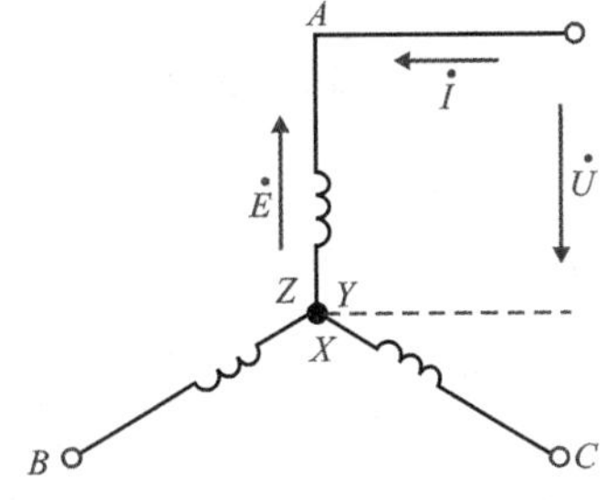

图 7-7　同步电动机各电量的正方向（用电动机惯例）

根据图 7-7 给出的同步电动机定子绕组各电量正方向，可以列出 A 相回路的电压平衡等式为

$$\dot{E}_0+\dot{E}_{ad}+\dot{E}_{aq}+\dot{I}(R_1+jX_1)=\dot{U} \tag{7-8}$$

式中：R_1 为定子绕组一相的电阻；X_1 为定子绕组一相的漏电抗。

因磁路线性，$\dot{E}_{ad}$ 与 Φ_{ad} 成正比，Φ_{ad} 与 $\dot{F}_{ad}$ 成正比，$\dot{F}_{ad}$ 又与 I_d 成正比，所以 $\dot{E}_{ad}$ 与 I_d 成正比。$\dot{I}$ 与 $\dot{E}$ 正方向相反，故 $\dot{I}_d$ 落后于 $\dot{E}_{ad}$ 90°时间电角度，于是电动势 $\dot{E}_{ad}$ 可以写成

$$\dot{E}_{ad}=j\dot{I}_dX_{ad} \tag{7-9}$$

同理，$\dot{E}_{aq}$ 可以写成

$$\dot{E}_{aq}=j\dot{I}_qX_{aq} \tag{7-10}$$

其中，X_{ad} 是个比例常数，称为纵轴电枢反应电抗；X_{aq} 称为横轴电枢反应电抗。对同一台电机，X_{ad}、X_{aq} 都是常数。

将式(7-9)和式(7-10)代入式(7-8)，得

$$\dot{U} = \dot{E}_0 + j\dot{I}_d X_{ad} + j\dot{I}_q X_{aq} + \dot{I}(R_1 + jX_1) \tag{7-11}$$

将 $\dot{I} = \dot{I}_d + \dot{I}_q$ 代入式(7-11)，得

$$\begin{aligned}\dot{U} &= \dot{E}_0 + j\dot{I}_d X_{ad} + j\dot{I}_q X_{aq} + (\dot{I}_d + \dot{I}_q)(R_1 + jX_1) \\ &= \dot{E}_0 + j\dot{I}_d (X_{ad} + X_1) + j\dot{I}_q (X_{aq} + X_1) + (\dot{I}_d + \dot{I}_q)R_1\end{aligned} \tag{7-12}$$

一般情况下，当同步电动机容量较大时，可忽略电阻 R_1 ，于是

$$\dot{U} = \dot{E}_0 + j\dot{I}_d X_d + j\dot{I}_q X_q \tag{7-13}$$

其中，$X_d = X_{ad} + X_1$ 称为纵轴同步电抗；$X_q = X_{aq} + X_1$ 称为横轴同步电抗。对同一台电机，X_d 、X_q 也都是常数，可以用计算或试验的方法求得。

同步电机要想作为电动机运行，电源必须向电机的定子绕组传输有功功率。从图 7-7 规定的电动机惯例知道，这时输入给电机的有功功率 P_1 必须满足

$$P_1 = 3UI\cos\varphi > 0 \tag{7-14}$$

这就是说，定子相电流的有功分量 $I\cos\varphi$ 应与相电压 U 同相位。可见，$\dot{U}$ 、$\dot{I}$ 二者之间的功率因数角 φ 必须小于 90°，才能使电机运行于电动机状态。

3. 凸极式同步电动机的电动势相量图

根据式(7-13)的关系，当 $\varphi < 90°$(领先性)时，电机运行于电动机状态，其相量图如图 7-8 所示。当然也可以画 $\varphi > 90°$(落后性)的相量图。

图 7-8 中 $\dot{U}$ 与 $\dot{I}$ 之间的夹角为 φ，是功率因数角；$\dot{E}_0$ 与 $\dot{U}$ 之间的夹角是 θ，称为功率角；$\dot{E}_0$ 与 $\dot{I}$ 之间的夹角是 ψ。并且

$$\begin{cases} I_d = I\sin\psi \\ I_q = I\cos\psi \end{cases} \tag{7-15}$$

综上所述，研究凸极式同步电动机的电磁关系是按照图 7-9 的思路进行的。

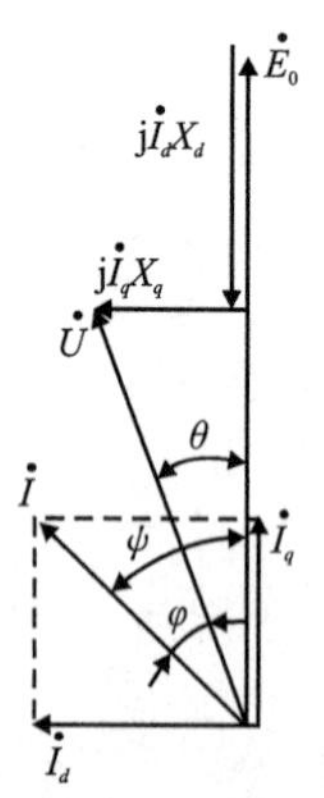

图 7-8 同步电动机当 $\varphi < 90°$ 的相量图

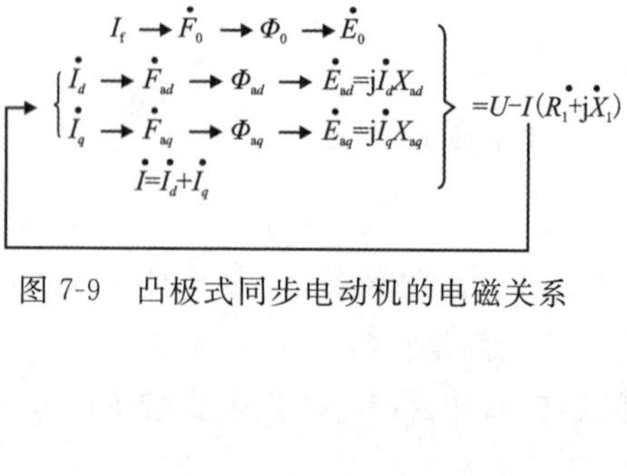

$I_f \to \dot{F}_0 \to \Phi_0 \to \dot{E}_0$

$\dot{I}_d \to \dot{F}_{ad} \to \Phi_{ad} \to \dot{E}_{ad} = j\dot{I}_d X_{ad}$

$\dot{I}_q \to \dot{F}_{aq} \to \Phi_{aq} \to \dot{E}_{aq} = j\dot{I}_q X_{aq}$

$\dot{I} = \dot{I}_d + \dot{I}_q$

$= \dot{U} - \dot{I}(R_1 + jX_1)$

图 7-9 凸极式同步电动机的电磁关系

(三)隐极式同步电动机电磁分析和相量图

以上分析的是凸极式同步电动机的电磁关系。如果是隐极式同步电动机,电机的气隙是均匀的,表现的参数如纵、横轴同步电抗 X_d 、X_q ,二者在数值上彼此相等,即

$$X_d = X_q = X_c \tag{7-16}$$

式中：X_c 为隐极式同步电动机的同步电抗。

对隐极式同步电动机,式(7-13)变为

$$\begin{aligned}\dot{U} &= \dot{E}_0 + \mathrm{j}\dot{I}_d X_d + \mathrm{j}\dot{I}_q X_q \\ &= \dot{E}_0 + \mathrm{j}(\dot{I}_d + \dot{I}_q)X_c = \dot{E}_0 + \mathrm{j}\dot{I}X_c\end{aligned} \tag{7-17}$$

图 7-10 是隐极式同步电动机的电动势相量图。

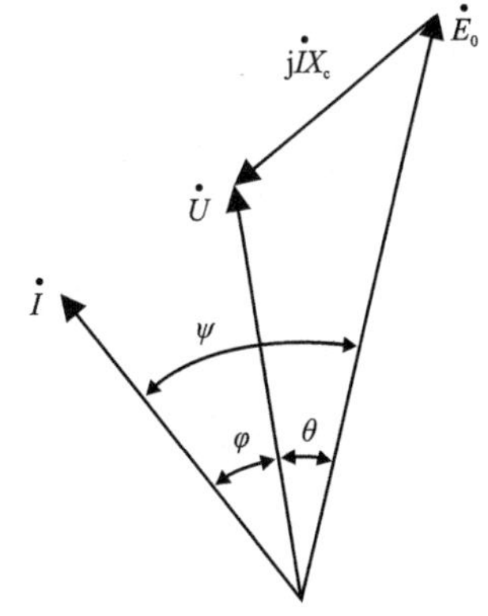

图 7-10　隐极式同步电动机得电动势相量图

三、同步电动机的功率方程及功角特性

(一)功率关系

同步电动机从电源吸收的有功功率 $P_1 = 3UI\cos\varphi$,除去消耗于定子绕组的铜损耗 $p_{Cu} = 3I^2R_1$ 后,就转变为电磁功率 P_M ,即

$$P_1 - p_{Cu} = P_M \tag{7-18}$$

从电磁功率 P_M 里再扣除铁损耗 p_{Fe} 和机械摩擦损耗 p_m 后,转变为机械功率 P_2 输出给负载,即

$$P_M - p_{Fe} - p_m = P_2 \tag{7-19}$$

其中铁损耗 p_{Fe} 与机械摩擦损耗 p_m 之和称为空载损耗 p_0 ,即

$$p_0 = p_{Fe} + p_m \tag{7-20}$$

图 7-11 所示为同步电动机的功率流程图。

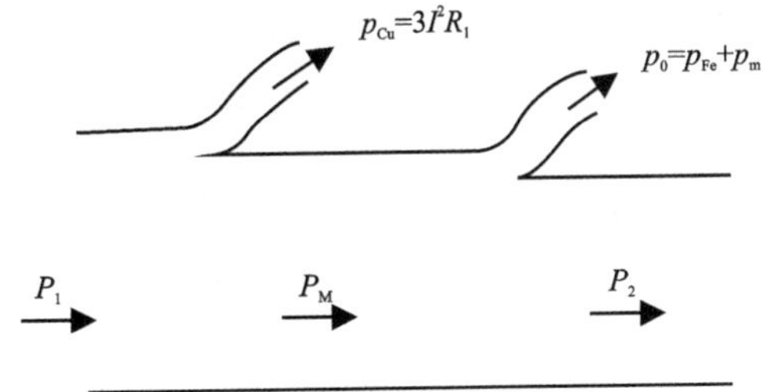

图 7-11　同步电动机的功率流程图

知道电磁功率 P_M 后,能很容易地算出它的电磁转矩 T ,即

$$T = \frac{P_M}{\Omega} \tag{7-21}$$

式中：$\Omega = \dfrac{2\pi n}{60}$,为电动机的同步角速度。

把式(7-19)等号两边都除以 Ω，就得到同步电动机的转矩平衡等式，即

$$\begin{aligned} \frac{P_2}{\Omega} &= \frac{P_M}{\Omega} - \frac{p_0}{\Omega} \\ T_2 &= T - T_0 \end{aligned} \tag{7-22}$$

式中：T_0 称为空载转矩。

例题 7-1 已知一台三相六极同步电动机的数据如下：额定容量 $P_N = 250\text{kW}$，额定电压 $U_N = 380\text{V}$，额定功率因数 $\cos\Phi_N = 0.8$，额定效率 $\eta_N = 88\%$，定子每相电阻 $R_1 = 0.03\Omega$，定子绕组为 Y 接法。求：

(1)额定运行时定子输入的电功率 P_1。

(2)额定电流 I_N。

(3)额定运行时的电磁功率 P_M。

(4)额定电磁转矩 T_N。

解： (1)额定运行时定子输入的电功率

$$P_1 = \frac{P_N}{\eta_N} = \frac{250}{0.88}\text{kW} = 284\text{kW}$$

(2)额定电流

$$I_N = \frac{P_1}{\sqrt{3}U_N\cos\Phi_N} = \frac{284 \times 10^3}{\sqrt{3} \times 380 \times 0.8}\text{A} = 539.4\text{A}$$

(3)额定电磁功率

$$P_M = P_1 - 3I_N^2R_1 = 284 - 3 \times 539.4^2 \times 0.03 \times 10^{-3}\text{kW} = 257.8\text{kW}$$

(4)额定电磁转矩

$$T_N = \frac{P_M}{\Omega} = \frac{P_M}{\frac{2\pi n}{60}} = \frac{257.8 \times 10^3}{\frac{2\pi \times 1000}{60}}\text{N}\cdot\text{m} = 2462\text{N}\cdot\text{m}$$

(二)电磁功率

当忽略同步电动机定子电阻 R_1 时，电磁功率

$$P_M = P_1 = 3UI\cos\varphi \tag{7-23}$$

从图 7-8 中看出 $\varphi = \psi - \theta$，ψ 角是 $\dot{E}_0$ 与 $\dot{I}$ 之间的夹角，θ 是 $\dot{U}$ 与 $\dot{E}_0$ 之间的夹角，于是

$$\begin{aligned} P_M &= 3UI\cos\varphi = 3UI\cos(\psi - \theta) \\ &= 3UI\cos\psi\cos\theta + 3UI\sin\psi\sin\theta \end{aligned} \tag{7-24}$$

从图 7-8 中知道，

$$\begin{cases} I_d = I\sin\psi \\ I_q = I\cos\varphi \\ I_dX_d = E_0 - U\cos\theta \\ I_qX_q = U\sin\theta \end{cases} \tag{7-25}$$

考虑以上这些关系，得

$$\begin{aligned} P_M &= 3UI_q\cos\theta + 3UI_d\sin\theta \\ &= 3U\frac{U\sin\theta}{X_q}\cos\theta + 3U\frac{E_0 - U\cos\theta}{X_d}\sin\theta \\ &= 3\frac{E_0U}{X_d}\sin\theta + 3U^2(\frac{1}{X_q} - \frac{1}{X_d})\cos\theta\sin\theta \end{aligned} \tag{7-26}$$

将三角函数关系式 $\sin2\theta = 2\cos\theta\sin\theta$，代入式(7-26)得

$$P_M == 3\frac{E_0U}{X_d}\sin\theta + \frac{3U^2(X_d - X_q)}{2X_dX_q}\sin2\theta \tag{7-27}$$

（三）功角特性

接在电网上运行的同步电动机，已知电源电压 U、电源的频率 f 等都维持不变，如果保持电动机的励磁电流 I_f 不变，那么对应的电动势 E_0 的大小也是常数，另外电动机的参数 X_d、X_q 又是已知的数，这样一来，从式(7.27)可以看出，电磁功率 P_M 的大小与角度 θ 呈函数关系，即当 θ 角变化时，电磁功率 P_M 的大小也跟着变化。把 $P_M = f(\theta)$ 的关系称为同步电动机的功角特性，用曲线表示如图 7-12 所示。

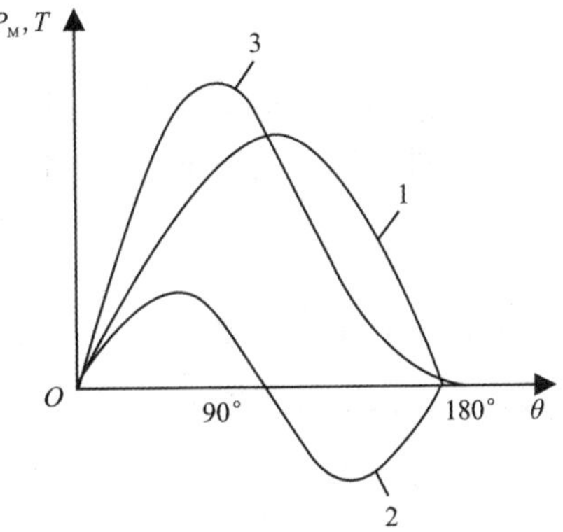

图 7-12　凸极式同步电动机的功角、矩角特性

式(7-27)中，第一项与励磁电动势 E_0 成正比，即与励磁电流 I_f 的大小有关，叫做励磁电磁功率。公式中的第二项与励磁电流 I_f 的大小无关，是由参数 $X_d \neq X_q$ 引起的，也就是因电机的转子是凸极式的引起的，这一项的电磁功率叫凸极电磁功率。如果电机的气隙均匀（像隐极式同步电机），$X_d = X_q$，式(7-27)中的第二项为零，即不存在凸极电磁功率。

式(7-27)中第一项励磁电磁功率是主要的，第二项的数值比第一项小得多。

励磁电磁功率

$$P_{M励} = 3\frac{E_0U}{X_d}\sin\theta \tag{7-28}$$

$P_{M励}$ 与 θ 呈正弦曲线变化关系，如图 7-12 中的曲线 1 所示。

当 $\theta = 90°$时，$P_{M励}$ 为最大，用 P'_m 表示，则

$$P'_m = 3\frac{E_0U}{X_d} \tag{7-29}$$

凸极电磁功率

$$P_{M凸} = \frac{3U^2(X_d - X_q)}{2X_dX_q}\sin2\theta \tag{7-30}$$

当 $\theta = 45°$时，$P_{M凸}$ 为最大，用 P''_m 表示，则

$$P''_m = \frac{3U^2(X_d - X_q)}{2X_dX_q} \tag{7-31}$$

$P_{M凸}$ 与 θ 的关系，如图 7-12 中的曲线 2 所示。图 7-12 中的曲线 3 是合成的总的电磁功率与 θ 角的关系。可见，总的最大电磁功率 P_{Mm} 对应的 θ 角小于 90°。

（四）矩角特性

式(7-27)等号两边同除以机械角速度 Ω，得电磁转矩为

$$T = \frac{3E_0U}{\Omega X_d}\sin\theta + \frac{3U^2(X_d - X_q)}{2X_dX_q\Omega}\sin2\theta \tag{7-32}$$

把电磁转矩 T 与 θ 的变化关系也画在图 7-12 中，称为矩角特性。

由于隐极同步电动机的参数 $X_d = X_q = X_c$，于是式(7-27)变为

$$P_M = \frac{3E_0U}{X_c}\sin\theta \tag{7-33}$$

是隐极式同步电动机的功角特性，可见隐极式同步电动机没有凸极电磁功率这一项。

隐极式同步电动机的电磁转矩 T 与 θ 角的关系为

$$T = \frac{3E_0U}{\Omega X_d}\sin\theta \tag{7-34}$$

图 7-13 所示为隐极式同步电动机的矩角特性，在某固定励磁电流条件下，隐极式同步电动机的最大电磁功率 P_{Mm} 与最大电磁转矩 T_m 分别为

$$\begin{aligned} P_{Mm} &= \frac{3E_0U}{X_c} \\ T_m &= \frac{3E_0U}{\Omega X_c} \end{aligned} \tag{7-35}$$

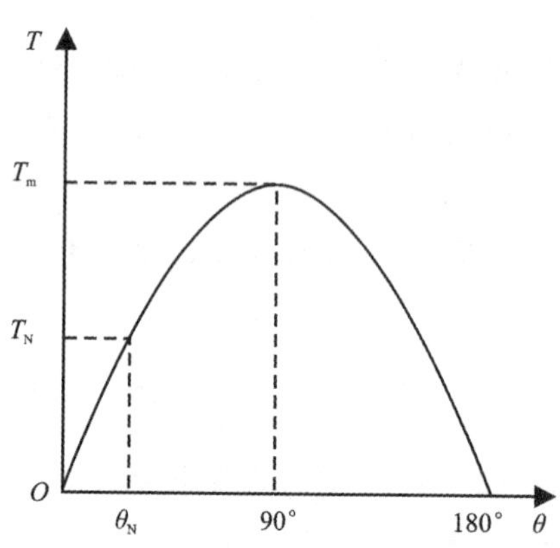

图 7-13　隐极式同步电动机的矩角特性

（五）稳定运行

下面简单介绍一下同步电动机能否稳定运行的问题。以隐极式同步电动机为例。

1. 当电动机拖动机械负载运行在 θ=0°～90°的范围内

本来电动机运行于 θ_1，见图 7-14(a)，这时电磁转矩 T 与负载转矩 T_L 相平衡，即 $T = T_L$。

由于某种原因，负载转矩 T_L 突然增大为 T'_L。这时转子要减速使 θ 角增大，如变为 θ_2，在 θ_2 时对应的电磁转矩为 T'，如果 $T' = T'_L$，电机就能继续同步运行。不过这时运行在 θ_2 角度上，如果负载转矩又恢复为 T_L，电动机的 θ 角恢复为 θ_1，$T = T_L$。所以电动机能够稳定运行。

2. 当同步电动机带负载运行在 θ=90°～180°范围内

本来电动机运行于 θ_3，见图 7-14(b)，这时电磁转矩 T 与负载转矩 T'_L 相平衡，即 $T' = T'_L$。由于某种原因，负载转矩突然增大为 T'_L。这时 θ 角要增大，如变为 θ_4，见图 7-14(b)。但 θ_4 对应的电磁转矩 T' 比增大了的负载转矩 T'_L 小，即 $T' < T'_L$。于是电动机的 θ 角还要继续增大，而电磁转矩反而变得更小，找不到新的平衡点。这样继续的结果会使电机的转子转速偏离同步速，即失去同步而无法工作。可见，在 θ =90°～180°范围内，电机不能稳定运行。

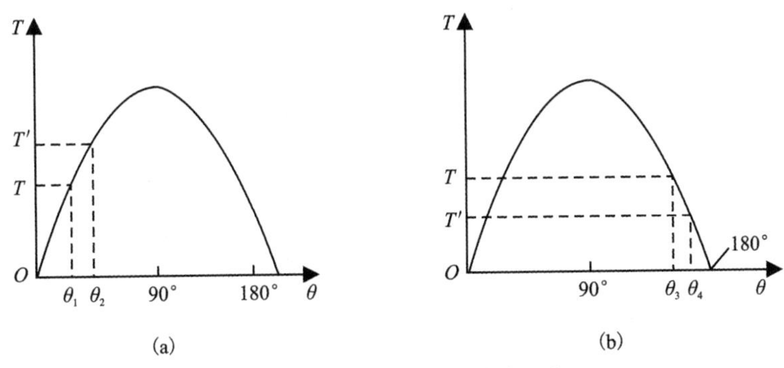

图 7-14　同步电动机的稳定运行

最大电磁转矩 T_m 与额定转矩 T_N 之比叫过载倍数，用 λ 表示，即

$$\lambda = \frac{T_m}{T_N} \approx \frac{\sin 90^\circ}{\sin\theta_N} = 2 \sim 3.5 \tag{7-36}$$

隐极式同步电动机额定运行时，$\theta_N = 30^\circ \sim 16.5^\circ$。凸极式同步电动机额定运行的功率角还要小些。

当负载改变时，θ 角随之变化，就能使同步电动机的电磁转矩 T 或电磁功率 P_M 跟着变化，以达到相平衡的状态，而电机的转子转速 n 却严格按照同步转速旋转，不发生任何变化，所以同步电动机的机械特性为一条直线，是硬特性。

仔细分析同步电动机的原理，知道 θ 角有着双重的含义。一为电动势 $\dot{E}_0$ 与 $\dot{U}$ 之间的夹角，显然是个时间电角度。另外一层的含义是产生电动势 $\dot{E}_0$ 的励磁磁通势 $\dot{F}_0$ 与作用在同步电动机主磁路上总的合成磁通势 $\dot{R}$ ($\dot{R} = \dot{F}_0 + \dot{F}_a$)之间的角度，这是个空间电角度。$\dot{F}_0$ 对应着 $\dot{E}_0$，$\dot{R}$ 近似地对应着 $\dot{U}$。我们把磁通势 $\dot{R}$ 看成为等效磁极，由它拖着转子磁极以同步转速 n 旋转，如图 7-15 所示。

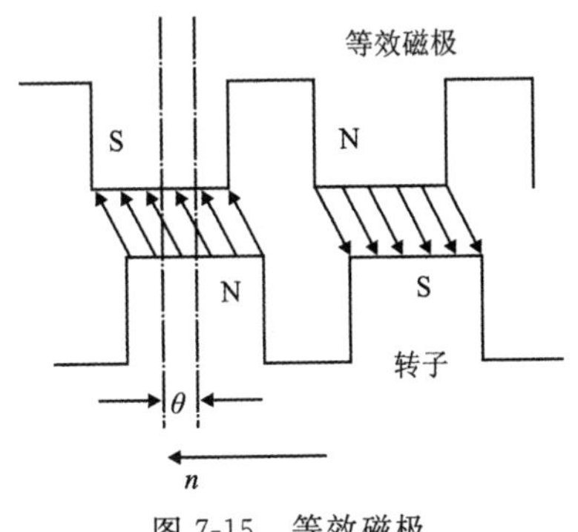

图 7-15　等效磁极

如果转子磁极在前，等效磁极在后，即转子拖着等效

磁极旋转,是同步发电机运行状态。

由此可见,同步电机作电动机运行还是作发电机运行,要视转子磁极与等效磁极之间的相对位置来决定。

例题 7-2 已知一台隐极式同步电动机,额定电压 $U_N = 6000V$,额定电流 $I_N = 71.5A$,额定功率因数 $\cos\Phi_N = 0.9$ (领先性),定子绕组为 Y 接,同步电抗 $X_c = 48.5\Omega$,忽略定子电阻 R_1 。当这台电机在额定运行,且功率因数为 $\cos\Phi_N = 0.9$ 领先时,求:

(1)空载电动势 E_0 。

(2)功率角 θ_N 。

(3)电磁功率 P_M 。

(4)过载倍数 λ 。

解: (1)已知 $\cos\Phi_N = 0.9$,所以

$$\Phi_N = \arccos 0.9 = 25.8°$$

于是可以画出如图 7-16 所示的电动势相量图。从图中直接可量出 E_0 的大小。

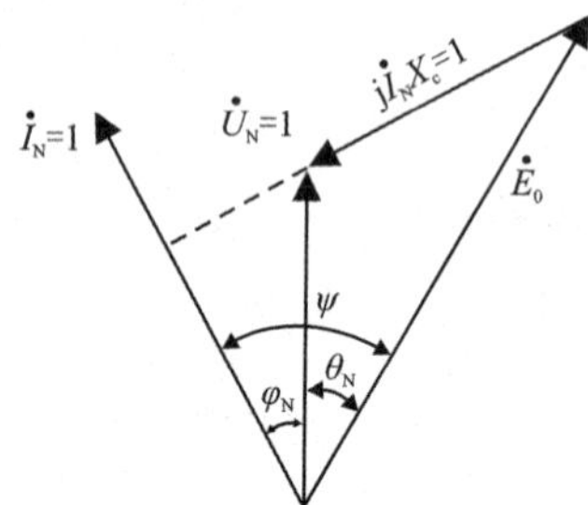

图 7-16 电动势相量图

也可以根据图 7-16 各相量的几何关系算出 E_0 的大小。用标么值计算。已知 $U_N = 1$, $I_N = 1$,所以

$$E_0 = \sqrt{(U_N \sin\Phi_N + I_N X_c)^2 + (U_N \cos\Phi_N)^2}$$

其中

$$\sin\Phi_N = \sin 25.8° = 0.435\ 9$$

$$X_c = \frac{X_c}{\frac{U_N}{\sqrt{3}} \frac{1}{I_N}} = \frac{48.5}{\frac{6000}{\sqrt{3}} \frac{1}{71.5}} = 1$$

于是

$$E_0 = \sqrt{(1 \times 0.435\ 9 + 1)^2 + 0.9^2}\ \text{V} = 1.69\text{V}$$

$$E_0 = E_0 U_N = 1.69 \times \frac{6000}{\sqrt{3}}\text{V} = 5\ 854.3\text{V}$$

(2)先求 ψ 角

$$\psi = \arctan \frac{U_N \sin\Phi_N + I_N X_c}{U_N \cos\Phi_N} = \arctan \frac{0.435 + 1}{0.9} = 57.9°$$

所以

$$\theta_N = \psi - \Phi_N = 57.9° - 25.8° = 32.1°$$

(3)电磁功率为

$$P_M = \frac{3U_N E_0}{X_c}\sin\theta_N = \frac{3\times 6000\times 5\,854.5}{\sqrt{3}\times 48.5}\times 0.53\text{kW} = 664.9\text{kW}$$

(4)过载倍数为

$$\lambda = \frac{1}{\sin\theta_N} = \frac{1}{0.53} = 1.87$$

四、同步电动机的启动

1. 同步电动机的异步启动

同步电动机本身没有启动转矩，所以不能自启动，这给使用带来极大的不便。为了解决启动的问题，在凸极同步电动机的转子磁极上装启动绕组，其结构型式就像鼠笼式异步电动机的鼠笼绕组。这样一来，当同步电动机定子绕组接到电源上时，由启动绕组的作用产生启动转矩，使电动机能自启动。这个启动过程实际上和异步电动机的启动过程完全一样。一般启动的最终转速达同步转速的 95%左右，然后给同步电动机的励磁绕组通入直流电流，转子即可自动牵入同步，以同步转速 n 运行。

同步电动机采用异步启动时，可以在额定电压下直接启动，也可用降压启动，如 Y-△启动、自耦变压器降压启动或串电抗器等。

值得注意的是，启动同步电动机时，励磁绕组不能开路。否则，在大转差时，气隙旋转磁密在励磁绕组里感应出较高的电动势，有可能损坏它的绝缘。但是，在启动过程中，也不能把励磁绕组短路。那样，励磁绕组中感应的电流产生的转矩，有可能使电动机启动不到接近同步速的转速。因此，要在同步电动机启动过程中，在它的励磁绕组中串入 5～10 倍励磁绕组电阻值的附加电阻，这样就可以克服上述缺点。等启动到接近同步转速时，再将所串的电阻去除，通以直流电流，电动机自动牵入同步，完成启动的过程。同步电动机的启动过程都是用自动控制线路来完成的。目前广泛采用晶闸管整流励磁装置，除了自动控制启动，还可以顺极性自动投励。

2. 变频启动

大型同步电动机启动，在启动过程中将电动机改为自控式同步电动机控制方式、启动完毕，再将控制装置退出。

第二节　永磁同步电机矢量控制系统

为了获得高动态性能，应当从同步电动机的动态模型出发，研究同步电动机的调速系统，其基本原理和异步电动机相似，通过坐标变换，将同步电动机等效成直流电动机，再模仿直流电动机的控制方法进行控制。同步电动机的定子绕组与异步电动机相同，主要差异在转子部分，同步电动机转子为直流励磁或永磁体，为了解决起动问题和抑制失步现象，有些同步电动机在转子侧带有阻尼绕组。本节讨论可控励磁和正弦波永磁同步电动机的矢量控制系统。

一、基于转子旋转正交坐标系的可控励磁同步电动机动态数学模型

与异步电动机相似，做如下假定：

(1)忽略空间谐波，设定子三相绕组对称，在空间中互差 $\frac{2\pi}{3}$ 电角度，所产生的磁动势沿气隙按正弦规律分布。

(2)忽略磁路饱和，各绕组的自感和互感都是恒定的。

(3)忽略铁心损耗。

(4)不考虑频率变化和温度变化对绕组电阻的影响。

如图 7-17 所示，定子三相绕组轴线 A、B、C 是静止的，μ_A、μ_B、μ_C 为三相定子电压，i_A、i_B、i_C 为三相定子电流，转子以角速度 ω 旋转，转子上的励磁绕组在励磁电压 U_f 供电下流过励磁电流 I_f。沿励磁磁极的轴线为 d 轴，与 d 轴正交的是 q 轴，dq 坐标系固定在转子上，与转子同步旋转，d 轴与 A 轴之间的夹角为变量 θ_r。阻尼绕组是多导条类似笼形的绕组，把它等效成在 d 轴和 q 轴各自短路的两个独立的绕组，i_{rd}、i_{rq} 分别为阻尼绕组的 d 轴和 q 轴电流。

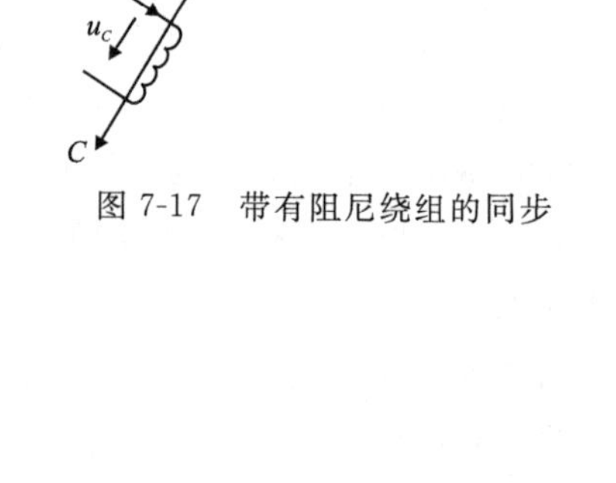

图 7-17　带有阻尼绕组的同步

考虑同步电动机的凸极效应和阻尼绕组，同步电动机的定子电压方程为

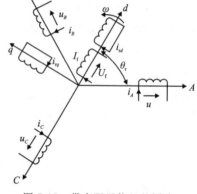

$$
\begin{cases}
u_A = R_s i_A + \dfrac{d\psi_A}{dt} \\
u_B = R_s i_B + \dfrac{d\psi_B}{dt} \\
u_C = R_s i_C + \dfrac{d\psi_C}{dt}
\end{cases}
\tag{7-37}
$$

式中：R_S 为定子电阻；ψ_A、ψ_B 和 ψ_C 为三相定子磁链。

转子电压方程为

$$
\begin{cases}
U_f = R_f i_f + \dfrac{d\psi_f}{dt} \\
0 = R_{rd} i_{rd} + \dfrac{d\psi_{rd}}{dt} \\
0 = R_{rq} i_{rq} + \dfrac{d\psi_{rq}}{dt}
\end{cases}
\tag{7-38}
$$

转子电压方程中第一个方程是励磁绕组直流电压方程，R_f 是励磁绕组电阻，永磁同步电

动机无此方程,后两个方程是阻尼绕组的等效电压方程,R_{rd} 、R_{rq} 分别为阻尼绕组的 d 轴和 q 轴电阻。

采用基于"X_{ad} 基准"的标么值表示,为了简化,省去标么值的"＊"号上标。将定子电压方程从 ABC 三相坐标系变换到 dq 两相旋转坐标系,则 3 个定子电压方程变换成两个方程

$$\begin{cases} u_{sd} = R_S i_{sd} + \dfrac{d\psi_{sd}}{dt} - \omega\psi_{sq} \\ u_{sq} = R_S i_{sq} + \dfrac{d\psi_{sq}}{dt} - \omega\psi_{sd} \end{cases} \tag{7-39}$$

由式(7-39)可以看出,从三相静止坐标系变换到二相旋转正交坐标系以后,dq 轴的电压方程等号右侧由电阻压降、脉变电动势和旋转电动势 3 项构成,其物理意义与异步电动机中相同。

在 dq 两相旋转坐标系上的磁链方程为

$$\begin{cases} \psi_{sd} = L_{sd} i_{sd} + L_{md} I_f + L_{md} i_{rd} \\ \psi_{sq} = L_{sq} i_{sq} + L_{mq} i_{rq} \\ \psi_f = L_{md} i_{sd} + L_f I_f + L_{md} i_{rd} \\ \psi_{rd} = L_{md} i_{sd} + L_{md} I_f + L_{rd} i_{rd} \\ \psi_{rq} = L_{md} i_{sq} + L_{rq} i_{rq} \end{cases} \tag{7-40}$$

式中:L_{sd} 为等效两相定子绕组 d 轴自感,$L_{sd} = L_{ls} + L_{md}$;L_{md} 为 d 轴定子与转子绕组间的互感,相当于同步电动机原理中的 d 轴电枢反应电感;L_{sq} 为等效两相定子绕组 q 轴自感,$L_{sq} = L_{ls} + L_{mq}$,其中 L_{ls} 为等效两相定子绕组漏感,L_{mq} 为 q 轴定子与转子绕组间的互感,相当于 q 轴电枢反应电感;L_f 为励磁绕组自感,$L_f = L_{lf} + L_{md}$,其中 L_{lf} 为励磁绕组漏感;L_{rd} 为 d 轴阻尼绕组自感,$L_{rd} = L_{lrd} + L_{md}$,其中 L_{lrd} 为 d 轴阻尼绕组漏感;L_{rq} 为 q 轴阻尼绕组自感,$L_{rq} = L_{lrq} + L_{mq}$,其中 L_{lrq} 为 q 轴阻尼绕组漏感。

由于凸极效应,d 轴和 q 轴上的电感是不一样的。此外,由于阻尼绕组沿转子表面不对称分布,阻尼绕组 d 轴和 q 轴的等效电阻和漏感也不同。

同步电动机在 dq 坐标系上的转矩和运动方程分别为

$$T_e = n_p(\psi_{sd} i_{sq} - \psi_{sq} i_{sd}) \tag{7-41}$$

$$\frac{d\omega}{dt} = \frac{n_p}{J}(T_e - T_L) = \frac{n_p^2}{J}(\psi_{sd} i_{sq} - \psi_{sq} i_{sd}) - \frac{n_p}{J} T_L \tag{7-42}$$

式中:n_p 为极对数;T_e 为电磁转矩;T_L 为负载转矩。

把式(7-40)中的 ψ_{sd} 和 ψ_{sq} 表达式代入式(7-41)的转矩方程并整理后得

$$T_e = n_p L_{md} I_f i_{sq} + n_p (L_{sd} - L_{sq}) i_{sd} i_{sq} + n_p (L_{md} i_{rd} i_{sq} - L_{mq} i_{rq} i_{sd}) \tag{7-43}$$

观察式(7-43),不难看出每一项转矩的物理意义。第一项 $n_p L_{md} I_f i_{sq}$ 是转子励磁磁动势和定子电枢反应磁动势转矩分量相互作用所产生的转矩,是同步电动机主要的电磁转矩。第二项 $n_p(L_{sd} - L_{sq}) i_{sd} i_{sq}$ 是由凸极效应造成的磁阻变化在电枢反应磁动势作用下产生的转矩,称作反应转矩或磁阻转矩,这是凸极电动机特有的转矩,在隐极电动机中,$L_{sd} = L_{sq}$,该项为零。第三项 $n_p(L_{md} i_{rd} i_{sq} - L_{mq} i_{rq} i_{sd})$ 是电枢反应磁动势与阻尼绕组磁动势相互作用的转矩,如

果没有阻尼绕组，或者在稳态运行时阻尼绕组中没有感应电流，该项都是零。只有在动态过程中，产生阻尼电流，才有阻尼转矩，帮助同步电动机尽快达到新的稳态。

对式(7-40)求导后，代入式(7-38)和式(7-39)，整理后可得同步电动机的电压矩阵方程式

$$\begin{bmatrix} u_{sd} \\ u_{sq} \\ U_f \\ 0 \\ 0 \end{bmatrix} = \begin{bmatrix} R_S & -\omega L_{sq} & 0 & 0 & -\omega L_{mq} \\ \omega L_{sd} & R_S & \omega L_{md} & \omega L_{md} & 0 \\ 0 & 0 & R_f & 0 & 0 \\ 0 & 0 & 0 & R_{rd} & 0 \\ 0 & 0 & 0 & 0 & R_{rq} \end{bmatrix} \begin{bmatrix} i_{sd} \\ i_{sq} \\ I_f \\ i_{rd} \\ i_{rq} \end{bmatrix} + \begin{bmatrix} L_{sd} & 0 & L_{md} & L_{md} & 0 \\ 0 & L_{sq} & 0 & 0 & L_{mq} \\ L_{md} & 0 & L_f & L_{md} & 0 \\ L_{md} & 0 & L_{md} & L_{rd} & 0 \\ 0 & L_{mq} & 0 & 0 & L_{rq} \end{bmatrix} \frac{\mathrm{d}}{\mathrm{d}t} \begin{bmatrix} i_{sd} \\ i_{sq} \\ I_f \\ i_{rd} \\ i_{rq} \end{bmatrix} \tag{7-44}$$

相应的运动方程为

$$\begin{aligned} \frac{\mathrm{d}\omega}{\mathrm{d}t} &= \frac{n_p}{J}(T_e - T_L) \\ &= \frac{n_p^2}{J}[L_{md} I_f i_{sq} + (L_{sd} - L_{sq}) i_{sd} i_{sq} + (L_{md} i_{rd} i_{sq} - L_{mq} i_{rq} i_{sd})] - \frac{n_p}{J} T_L \end{aligned} \tag{7-45}$$

式(7-44)和式(7-45)是带有阻尼绕组的凸极同步电动机动态数学模型。与笼型异步电动机相比较，励磁绕组的存在增加了状态变量的维数，提高了微分方程的阶次，而凸极效应则使得 d 轴和 q 轴参数不等，这无疑增加了数学模型的复杂性。

隐极式同步电动机的 dq 轴对称，故 $L_{sd} = L_{sq} = L_s$，$L_{md} = L_{mq} = L_m$，若忽略阻尼绕组的作用，则动态数学模型为

$$\begin{bmatrix} u_{sd} \\ u_{sq} \\ U_f \end{bmatrix} = \begin{bmatrix} R_S & -\omega L_s & 0 \\ \omega L_s & R_s & \omega L_m \\ 0 & 0 & R_f \end{bmatrix} \begin{bmatrix} i_{sd} \\ i_{sq} \\ I_f \end{bmatrix} + \begin{bmatrix} L_S & 0 & L_m \\ 0 & L_s & 0 \\ L_m & 0 & L_f \end{bmatrix} \frac{\mathrm{d}}{\mathrm{d}t} \begin{bmatrix} i_{sd} \\ i_{sq} \\ I_f \end{bmatrix} \tag{7-46}$$

$$\frac{\mathrm{d}\omega}{\mathrm{d}t} = \frac{n_p}{J}(T_e - T_L) = \frac{n_p^2}{J} L_m I_f i_{sq} - \frac{n_p}{J} T_L \tag{7-47}$$

以 ω、i_{sd}、i_{sq}、I_f 为状态变量，u_{sd}、u_{sq}、U_f 为输入变量，T_L 为扰动输入，忽略阻尼绕组的作用时，隐极同步电动机的状态方程为

$$\begin{cases} \dfrac{\mathrm{d}\omega}{\mathrm{d}t} = \dfrac{n_p}{J}(T_e - T_L) = \dfrac{n_p^2}{J} L_m I_f i_{sq} - \dfrac{n_p}{J} T_L \\ \dfrac{\mathrm{d}i_{sd}}{\mathrm{d}t} = -\dfrac{R_s}{\sigma L_s} i_{sd} + \dfrac{1}{\sigma} \omega i_{sq} + \dfrac{L_m R_f}{\sigma L_s L_f} I_f + \dfrac{1}{\sigma L_s} u_{sd} - \dfrac{L_m}{\sigma L_s L_f} U_f \\ \dfrac{\mathrm{d}i_{sq}}{\mathrm{d}t} = -\omega i_{sd} - \dfrac{R_s}{L_s} i_{sq} - \dfrac{L_m}{L_s} \omega I_f + \dfrac{1}{L_s} u_{sq} \\ \dfrac{\mathrm{d}I_f}{\mathrm{d}t} = \dfrac{L_m R_s}{\sigma L_s L_f} i_{sd} - \dfrac{L_m}{\sigma L_s} \omega i_{sq} - \dfrac{R_f}{\sigma L_f} I_f - \dfrac{L_m}{\sigma L_s L_f} u_{sd} + \dfrac{1}{\sigma L_f} U_f \end{cases} \tag{7-48}$$

其中，漏磁系数 $\sigma = 1 - \dfrac{L_m^2}{L_s L_f}$。隐极同步电动机动态结构图如图 7-18 所示。由式(7-48)和图 7-18 可知，同步电动机也是个非线性、强耦合的多变量系统，若考虑阻尼绕组的作用和凸

极效应时，动态模型更为复杂，与异步电动机相比，其非线性、强耦合的程度有过之而无不及。为了达到良好的控制效果，往往采用电流闭环控制的方式，实现对象的近似解耦。

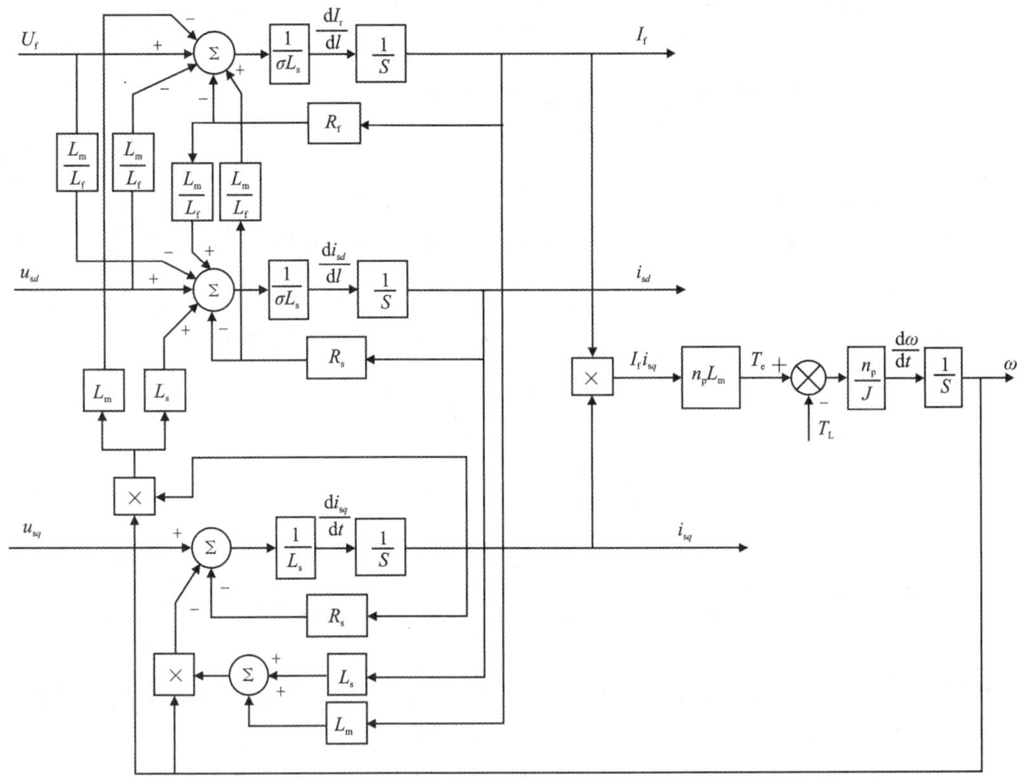

图 7-18　隐极同步电动机动态结构图

二、可控励磁同步电动机矢量控制系统

根据同步电动机数学模型，可以求出矢量控制算法，得到相应的同步电动机矢量控制系统。可以选择不同的磁链矢量作为定向坐标轴，如按气隙磁链定向、按定子磁链定向、按转子磁链定向、按阻尼磁链定向等。

现以可控励磁隐极同步电动机为例，论述同步电动机按气隙磁链定向的矢量控制系统。在正常运行时，为保持同步电动机的气隙磁链恒定，常采用按气隙磁链定向。忽略阻尼绕组的作用，在可控励磁同步电动机中，除转子直流励磁外，定子磁动势还产生电枢反应，直流励磁与电枢反应合成起来产生气隙磁链。

同步电动机气隙磁链 ψ_g 是指与定子和转子交链的主磁链，沿 dq 轴分解得 ψ_g 在 dq 坐标系的表达式

$$\begin{cases}\psi_{gd} = L_m i_{sd} + L_m I_f \\ \psi_{gq} = L_m i_{sq}\end{cases} \tag{7-49}$$

将定子磁链

$$\begin{cases}\psi_{sd}=L_{ls}i_{sd}+L_{m}i_{sd}+L_{m}I_{f}=L_{ls}i_{sd}+\psi_{gd}\\ \psi_{sq}=L_{ls}i_{sq}+L_{m}i_{sq}=L_{ls}i_{sq}+\psi_{gq}\end{cases}\tag{7-50}$$

代入式(7-41)得电磁转矩为

$$T_{e}=n_{p}(\psi_{gd}i_{sq}-\psi_{gq}i_{sd})\tag{7-51}$$

气隙磁链矢量可以用其幅值和角度来表示

$$\psi_{g}=\psi_{g}e^{j\theta_{g}}=\sqrt{\psi_{gd}^{2}+\psi_{gq}^{2}}e^{j\arctan\frac{\psi_{gq}}{\psi_{gd}}}\tag{7-52}$$

式中：θ_g 为气隙磁链矢量与 d 轴的夹角。

定义 mt 坐标系，使 m 轴与气隙合成磁链矢量重合，t 轴与 m 轴正交。再将定子三相电流合成矢量 $\dot{i}_s$ 沿 m、t 轴分解为励磁分量 i_{sm} 和转矩分量 i_{st}，同样，将励磁电流矢量 $\dot{I}_f$ 分解成 i_{fm} 和 i_{ft}，见图 7-19。其中，ψ_g 为气隙磁链，i_g 为忽略铁损时的等效励磁电流。

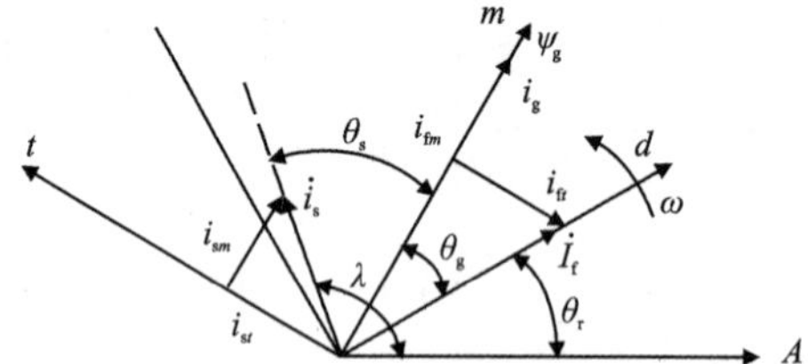

图 7-19　可控励磁同步电动机空间矢量图

将定子电流矢量 $\dot{i}_s$ 和励磁电流矢量 $\dot{I}_f$ 变换到 mt 坐标系，即将这两个矢量沿气隙磁链方向分解，得到励磁分量和转矩分量与在 dq 坐标系中相应分量的关系为

$$\begin{bmatrix}i_{sm}\\ i_{st}\end{bmatrix}=\begin{bmatrix}\cos\theta_{g} & \sin\theta_{g}\\ -\sin\theta_{g} & \cos\theta_{g}\end{bmatrix}\begin{bmatrix}i_{sd}\\ i_{sq}\end{bmatrix}\tag{7-53}$$

$$\begin{bmatrix}i_{fm}\\ i_{ft}\end{bmatrix}=\begin{bmatrix}\cos\theta_{g} & \sin\theta_{g}\\ -\sin\theta_{g} & \cos\theta_{g}\end{bmatrix}\begin{bmatrix}I_{f}\\ 0\end{bmatrix}\tag{7-54}$$

考虑到按气隙磁链定向，则

$$\begin{bmatrix}\psi_{gm}\\ \psi_{gt}\end{bmatrix}=\begin{bmatrix}\cos\theta_{g} & \sin\theta_{g}\\ -\sin\theta_{g} & \cos\theta_{g}\end{bmatrix}\begin{bmatrix}\psi_{gd}\\ \psi_{gq}\end{bmatrix}=\begin{bmatrix}L_{m}i_{sm}+L_{m}i_{fm}\\ L_{m}i_{st}+L_{m}i_{ft}\end{bmatrix}=\begin{bmatrix}L_{m}i_{g}\\ 0\end{bmatrix}\tag{7-55}$$

由此导出

$$\left.\begin{aligned}i_{g}&=i_{sm}+i_{fm}\\ i_{st}&=-i_{ft}\end{aligned}\right\}\tag{7-56}$$

式(7-53)和式(7-55)的逆变换分别为

$$\begin{bmatrix}i_{sd}\\ i_{sq}\end{bmatrix}=\begin{bmatrix}\cos\theta_{g} & -\sin\theta_{g}\\ \sin\theta_{g} & \cos\theta_{g}\end{bmatrix}\begin{bmatrix}i_{sm}\\ i_{st}\end{bmatrix}\tag{7-57}$$

$$\begin{bmatrix}\psi_{gd}\\ \psi_{gq}\end{bmatrix}=\begin{bmatrix}\cos\theta_{g} & -\sin\theta_{g}\\ \sin\theta_{g} & \cos\theta_{g}\end{bmatrix}\begin{bmatrix}\psi_{gm}\\ \psi_{gt}\end{bmatrix}\tag{7-58}$$

将式(7-57)和式(7-58)代入式(7-51)并整理得到同步电动机的电磁转矩

$$T_{e}=n_{p}\psi_{gm}i_{st}=-n_{p}\psi_{gm}i_{ft}\tag{7-59}$$

同步电动机由三相平衡正弦电压供电，当电动机处于稳定运行状态时，定子相电压为

$$\begin{cases} u_A = U_m\cos(\omega_1 t) \\ u_B = U_m\cos\left(\omega_1 t - \dfrac{2\pi}{3}\right) \\ u_C = U_m\cos\left(\omega_1 t - \dfrac{4\pi}{3}\right) \end{cases} \tag{7-60}$$

按定义的空间矢量表达式，三相合成电压矢量为

$$\dot{u}_s = \sqrt{\frac{3}{2}}\dot{U}_m e^{j\omega_1 t} = \dot{U}_s e^{j\omega_1 t} \tag{7-61}$$

定子相电流为

$$\begin{cases} i_A = I_m\cos(\omega_1 t - \varphi) \\ i_B = I_m\cos\left(\omega_1 t - \varphi - \dfrac{2\pi}{3}\right) \\ i_C = I_m\cos\left(\omega_1 t - \varphi - \dfrac{4\pi}{3}\right) \end{cases} \tag{7-62}$$

其中，φ 为功率因数角。可以证明，三相合成电流矢量为

$$\begin{aligned} \dot{i}_s = \sqrt{\frac{2}{3}}\Big[& I_m\cos(\omega_1 t - \varphi) + I_m\cos\left(\omega_1 t - \varphi - \frac{2\pi}{3}\right)e^{j\gamma} + \\ & I_m\cos\left(\omega_1 t - \varphi - \frac{4\pi}{3}\right)e^{j2\gamma}\Big] = \sqrt{\frac{3}{2}}I_m e^{j(\omega_1 t - \varphi)} = \dot{I}_s e^{j(\omega_1 t - \varphi)} \end{aligned} \tag{7-63}$$

以上分析表明，电压相量与电流相量的相位差等于合成矢量的夹角。忽略定子电阻和漏抗，则电压相量 $\dot{U}_m$ 超前气隙磁通相量 $\dot{\Phi}_g$（或磁链相量 $\dot{\Psi}_g$）$\frac{\pi}{2}$ 。将气隙磁通相量 $\dot{\Phi}_g$ 与气隙磁链矢量 $\dot{\Psi}_g$ 重合，可得如图 7-20 所示的可控励磁同步电动机空间矢量图和时间相量图。根据图 7-20 可知，功率因数角 $\varphi = \frac{\pi}{2} - \theta_s$ 。

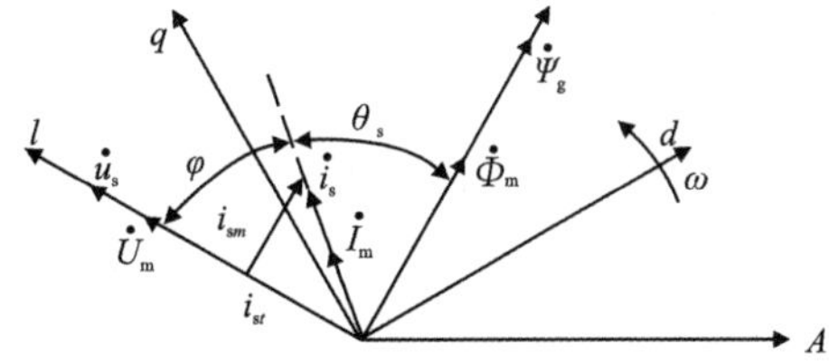

图 7-20　可控励磁同步电动机空间矢量图和时间相量图

由式(7-59)可知，按气隙磁链定向后，同步电动机的转矩公式与直流电动机转矩表达式相同。只要保证气隙磁链 ψ_{gm} 恒定，控制定子电流的转矩分量 i_{st} 就可以方便灵活地控制同步电动机的电磁转矩，问题是如何能够保证气隙磁链恒定和准确地按气隙磁链定向。

第一个问题是如何保证气隙磁链恒定，由式(7-55)可知，要保证气隙磁链 ψ_{gm} 恒定，只要使 $i_g = i_{sm} + i_{fm}$ 恒定即可，定子电流的励磁分量 i_{sm} 可以从同步电动机期望的功率因数值求出。一般说来，希望功率因数 $\cos\varphi = 1$ ，即 $\theta_s = \frac{\pi}{2}$ ，也就是说，希望 $i_{sm} = 0$ 。因此，由期望功

率因数确定的 i_{sm} 可作为矢量控制系统的个给定值。

第二个问题是如何准确地按气隙磁链定向。由上述分析可得

$$i_s = \sqrt{i_{sm}^2 + i_{st}^2} \tag{7-64}$$

$$\theta_s = \arctan\frac{i_{st}}{i_{sm}} \tag{7-65}$$

$$I_f = \sqrt{i_{fm}^2 + i_{ft}^2} \tag{7-66}$$

$$\theta_g = \arctan\frac{-i_{ft}}{i_{fm}} = \arctan\frac{i_{st}}{i_{fm}} \tag{7-67}$$

考虑到 θ_g 逆时针为正，故式(7-67)中 i_{ft} 前取负号。

以 A 轴为参考坐标轴，则 d 轴的位置角为 $\theta_r = \int\omega\,\mathrm{d}t$ ，可以通过电机轴上的位置传感器 BQ 测得或通过 ω 积分得到。于是，定子电流空间矢量 $\dot{i}_s$ 与 A 轴的夹角 λ 为

$$\lambda = \theta_r + \theta_g + \theta_s \tag{7-68}$$

因此，定子电流空间矢量 $\dot{i}_s$ 与 A 轴的夹角的期望值

$$\lambda^* = \theta_r + \theta_g^* + \theta_s^* = \theta_r + \arctan\frac{i_{st}^*}{i_{fm}^*} + \arctan\frac{i_{st}^*}{i_{sm}^*} \tag{7-69}$$

若使功率因数 $\cos\varphi = 1$ ，$\theta_s = \dfrac{\pi}{2}$ ，则

$$\lambda^* = \theta_r + \theta_g^* + \theta_s^* = \theta_r + \arctan\frac{i_{st}^*}{i_{fm}^*} + \frac{\pi}{2} \tag{7-70}$$

由定子电流空间矢量的期望值 i_s^* 和相位角的期望值 λ^* 可以求出三相定子电流给定值

$$\begin{cases} i_A^* = i_s^*\cos\lambda^* \\ i_B^* = i_s^*\cos\left(\lambda^* - \dfrac{2\pi}{3}\right) \\ i_C^* = i_s^*\cos\left(\lambda^* + \dfrac{2\pi}{3}\right) \end{cases} \tag{7-71}$$

按照式(7-64)～式(7-71)构成同步电动机矢量运算器，如图 7-21 所示，用以控制同步电动机的定子电流和励磁电流，即可实现同步电动机的矢量控制。由于采用了电流计算，所以又称之为基于电流模型的同步电动机矢量控制系统。

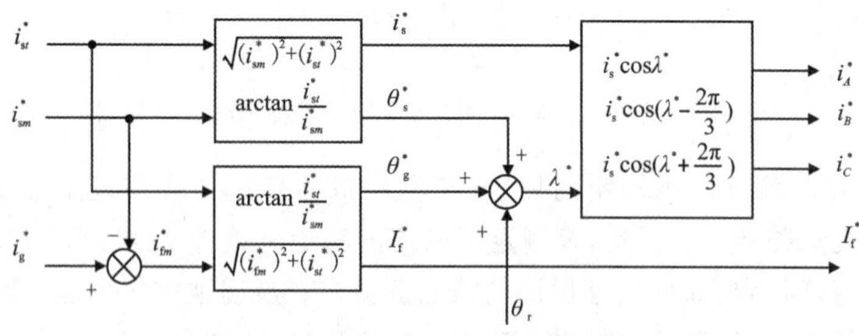

图 7-21　同步电动机矢量运算器

已知定子电流空间矢量 $\dot{i}_s$ 与 A 轴的夹角 $\lambda = \theta_r + \theta_g + \theta_s$ ，对 λ 求导，并将式(7-65)～式

(7-67)代入,得定子电流空间矢量 i_s 的旋转角速度为

$$\begin{aligned}\omega_{i_s} &= \frac{d\lambda}{dt} = \frac{d\theta_r}{dt} + \frac{d\theta_g}{dt} + \frac{d\theta_s}{dt} \\ &= \omega + \frac{d}{dt}\left(\arctan\frac{i_{st}}{i_{fm}}\right) + \frac{d}{dt}\left(\arctan\frac{i_{st}}{i_{sm}}\right) \\ &= \omega + \frac{i_{fm}}{i_{fm}^2 2 + i_{st}^2}\frac{di_{st}}{dt} - \frac{i_{st}}{i_{fm}^2 + i_{st}^2}\frac{di_{fm}}{dt} + \frac{i_{sm}}{i_{sm}^2 + i_{st}^2}\frac{di_{st}}{dt} - \frac{i_{st}}{i_{sm}^2 + i_{st}^2}\frac{di_{sm}}{dt}\end{aligned} \tag{7-72}$$

而 mt 坐标系旋转角速度为

$$\begin{aligned}\omega_1 &= \frac{d\theta_r}{dt} + \frac{d\theta_g}{dt} = \omega + \frac{d}{dt}\left(\arctan\frac{i_{st}}{i_{fm}}\right) \\ &= \omega + \frac{i_{fm}}{i_{fm}^2 + i_{st}^2}\frac{di_{st}}{dt} - \frac{i_{st}}{i_{fm}^2 + i_{st}^2}\frac{di_{fm}}{dt}\end{aligned} \tag{7-73}$$

式(7-72)和式(7-73)表明,在动态过程中,电流角频率 ω_{i_s} 和气隙磁链的角频率 ω_1 并不等于转子旋转角速度 ω,即动态转差 $\Delta\omega \neq 0$ 。只有达到稳态时,三者才相等,即 $\omega_1 = \omega = \omega_{i_s}$,达到同步状态。

图 7-22 所示的可控励磁同步电动机矢量控制系统采用了和直流电动机调速系统相仿的双闭环控制结构。转速调节器 ASR 的输出是转矩给定信号 T_e^*,按照式(7-59),T_e^* 除以气隙磁链 ψ_g^* 得到定子电流转矩分量的给定信号 i_{st}^*,ψ_g^* 除以 L_m 得到气隙励磁电流的给定信号 i_g^*;另外,按功率因数要求得到定子电流励磁分量给定信号 i_{sm}^*。将 i_g^*、i_{st}^*、i_{sm}^* 和来自位置传感器 BQ 的 d 轴位置 θ_r 角一起送入矢量运算器,计算出定子三相电流的给定信号 i_A^*、i_B^*、i_C^* 和励磁电流给定信号 I_f^*。通过 ACR 和 AFR 实行电流闭环控制,使实际电流 i_A、i_B、i_C 及 I_f 跟随其给定值变化,获得良好的动态性能。当负载变化时,及时地调节定子电流和励磁电流,以保持同步电动机的气隙磁通、定子电动势及功率因数不变。

当同步电动机运行在基速以上,即 $\omega > \omega_N$ 时,应减小气隙磁链给定值 ψ_g^*,使得 i_g^* 和 I_f^* 减小,系统工作在弱磁状态,如图 7-22 所示。

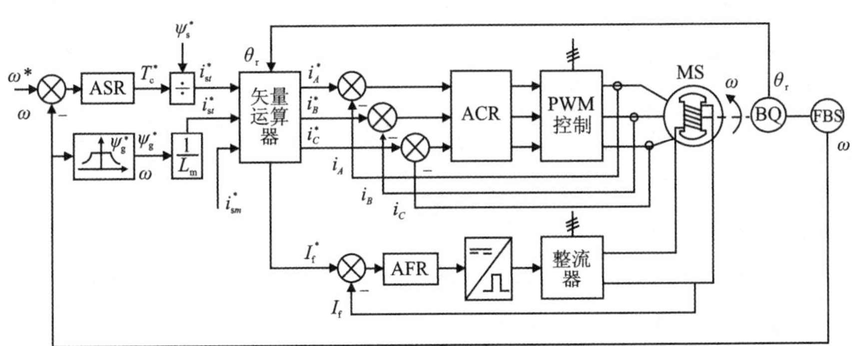

ASR. 转速调节器;ACR. 三相电流调节器;AFR. 励磁电流调节器;BQ. 位置传感器;FBS. 测速反馈环节。

图 7-22　可控励磁同步电动机基于电流模型的矢量控制系统

上述的矢量控制系统是在一定的近似条件下得到的。实际上,同步电动机常常是凸极的,其直轴(d 轴)和交轴(q 轴)磁路不同,因而电感值也不一样,而且转子中的阻尼绕组对系

统性能有一定影响，定子绕组电阻及漏抗也有影响。考虑到这些因素以后，实际系统矢量运算器的算法要复杂得多。对于凸极同步电动机除了 $i_{sm}=0$ 的控制外，还有最大转矩/电流控制、最大输出功率控制等其他控制方式。

三、正弦波永磁同步电动机矢量控制系统

正弦波永磁同步电动机具有定子三相分布绕组和永磁转子，在磁路结构和绕组分布上保证定子绕组中的感应电动势具有正弦波形，外施的定子电压和电流也应为正弦波，一般靠交流PWM变压变频器提供。永磁同步电动机一般没有阻尼绕组，转子由永磁体材料构成，无励磁绕组。永磁同步电动机具有幅值恒定、方向随转子位置变化（位于 d 轴）的转子磁动势 F_r，图 7-23 为永磁同步电动机物理模型。

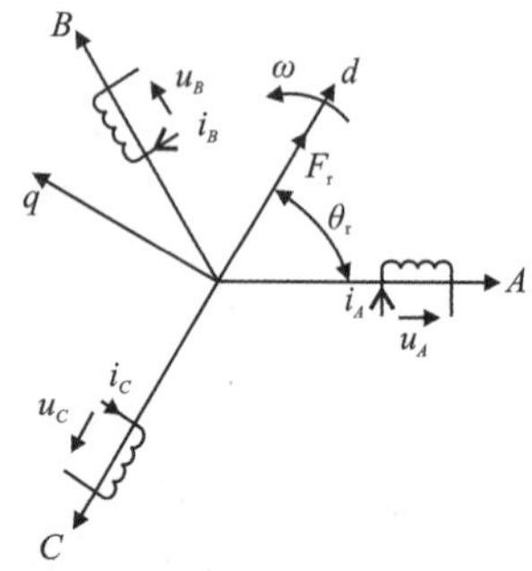

图 7-23　永磁同步电动机物理模型

假想永磁同步电动机的转子由一般导磁材料构成，转子带有一个虚拟的励磁绕组，该绕组在通以虚拟的励磁电流 I_f 时，产生的转子磁动势与永磁同步电动机的转子磁动势 F_r 相等，L_f 为虚拟励磁绕组的等效电感。由此可知，永磁同步电动机可以与一般的电励磁同步电动机等效，唯一的差别是虚拟励磁电流 I_f 恒定，即 $I_f=$ 常数，且 $\frac{dI_f}{dt}=0$，相当于虚拟励磁绕组由恒定的电流源供电。

由于定子绕组与电励磁同步电动机相同，故定子电压方程式(7-39)也适用于永磁同步电动机。考虑凸极效应时，磁链方程为

$$\left.\begin{aligned}\psi_{sd}&=L_{sd}I_{sd}+L_{md}I_f\\ \psi_{sq}&=L_{sq}i_{sq}\\ \psi_f&=L_{md}i_{sd}+L_fI_f\end{aligned}\right\}\tag{7-74}$$

转矩方程为

$$T_e=n_p(\psi_{sd}i_{sq}-\psi_{sq}i_{sd})=n_p[L_{md}I_fi_{sq}+(L_{sd}-L_{sq})i_{sd}i_{sq}]\tag{7-75}$$

将磁链方程式(7-74)代入电压方程式(7-39)，并考虑到 $\frac{dI_f}{dt}=0$，得

$$\begin{bmatrix}u_{sd}\\u_{sq}\end{bmatrix}=\begin{bmatrix}R_s&-\omega L_{sq}\\ \omega L_{sd}&R_s\end{bmatrix}\begin{bmatrix}i_{sd}\\i_{sq}\end{bmatrix}+\begin{bmatrix}L_{sd}&0\\0&L_{sq}\end{bmatrix}\frac{d}{dt}\begin{bmatrix}i_{sd}\\i_{sq}\end{bmatrix}+\begin{bmatrix}0\\ \omega L_{md}\end{bmatrix}I_f\tag{7-76}$$

以 ω、i_{sd}、i_{sq} 为状态变量，u_{sd}、u_{sq}、I_f 为输入变量，T_L 为扰动输入，则永磁同步电动机的状态方程为

$$\begin{cases}\frac{d\omega}{dt}=\frac{n_p}{J}(T_e-T_L)=\frac{n_p^2}{J}[L_{md}I_fi_{sq}+(L_{sd}-L_{sq})i_{sd}i_{sq}]-\frac{n_p}{J}T_L\\ \frac{di_{sd}}{dt}=-\frac{R_s}{L_{sd}}i_{sd}+\frac{L_{sq}}{L_{sd}}\omega i_{sq}+\frac{1}{L_{sd}}u_{sd}\\ \frac{di_{sq}}{dt}=-\frac{L_{sd}}{L_{sq}}\omega i_{sd}-\frac{R_s}{L_{sq}}i_{sq}-\frac{L_{md}}{L_{sq}}\omega I_f+\frac{1}{L_{sq}}u_{sq}\end{cases}\tag{7-77}$$

与电励磁的同步电动机相比较，永磁同步电动机的数学模型阶次低，非线性强，耦合程度有所减弱。

永磁同步电动机常采用按转子磁链定向控制，由式(7-74)求得

$$I_f = \frac{\psi_f - L_{md} i_{sd}}{L_f} \tag{7-78}$$

代入转矩方程式(7-75)，得

$$T_e = n_p \left[\frac{L_{md}}{L_f} \psi_f i_{sq} - \frac{L_{md}^2}{L_f} i_{sd} i_{sq} + (L_{sd} - L_{sq}) i_{sd} i_{sq} \right] \tag{7-79}$$

在基频以下的恒转矩工作区中，控制定子电流矢量使之落在 q 轴上，即令 $i_{sd} = 0$，$i_{sq} = i_s$，图 7-24(a)是永磁同步电动机按转子磁链定向并使 $i_{sd} = 0$ 时空间矢量图。此时，磁链方程成为

$$\begin{cases} \psi_{sd} = L_{md} I_f \\ \psi_{sq} = L_{sq} i_s \\ \psi_f = L_f I_f \end{cases} \tag{7-80}$$

电磁转矩方程为

$$T_e = n_p \frac{L_{md}}{L_f} \psi_f i_s \tag{7-81}$$

由于 ψ_f 恒定，电磁转矩与定子电流的幅值成正比，控制定子电流幅值就能很好地控制电磁转矩，和直流电动机完全一样。问题是要准确地检测出转子 d 轴的空间位置，控制逆变器使三相定子的合成电流矢量位于 q 轴上(领先于 d 轴 $\frac{\pi}{2}$)就可以了，比异步电动机矢量控制要简单得多。

由图 7-24(a)的空间矢量图可知，三相电流给定值为

$$\begin{cases} i_A^* = i_s^* \cos\left(\frac{\pi}{2} + \theta_r\right) = -i_s^* \sin\theta_r \\ i_B^* = i_s^* \cos\left(\frac{\pi}{2} + \theta_r - \frac{2\pi}{3}\right) = -i_s^* \sin\left(\theta_r - \frac{2\pi}{3}\right) \\ i_C^* = i_s^* \cos\left(\frac{\pi}{2} + \theta_r + \frac{2\pi}{3}\right) = -i_s^* \sin\left(\theta_r + \frac{2\pi}{3}\right) \end{cases} \tag{7-82}$$

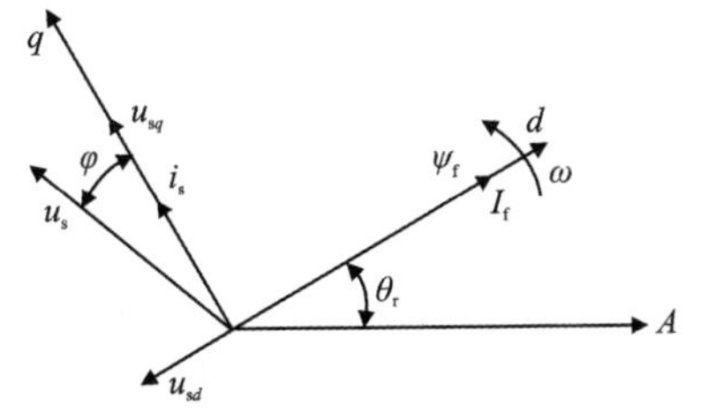

(a) i_{sd}=0，恒转矩调速

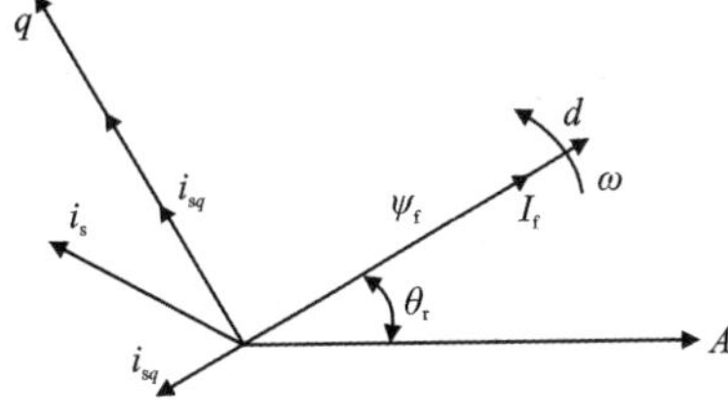

(b) i_{sd}<0，弱磁恒功率调速

图 7-24　永磁同步电动机转子磁链定向空间矢量图

θ_r 角是旋转的 d 轴与静止的 A 轴之间的夹角，由转子位置检测器测出。电流给定信号

i_s^* 经过正弦调制后，得三相电流给定信号 i_A^* 、i_B^* 、i_C^* ，相应的矢量运算器如图 7-25 所示。经三相电流闭环控制使实际电流快速跟随给定值，达到期望的控制效果。

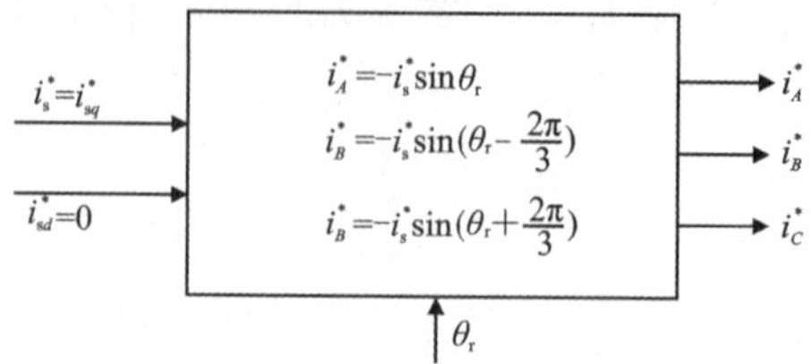

$i_s^*=i_{sq}^*$
$i_{sd}^*=0$
$i_A^*=-i_s^*\sin\theta_r$
$i_B^*=-i_s^*\sin(\theta_r-\frac{2\pi}{3})$
$i_B^*=-i_s^*\sin(\theta_r+\frac{2\pi}{3})$
i_A^*
i_B^*
i_C^*
θ_r

图 7-25　按转子磁链定向并使 $i_{sd}=0$ 的永磁同步电动机矢量运算器

按转子磁链定向并使 $i_{sd}=0$ 的永磁同步电动机矢量控制系统原理框图示于图 7-26，和直流电动机调速系统一样，转速调节器 ASR 的输出正比于电磁转矩的定子电流给定值。

系统到达稳态时，电压方程为

$$\begin{cases} u_{sd}=-\omega\psi_{sq}=-\omega L_{sq}i_s \\ u_{sq}=R_s i_{sq}+\omega\psi_{sd}=R_s i_s+\omega L_{md}I_f \end{cases} \tag{7-83}$$

由式(7-80)和式(7-83)可知，当负载增加时，定子电流 i_s 增大，使定子磁链和反电动势加大，迫使定子电压升高。定子电压矢量和电流矢量的夹角 φ 也会增大，造成功率因数降低，其空间矢量图如图 7-24(a)所示。

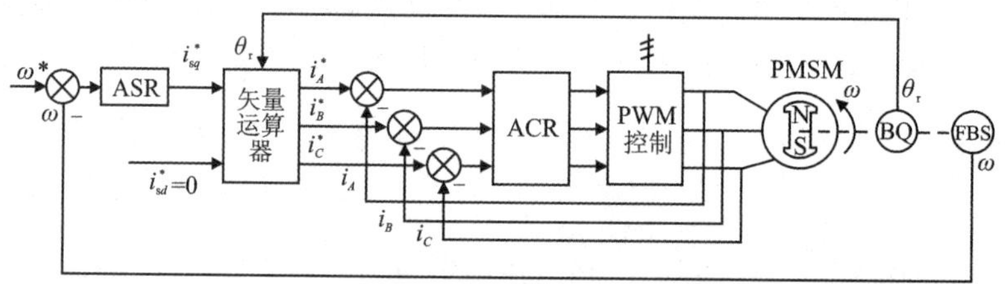

图 7-26　按转子磁链定向并使 $i_{sd}=0$ 的永磁同步电动机矢量控制系统

如果需要基速以上的弱磁调速，最简单的办法是利用电枢反应削弱励磁，使定子电流的直轴分量 $i_{sd}<0$ ，其励磁方向与转子磁动势 F_r 相反，起去磁作用，这时的矢量图如图 7-24(b)所示，图 7-25 的矢量运算器也应作相应的变化。但是，由于稀土永磁材料的磁导率与空气相仿，磁阻很大，相当于定转子间有很大的等效气隙，利用电枢反应弱磁的方法需要较大的定子电流直轴去磁分量，因此常规的正弦波永磁同步电动机在弱磁恒功率区运行的效果很差，只有在短期运行时才可以接受。如果要长期弱磁工作，必须采用特殊的弱磁方法，这是永磁同步电动机设计的专门问题。

在按转子磁链定向并使 $i_{sd}=0$ 的正弦波永磁同步电动机自控变频调速系统中，定子电流与转子永磁磁通互相独立，控制系统简单，转矩恒定性好，脉动小，可以获得很宽的调速范围。它的缺点是：①当负载增加时，定子电压升高，为了保证足够的电源电压，电控装置需有足够的容量，而有效利用率却不大；②负载增加时，定子电压矢量和电流矢量的夹角也会增大，造成功率因数降低；③在常规情况下，弱磁恒功率的长期运行范围不大。

第三节 永磁同步电机直接转矩控制系统

前面介绍了同步电动机的矢量控制，同步电动机也可采用直接转矩控制，本节将介绍可控励磁同步电动机和正弦波永磁同步电动机的直接转矩控制系统

一、可控励磁同步电动机直接转矩控制系统

以可控励磁隐极同步电动机为例，论述同步电动机直接转矩控制系统。同步电动机定子磁链

$$\psi_s = \psi_s e^{j\theta} = \sqrt{\psi_{sd}^2 + \psi_{sq}^2}\, e^{j\arctan\frac{\psi_{sq}}{\psi_{sd}}} \tag{7-84}$$

按定子定向磁链坐标系（仍称作 mt 坐标系），使 m 轴与定子合成磁链矢量重合，t 轴与 m 轴正交，如图 7-27 所示。

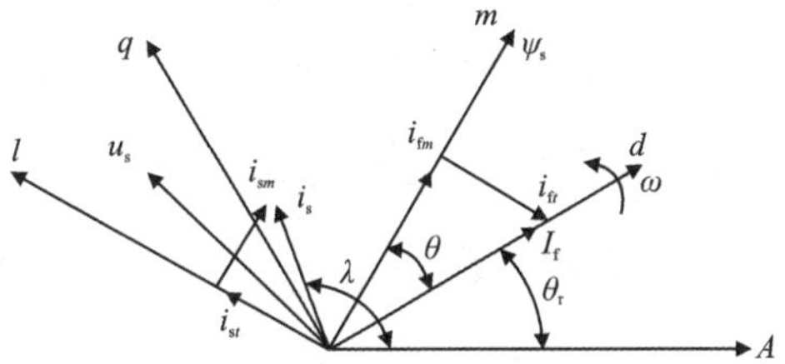

图 7-27 可控励磁隐极同步电动机空间矢量图

考虑到按定子磁链定向，则

$$\begin{bmatrix}\psi_{sm}\\ \psi_{st}\end{bmatrix} = \begin{bmatrix}\cos\theta & \sin\theta\\ -\sin\theta & \cos\theta\end{bmatrix}\begin{bmatrix}\psi_{sd}\\ \psi_{sq}\end{bmatrix} = \begin{bmatrix}L_s i_{sm} + L_m i_{fm}\\ L_s i_{st} + L_m i_{ft}\end{bmatrix} = \begin{bmatrix}L_s i_{sm} + L_m i_{fm}\\ 0\end{bmatrix} = \begin{bmatrix}\psi_s\\ 0\end{bmatrix} \tag{7-85}$$

由此导出

$$i_{st} = -\frac{L_m}{L_s} i_{ft} \tag{7-86}$$

将

$$\begin{bmatrix}i_{sd}\\ i_{sq}\end{bmatrix} = \begin{bmatrix}\cos\theta & -\sin\theta\\ \sin\theta & \cos\theta\end{bmatrix}\begin{bmatrix}i_{sm}\\ i_{st}\end{bmatrix}$$
$$\begin{bmatrix}\psi_{sd}\\ \psi_{sq}\end{bmatrix} = \begin{bmatrix}\cos\theta & -\sin\theta\\ \sin\theta & \cos\theta\end{bmatrix}\begin{bmatrix}\psi_s\\ 0\end{bmatrix} \tag{7-87}$$

代入式(7-41)，整理得到同步电动机的电磁转矩为

$$T_e = n_p \psi_s i_{st} = -n_p \frac{L_m}{L_s} \psi_s i_{ft} \tag{7-88}$$

按定子磁链定向坐标系（mt 坐标系）的状态方程为

$$\begin{cases}\dfrac{d\omega}{dt}=\dfrac{n_p^2}{J}i_{st}\psi_s-\dfrac{n_p}{J}T_L\\ \dfrac{d\psi_s}{dt}=-R_si_{sm}+u_{sm}\\ \dfrac{di_{sm}}{dt}=\dfrac{1}{\sigma L_sT_r}\psi_s-\dfrac{R_sL_r+R_rL_s}{\sigma L_sL_r}i_{sm}+(\omega_1-\omega)i_{st}-\dfrac{L_m}{\sigma L_sL_r}u_{fm}+\dfrac{u_{sm}}{\sigma L_s}\\ \dfrac{di_{st}}{dt}=\dfrac{1}{\sigma L_s}\omega\psi_s-\dfrac{R_sL_r+R_rL_s}{\sigma L_sL_r}i_{st}+(\omega_1-\omega)i_{sm}-\dfrac{L_m}{\sigma L_sL_r}u_{ft}+\dfrac{u_{st}}{\sigma L_s}\end{cases} \tag{7-89}$$

坐标系旋转角速度为

$$\omega_1=\frac{u_{st}-R_si_{st}}{\psi_s} \tag{7-90}$$

励磁电流为

$$I_f=\sqrt{i_{fm}^2+i_{ft}^2} \tag{7-91}$$

在理想空载时，$T_e^*=0$，$i_{st}=0$，$I_f=i_{fm}$，$\psi_{sm}=L_si_{sm}+L_mi_{fm}$，$i_{fm}$对定子磁链起主导作用，通过电压矢量的作用对$i_{sm}$做适当调整，将定子磁链$\psi_{sm}$限定在一定的范围内。当$T_e^*\neq 0$时，定子侧施加合适的电压矢量，使电磁转矩快速跟随给定值，由于$T_e=n_p\psi_{sm}i_{st}=-n_p\dfrac{L_m}{L_s}\psi_{sm}i_{ft}$，所以必须及时调整$i_{ft}$。由此可知，励磁电流给定为

$$I_f^*=\sqrt{i_{fm}^{*2}+i_{ft}^{*2}}=\sqrt{\left(\frac{\psi_s^*}{L_m}\right)^2+\left(\frac{T_e^*}{n_p\psi_s^*}\right)^2} \tag{7-92}$$

图 7-28 为可控励磁隐极同步电动机直接转矩控制系统，采用励磁电流I_f闭环控制，图中ASR、AFR和ATR分别为速度调节器、定子磁链调节器和转矩调节器。速度调节器ASR采用PI调节器，定子磁链调节器AFR采用带有滞环的双位式控制器，转矩调节器ATR采用带有滞环的三位式控制器。图中，定子磁链给定ψ_s^*与实际转速ω有关，在额定转速以下，ψ_s^*保持恒定，在额定转速以上，ψ_s^*随着ω的增加而减小。

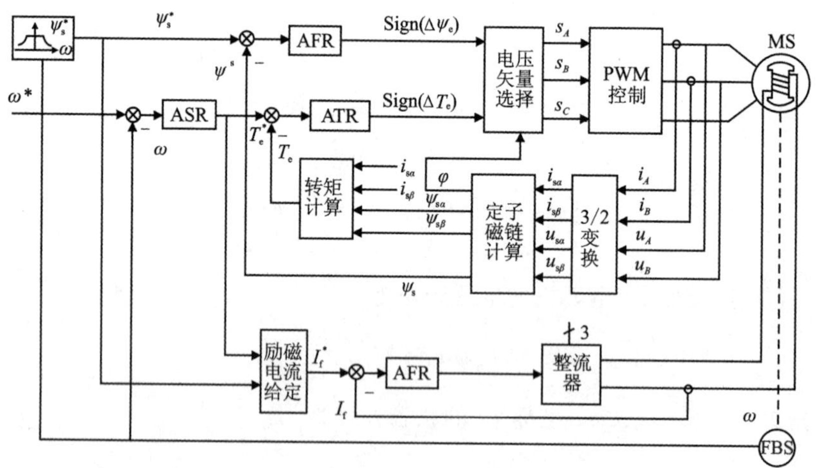

图 7-28　可控励磁隐极同步电动机直接转矩控制系统

二、正弦波永磁同步电动机直接转矩控制系统

由上一节可知永磁同步电动机的转子磁动势为 F_r，虚拟励磁电流为 I_f，虚拟励磁绕组的等效电感为 L_f。

由式(7-75)和式(7-77)可知，永磁同步电动力的主导转矩为

$$T_e = n_p L_{md} I_f i_{sq} \tag{7-93}$$

由于虚拟励磁电流 I_f 为常数，无法改变，只能通过 i_{sq} 控制转矩。图 7-29 为永磁同步电动机空间矢量图，分析思路即是选取合适的电压矢量就可控制转矩。永磁同步电动机直接转矩控制系统如图 7-30 所示。

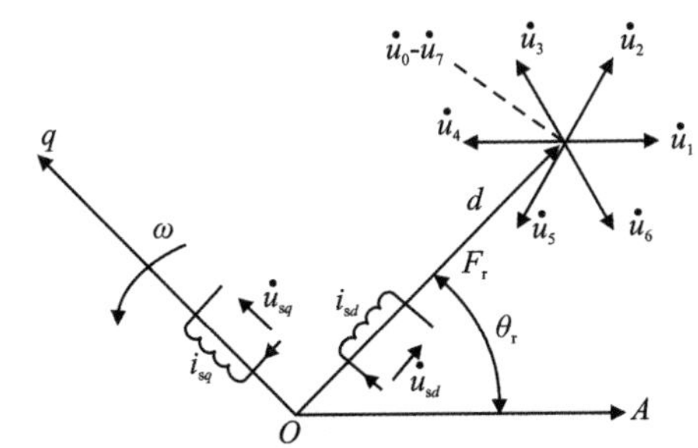

图 7-29　永磁同步电动机空间矢量图

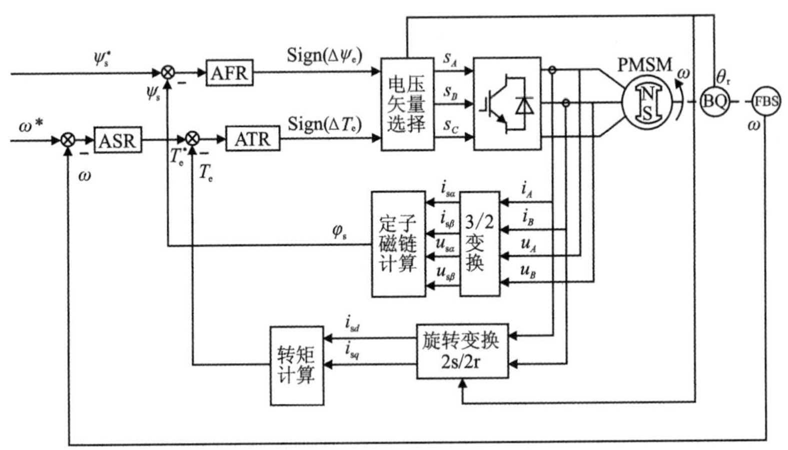

图 7-30　永磁同步电动机直接转矩控制系统

直接转矩控制系统需采用两相静止坐标（$\alpha\beta$ 坐标）计算定子磁链，而避开旋转坐标变换。$\alpha\beta$ 坐标系上定子电压方程为

$$\begin{cases} \dfrac{\mathrm{d}\psi_{s\alpha}}{\mathrm{d}t} = -R_s i_{s\alpha} + u_{s\alpha} \\ \dfrac{\mathrm{d}\psi_{s\beta}}{\mathrm{d}t} = -R_s i_{s\beta} + u_{s\beta} \end{cases} \tag{7-94}$$

移向并积分后得

$$\begin{cases} \psi_{s\alpha} = \int (u_{s\alpha} - R_s i_{s\alpha}) \mathrm{d}t \\ \psi_{s\beta} = \int (u_{s\beta} - R_s i_{s\beta}) \mathrm{d}t \end{cases} \tag{7-95}$$

然后，依据式(7-75)可以计算电磁转矩 T_e，控制部分从图 7-28 可以看到，ASR、AFR 和 ATR 分别为速度调节器、定子磁链调节器和转矩调节器。速度调节器 ASR 采用 PI 调节器，定子磁链调节器 AFR 采用带有滞环的双位式控制器，转矩调节器 ATR 采用带有滞环的三位式控制器。

第八章　数字伺服基础知识

数字伺服系统又称计算机控制系统，它是在自动控制技术和计算机技术高速发展的基础上产生的。20 世纪 50 年代中期，经典控制理论已经发展得十分成熟，在很多工程技术领域中得到成功应用。如今计算机控制已广泛应用于各类技术工程和工业生产制造过程的控制中。人们在计算机控制推广应用的技术实践中不断总结、创新，完善计算控制系统的分析设计理论和方法，促进工程实现技术的不断发展。目前，计算机控制已经成为以控制理论和计算机技术为基础的一门新的工程科学技术，是从事自动化技术工作的科技人员必须掌握的一门专业知识。本章将系统讲述有关数字控制系统的基本原理、连续系统离散化设计方法以及直接离散控制的原理及设计。

第一节　数字控制系统的基本原理

一、数字控制系统概述

计算机在工业控制中主要有两个方面的作用：一方面，对复杂控制系统进行数字仿真和科学计算；另一方面，作为控制系统中的重要组成部分，完成各种控制任务。如图 8-1 所示的一个连续时间闭环控制系统的工作原理是通过检测装置对被控对象的被控参数（温度、压力、流量、速度、位移等）进行测量，再由变换发送装置将被测参数变换成电信号，同时反馈给控制器。控制器将反馈回来的信号与给定信号进行比较求得误差，控制器按照某种控制算法对误差进行计算，并产生控制信号驱动执行机构工作，从而使被控参数的值达到期望值或者与给定值一致。综上所述，自动控制系统的主要工作是完成信号的传递、加工、比较和控制。这些功能是由检测装置、变换发送装置、控制器和执行机构来实现的。其中控制器是控制系统中的核心，它对控制系统的控制性能和应用范围起着决定性作用。

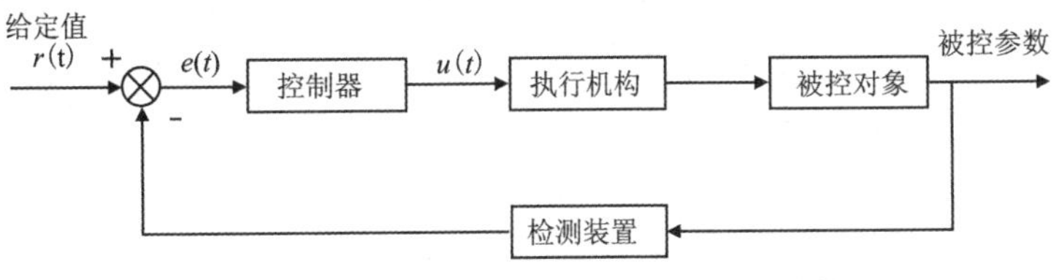

图 8-1　连续时间闭环控制系统的典型结构

当将连续控制系统中的控制器的功能用计算机或数字控制装置来实现时，便形成了数字控制系统，又称计算机控制系统，其基本框图如图 8-2 所示。

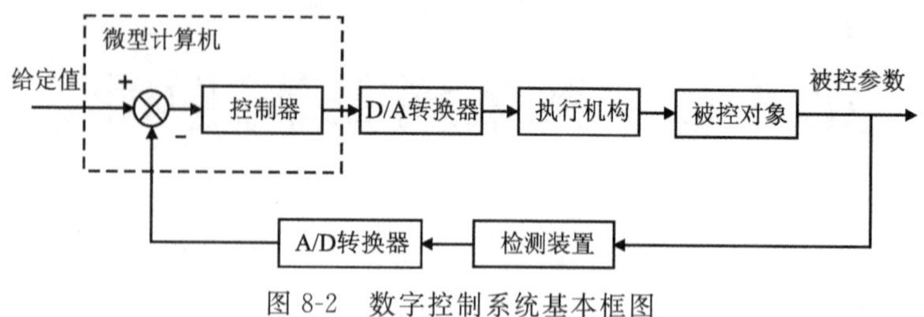

图 8-2　数字控制系统基本框图

计算机是计算机控制系统中的核心装置，是系统中信号处理和决策的机构，相当于控制系统的神经中枢。计算机控制系统是由硬件和软件两部分组成的。

(一)硬件组成

计算机控制系统的硬件主要由主机、外部设备、过程输入输出设备和被控对象组成，如图 8-3所示。

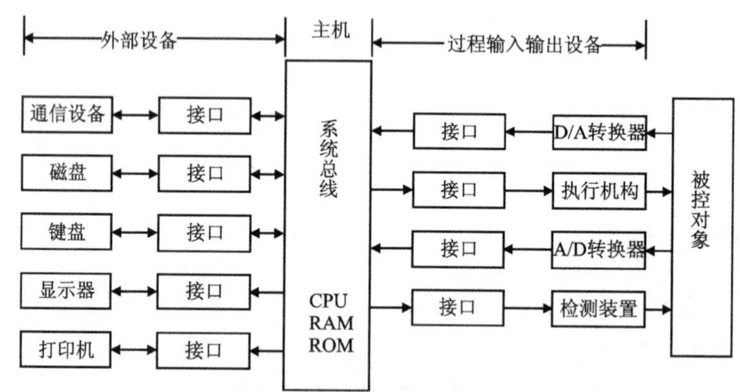

图 8-3　计算机控制系统的硬件组成框图

现对计算机控制系统分述如下。

1. 主机

由中央处理器(CPU)和内存储器(RAM 和 ROM)通过系统总线连接的主机是计算机的核心，也是整个控制系统的核心。它按照预先存放在内存中的程序、指令，不断通过过程输入设备获取反映被控对象运行工况的信息，并按程序中规定的控制算法，或操作人员通过键盘输入的操作命令自动地进行运算和判断，及时地产生并通过过程输出设备向被控对象发出相应的控制命令，以实现对被控对象的自动控制。

2. 外部设备

常用的外部设备有输入设备、输出设备、外存储器和通信设备 4 类。其中键盘为输入设备，打印机和显示器为输出设备，磁盘为外存储器，通信设备则用于与其他计算机系统进行通信，形成规模更大、功能更强的网络分布式计算机控制系统（图 8-3）。

3. 过程输入输出设备

过程输入输出（简称 I/O）设备是计算机与被控对象之间信息联系的桥梁和纽带，计算机与被控对象之间的信息传递都是通过 I/O 设备进行的。I/O 设备分为过程输入设备和过程输出设备。其中，过程输入设备包括模拟输入通道（简称 A/D 通道）和开关量输入通道（简称 DI 通道），过程输出设备包括模拟输出通道（简称 D/A 通道）和开关量输出通道（简称 DO 通道）。

4. 被控对象

一般来说，被控对象是连续模拟环节，而计算机输出数字信号，该信号经 D/A 转换、保持器后成为连续信号，加到被控对象上。在以后的分析中，将保持器、执行机构以及被控对象看作整体，称为广义被控对象。

（二）软件组成

硬件构成的计算机控制系统只是一个硬件系统，还必须配备相应的软件系统才能实现所预期的各种自动控制功能。软件是计算机工作程序的统称，软件系统亦即程序系统，是实现预期信息处理功能的各种程序的集合。计算机控制系统软件系统不仅关系到硬件功能的发挥，而且关系到控制系统的控制品质和操作管理水平。计算机控制系统的软件通常由系统软件和应用软件两大软件组成。

系统软件即为计算机通用性软件，主要包括数据结构、操作系统、数据库系统和一些公共服务软件（如各种计算机语言编译、程序诊断以及网络通信等软件）。应用软件是计算机在系统软件支持下实现各种应用功能的专用程序。计算机控制系统的应用软件一般包括控制程序，过程输入和输出接口程序，人机接口程序，显示、打印、报警和故障联锁程序等。一般情况下，应用软件由计算机控制系统设计人员根据所确定的硬件系统和软件环境来开发编写。

二、数字控制系统的信号变换

数字计算机只能接收和处理二进制代码，这些二进制代码可以表示某一种物理量的大小或某个数值，称为数字信号。实际系统中的被控量大都是在时间上连续的信号，一般称为模拟量或连续量。因此计算机控制系统也可以称为数字控制系统、离散控制系统或采样控制系统，而模拟控制系统也称为连续控制系统。

离散系统与模拟系统的根本区别在于模拟系统中的给定量、反馈量和控制量都是连续型的时间函数。在离散系统中，通过计算机进行处理的给定量、反馈量和控制量只能是在时间上离散的数字信号。把计算机引入模拟系统作为控制器使用，构成了计算机控制系统，由于两者之间的信息表示形式和运算形式不同，所以在设计和分析计算机控制系统时，要首先对两种不同的信息进行处理。

图 8-4 所示为典型计算机控制系统的信号变换过程：一个连续模拟信号（在时间上连续、

幅值上模拟的信号)按一定的采样周期经过 A/D 转换器变换为离散数字信号(在时间上离散、幅值上是二进制代码的信号),计算机对其进行数学运算后,再经过 D/A 转换器后重新变换为连续模拟信号送入被控对象。在整个过程中,A/D 和 D/A 转换器构成了信号转换的重要桥梁。

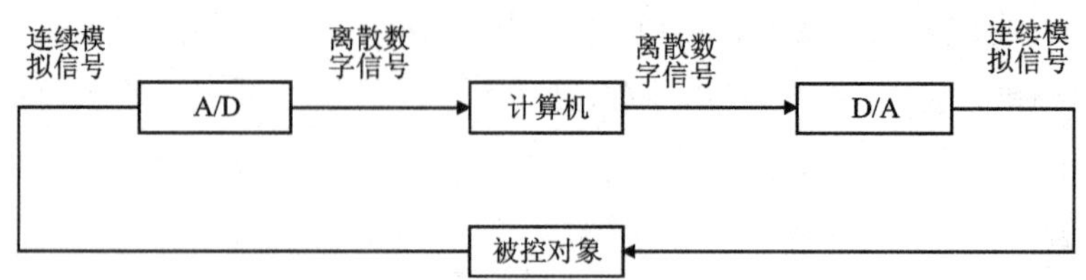

图 8-4　计算机控制系统的信号变换过程

要将连续模拟信号转换为离散数字信号,A/D 转换器通常需按顺序完成采样、量化及编码这 3 种转换,其过程如图 8-5 所示。首先通过采样将时间连续的模拟信号转换为时间离散的模拟信号,然后经过量化将幅值连续的模拟信号进行量化转换为幅值离散的信号,最后通过编码得到二进制代码。

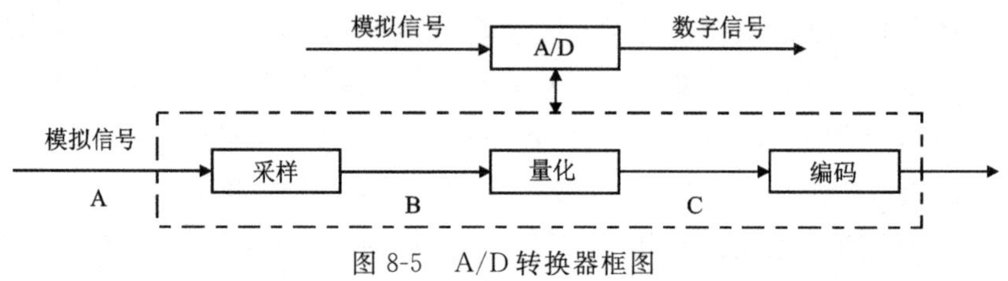

图 8-5　A/D 转换器框图

(一)采样与理想采样器

所谓采样,就是一种作用或过程,取某样东西的一小部分用于测试或分析。在计算机控制系统中,将连续信号转变成离散信号要通过采样器进行采样。一般来说,采样器可以看成是按一定要求而工作的"开关",采样过程如图 8-6 所示。

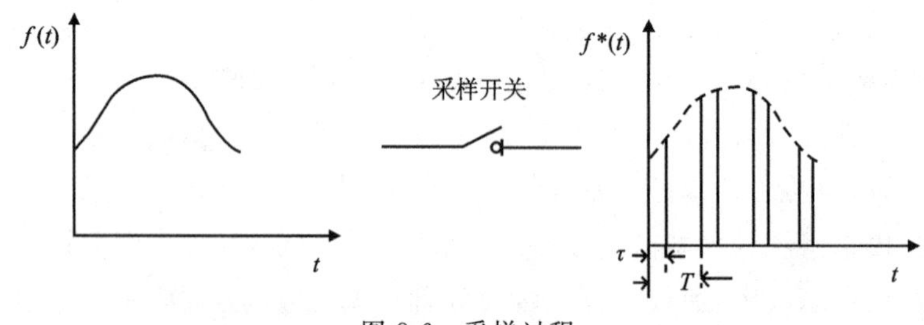

图 8-6　采样过程

根据采样器开关形式的不同,可以分为周期采样、随机采样、同步采样、非同步采样和多速采样。其中,计算机控制系统最常用的是周期采样。

（二）采样定理与采样周期的选择

在计算机控制系统中对连续信号进行采样时，要用采样到的离散信号序列代表相应的连续信号来参与控制运算。显然，只有采样到的离散信号序列才能够表达相应连续信号的基本特征，这种采样才是合理有效的。这个序列和采样周期的选取是密切相关的。采样周期选择过大，采样信号含有的原来连续信号的信息量过少，以至于无法从采样信号看出连续信号的特征；如果采样周期足够小，就只损失很少量的信息，从而有可能从采样信号重构原来的连续信号，则可以用离散信号实施有效的控制。香农（Shannon）采样定理则在理论上定量地给出了采样频率的选择原则。

香农采样定理：如果对一个具有有限频谱的连续信号 $f(t)$进行连续采样，当采样频率满足

$$\omega_s \geqslant 2\omega_{max} \tag{8-1}$$

则采样信号 $f^*(t)$能无失真地复现原来的连续信号 $f(t)$。

式中：$\omega_s = \dfrac{2\pi}{T}$ 为采样频率；ω_{max} 为连续信号 $f(t)$的最高频率。

采样周期 T（或采样频率 ω_s）是计算机控制系统设计的重要参数之一。一般来说，减小采样周期 T 有利于控制系统性能，T 越小，采样信号的信息损失越小，信号恢复精度越高。但是 T 过小会使控制系统调节过于频繁，使执行机构不能及时响应并加快其磨损，增加运算次数，使得计算机负担加重，同时还要求计算机有更高的运算速度。然而 T 过大，会使采样信号不能及时反映连续测量信号的基本变化规律，同时还会因为控制不及时导致控制系统动态品质恶化，甚至导致控制系统不稳定。所以，应该合理选取采样周期 T，尽可能地避免其过大或过小。

采样定理虽然给出了不产生“混叠效应”的采样频率 ω_s 的下限值（或采样周期 T 的上限值），但如前所述，采样定理是在理想条件下推得的，信号 $f(t)$的最高频率 ω_{max} 不好确定，不能直接用来确定采样周期。在工程实际中，计算机控制系统的采样周期 T 的选取通常是以采样定理为理论指导原则，按照计算机输入的模拟信号和被控对象的动态特性或控制系统的频域指标，并结合工程经验来进行折中选取。常用方法有如下几种。

1. 直接按照工程经验选取

对于工业过程控制对象，被控变量随时间变化的速度一般都比较缓慢，其采样周期 T 可以取为秒量级的，变化最快的流量信号，采样周期 T 也可取为 1s。

2. 按照开环系统频率特性截止频率 ω_s 选取

对于电机控制系统，尤其是快速随动系统，采样周期 T 的选取较为严格，应该认真、仔细地考虑，常根据控制系统的动态品质指标来选取。

3. 按开环传递函数选取

如果已知系统开环传递函数，可以按照传递函数中时间常数或最小自然振荡周期来选取采样周期。

4. 按照开环系统阶跃响应上升时间 t_r 选取

对于过阻尼系统，t_r 取单位阶跃响应到达其稳态值 y_∞ 的 63.2% 的时间（相当于一阶系统的时间常数）。对于欠阻尼系统，t_r 取单位阶跃响应第一次到达其稳态值 y_∞ 的时间。阶跃响应的初始阶段反映了响应中的高频分量，所以按照 t_r 选取采样周期 T，就相当于按照响应中的高频分量的周期选取 T，一般

$$T = \frac{t_r}{2 \sim 4} \tag{8-2}$$

（三）量化与编码

数字计算机中的信号是以二进制代码的形式来表示的，而任何一个二进制代码都是某一最小单位数值的整数倍，即计算机只能处理在数值上离散的数据。由于采样信号的幅值仍然是连续的，理论上具有无穷多位，因此需要将其变换成幅值为离散的信号，这个过程称为量化。换句话说，量化是将采样信号的幅值按最小量化单位取整。

如果用一个 n 位的二进制数来逼近在 $V_{\min} \sim V_{\max}$ 范围内变化的采样信号，得到的数字量在 $0 \sim (2^n - 1)$ 之间，那么最低有效位所对应的模拟量 q 称为量化单位，即

$$q = (V_{\max} - V_{\min})/(2^n - 1) \tag{8-3}$$

量化过程是用 q 去度量采样值幅值大小的小数规整过程，因而存在量化误差。如果采用的是四舍五入，量化误差的最大值为 $\pm q/2$ 。量化误差随机地分布在 $+q/2 \sim -q/2$ 之间，其误差取决于 A/D 转换器的位数。当 A/D 转换器的位数足够多时，可以忽略量化误差。

当采样信号经过量化之后，就可以将其转化为二进制代码的形式，这一过程称为编码。编码只是信号表示形式的改变，可将他看作是无误差的等效变换过程。

三、采样信号的恢复与保持器

数字计算机作为控制系统的信息处理装置，信息处理的结果输出一般有两种方式：一种是以直接数字输出，直接以数字形式输出；另一种是把数字信号转换成模拟信号输出。将计算机输出的数字控制信号转换成模拟信号必须经过 D/A 转换，变成连续的模拟控制信号才可以作用于控制对象，以实现控制或调节功能。D/A 转换是 A/D 转换的逆过程，其中包括两个转换过程，数字量到模拟量转换和离散序列信号到连续信号转换。D/A 转换是将数字信号的数字量幅值转换为模拟量幅值，其转换特性可以认为是线性的和即时的，离散信号到连续信号的转换，称为采样的逆过程，又称信号恢复或重构过程，由保持器来完成。

在将离散二进制代码转化为连续模拟信号的过程中，D/A 转换器需要完成解码和保持这两种转换，其过程如图 8-7 所示。解码是编码的反向变换，将幅值为二进制数字信号转换为幅值离散的信号，它与编码一样都是无误差的等效变换；而保持是采样的反向变换，将时间离散转化为时间连续的信号，图 8-8 所示为 F、G、H 处的信号形式，需要指出图中 H 点显示的信号是经过零阶保持器得到的，其在幅值上是离散的，当采用其他保持器（如一阶保持器）时 H 处信号的幅值也为连续的。

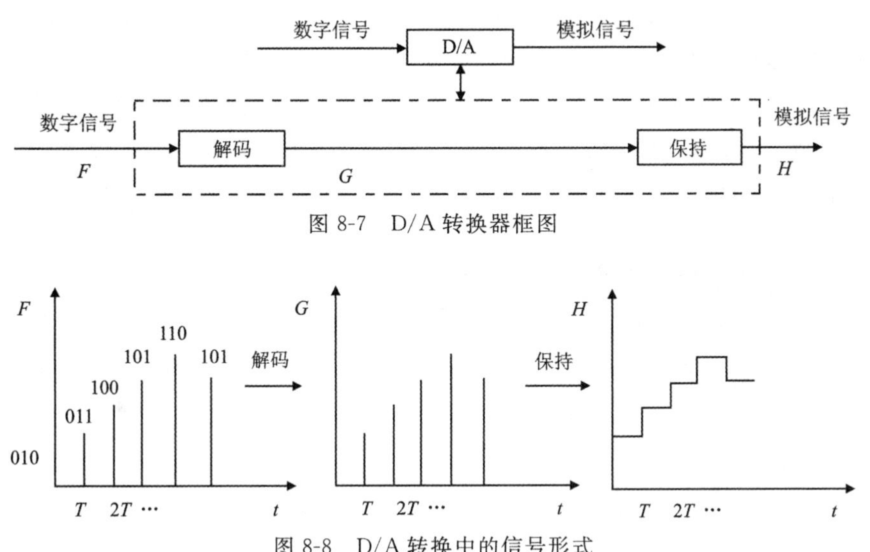

图 8-7　D/A 转换器框图

图 8-8　D/A 转换中的信号形式

保持器的作用表现在两个方面：一是由于采样信号仅在采样开关闭合时刻有输出，而在其余时刻输出为零，所以在两次采样开关闭合的中间时刻，存在一个采样信号如何进行保持的问题，从数学上来讲，就是解决两个采样点之间的插值问题；二是保持器还要完成一部分滤波器的作用，所以信号的保持过程也必须从频谱的角度加以考虑。根据采样定理，当 $\omega_s > 2\omega_{max}$ 时，连续信号 $f(t)$经过采样开关后，在离散信号 $f^*(t)$ 的频谱 $|F^*(j\omega)|$ 中除包含与连续信号频谱 $|F(j\omega)|$ 对应的主频谱外，还有无穷多个附加的旁频谱。离散系统的旁频谱在系统中相当于扰动信号，导致在被控制信号中产生额外的反应误差。因此，希望将离散频谱中的旁频谱在到达系统的输出端之前能够全部滤掉。

考虑模拟信号 $f(t)$，已知采样点的值为 $f(kT)$，则可以在该点邻域进行泰勒级数展开

$$f(t) = f(kT) + f(kT)(t-kT) + \frac{1}{2}f''(kT)(t-kT)^2 + \cdots \tag{8-4}$$

可以用式(8-4)在采样点之间进行插值。式中含有 $f(kT)$ 的导数项 $f'(kT)$、$f''(kT)$ 是未知的，但可以采用如下方式进行估计。

$$\begin{cases} f'(kT) = \dfrac{1}{T}[f(kT) - f[(k-1)T]] \\ f''(kT) = \dfrac{1}{T}[f'(kT) - f'[(k-1)T]] \end{cases} \tag{8-5}$$

实际上，一般只取前一项或两项对采样点之间进行外推或插值，若取一项称为零阶保持器，取两项称为一阶保持器。在工程上大都采用零阶保持器，在硬件制作方面也容易实现。

第二节　连续系统离散化设计方法

连续域-离散化设计是先在连续域（s 平面）完成分析、设计，得到满足性能指标的连续控制系统，然后再离散化，得到与连续系统指标相接近的数字控制系统。如果连续控制系统已

经具备，则可以直接将它离散化，必要时再配置一些补偿网络，使之达到原连续控制系统的性能指标。使用连续域-离散化设计方法的好处是可以利用多年来获得的连续控制系统设计和实践经验，所以目前许多数字控制系统仍然按照这种方法进行设计。这种方法的不足之处是设计出来的系统的采样频率一般较高，而且带有一定的近似性。本小节将着重阐述连续域-离散化设计的基本原理和各种离散化方法。

一、连续域-离散化设计的基本原理

连续控制系统如图 8-9 所示，其中 $D(s)$ 为连续系统满足系统性能指标的控制器传递函数。现在的目的就是将连续传递函数 $D(s)$ 离散为脉冲传递函数(或称 z 传递函数) $D(z)$，这样就得到如图 8-10 所示的数字控制系统。

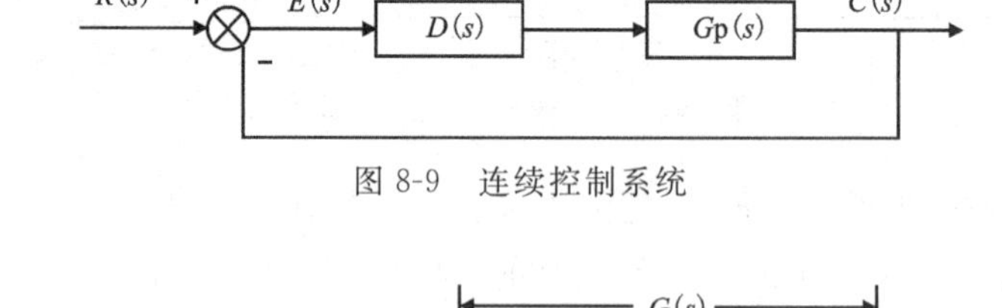

图 8-9　连续控制系统

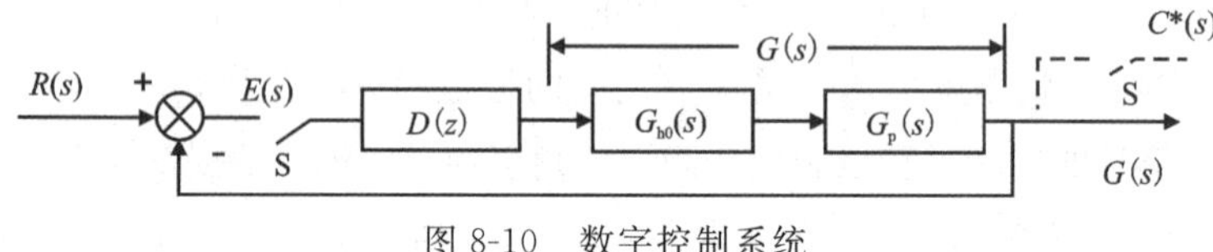

图 8-10　数字控制系统

图 8-10 中，$D(z)$ 为数字控制系统的脉冲传递函数，$G_{h0}(s)=\dfrac{1-e^{-Ts}}{s}$ 为零阶保持器传递函数，$G_p(s)$ 为被控对象传递函数，$G(s)=G_{h0}(s)G_p(s)$ 称为广义被控对象的传递函数。

因为在将连续控制器转变为离散控制器的过程中，零阶保持器的引入给系统带来了滞后因素，因而必须对这种转换进行性能指标的校验。

将连续控制器转变为离散控制器的过程分以下 4 个步骤进行：

(1)在设计连续控制器时，把对系统有不利影响的因素考虑进去，即将引起时间滞后的零阶保持器加入连续系统，设计控制器 $D(s)$，检查系统性能指标。如果不满足，修改 $D(s)$。具有零阶保持器的连续系统如图 8-11 所示。在连续域中，处理纯滞后环节是困难的，一般将保持器的传递函数用 Pade 表达式近似表示成有理式。对于零阶保持器来说，表达式为

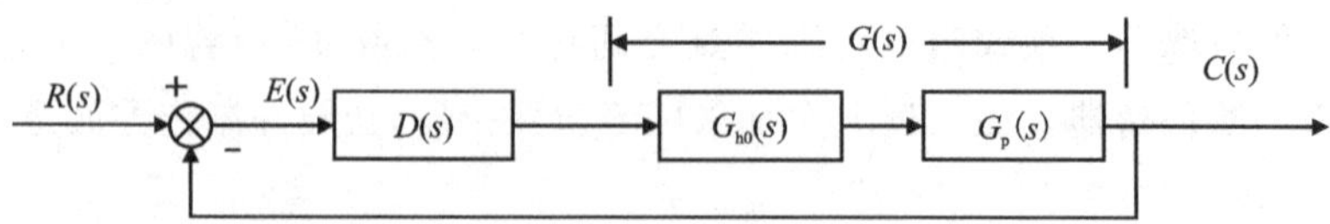

图 8-11　引入保持器的连续控制系统

$$\frac{1-e^{-Ts}}{s}\approx\frac{T}{1+\dfrac{T}{2}s}\quad 或者\quad \frac{1-e^{-Ts}}{s}\approx\frac{T}{1+\dfrac{T}{2}s+\dfrac{(Ts)^2}{2!}} \tag{8-6}$$

(2)将 $D(s)$ 转换成 $D(z)$ 。

(3)控制器转换后的系统为离散系统,检验系统的性能指标。

(4)将 $D(z)$ 转换成数字算法。

二、连续控制器的离散化方法

当前有许多将连续控制器离散化的方法,并且新的方法正在产生。模拟的滤波器如图 8-12所示。

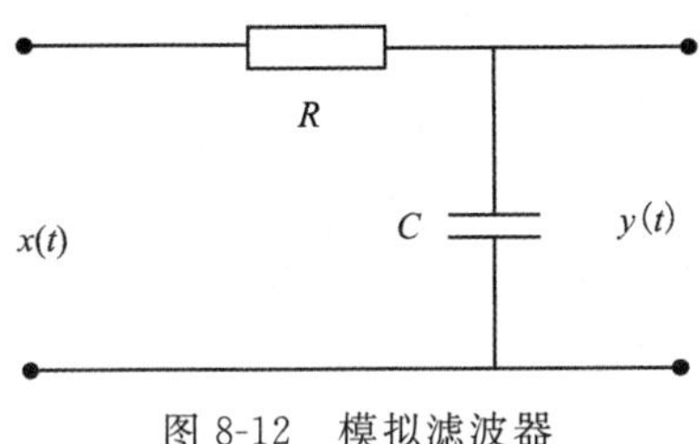

图 8-12　模拟滤波器

该滤波器的传递函数为

$$G(s)=\frac{Y(s)}{X(s)}=\frac{1}{RC+1}=\frac{a}{s+a} \tag{8-7}$$

式中: $a=\dfrac{1}{RC}$,它的等效离散滤波器可由式(8-9)所给的传递函数推出。

$$\frac{\mathrm{d}y(t)}{\mathrm{d}t}+ay(t)=ax(t) \tag{8-8}$$

从式(8-8)研究它的离散化问题。式(8-8)用于描述模拟滤波器的动态特性,本节的内容就是推导出一个差分方程,它的解近似微分方程的解。一旦得出差分方程,求出等效离散滤波器就很简单了。为了评价离散滤波器的性能,不仅要看它的脉冲响应的逼真度,而且还要考察它的频率响应逼真度。

当前常用的控制系统离散化方法共有 6 种,分别为后向差分法、前向差分法、双线性变换法、脉冲响应不变法、阶跃响应不变法和零极点匹配法,前 3 种方法比较简单易用,因此这里主要介绍前 3 种方法。

1. 后向差分法

式(8-8)可以表示为

$$\frac{\mathrm{d}y(t)}{\mathrm{d}t}=-ay(t)+ax(t) \tag{8-9}$$

对式(8-9)两边从 0 到 t 积分

$$\int_0^t \frac{\mathrm{d}y(t)}{\mathrm{d}t}\mathrm{d}t=-a\int_0^t y(t)\mathrm{d}t+a\int_0^t x(t)\mathrm{d}t \tag{8-10}$$

若要求出 $y(t)$ 在每个采样周期 T 时刻的值,则用 kT 代替式(8-10)中的 t,有

$$\int_0^{kT} \frac{\mathrm{d}y(t)}{\mathrm{d}t}\mathrm{d}t=-a\int_0^{kT} y(t)\mathrm{d}t+a\int_0^{kT} x(t)\mathrm{d}t \tag{8-11}$$

即

$$y(kT) - y(0) = -a\int_0^{kT} y(t)\mathrm{d}t + a\int_0^{kT} x(t)\mathrm{d}t \tag{8-12}$$

类似地，把 kT 变成为 $(k-1)T$，则得到

$$y[(k-1)T] - y(0) = -a\int_0^{(k-1)T} y(t)\mathrm{d}t + a\int_0^{(k-1)T} x(t)\mathrm{d}t \tag{8-13}$$

式(8-12)减去式(8-13)，则有

$$y(kT) - y[(k-1)T] = -a\int_{(k-1)T}^{kT} y(t)\mathrm{d}t + a\int_{(k-1)T}^{kT} x(t)\mathrm{d}t \tag{8-14}$$

式(8-14)的右边两项表示由采样时刻 $(k-1)T$ 到 kT 一个采样周期内 $y(t)$、$x(t)$ 的积分，当然可以用各种方法进行数值积分计算。

采用后向差分方法进行积分就是用 $y(kT)\cdot T$、$x(kT)\cdot T$ 分别近似 $\int_{(k-1)T}^{kT} y(t)\mathrm{d}t$、$\int_{(k-1)T}^{kT} x(t)\mathrm{d}t$ 的积分面。

这样式(8-14)就可以表示为

$$y(kT) = y[(k-1)T] - aTy(kT) + aTx(kT) \tag{8-15}$$

式(8-15)的 z 变换为

$$Y(z) = z^{-1}Y(z) - aTY(z) + aTX(z) \tag{8-16}$$

由式(8-16)可以得出

$$\frac{Y(z)}{X(z)} = D(z) = \frac{aT}{1 - z^{-1} + aT} = \frac{a}{\dfrac{1-z^{-1}}{T} + a} \tag{8-17}$$

将式(8-17)同式(8-7)进行比较，可以发现，如果令式(8-7)中的

$$s = \frac{1-z^{-1}}{T} \tag{8-18}$$

则这两个方程的右边相等。在使用后向差分法将模拟滤波器离散化时，式(8-18)即是 s 平面到 z 平面的映射

$$D(z) = D(s)\big|_{s=\frac{1-z^{-1}}{T}} \tag{8-19}$$

因为 s 平面的稳定域为 $\mathrm{Re}(s) < 0$，参考式(8-18)，可以写出 z 平面稳定域为

$$\mathrm{Re}(\frac{1-z^{-1}}{T}) = \mathrm{Re}\left(\frac{z-1}{Tz}\right) < 0 \tag{8-20}$$

T 为正数，将 z 写成 $z = \sigma + \mathrm{j}\omega$，式(8-20)可以写成

$$\mathrm{Re}\left(\frac{\sigma + \mathrm{j}\omega - 1}{\sigma + \mathrm{j}\omega}\right) < 0 \tag{8-21}$$

即

$$\mathrm{Re}\left[\frac{(\sigma + \mathrm{j}\omega - 1)(\sigma - \mathrm{j}\omega)}{(\sigma + \mathrm{j}\omega)(\sigma - \mathrm{j}\omega)}\right] = \mathrm{Re}\left[\frac{\sigma^2 - \sigma + \omega^2 + \mathrm{j}\omega}{\sigma^2 + \omega^2}\right] = \frac{\sigma^2 - \sigma + \omega^2}{\sigma^2 + \omega^2} < 0 \tag{8-22}$$

式(8-22)可以写成

$$\left(\sigma - \frac{1}{2}\right)^2 + \omega^2 < \left(\frac{1}{2}\right)^2 \tag{8-23}$$

由式(8-23)可以看出，s 平面的稳定域映射到 z 平面上以 $\sigma = 1/2$ ，$\omega = 0$ 为圆心，1/2 为半径的圆内，如图 8-13 所示。

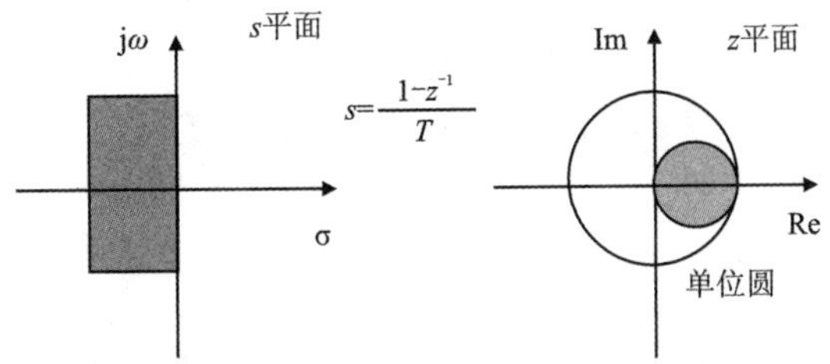

图 8-13 后向差分法 s 平面映射到 z 平面

2. 前向差分法

采用前向差分法时，用 $y[(k-1)T]\cdot T$ 、$x[(k-1)T]\cdot T$ 分别来近似 $\int_{(k-1)T}^{kT} y(t)\mathrm{d}t$ 、$\int_{(k-1)T}^{kT} x(t)\mathrm{d}t$ 的积分面积，式(8-14)就可以写成

$$y(kT) = y[(k-1)T] - aTy[(k-1)T] + aTx[(k-1)T] \tag{8-24}$$

式(8-24)的 z 变换为

$$Y(z) = (1-aT)z^{-1}Y(z) + aTz^{-1}X(z) \tag{8-25}$$

由式(8-24)可以得出

$$\frac{Y(z)}{X(z)} = D(z) = \frac{aTz^{-1}}{1-(1-aT)z^{-1}} = \frac{a}{\frac{1-z^{-1}}{Tz^{-1}}+a} \tag{8-26}$$

将式(8-26)同式(8-7)进行比较，则有

$$D(z) = D(s)\big|_{s=\frac{1-z^{-1}}{Tz^{-1}}} \tag{8-27}$$

使用前向差分方法时，有个严重问题，s 平面的左半平面映射到 z 平面的单位圆外，因为

$$\mathrm{Re}\left(\frac{1-z^{-1}}{Tz^{-1}}\right) = \mathrm{Re}\left(\frac{z-1}{T}\right) < 0 \tag{8-28}$$

令 $z = \sigma + \mathrm{j}\omega$ ，式(8-28)可以写成

$$\mathrm{Re}\left(\frac{\sigma+\mathrm{j}\omega-1}{T}\right) < 0 \tag{8-29}$$

因为 $T > 0$ ，则有 $\sigma - 1 < 0$ 即 $\sigma < 1$ 。

3. 双线性变换法

双线性变换法也叫做梯形积分法，或称为突斯汀(Tustin)变换法。使用这种方法时，用 $\frac{T}{2}\left\{y(kT)+y[(k-1)T]\right\}$ 及 $\frac{T}{2}\left\{x(kT)+x[(k-1)T]\right\}$ 分别近似 $\int_{(k-1)T}^{kT} y(t)\mathrm{d}t$ 和 $\int_{(k-1)T}^{kT} x(t)\mathrm{d}t$ 积分面积。这种积分法时假设两个相邻采样点间函数是线性的。

则式(8-14)可以表示为

$$y(kT)=y[(k-1)T]-\frac{aT}{2}\left\{y(kT)+y[(k-1)T]\right\}+\frac{aT}{2}\left\{x(kT)+x[(k-1)T]\right\} \tag{8-30}$$

式(8-30)的 z 变换为

$$Y(z)=z^{-1}Y(z)-\frac{aT}{2}[Y(z)+z^{-1}Y(z)]+\frac{aT}{2}[X(z)+z^{-1}X(z)] \tag{8-31}$$

即

$$\frac{Y(z)}{X(z)}=D(z)=\frac{\frac{aT}{2}(1+z^{-1})}{(1+z^{-1})+\frac{aT}{2}(1+z^{-1})}=\frac{a}{\frac{2}{T}\frac{1-z^{-1}}{1+z^{-1}}+a} \tag{8-32}$$

将式(8-32)同式(8-7)进行比较,令

$$s=\frac{2}{T}\frac{1-z^{-1}}{1+z^{-1}} \tag{8-33}$$

则

$$D(z)=D(s)\Big|_{s=\frac{2}{T}\frac{1-z^{-1}}{1+z^{-1}}} \tag{8-34}$$

由式(8-33),s 平面的左半平面映射到 z 平面时,其关系为

$$\mathrm{Re}(\frac{2}{T}\frac{1-z^{-1}}{1+z^{-1}})=\mathrm{Re}(\frac{2}{T}\frac{z-1}{z+1})<0 \tag{8-35}$$

由于 $T>0$,将 z 写成 $z=\sigma+\mathrm{j}\omega$,式(8-35)可以简化成

$$\mathrm{Re}\left(\frac{z-1}{z+1}\right)=\mathrm{Re}\left(\frac{\sigma+\mathrm{j}\omega-1}{\sigma+\mathrm{j}\omega+1}\right)=\mathrm{Re}\left(\frac{\sigma^2-1+\omega^2+\mathrm{j}2\omega}{(\sigma+1)^2+\omega^2}\right)<0 \tag{8-36}$$

即

$$\sigma^2+\omega^2<1^2 \tag{8-37}$$

对应于 z 平面单位圆内部。因此,双线性变换将 s 平面上整个左半平面映射到 z 平面上以原点为圆心的单位圆内部(这是 z 平面上的稳定区)。

第三节　直接离散控制的原理与设计

一、直接设计法的原理与步骤

数字控制系统的原理框图如图 8-14 所示。图中 $X(z)$、$U(z)$ 和 $Y(z)$ 分别为系统设定值、输入和输出的 z 变换,$G_d(s)$ 为被控对象,$G_h(s)=(1-e^{-Ts})/s$ 为零阶保持器,$G(z)$ 是 $G_h(s)G_d(s)$ 的等效脉冲传递函数,$D(z)$ 为需要设计的数字控制器。

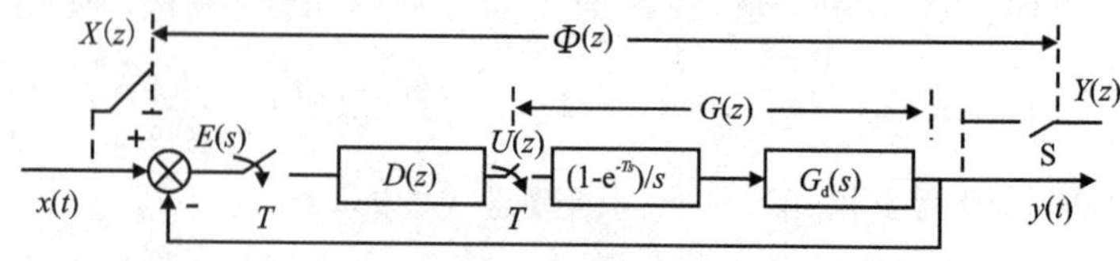

图 8-14　数字控制系统原理框图

该系统的闭环脉冲传递函数

$$\Phi(z)=\frac{Y(z)}{X(z)}=\frac{D(z)G(z)}{1+D(z)G(z)} \tag{8-38}$$

误差脉冲传递函数

$$\Phi_{e}(z)=\frac{E(z)}{X(z)}=\frac{X(z)-Y(z)}{X(z)}=1-\Phi(z)=\frac{1}{1+D(z)G(z)} \tag{8-39}$$

解析法的设计原理就是根据预期的控制指标，直接设计出满足要求的数字控制器 $D(z)$ 。系统预期的控制指标可以通过理想的闭环脉冲传递函数或误差脉冲传递函数来体现，即当闭环脉冲传递函数 $\Phi(z)$ 或误差脉冲传递函数 $\Phi_{e}(z)$ 已经给出时，由式(8-38)和式(8-39)不难得到数字控制器的脉冲传递函数分别为

$$D(z)=\frac{\Phi(z)}{G(z)[1-\Phi(z)]} \tag{8-40}$$

$$D(z)=\frac{1-\Phi_{e}(z)}{G(z)\Phi_{e}(z)} \tag{8-41}$$

式(8-40)和式(8-41)说明，只要选择好 $\Phi(z)$ 或者 $\Phi_{e}(z)$，就可直接求得数字控制器 $D(z)$ 。

根据上面分析，可以得到数字控制器直接设计方法的步骤：

(1)根据控制系统的性质指标要求和约束条件，确定所需的闭环脉冲传递函数 $\Phi(z)$ 或误差脉冲传递函数 $\Phi_{e}(z)$ 。

(2)根据被控对象的传递函数 $G_{d}(s)$ 求其广义对象(零阶保持器和被控对象)的脉冲传递函数 $G(z)=Z[G_{h}(s)G_{d}(s)]$ 。

(3)由式(8-40)或式(8-41)求取数字控制器的脉冲传递函数 $D(z)$ 。

二、最少拍系统设计

所谓最少拍系统就是指该系统在典型输入信号作用下，经过最少个采样周期实现无静差跟踪，因此最少拍系统实际包含最少拍和无静差两层意思。

最少拍数字控制器的一般设计方法适用于在实际被控对象的脉冲传函中含有不稳定零点和极点的情况，同时，根据跟踪输入的特点分为最少拍有纹波和无纹波两种设计方案，其主要的性能指标如下：

(1)系统必须要稳定。

(2)对典型的输入形式稳态误差为零，如阶跃输入时。这分为两种情况：①有纹波系统，在采样时刻稳态误差是零，而在采样点之间则依然存在误差；②无纹波系统，在采样时刻和中间时刻的稳态误差都保持为零，没有上下波动。

(3)在满足以上条件的前提下，系统达到稳态的速度最快。

(一)最少拍系统 $D(z)$ 的设计

为了设计最少拍系统的数字控制器 $D(z)$，先要研究如何根据上述性能要求，构造一个理想的闭环脉冲传递函数或误差传递函数。z 变换的定义为

$$E(z)=\sum_{k=0}^{\infty}e(kT)z^{-k}=e(0)+e(1)z^{-1}+\cdots+e(p)z^{-p}+\cdots \tag{8-42}$$

在设计时要求 p 尽可能小，即最少拍，那么不同的输入信号对 $\Phi_{\mathrm{e}}(z)$ 提出了不同的要求。典型的输入信号及对应的 z 变换有以下几种。

单位阶跃信号

$$x(t)=1(t),X(z)=\frac{1}{1-z^{-1}} \tag{8-43}$$

单位速度信号

$$x(t)=t,X(z)=\frac{Tz^{-1}}{(1-z^{-1})^2} \tag{8-44}$$

单位加速度信号

$$x(t)=\frac{1}{2}t^2,X(z)=\frac{T^2z^{-1}(1+z^{-1})}{2\,(1-z^{-1})^3} \tag{8-45}$$

因此输入信号的一般表达式可表示为

$$X(z)=\frac{A(z)}{(1-z^{-1})^N} \tag{8-46}$$

将其代入误差表达式，得

$$E(z)=\Phi_{\mathrm{e}}(z)X(z)=\frac{\Phi_{\mathrm{e}}(z)A(z)}{(1-z^{-1})^N} \tag{8-47}$$

为使 $E(z)$ 为尽可能少得有限多项式，要选择适当的 $\Phi_{\mathrm{e}}(z)$ 。利用 z 变换的终值定理，稳态偏差为

$$\lim_{k\to\infty}e(kT)=\lim_{z\to1}(1-z^{-1})E(z)=\lim_{z\to1}(1-z^{-1})\Phi_{\mathrm{e}}(z)X(z)=\lim_{z\to1}(1-z^{-1})\,\frac{\Phi_{\mathrm{e}}(z)A(z)}{(1-z^{-1})^N} \tag{8-48}$$

由于 $A(z)$ 中不含 $(1-z^{-1})$ 的因子，那么只有当 $\Phi_{\mathrm{e}}(z)$ 中含有 $(1-z^{-1})^N$ 项时，稳态偏差才能为 0，即 $\Phi_{\mathrm{e}}(z)$ 应取下面的形式

$$\Phi_{\mathrm{e}}(z)=(1-z^{-1})^NF(z) \tag{8-49}$$

其中，$F(z)=1+f_1z^{-1}+f_2z^{-2}+\cdots+f_{\mathrm{n}}z^{-n}$ 。

由式(8-49)求出闭环脉冲传递函数，即

$$\Phi(z)=1-(1-z^{-1})^NF(z) \tag{8-50}$$

$\Phi(z)$ 具有 z^{-1} 的最高次幂为 $N+n$，这表明系统的闭环响应经过 $N+n$ 个采样周期在采样点达到稳态，为实现最少拍，取 $F(z)=1$ 。这样在不同输入下的误差传递函数 $\Phi_{\mathrm{e}}(z)$ 应取如下几种。

单位阶跃输入

$$N=1,\Phi_{\mathrm{e}}(z)=1-z^{-1} \tag{8-51}$$

单位速度输入

$$N=2,\Phi_{\mathrm{e}}(z)=(1-z^{-1})^2 \tag{8-52}$$

单位加速度输入

$$N = 3, \Phi_e(z) = (1 - z^{-1})^3 \tag{8-53}$$

将式(8-51)～式(8-53)分别代入式(8-41)，就得到了不同输入下的数字控制器 $D(z)$ 的表达式。

单位阶跃输入下

$$D(z) = \frac{z^{-1}}{G(z)(1 - z^{-1})} \tag{8-54}$$

单位速度输入下

$$D(z) = \frac{z^{-1}(2 - z^{-1})}{G(z)\,(1 - z^{-1})^2} \tag{8-55}$$

单位加速度输入下

$$D(z) = \frac{z^{-1}(3 - 3z^{-1} + z^{-2})}{G(z)\,(1 - z^{-1})^3} \tag{8-56}$$

其对应的闭环脉冲传递函数如下。

单位阶跃输入下

$$\Phi(z) = z^{-1} \tag{8-57}$$

单位速度输入下

$$\Phi(z) = 2z^{-1} - z^{-2} \tag{8-58}$$

单位加速度输入下

$$\Phi(z) = 3z^{-1} - 3z^{-2} + z^{-3} \tag{8-59}$$

(二)最少拍系统的调整时间

通过分析最少拍系统的调整时间，更能说明最少拍系统设计的物理意义。将式(8-51)～式(8-53)分别代入 $E(z) = \Phi_e(z)X(z)$ 中，就可分别求出在不同输入下 $E(z)$ 的表达式。

单位阶跃输入下

$$E(z) = \Phi_e(z)X(z) = (1 - z^{-1})\,\frac{1}{1 - z^{-1}} = 1 \tag{8-60}$$

单位速度输入下

$$E(z) = \Phi_e(z)X(z) = (1 - z^{-1})^2\,\frac{Tz^{-1}}{(1 - z^{-1})^2} = Tz^{-1} \tag{8-61}$$

单位加速度输入下

$$E(z) = \Phi_e(z)X(z) = (1 - z^{-1})^3\,\frac{T^2 z^{-1}(1 + z^{-1})}{2\,(1 - z^{-1})^3} = \frac{T^2}{2}z^{-1} + \frac{T^2}{2}z^{-2} \tag{8-62}$$

由此可见，系统在 3 种不同输入的作用下，分别经过一拍(T)、两拍($2T$)和三拍($3T$)的调整时间后，系统偏差就可消失，且过渡时间最短。上述讨论可汇总于表 8-1 中。

表 8-1 常见工业过程变量采样周期的选取参考表

$x(t)$	$\Phi_e(t)$	$\Phi(t)$	$D(z)$	过渡时间
$1(t)$	$1-z^{-1}$	z^{-1}	$\dfrac{z^{-1}}{G(z)(1-z^{-1})}$	T
t	$(1-z^{-1})^2$	$2z^{-1}-z^{-2}$	$\dfrac{z^{-1}(2-z^{-1})}{G(z)\ (1-z^{-1})^2}$	$2T$
$\dfrac{t^2}{2}$	$(1-z^{-1})^3$	$3z^{-1}-3z^{-2}+z^{-3}$	$\dfrac{z^{-1}(3-3z^{-1}+z^{-2})}{G(z)\ (1-z^{-1})^3}$	$3T$

(三)数字控制器的可实现条件

在用解析法设计数字控制器 $D(z)$ 时,要考虑到 $D(z)$ 在物理上的可实现性问题。数字控制器 $D(z)$ 的输出信号 $u(n)$,是系统在运行中由计算机经过在线计算得到的。因此 $u(n)$ 只能与当前时刻及以前的偏差信号 $e(n)$、$e(n-1)$、…、$e(n-k)$ 和以前的输出控制信号 $u(n-1)$、$u(n-2)$、…、$u(n-l)$ 有关,而与将来的偏差信号和控制信号无关,这就要求对 $D(z)$ 的形式有所限制。$D(z)$ 的一般表达式为

$$D(z)=\frac{U(z)}{E(z)}=\frac{b_0z^k+b_1z^{k-1}+\cdots+b_k}{a_0z^l+a_1z^{l-1}+\cdots+a_l}\tag{8-63}$$

式(8-63)中要求 $l\geqslant k$,这是因为若 $l<k$,则式(8-63)会出现正次幂。如 $k=l+1$,则

$$D(z)=\frac{U(z)}{E(z)}=\frac{b_0z^{l+1}+b_1z^l+\cdots+b_{l+1}}{a_0z^l+a_1z^{l-1}+\cdots+a_l}=\frac{b_0z+b_1+\cdots+b_{l+1}z^{-l}}{a_0+a_1z^{-1}+\cdots+a_lz^{-l}}\tag{8-64}$$

交叉相乘可得

$$U(z)=\frac{1}{a_0}\left[b_0zE(z)+b_1E(z)+\cdots+b_{l+1}z^{-l}E(z)-a_1z^{-1}U(z)-a_2z^{-2}U(z)-\cdots-a_lz^{-l}U(z)\right]\tag{8-65}$$

两边取 z 反变换,得

$$u(n)=\frac{1}{a_0}\left[b_0e(n+1)+b_1e(n)+\cdots+b_{l+1}e(n-l)-a_1u(n-1)-\cdots-a_lu(n-l)\right]\tag{8-66}$$

这里,$u(n)$ 的计算与 $e(n+1)$ 有关,即 $u(n)$ 要由未来的输入偏差计算,这显然是不可能实现的,因此 $l\geqslant k$ 就是对 $D(z)$ 的一个可实现条件。

(四)最少拍系统的稳定性

由前文可知,最少拍系统的数字控制器

$$D(z)=\frac{\Phi(z)}{G(z)[1-\Phi(z)]}=\frac{\Phi(z)}{G(z)\Phi_e(z)}\tag{8-67}$$

即

$$\Phi(z) = D(z)G(z)\Phi_e(z) \tag{8-68}$$

为了保证闭环系统稳定，闭环脉冲传递函数 $\Phi(z)$ 的极点应全部位于单位圆内。如果被控对象 $G(z)$ 中有不稳定的极点，它就应该被数字控制器 $D(z)$ 或误差传递函数 $\Phi_e(z)$ 的相同零点所抵消。用 $D(z)$ 的零点去抵消 $G(z)$ 的不稳定极点是不妥当的，因为 $D(z)$ 一旦选择后，计算机在执行中各参数是不变的，而被控对象由于工业现场环境的变化或影响，参数会随时变化。这样两者有时就不可能全部抵消，从而不稳定的极点就会反映到闭环传递函数中，造成系统的不稳定。因此，$G(z)$ 中不稳定的极点只能由误差传递函数 $\Phi_e(z)$ 的零点来抵消。在设计最少拍系统选择预期 $\Phi_e(z)$ 时，应考虑这一限制条件，即 $\Phi_e(z)$ 的零点应包含 $G(z)$ 的不稳定极点。当然，这样会使 $\Phi_e(z)$ 变得复杂，误差 $E(z)$ 的展开项数增加，系统过渡过程时间加长。

同理，$G(z)$ 中不稳定的零点，也不应该由 $D(z)$ 或 $\Phi_e(z)$ 的极点所抵消。因为 $D(z)$ 或 $\Phi_e(z)$ 含有不稳定的极点，一旦参数漂移时，不能完全抵消，都会直接反映到闭环传递函数 $\Phi(z)$ 中，导致整个系统不稳定。所以，$G(z)$ 中不稳定的零点只能反映到闭环传递函数 $\Phi(z)$中。此外，当 $G(z) = z^{-N}G_0(z)$ 有纯滞后因子时，滞后因子 z^{-N} 也应包含在 $\Phi(z)$ 中。若用 $D(z)$ 或 $\Phi_e(z)$ 的极点来抵消，必定会使 $D(z)$ 或 $\Phi_e(z)$ 的分子阶次高于分母阶次，这对 $D(z)$ 来说，物理上是不可能实现的。

综上所述，设计最少拍系统时，必须考虑以下几个条件：

(1)为实现无静差，选择 $\Phi_e(z)$ 时，必须针对不同输入选择不同的形式，即

$$\Phi_e(z) = \begin{cases} (1-z^{-1})F(z), x(t) = 1(t) \\ (1-z^{-1})^2F(z), x(t) = t \\ (1-z^{-1})^3F(z), x(t) = t^2/2 \end{cases} \tag{8-69}$$

(2)为保证系统的稳定性，$\Phi_e(z)$ 零点应包含 $G(z)$ 的所有不稳定极点。

(3)为保证 $D(z)$ 物理上的可实现性，$G(z)$ 的所有不稳定零点、滞后因子均应包含在闭环脉冲传递函数 $\Phi(z)$ 中。

(4)为实现最少拍控制，$F(z)$ 应尽可能简单。

(五)最少拍有纹波系统的设计方法

从式(8-40)可以看出，在闭环脉冲传函 $\Phi(z)$ 的表达式中，$D(z)$ 与 $G(z)$ 总是以乘积的形式一起出现，但是它们之间的零、极点对消是不允许的，原因在于如果 $G(z)$ 极点中不稳定的部分被 $D(z)$ 的零点消去后得到的闭环系统是稳定的，那么还要满足极点与零点的对消必须是完全的。当辨识的参数不正确或系统的参数产生漂移时，零、极点不能完全准确的对消，甚至无法保证闭环系统的稳定性。虽然 $D(z)$ 与 $G(z)$ 不能直接对消零、极点，但是系统可以补偿成为稳定系统，前提条件是在选择闭环脉冲传函 $\Phi(z)$ 时，必须满足以下的约束条件。

1. 稳定性

假设被控对象的离散化以后的传函形式为

$$G(z)=\mathscr{L}[G(s)]=\mathscr{L}\left[\frac{1-\mathrm{e}^{-Ts}}{s}G_{\mathrm{p}}(s)\right]=\frac{z^{-m}\prod_{i=1}^{u}(1-b_iz^{-1})}{\prod_{j=1}^{v}(1-a_jz^{-1})}G'(z) \tag{8-70}$$

式中：$b_i(i=1,2,\cdots,u)$为被控对象函数除去单位内部分的零点，个数为 u 个；$a_j(i=1,2,\cdots,v)$为被控对象函数除去单位圆内部分的其他极点，一共是 v 个；$G'(z)$ 是 $G(z)$ 中其他部分；m 代表了被控对象传函离散前 $G_{\mathrm{p}}(s)$ 的延迟部分决定，如果有延迟，则 m 取大于 1 的数值，否则取为 1。

在式(8-40)中可以看出，为了完成对系统的补偿，同时避免 $D(z)$ 在单位圆外或圆上的零、极点与 $G(z)$ 的相应零、极点对消，闭环脉冲传函 $\Phi(z)$ 的约束条件如下：

(1) $[1-\Phi(z)]$ 的零点要含有被控对象函数的极点中，除去单位圆内部分的其他极点，即

$$1-\Phi(z)=\left[\prod_{j=1}^{v}(1-a,z^{-1})\right]S_1(z) \tag{8-71}$$

其中 $S_1(z)$ 为含有 z^{-1} 的表达式，但是被控对象的非稳定极点不包括在内。

(2)被控函数除去在单位圆内的零点部分，其他部分必须包含在 $\Phi(z)$ 零点内，即

$$\Phi(z)=\left[\prod_{i=1}^{u}(1-b_iz^{-1})\right]S_2(z) \tag{8-72}$$

其中 $S_2(z)$ 为 z^{-1} 的多项式，同时也不包含 $G(z)$ 中的不稳定零点。

2. 准确性

当系统的输入为典型形式时，则稳态误差为零，以阶跃输入为例。由图 8-14 可以推导出整个系统的误差传函 $\Phi_{\mathrm{e}}(z)$ 的基本形式为

$$\Phi_{\mathrm{e}}(z)=\frac{\mathrm{E}(z)}{R(z)}=\frac{R(z)-C(z)}{R(z)}=1-\Phi(z) \tag{8-73}$$

则 $E(z)=\Phi_{\mathrm{e}}(z)R(z)=[1-\Phi(z)]R(z)$ 。欲求系统的稳态误差，可以通过中值定理推导出以下方程，即

$$\lim_{k\to\infty}e(kT)=\lim_{z\to1}(1-z^{-1})E(z)=\lim_{z\to1}(1-z^{-1})[1-\Phi(z)]R(z) \tag{8-74}$$

设输入信号形式为

$$r(t)=r_0,r_1t,\frac{r_2}{2!}t^2,\cdots,\frac{r_{q-1}}{(q-1)!}t^{q-1} \tag{8-75}$$

对式(8-75)的输入形式进行响应的 z 变换后，其具体形式为

$$R(z)=\frac{r_0}{1-z^{-1}},\frac{Tz^{-1}}{(1-z^{-1})^2}r_1,\frac{T^2z^{-1}(1+z^{-1})}{(1-z^{-1})^3}r_2,\cdots,\frac{A(z)}{(1-z^{-1})^4} \tag{8-76}$$

整个系统如果欲在 $\dfrac{A(z)}{(1-z^{-1})^q}$ 的输入作用下保持零稳态误差，根据式(8-74)则要求

$$\Phi_{\mathrm{e}}(z)=1-\Phi(z)=(1-z^{-1})^qS_3(z) \tag{8-77}$$

式(8-77)中的 $S_3(z)$ 为 z^{-1} 的多次项形式，但不含有 $(1-z^{-1})$ 部分。式(8-77)与以下的方程组等价。

$$\begin{cases} \Phi(1) = 1 \\ \Phi'(1) = 0 \\ \cdots \\ \Phi^{(q-1)}(1) = 0 \end{cases} \tag{8-78}$$

3. 快速性

快速性要求系统满足以上约束条件的前提下，输出达到稳态的时间最短。根据 $C(z) = \Phi(z)R(z)$ 关系式反映到对 $\Phi(z)$ 的要求是，$\Phi(z)$ 的项数尽可能少。

4. $D(z)$物理上要满足可实现性

为了使系统满足快速性条件，$\Phi(z)$ 的项数必须尽可能少。但是脉冲过渡函数是从 $t=0$ 以后某时刻开始的，由式(8-70)可知，由于被控对象具有 z^{-m} 因子，系统的输出也就延迟了 m 拍。因此 $D(z)$ 的表达式中含有 z 的超前形式是不允许的。而

$$D(z) = \frac{1}{G(z)} \frac{\Phi(z)}{[1-\Phi(z)]} = \frac{\prod_{j=1}^{v}(1-a_j z^{-1})}{z^{-m}\prod_{i=1}^{u}(1-b_i z^{-1})G'(z)} \frac{\Phi(z)}{[1-\Phi(z)]} \tag{8-79}$$

因此 $\Phi(z)$ 中要有 $G(z)$ 所有的延迟部分 z^{-m}，即

$$\Phi(z) = z^{-m}S_4(z) \tag{8-80}$$

其中 $S_4(z)$ 不含有滞后因子。由以上推导可知，系统的校正作用只能改善稳定性与过渡过程，但是不能提前系统过渡的起始时间。

综上所述，为使以上约束条件全部满足，系统闭环表达式 $\Phi(z)$ 按照以下方式确定。

$$\Phi(z) = z^{-m}\prod_{i=1}^{u}(1-b_i z^{-1})(\varphi_0 + \varphi_1 z^{-1} + \cdots + \varphi_{q+v-1} z^{-(q+v-1)}) \tag{8-81}$$

式中：b_i为 $G(z)$ 在 z 平面除去单位圆内的其他零点；m 为被控对象的延迟部分；u 为 b_i的个数；v 为 $G(z)$ 在 z 平面去掉单位圆内部分的其他极点的个数；q 的大小由输出的形式的不同而决定，当输入的形式分别为等加速、等速、阶跃的形式时，q 的大小依次为 3，2，1。

$q+v$ 个待定系数 φ_0、φ_1、…、φ_{q+v-1} 由下列方程确定。

$$\begin{cases} \Phi(1) = 1 \\ \Phi'(1) = 0 \\ \cdots \\ \Phi^{(q-1)}(1) = 0 \\ \Phi(a_j) = 1(j = 1,2,\cdots,v) \end{cases} \tag{8-82}$$

式中：a_j为 $G(z)$ 除去单位圆内部分的其他极点，同时，这些极点是非重的；v 为 a_j的个数。

(六)最少拍无纹波系统的设计方法

如图 8-15 所示，以典型的阶跃输入信号为例，按照最少拍有纹波方法所设计出来的系

统，其输出值在跟随输入的同时在非采样时刻有很大的纹波存在，主要原因为数字控制器的输出在经过一定拍数后是振荡收敛的，纹波位于采样点时间，使得偏差的存在。采样最少拍无纹波系统的设计，是为了消除采样点间纹波，使系统输出值不仅在采样点上，而且在采样点之间稳态误差都等于零，仍以阶跃信号输入为例，最少拍无纹波系统的输出曲线如图 8-16 所示。

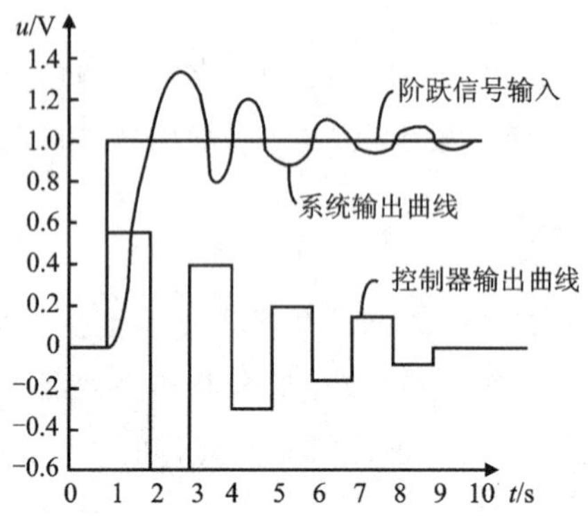

图 8-15　最少拍有纹波系统在阶跃信号下的跟踪性能曲线

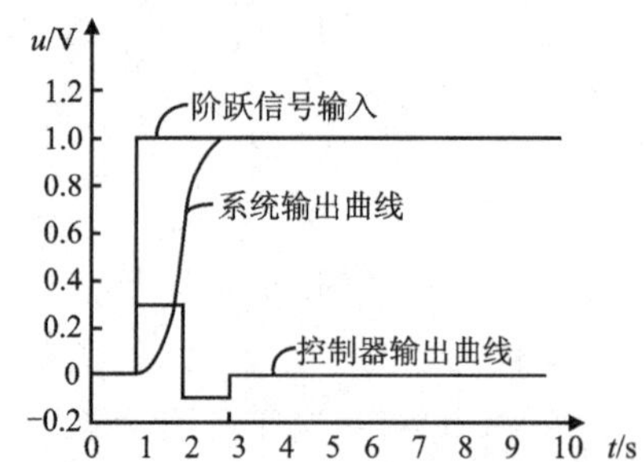

图 8-16　无纹波系统的输出曲线以及控制器输出

首先从系统的整个过程分析设计无纹波系统的必须满足的前提条件。从图 8-17 中可以看出，想在稳态过程中实现无纹波，必要条件为被控对象 $G_p(z)$ 给出的 $c(t)$ 必须和输入是同形式的。

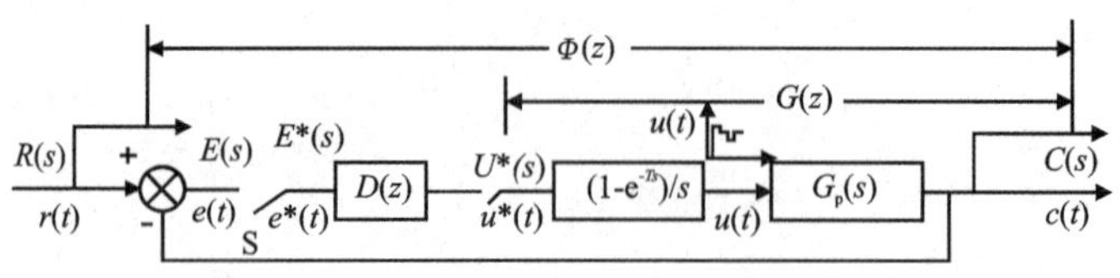

图 8-17　无纹波系统分析框图

以等加速输入函数为例，在静态过程中，要求 $G_p(s)$ 的输出必须同样是等速函数。零阶保持器的作用是将采样得到的数值在采样周期结束前保持为常数输入给被控对象。因此被控对象的传递函数 $G_p(s)$ 中必须至少有两个积分环节，才能保证被控对象产生和系统输入同样的等速函数，控制信号虽然是常值，但其稳态输出为等加速变化量。按照以上分析，在等速输入函数的条件下设计无纹波系统，则 $G_p(s)$ 必须至少有一个积分环节。

接下来讨论无纹波系统中确定闭环脉冲传递函数 $\Phi(z)$ 时必须要满足的附加条件。上文中提到出现纹波的主要原因是数字控制器的输出在经过一定拍数后是振荡收敛的，因此为使得系统实现无纹波，则稳态时的控制信号必须为常数或零。

将控制信号的 z 变换形式化为下面式子

$$U(z) = u(0) + u(1)z^{-1} + \cdots + u(n)z^{-n} + u(n+1)z^{-(n+1)} + \cdots \tag{8-83}$$

如果达到稳态时，采样周期为第 n 个，无纹波系统则要求 $u(n)$、$u(n+1)\cdots$或相等或同为零。由于

$$\Phi(z) = \frac{C(z)}{R(z)}, G(z) = \frac{C(z)}{U(z)} \tag{8-84}$$

将式(8-84)中的前式除以后式，则 $U(z)$ 输入 $R(z)$ 的传函形式为

$$\frac{U(z)}{R(z)} = \frac{\Phi(z)}{G(z)} \tag{8-85}$$

仍然假设 $G(z)$ 基本表达形式为

$$G(z) = \frac{\mathrm{B}(z)}{\mathrm{A}(z)} \tag{8-86}$$

将式(8-86)带入式(8-85)得

$$\frac{U(z)}{R(z)} = \frac{\Phi(z)A(z)}{B(z)} \tag{8-87}$$

要使控制信号在稳态过程中或为零，或为常数，那么式子(8-85)只能是关于 z^{-1} 有限多项式。因此式(8-87)中 $\Phi(z)$ 要含有 $G(z)$ 的分子部分 $B(z)$ 的全部部分，即

$$\Phi(z) = B(z)S(z) \tag{8-88}$$

式中：$S(z)$ 是关于 z^{-1} 的表达式。

综上所述，最少拍无纹波系统 $\Phi(z)$ 还要满足不论在单位圆内还是在单位圆外，$\Phi(z)$ 中要含有 $G(z)$ 的零点。除了满足设计最少拍无纹波系统的必要条件和附加条件外，最少拍系统还必须满足有纹波系统的性能要求。

因此最少拍无纹波系统要满足有纹波的性能要求，必要条件和附加条件。最后，我们能够得到无纹波设计方案中 $\Phi(z)$ 的形式为

$$\Phi(z) = z^{-\mathrm{m}} \prod_{i=1}^{w} (1 - b_i z^{-1})(\varphi_0 + \varphi_1 z^{-1} + \cdots + \varphi_{q+v-1} z^{-(q+v-1)}) \tag{8-89}$$

式中：b_i 为 $\Phi(z)$ 所有的零点；m 为 $G(z)$ 表达式中的延迟部分；v 为 $G(z)$ 除去 z 平面圆内部分，其他的极点的数目；φ_0、φ_1、…、φ_{q+v-1} 可由式(8-82)确定。

（七）最少拍有无纹波两种设计方案优劣的比较

有无纹波的这两种方法都存在着明显的优势和不足，无纹波控制不必担心系统超调的问题，但响应的速度不如预期，有纹波控制响应速度相比于前者要理想得多，但超调问题不容忽视。非采样时刻的纹波形成的巨大偏差使得装置间的磨损增大了生产成本，另外功率的损耗和电能的浪费都是在实际应用中不允许的。因此这两种设计方法在选用时应考虑其各自的特点。

第九章　伺服控制系统设计

第一节　数字伺服控制器的发展、基本构成

伺服系统原称位置随动系统，简称随动系统。数字伺服系统是指以计算机作为控制器的伺服系统。在一些国家的很多应用场合中，数字伺服系统已代替了模拟式伺服系统。在我国，数字伺服系统的研制工作已由实验室研究阶段步入应用阶段。数字伺服系统在很多应用场合代替模拟式伺服系统，这是一个必然的趋势。产生这一趋势的原因如下：自动控制理论和计算机技术是数字伺服系统技术的两个最主要的依托。自动控制理论的高速发展，为数字伺服系统研制者提供了不少新的控制律以及相应的分析和综合方法。计算机技术的飞速发展，为数字伺服系统研制者提供了实现这些控制律的现实可能性。以计算机作为控制器，基于现代控制理论的伺服系统，其品质指标无论是稳态精度还是动态响应都达到了前所未有的水平，比模拟式伺服系统高得多。

计算机之所以能实现这些控制律，是因为它精度高、运算速度快、存储器容量大、输入输出功能强以及具有很强的逻辑判断功能。

单片微型计算机由于工作可靠、体积重量小、价格低廉，深受数字伺服系统研制者青睐。近几年来，控制计算机(作为数字伺服系统控制器的计算机)这一角色常由以单片微型计算机为核心组成的基本系统来扮演。

伺服控制系统是自动化学科中与产业部门联系最紧密、服务最广泛的一个分支，服务的对象种类繁多，如数控机床的运动控制、工业生产线的自动化控制、机器人的运动控制、跟踪雷达天线的角度控制、电动控制阀阀门的位置控制，以及计算机磁盘、光盘的驱动控制等，以其出色的性能满足了各行各业的性能需求。随着信息技术的快速发展，伺服控制系统也取得了极大的进步，进入了数字化、智能化、网络化的时代。

半导体技术的发展使伺服控制技术进入了全数字化时期，伺服控制器的小型化指标取得了很大的进步。大规模集成电路(LSI)的精细加工技术以及开关特性的改善，使高速开关器件的应用成为主流。微处理器(CPU)性能的大幅度增强也使伺服控制器的复杂运算速度和多功能处理能力得以提高，同时也为产品的小型化创造了条件。同时，交流伺服控制器硬件环境的改善以及交流伺服电动机的结构和制造材料的改进，为更加快速、准确、稳定地控制机械设备创造了很好的条件。

数字伺服控制系统是一种以数字微处理器或计算机为控制器，去控制具有连续工作状态

的被控对象的闭环控制系统。因此，数字伺服控制系统包括工作于离散状态下的数字计算机和工作于连续状态下的被控对象两大部分。由于数字控制系统具有一系列的优越性，所以在军事、航空及工业过程控制中得到了广泛的应用。

在全数字控制方式下，伺服控制器实现了伺服控制的软件化。现在很多新型的伺服控制器都采用了多种控制算法，目前比较常用的算法有 PID/IPD(比例微分/积分)控制切换、前馈控制、速度实时监控、共振抑制控制、可变增益控制、振动抑制控制、模型规范适应控制、反复控制、预测控制、模型跟踪控制、在线自动修正控制、模糊控制、神经网络控制等。通过采用这些控制算法，伺服控制系统的响应速度、稳定性、准确性和可操作性都达到了很高的水平。

在很多场合中，数字伺服控制系统已经代替了模拟式伺服控制系统。由于大规模集成电路的飞速发展以及计算机，特别是高性能、高集成度数字控制器在伺服控制系统中的普遍应用，近年来，构成伺服控制系统的重要组成部分——伺服元件发生了巨大的变革，并且向看便于计算机控制的方向发展。为提高控制精度，便于计算机连接，位置、速度等测量元件也趋于数字化、集成化。

模拟式伺服控制系统的静态精度受位置检测元件精度和运算放大器精度的限制，通常只能达到角分级。要进一步提高伺服系统的静态精度，必须用数字计算机作控制器，用高精度数字式元件(如感应同步器、光电编码器)作位置反馈元件，实现模拟式伺服系统的数字化。

综上所述，伺服系统将向两个方向发展：一个是满足一般工业应用要求，对性能指标要求不高的应用场合，追求低成本、少维护、使用简单等特点的驱动产品，如变频电动机、变频器等；另一个就是代表着伺服系统发展水平的主导产品——伺服电动机、伺服控制器，追求高性能、高速度、数字化、智能型、网络化的驱动控制，以满足用户较高的应用要求。

第二节　现代数字运动控制系统的核心运动控制器基本原理

运动控制器就是自动化设备的“大脑”，它是自动化设备的核心部件。运动控制器由硬件、固件、软件等组成。硬件部分包括微处理器、存储器、接口电路、通信接口、电源等电路。固件是指固化在微处理器、存储器、可编程逻辑器件等元件中的软件。运动控制器中的固件主要完成脉冲频率控制、脉冲计数、直线插补、圆弧插补、输入输出(I/O)逻辑控制、通信接口等工作。软件部分由实时操作系统、运动控制指令编译器、运动控制参数的预处理及优化、运动控制函数、人机界面管理、通信管理等模块构成。

一个典型的运动控制系统主要由运动部件、传动机构、执行机构驱动器和运动控制器构成，整个系统的运动指令由运动控制器给出，因此运动控制器是整个运动控制系统的灵魂(图 9-1)。

图 9-1　IPC 六轴软件运动控制卡

目前的运动控制器至少有 256 个常规程序缓冲区，从而内存可以存储多达 256 个运动程序。在已经有一个坐标系正在执行程序的情况下，另一个程序也可以在任何一个坐标系下运行。可同时执行的运动程序数目仅仅受已定义的坐标数目的限制。当运动程序在前台有序地同步运行,运动控制器可以在后台下运行多达 32 个异步可编程逻辑控制器(PLC)程序。

PLC 程序可以以极高的采样速率监视模拟输入和数字输出、设定输出值、发送信息、监视运动参数、改变增益值,以及命令运动停止/启动序列。PLC 程序还可以像从主机发送命令那样对 PMAC 运动控制器发送命令。这些高速的异步程序附加于运动程序,功能非常强大。

运动控制器的运动功能一般是通过对电机各参数的控制来完成的,由于驱动(电机)和负载之间很难做到理想的耦合,运动控制器具有几项高级性能来处理实际问题,诸如滞后、静摩擦、卷曲以及回差。这些问题共同作用会使系统产生机械谐振从而严重损害系统的性能。运动控制器的数字阶式滤波器和双反馈选项中同时测量驱动器以及负载的位置和补偿伺服环中的微分运动的能力可以解决机械谐振问题。

标准的运动控制器提供了 PID 和阶式位置伺服环滤波器。对大多数用户来说,在他们的应用中这个滤波器已经足够了。“P”代表比例的增益项,比例增益为系统提供刚性;“I”代表积分增益,是用以消除稳态误差的控制参数;“D”代表微分增益,是为系统提供稳定性的阻尼项。还有另外两项用以减小伺服系统的轨迹误差,即速度前馈和加速度前馈。速度前馈的作用是减小微分增益或者测速发电机环路阻尼所引起的跟踪误差。惯性所带来的跟踪误差与加速度成正比,因此它可以由加速度前馈项来补偿。

与传统的伺服控制系统相比,运动控制器具有以下特点:①技术更新,功能更加强大,可以实现多种运动轨迹的控制;②结构形式模块化,可以方便地相互组合,建立适用不同场合、不同功能需求的控制系统;③操作简单,在 PC 机上经简单编程即可实现运动控制,而不一定需要专门的数控软件。

第三节　现代数字运动控制系统关键技术

一、基于 PC 的交流伺服运动控制系统

(一)基于 PC 的伺服运动控制系统组成

1. 伺服运动控制系统的硬件组成

基于 PC 的伺服运动控制系统一般由上位计算机、运动控制器、驱动器、反馈元件和伺服电机等组成,如图 9-2 所示。

上位计算机:基于 PC 的伺服运动控制系统说到底是一个多 CPU 系统,由 CPU 各自完成系统分配给自己的任务,并在系统信息上传下递的交互中,实现系统资源的共享。这种系统结构上“集中管理,分散控制”的思想,可以极大地增强系统的稳定性和可靠性。在结构上,伺服运动控制器需要内置于 PC 之中,即要使用 PC 的环境、电源等资源;在应用上,PC 上的调

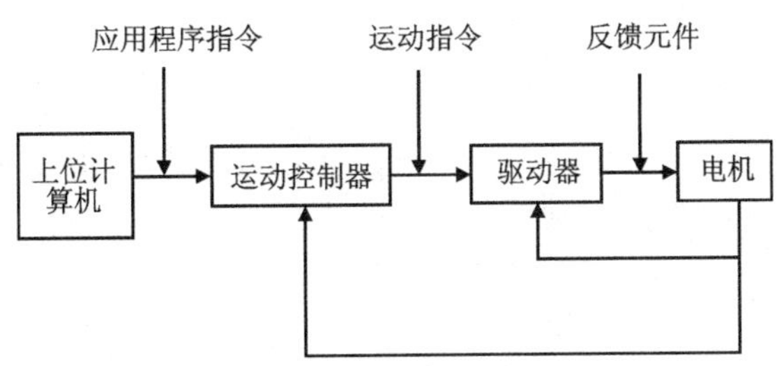

图 9-2 计算机控制系统组成框图

度程序是建立在操作系统之上的，操作系统的性能也会直接影响伺服运动控制器的工作。因此，上位计算机的选择直接会影响到伺服运动控制系统的性能。

运动控制器：随着生产过程对运动控制系统的速度和精度要求愈来愈高，传统的运动控制系统已难以取得满意的控制效果。由于数字信号处理器(digital signal processor,DSP)具有运算速度快，支持复杂的运动算法，可以满足高精度运动控制要求的特点，以 DSP 为核心的多轴运动控制卡已广泛地应用在运动控制系统之中。

驱动器、反馈元件：交流伺服系统驱动器目前已数字化，内部常采用 DSP，并运用 IGBT-PWM 控制方式，可以支持脉冲与模拟量两种输入方式。

伺服电机：常用的有单相与三相供电电压两种，现有产品额定功率为 30～4000W。交流伺服运动控制系统模型形式很多，自动控制工作者必须根据被控对象的需求和所要求的控制指标合理地选用某种控制模型。

2. 伺服运动控制系统的软件组成

上位计算机软件包括系统软件和应用软件。系统软件一般指操作系统和第三方软件资源等，它带有一定的通用性，由计算机制造厂提供。应用软件主要指用户调度程序，它具有专用性，是根据需要由用户开发的对机械传动装置的位置、速度进行实时的控制管理，使运动部件按照预期的轨迹和规定的运动参数完成相应动作的软件。

运动控制器软件：置于伺服运动控制器之中。它是实现伺服运动控制系统的核心，按照一定的控制算法和数学模型而编制的专用程序。显然，从应用的角度出发，自动控制工作者应把主要精力放在上位计算机轨迹运动规划和运动控制器软件的编程上，而系统软件是否丰富、是否能适应用户的要求，可以作为选择计算机的根据之一。

(二)基于 PC 的伺服运动控制系统设计步骤

1. 上位计算机

在伺服运动控制过程中，上位计算机实现运动规划、多轴插补、伺服控制滤波等数据运算和实时控制管理。一般来说，在工业现场需要使用基于 PC 的伺服运动控制系统时，常采用专门为工业现场设计的计算机(工控机)作为上位计算机。当工业现场条件恶劣，可以考虑使用 CNC 控制器，它可以作为一个模块在工业环境中可靠运行。

2. 运动控制板卡

采用 DSP 为核心，结合 FPGA/CPLD 逻辑可编程器件的灵活性完成运动控制的硬件架构组成的运动控制器是目前伺服运动控制系统的主流。

3. 驱动器、反馈元件

交流伺服系统驱动器内部常采用 DSP 控制，内嵌频率解析功能，可检测发出机械的共振点，具有共振抑制和控制功能，弥补机械的刚性不足，实现高速度定位，一般均采用 IGBT-PWM 控制方式。

4. 伺服电机

伺服电机可匹配多种编码器，编码器模式与需求有关。如系统开始被控对象可复位时，常选用增量编码器，而当系统开始被控对象不可复位时，则常选用绝对编码器。伺服电机的功率多为中容量(4000W 以下、三相供电电压)和小容量(750W 以下、单相供电电压)，特别是交流伺服电机防护等级高，环境适应性强。

(三)基于 PC 的伺服运动控制系统举例

1. 实验平台的系统组成

基于 PC 的伺服运动控制系统由上位 PC 机、DFJH_ 9030 运动控制器、驱动器、电机、反馈元件和执行机构组成，如图 9-3 所示。

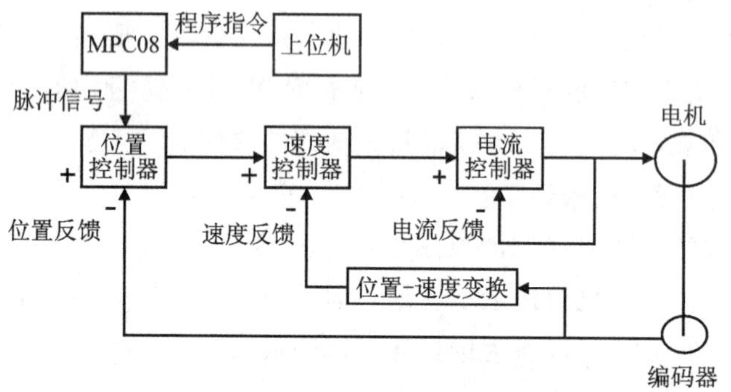

图 9-3 实验平台系统控制图

系统的工作原理：测试系统由上位计算机发出位置指令控制电机运行，上位机通过串口采集到光电编码器的位置信号或者直接读写 I/O 采集到角度传感器的位置信号，由计算机绘制出一系列实验曲线。

9030 系列控制卡是基于 USB2.0 接口、硬件核心为 FPGA + SOPC 架构的高性能电机控制卡，由于 USB 接口固有的安装方便性，它可广泛应用于数控机床、工业机器人、民用雕刻机、木工机械、印刷机械、装配生产线及其他产业机械等领域。9030 运动控制卡可以控制 4 轴插补联动，具有脉冲/模拟量两种输出模式，最高输出可达 4 MHz，32 路 I/O 输入，12 路 I/O 输出，1 路 PWM 输出，4 路四倍频增量式编码器差分输入，可以实现位置控制、速度控制、转矩控制以及全闭环控制，以及一些更为复杂的插补运算等多种控制模式。

2. 软件平台的设计

LabView 作为一个用于建立自动测试系统的理想开发软件系统，它提供了大量用于信号分析与处理的 C 语言函数。

1)时域分析

直接观测或记录的信号是随时间变化的物理量，信号的时域分析就是求取信号在时域的特征参数及信号波形在不同时刻的相似性和相关性。

自相关函数的定义为

$$R_x(T) = \lim_{T\to\infty}\frac{1}{T}\int_0^T x(t)x(t-\tau)\mathrm{d}t$$

自相关函数描述了信号一个时刻的取值与相隔 T 时间的另一个时刻取值的依赖关系，即相似程度。

互相关函数定义为

$$R_{xy}(T) = \lim_{T\to\infty}\frac{1}{T}\int_0^T x(t)y(t-\tau)\mathrm{d}t$$

互相关函数表示两个信号之间依赖关系的相关统计量，即两个信号的相关程度。

信号的时域分析是以时间 t 为横坐标来描述信号随时间变化规律的。在模拟与仿真过程中，由于经常忽略时间的概念，实际上是以采样点数为横坐标来表示的。

2)频域分析

将时域信号变换至频域加以分析的方法，即以频率作为独立的变量建立信号与频率的函数关系，目的是把复杂的时间信号经傅里叶变换分解成若干单一的谐波分量来研究，以获得信号的频率结构以及各谐波幅值和相位信息。在实际进行数字信号处理时，往往需要把信号的观察时间限制在一定的时间间隔内，只需要选择一段时间的信号对其进行分析。

FFT 函数：将波形数组进行傅里叶变换。函数原型为：

```
AnalysisLibErrType FFT (double Array _X_ Real ,double Array _X_Imaginary, int Num-
ber_of_ Elements)
```

对信号数组进行 FFT 转换代码如下：

```
GetCtrlVal (panelHandle,PANEL_RING,& type);
if(type= = 0)
{waveimgsignal= malloc(wavepoint* sizeof (double));
magnitude= malloc (wavepoint* sizeof (double));
phase= malloc (wavepoint*  sizeof (double));
//将数据初始化。
for (i= 0;i<wavepoint;i+ + )
```

```
    {waveimgsignal[i]= 0;}
    //进行快速傅里叶变化
    FFT (wavesignal,waveimgsignal,wavepoint);
    //转换为极坐标形式
    ToPolar1 D(wavesignal, waveimgsignal, wavepoint,magnitude,phsae);
    DeleteGraphPlot (panelHandle, PANEL_GRAPH_ANALYSIS,- 1,VAL_IMMEDIATE_DRAW);
    PlotY (panelHandle,PANEL_GRAPH_ANALYSIS,magnitude,wavepoint,VAL_DOUBLE,VAL_THIN
_LINE,VAL_EMPTY_SQUARE,VAL_SOLID,1,VAL_RED);}
```

3. 实验结果

本书以伺服电机位置控制精度为主要目标，当伺服系统刚度在 8 以下时，调整时间较长；刚度大于 10 时，加速时间和减速时间均为 0.157s，暂停时间为 0.8s，位置环增益 32s，速度环增益 18Hz，速度环积分时间常数 31ms 时，基本上无超调，电机运转稳定。图 9-4 为频谱特性。图 9-5 中的曲线 1 为实际速度(r/min)，速度检出过滤的输入值，显示出电机运转的实际速度；曲线 2 为位置指令速度(r/min)，在位置控制模式下为指令分周倍增厚的值；曲线 3 为指令位置偏差(16bit)，显示出位置指令速度与实速度间的偏差计算值；曲线 4 为转矩指令(%)，显示出实际转矩与转矩限制值之间的比例。在实际位置控制中，合理地调整位置环路增益(Loop Gain)，让速度指令尽量不产生缺陷。

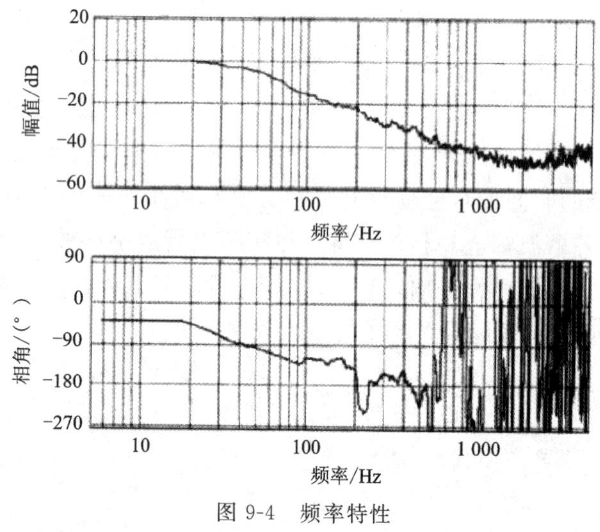

图 9-4　频率特性

二、基于 PLC 的交流伺服运动控制系统

(一)基于 PLC 的伺服运动控制系统组成

基于 PLC 的伺服运动控制系统以 PLC 作为主控单元，包括位置控制模块、伺服驱动器、伺服电机、执行机构等，系统组成如图 9-6 所示。触摸屏用于监控设备的运行。在 PLC 程序

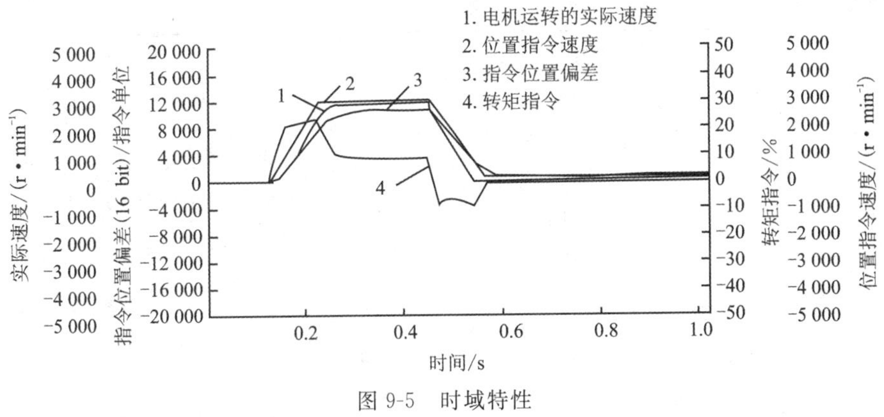

图 9-5　时域特性

的控制下，位置控制模块发出序列脉冲给伺服驱动器。在伺服驱动器内部，脉冲数与电子齿轮相乘，然后将指令脉冲传送给伺服电机，控制其旋转的角度，从而精确地控制机构在 X-Y 平面上运动。

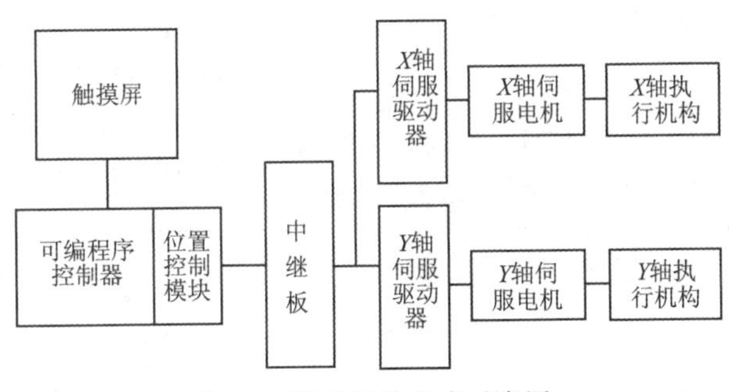

图 9-6　PLC 系统组成示意图

(二)基于 IPC 与基于 PLC 的伺服运动控制系统的比较

在伺服运动控制中，基于 IPC 与基于 PLC 的伺服运动控制器经常被人们选用。一般认为，基于 IPC 与基于 PLC 的伺服运动控制器因其性能、重点不同而应用于不同的场合，IPC 的实时性明显优于 PLC，有些场合仅能使用基于 IPC 的伺服运动控制器(表 9-1)。

表 9-1　基于 IPC 与基于 PLC 的伺服运动控制系统的比较

	工控机 IPC	PLC
操作性	对于硬件的一些编程较为复杂，但可以借助软件功能扩充	采用面向用户的指令，因此编程方便，主要以梯形图为主，程序有通用性
可靠性	工控机能在粉尘、烟雾、高低温、潮湿、震动、腐蚀环境中工作。系统的故障率低，同时其可维修性好，抗干扰性不如 PLC	PLC 采用的 CPU 都是生产厂家专门设计的工业级专用处理器，抗干扰性特别是抗电源干扰能力较强。系统软件为生产厂家所提供，具有很好的可靠性
移植性	受其自身限制，可移植性质较差	适合多种工业现场，有较好的移植性

续表 9-1

	工控机 IPC	PLC
工作方式	多为中断处理	串行通道顺序控制，循环扫描
实时性	由于 IPC 的采用，实时性明显优于 PLC	PLC 大多都是晶体管输出类型的，这种输出类型的输出口驱动电流不大，决定了 PLC 实时性能不是很高，要受每步扫描时间的限制
复杂控制	充分利用计算机资源，IPC 可用于运动过程、运动轨迹都比较复杂，且柔性比较强的机器	虽说有的 PLC 已经有直线插补、圆弧插补功能，但由于其本身限制，对于诸如伺服电机高速高精度多轴联动，高速插补等复杂动作不太容易实现
适用范围	工控机在中规模、小范围自动化工程中有很好的性能价格比	主要适用于运动过程比较简单、运动轨迹固定的设备，如送料设备、自动焊机等，适合低成本自动化项目和作为大型 DCS 系统的 I/O 站
接线	接线涉及板卡，所以接线较为复杂，而且容易出错，在工业现场中较为不方便	接线较为简单，配置 I/O 模块非常清晰

（三）基于 PLC 的伺服运动控制系统举例

某设备上有一套伺服驱动系统，伺服驱动器的型号为 MR-J2S，伺服电动机的型号为 HF-KE13W1-S100，是三相交流同步伺服电动机，要求压下按钮 SB1 时，伺服电动机带动系统 X 方向移动，碰到 SQ1 停止，压下按钮 SB3 时，伺服电动机带动系统 X 负方向移动，碰到 SQ2 时停止，X 方向靠近接近开关 SQ2 时停止，当压下 SB2 和 SB4，伺服系统停机。

所需主要软硬件配置：1 套 GX DEVELOPER V8.86；1 台伺服电动机，型号为 HF-KE13W1-S100；1 台伺服驱动器，型号为 MR-J2S；1 台 FX2N-32MT PLC。

1. 所需编程——高速脉冲输出指令

高速脉冲输出功能即在 PLC 的指定输出点上实现脉冲输出和脉宽调制功能。FX 系列 PLC 配有两个高速输出点（从 FX3U 开始有 3 个高速输出点）。脉冲输出指令（PLSY/DPLSY）的 PLS 指令格式见表 9-2。

表 9-2　PLS 指令格式

指令名称	FNC NO.	[S1.]	[S2.]	[D.]
脉冲输出指令	FNC55	K、H、KnX、KnY、KnM、KnS、T、C、D、V、Z	K、H、KnX、KnY、KnM、KnS、T、C、D、V、Z	Y000、Y001

脉冲输出指令(PLSY/DPLSY)按照给定的脉冲个数和周期输出一串方波(占空比50%,如图9-7所示)。该指令可用于指定频率、产生定量脉冲输出场合(表9-2),[S1·]用于指定频率,范围是2～20kHz;[S2·]用于指定产生脉冲的数量,16位指令(PLSY)的指定范围是1～32 767,32位指令(DPLSY)的指定范围是1～2 147 483 647,[D·]用于指定输出的Y的地址,仅限于晶体管输出的Y000和YO01(对于FX2N及以前的产品)。当X1闭合时,YO00发出高速脉冲,当X1断开时,YO00停止输出。输出脉冲存储在D8137和D8136中。

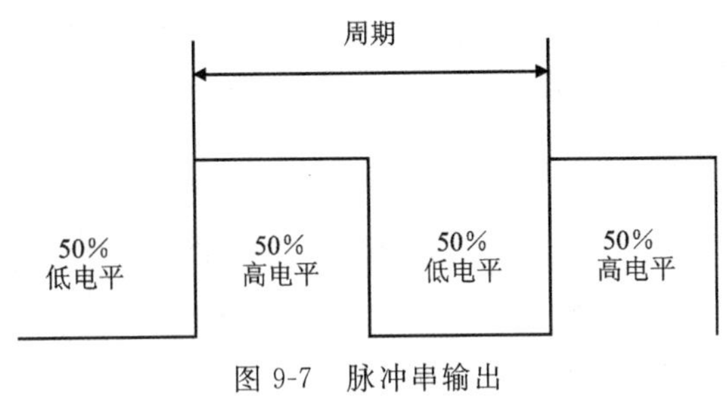

图9-7　脉冲串输出

2.所需设备接线

伺服系统选用的是三菱MR系列,伺服电动机和伺服驱动器的连线比较简单,伺服电动机后面的编码器与伺服驱动器的连线是由三菱公司提供专用电缆,伺服驱动器端的接口是CN2,这根电缆一般不会接错。伺服电动机上的电源线对应连接到伺服驱动器上的接线端子上,接线图如图9-8所示。

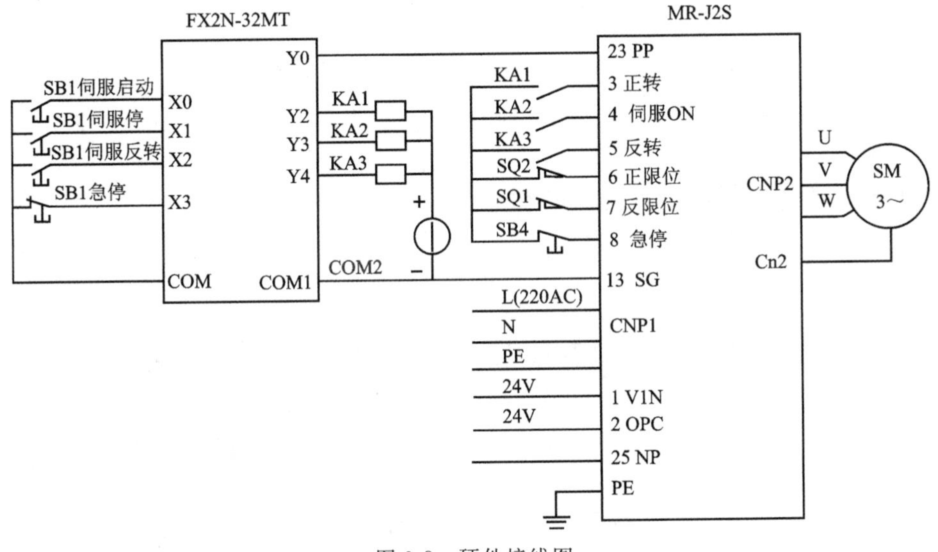

图9-8　硬件接线图

伺服驱动器的供电电源可以是三相交流230V,也可以是单相交流230V,本书采用单相交流230V供电,伺服驱动器的供电接线端子排是CNP1。PLC的高速输出点与伺服的PP端子连接,PLC的输出和伺服驱动器的输入都是NPN型,因此是匹配的。PLC的COM1必须和伺服驱动器的 SG 连接，达到共地的目的。

3. 所需参数设定——伺服驱动器

用 PLC 的高速输出点控制伺服电动机，除了接线比用 PLC 的高速输出点控制步进电动机复杂外，后者不需要设置参数（细分的设置除外），而要伺服系统正常运行，必须对伺服系统进行必要的参数设置。参数设置如下：①PO＝0000，含义是位置控制，不进行再生制动；②2P3＝100，含义是齿轮比的分子；③3P4＝1，含义是齿轮比的分母；④P41＝0，含义是伺服 ON、正行程限位和反行程限位都通过外部信号输入。

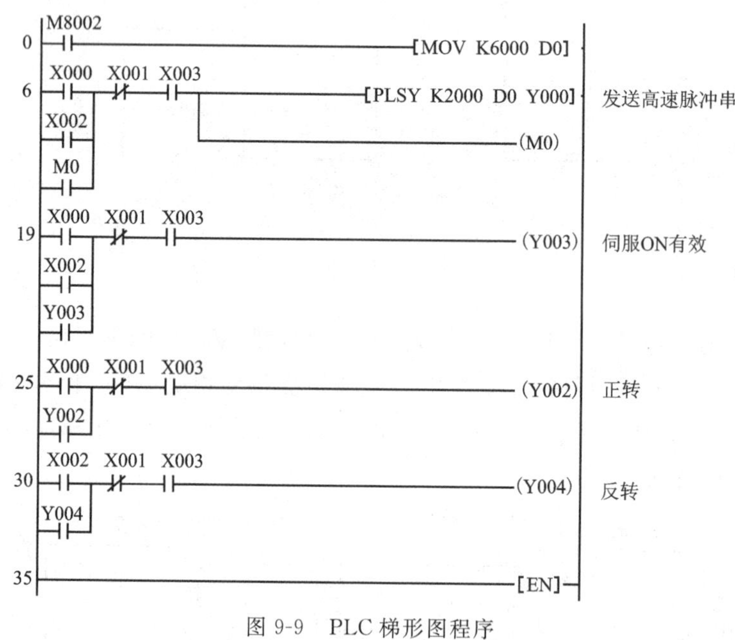

图 9-9　PLC 梯形图程序

三、基于总线的交流伺服运动控制系统

（一）现场总线概述

现场总线是指安装在制造或过程区域的现场装置与控制室内的自动装置之间的数字式、串行、多点通信的数据总线，是自动化领域中底层数据通信网络。现场总线就是以数字通信替代了传统 4～20mA 模拟信号及普通开关量信号的传输，是连接智能现场设备和自动化系统的全数字、双向、多站的通信系统。从现场总线技术本身来分析，它有两个明显的发展趋势：一是寻求统一的现场总线国际标准；二是走向工业控制网络。下面介绍比较经典的 3 种现场总线。

1. EtherCAT

EtherCAT（ethernet for control automation technology）是一种实时以太网现场总线技

术，采用了主从介质访问方式，主站控制所有从站发送或接收数据。在一个通信周期中，主站发送数据帧，从站在数据帧经过时读取相关报文中的输出数据。同时，从站的输入数据插入到同一数据帧的相关报文中。当该数据帧经过所有从站并完成数据交换后，由 EtherCAT 系统的末端从站将数据帧返回，如图 9-10 所示。整个过程中，报文只有几纳秒的时间延迟。发送和接受的以太帧压缩了大量的设备数据，可用数据率达 90％以上。

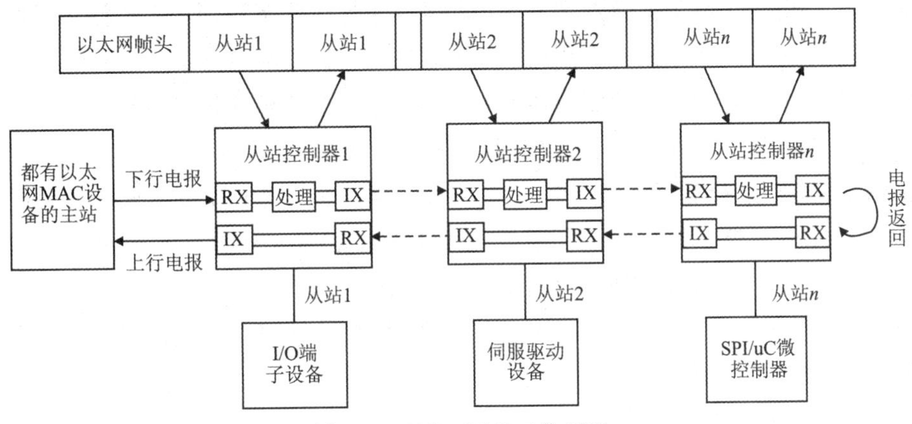

图 9-10　EtherCAT 工作原理

EtherCAT 支持几乎所有的拓扑类型，包括线形、树形、星形、菊花链形以及各种拓扑结构的组合等，支持多种传输电缆，还可以通过交换机或介质转换器实现不同以太网布线的结合，以适应不同的场合提升布线的灵活性。EtherCAT 网段内从站设备的连接构成一个开口的环形总线，主站设备直接或者通过标准以太网交换机在一端插入以太网数据帧，并在另一端接受经过处理返回的数据帧，所有的数据帧都被从第一个从站设备转发到后续节点，当数据帧遍历所有从站时，最后一个从站设备将数据帧返回主站。

EtherCAT 数据帧处理机制使系统在网段内的任一位置均可使用分支结构，而且不打破逻辑环路。分支结构可以由各种物理拓扑构成，图 9-11 中，数据帧由主站发出后按 a～n 的传输顺序依次传输，其中从站 b、c、d 构成线形拓扑，从站 h 使用了 ESC 的 4 个端口，构成了星形拓扑。

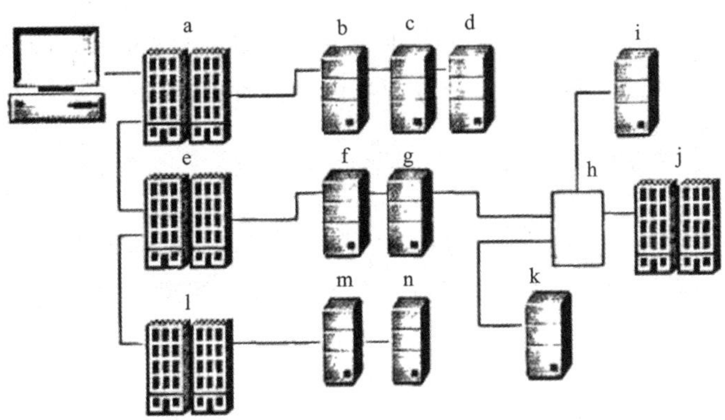

图 9-11　EtherCAT 线型拓扑结构

EtherCAT 是由德国倍福公司在 2003 年提出的新型实时以太网技术,它以传统以太网为基础,在实时性上加以改进使网络传输速度达到了一个新的高度。该技术结构简单,可以采用多种拓扑结构,数据通信率高,易于实现。在 1μs 内能够刷新 256 个 I/O 设备,0.1ms 内可刷新 100 个伺服轴。

多轴运动控制系统是典型的实时控制系统,要求控制系统中的采样、计算及执行均按照严格的时序进行,并要求相应的运动控制网络必须为主控制器及各伺服运动控制器提供固定的同步信道,但是标准以太网通常采用具有冲突检测的载波监听多点访问 CSMA/CD 的通信介质层接入网络,并用重发机制控制差错的操作。以太网的这种随机竞争接入机制导致了时延非确定性的产生,是一种非实时性通信网络,不适于多轴运动控制。而 EtherCAT 采用主从介质访问方式,主站无需专用接口卡,只需采用标准的以太网卡即可与任何一台以太网控制器连接;从站控制器 ESC 通过专用硬件实现,通信速率高,系统构建成本低,采用 IEEE1588 分布式时钟技术来实现精确同步,其网络协议为全部开放的,有利于对其研究和从站设备的开发。EtherCAT 出色的性能打破了传统以太网的瓶颈,能够适应并满足多轴运动控制系统的实时性和同步性。

2. CAN

控制器局域网络(controller area network,CAN)是由以研发和生产汽车电子产品著称的德国 BOSCH 公司开发的,并最终成为国际标准(IS011898)的总线协议,是国际上应用最广泛的现场总线之一。在北美和西欧,CAN 总线协议已经成为汽车计算机控制系统和嵌入式工业控制局域网的标准总线,并且拥有以 CAN 为底层协议的专为大型货车和重工机械车辆设计的 J1939 协议。近年来,它所具有的高可靠性和良好的错误检测能力受到重视,被广泛应用于汽车计算机控制系统和环境温度恶劣、电磁辐射强和振动大的其他工业环境。

3. Powerlink

Powerlink 基于标准以太网 CSMA/CD 技术(IEEE802.3),因此可工作在所有传统以太网硬件上。但是 Powerlink 不适用 IEE 802.3 定义的用于解决冲突的报文重传机制,该机制引起传统以太网的不确定性行为。Powerlink 的从节点通过获得 Powerlink 允许来发送自己的帧,因管理节点会统一规划每个节点收发数据的确定时序,故不会发生冲突。

(二)基于 EtherCAT 的伺服运动控制系统组成

基于 EtherCAT 的伺服运动控制系统设计采用模块化和标准化进行设计,通过实时以太网 EtherCAT 实现主从站通信,整个系统包括系统层、通信控制层和执行层。

1. 系统层

系统层由主站 PC 构成,作为中央控制系统负责系统管理、配置、解析及从设备识别,协调、控制各从站运动单元,发送控制指令,监测整个系统的运行。

2. 通信控制层

通信控制层是系统的从站模块，其硬件设计是系统的核心部分，主要由通信接口板和控制功能板两大模块构成，负责与系统层的通信及从站配置，并解析系统层发送的控制指令以供执行层执行，完成系统通信及运动控制功能。通信接口板和控制功能板采用模块化独立设计，同时又通过 ET1100 的 PDI 接口连接在一起构成系统从站。从站网络运动控制板卡的模块化设计既能实现系统的网络通信和运动控制功能，又有利于系统模块的柔性应用和网络扩展，不但可以应用于网络运动控制，还可以通过接入信息采集和检测监控模块，构成 EtherCAT 网络检测监控系统。通信接口板主要实现 EtherCAT 主站与从站之间的通信功能和从站控制器 ET1100 与 DSP 的通信功能，起着桥梁作用。EtherCAT 从站控制器 ET1100 实现通信功能，它设计了两个数据收发端口，采用媒体独立接口(media independent interface，MII)外接标准以太网物理层器件，采用标准 RJ45 网线接收和发送以太网数据帧，通过 SPI 串行接口连接伺服运动控制功能板微处理器 DSP。从站个数及拓扑结构可按控制系统要求，通过 EtherCAT 网络进行扩展，理论上从站单元最多可以扩展到 65 535 个。控制功能板是实现系统伺服运动控制的核心模块，它通过 DSP 模块从 EtherCAT 通信板读取控制数据并解析数据，并发出伺服运动控制信号，接收处理运动反馈信号，实现伺服运动控制功能，主要包括 DSP 模块、伺服控制模块、系统和外扩 I/O、外扩存储模块，其中 EtherCAT 组成分为主站和从站。

1)EtherCAT 主站组成

EtherCAT 主站使用标准的以太网控制器，通常使用 100BASE-TX 规范的 5 类 UTP 线缆作为传输介质，如图 9-12 所示。以太网数据链路介质访问控制功能由通信控制器完成，数据编码、译码和收发由物理层芯片 PHY 完成，通信控制器和 PHY 之间通过一个 MII 交互数据。通过隔离变压器隔离信号，提高通信的可靠性。

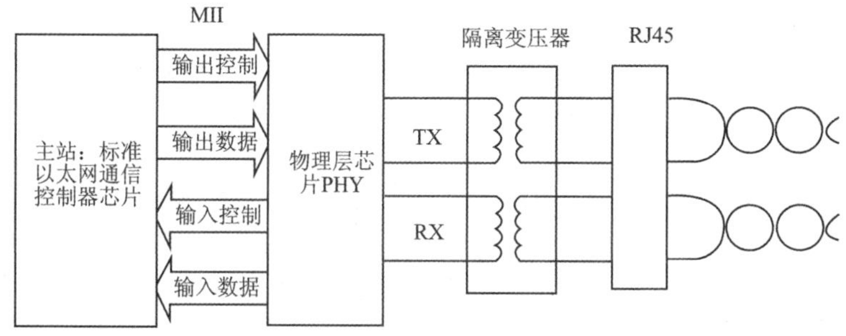

图 9-12　EtherCAT 物理层连接原理图

主站的实现包括嵌入式和 PC 机两种方式。在嵌入式主站中，可将通信控制器嵌入到微处理器中实现数据链路层功能。在基于 PC 的主站中，通常使用集成了以太网通信控制器和物理数据收发器的网络接口卡 NIC 同时实现链路层和物理层功能。

2)EtherCAT 从站组成

EtherCAT 从站设备同时实现通信和控制应用两部分功能，由 EtherCAT 从站通信控制器、从站控制微处理器、物理层器件和其他应用层器件 4 部分组成，其结构及各部分功能如图 9-13所示。

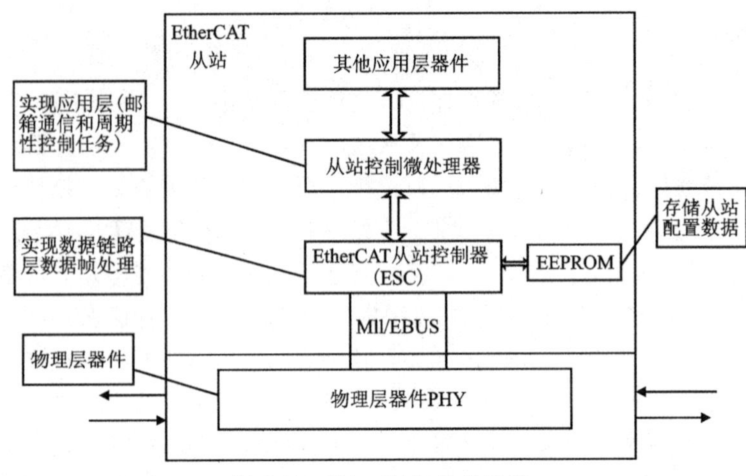

图 9-13　EtherCAT 从站组成

从站控制微处理器负责处理 EtherCAT 通信和完成控制任务。微处理器从 ESC 读取控制数据，实现设备控制功能，并将采样设备的反馈数据写入 ESC，供主站读取。通信过程完全由 ESC 处理，与设备控制微处理器响应时间无关。

EtherCAT 从站通信控制器芯片 ESC 负责处理 EtherCAT 数据帧，并使用双端口存储区实现 EtherCAT 主站与从站本地应用的数据交换。各个从站 ESC 按照各自在环路上的物理位置顺序移位读写数据帧。当报文经过从站时，ESC 从报文中提取发送给自己的输出命令数据并将其存储到内部存储区，输入数据从内部存储区又被写到相应的子报文中。数据的提取和插入都是由数据链路层硬件完成的。

从站控制器 ESC 具有 4 个数据收发端口，每个端口都可以收发以太网数据帧。数据帧在 ESC 内部的传输顺序是固定的，如图 9-14 所示。通常，数据从端口 0 进入 ESC，然后按照端口 3→端口 1→端口 2→端口 0 的顺序依次传输。如果 ESC 检测到某个端口没有外部链接，则自动闭合此端口，数据将自动回环并转发到下一端口。一个 EtherCAT 从站设备至少使用两个数据端口，使用多个数据端口可以构成多种物理拓扑结构。

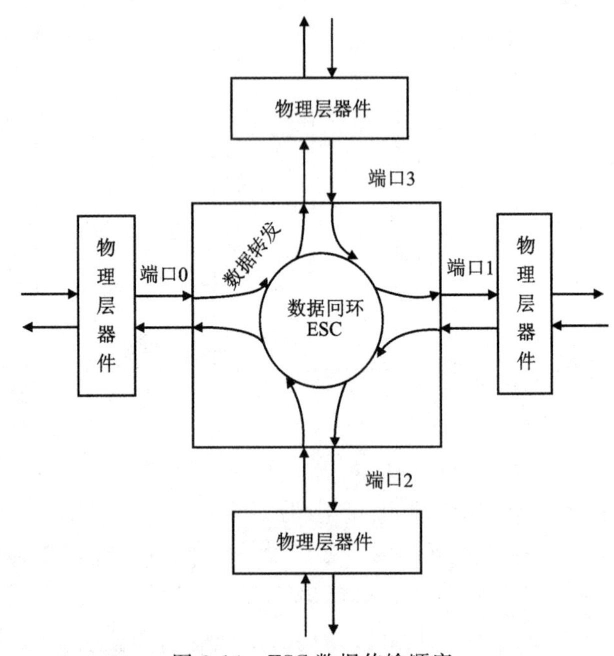

图 9-14　ESC 数据传输顺序

ESC 使用 MII 和 EBUS 两种物理层接口模式。MII 是标准的以太网物理层接口，使用外部物理层芯片，一个端口的传输延时约为 500ns。EBUS 是使用 LVDS 标准定义的数据传输标准,可以直接连接 ESC 芯片,不需要额外的物理层芯片,从而避免了物理层的附加传输延时,一个端口的传输延时约为 100ns。EBUS 最大传输距离只有 10m,适用于距离较近的 I/O 设备或伺服驱动器之间的连接。

3. 执行层

执行层由伺服驱动器、伺服电机、传感器等执行部件和检测器件组成,主要根据控制层的指令执行相应的动作,并将检测数据反馈给控制层。

(三)基于 EtherCAT 的伺服运动控制系统设计分析

1. 硬件接口实现

1)MII 接口

MII 是标准的以太网物理层接口,定义了与传输介质无关的标准电气和机械接口,使用这个接口将以太网数据链路层和物理层完全隔离开,使以太网可以方便地选用任何传输介质。MII 接口以工业以太网网线作为传输介质,可以与 PC 机直接相连,需要网卡芯片和网络变压器进行电平转换,可实现远距离传输,有效传输距离达 100m,一般用在较远的场合。

一般采用双 MII 接口,KS8721BL 芯片来实现网卡芯片 PHY PORTS 的功能,其接口信号和连接如图 9-15 所示。

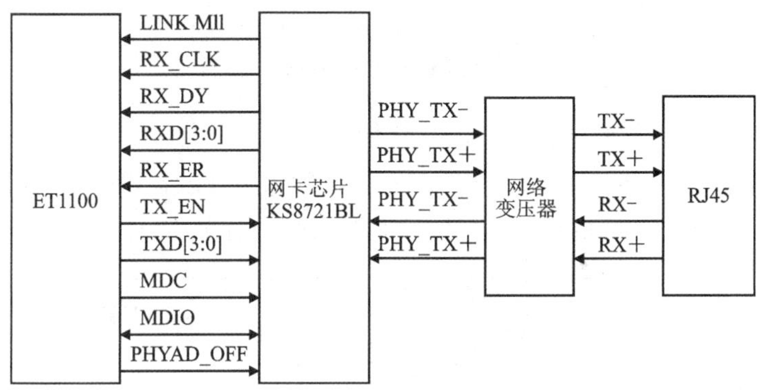

图 9-15　PHY 与 ET1100 间的 MII 接口电路

2)EEPROM 接口

EtherCAT 从站控制器(EtherCAT slave controllor, ESC)是由专用硬件芯片实现的,主要功能是实现 EtherCAT 物理层与数据链路层的协议。ESC 与应用程序控制器之间的接口方式由过程数据接口 PDI 的形式确定,如表 9-3 所示。

其中,I/O 方式无需主机 CPU;微处理器方式适用于现场控制,尤其是数据量较大的复杂设备;SPI 方式主要用于数据量较小的过程数据设备,如数据采集监控等。具体采用什么接口方式,可通过对从站协议控制器中的 EEPROM 编程后选择。

EtherCAT 从站节点的协议部分可以直接利用从站控制器 ET1100 来实现。ET1100 具有一个 IZC 总线的 EEPROM 接口,最大可以支持 4Mb 的存储空间,通过引脚 RUN/EEPROM SIZE 进行配置。当系统上电时,若 RUN/EEPROM SIZE 为低电平则最大支持 16Kb 存储空间;若为高电平时,则最大支持 4Mb。

表 9-3　ESC 接口规范

PDI 形式	功能
I/O 方式	32 输入/32 输出
	24 输入/8 输出
	16 输入/16 输出
	8 输入/24 输出
微处理器方式	8～32 位微处理器
SPI 方式	同步串行总线接口

一般选用的 EEPROM 为 24LC16A_so8 芯片，将引脚 RUN/EEPROM SIZE 配置为低电平，ET1100 与 EEPROM 的硬件连接如图 9-16 所示。

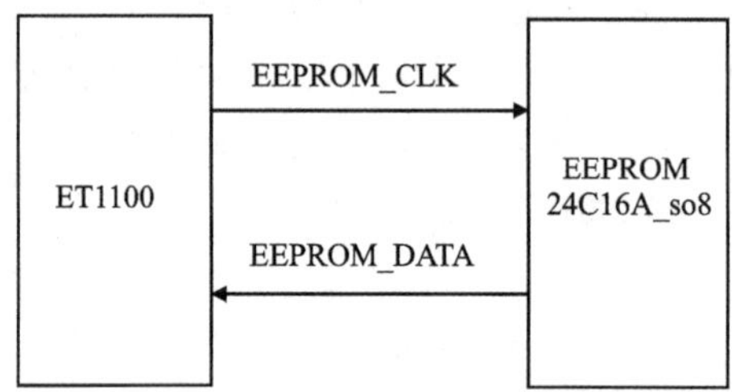

图 9-16　ET1100 与 EEPROM 的连接图

3)ET1100 与 DSP 的微处理器接口方式连接

采用的应用层微处理器 TMS320F2812 是 32 位的数字处理器，通过微处理器接口方式实现 TMS320F2812 和 ET1100 的数据传输。具体的接口设计如图 9-17 所示。

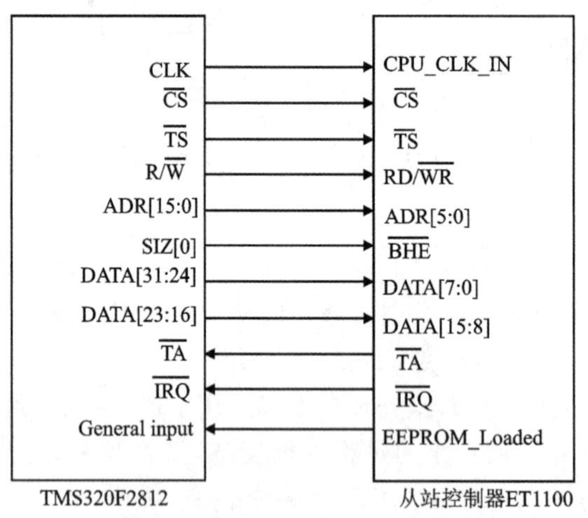

图 9-17　DSP 与从站控制器 ET1100 的微处理器接口方式

2. 基于 DSP 的伺服运动控制器硬件设计方案

伺服运动控制器的硬件设计分为核心设计和外围设计两部分，核心设计主要包括从站控制底板设计、运动控制卡设计和伺服驱动器设计等；外围设计主要包括基于通信总线底板设计、A/D接口电路设计和通信接口设计等。图 9-18 是基于 DSP 的伺服运动控制器硬件电路图。

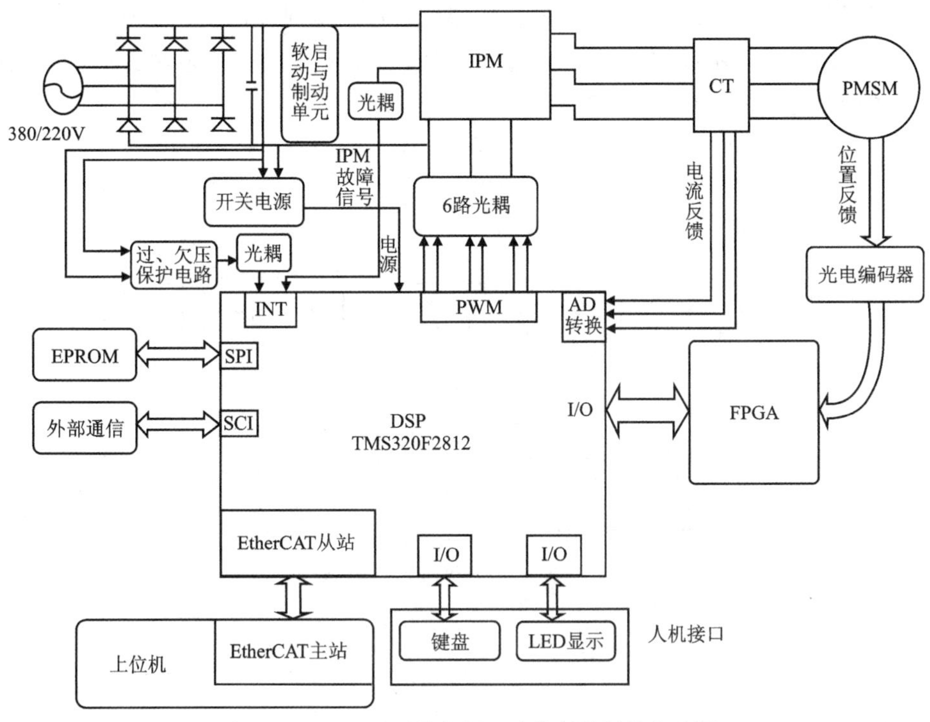

图 9-18　基于 DSP 的伺服运动控制器硬件电路图

由图 9-18 可知，系统输入 380V 或 220V 的交流电，流经整流模块整流后变为直流电，然后进行稳压处理。经过处理后的直流电分为两部分，其中一部分输送到逆变器 IPM，为电压逆变提供电源；另一部分输送到开关电源模块，转变为 24V、12V、5V、3.3V 等规格的母线电压，为系统的各种芯片及光耦电路提供所需电源。在上述系统中，光电编码器产生的正余弦信号被送入 FPGA 进行转换，经过差分、分频、滤波等处理后被送入 DSP 控制器中的 QEP/CAP 模块，通过光电编码器采集的信号可实现对电机转速及位置的检测。霍尔电流传感器负责检测 PMSM 中的三相电流，并将采集到的电流信号反馈给 DSP 控制器。

DSP 控制器是系统的控制核心，通过处理光电编码器信号，可以计算出电机转子的位置及转速，实现相应的位置或速度控制；由电流霍尔传感器检测得到的三相电流通过 DSP 控制器进行 AD 转换，并完成相应的变换可以实现相应的电流控制。系统完成各 PID 调节器的调节后，由 DSP 计算出 PWM 波形的占空比，并输出 6 路 PWM 脉冲。DSP 还需根据系统的安全情况决定 PWM 的输出。当电压保护电路产生过电压信号、欠电压信号或者系统运行出错时，IPM 会自动发出错误信号，这些错误信号经过光耦之后送到 DSP，DSP 会停止向高速光耦传输 PWM 脉冲信号，阻断 PWM 的输出，此时 IPM 的开关将处于关断状态，电机也停止运行，从而保证了系统的安全。

FPGA 完成来自光电编码器的正余弦信号解码及倍频鉴相工作，从光电编码器出来的正余弦信号通过 FPGA 转化，进行滤波处理，送入 DSP。FPGA 完成来自光电编码器的正余弦信号解码及倍频鉴相工作，从光电编码器出来的正余弦信号通过 FPGA 转化，进行滤波处理，送入 DSP。

如图 9-19 所示，全数字式交流位置伺服系统包含了位置环、速度环和电流环。其中电流环一般是在伺服驱动器内部实现的，而速度环与位置环则是伺服运动控制器要实现的主要功能。本书设计的运动控制板如图 9-19 虚线框内所示，主要包括位置控制、速度控制、解码电路以及可逆计数器反馈电路等。

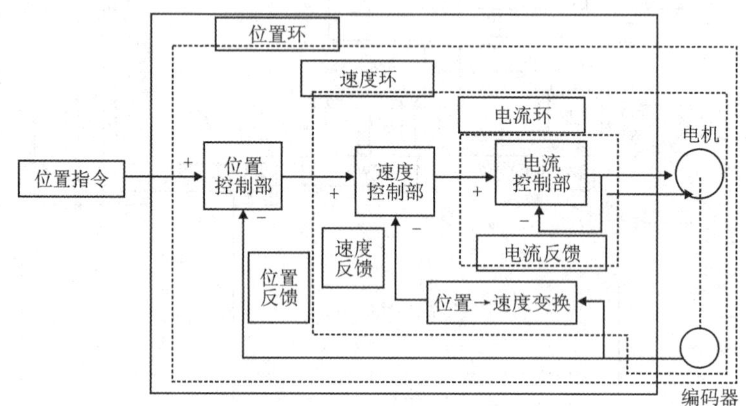

图 9-19　交流位置伺服系统

（四）基于 EtherCAT 的伺服运动控制系统举例

TwinCAT 系统由实时服务器（realtime server）、PLC 系统，系统控制器（system control）系统 OCX 接口、CNC 系统、自动化设备规范接口（ADS-interface）、自动化信息路由器（AMS router）及输入输出系统（I/O system）等组成，TWinCAT 系统结构如图 9-20 所示。

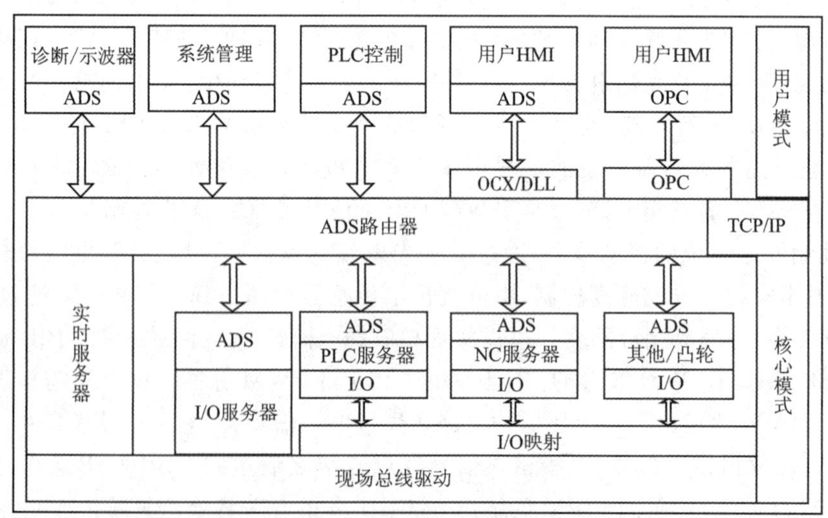

图 9-20　TWinCAT 系统结构框图

TwinCAT system manager 是 TWinCAT 系统的配置中心，主要用来解析 XML 配置文件，实现主从站之间数据的传输，联系着所有的系统组件以及各组件的数据关系及过程映射的配置，涉及 PLC 系统的数目及程序、伺服系统的配置和所连接 I/O 通道的配置。

EtherCAT 系统的配置文件采用 XML(eXtensible markup language)文件格式，XML 是一种可扩展的标记性语言，它将文档分成许多部件并对各个部件加以标识，用来贮存网络系统的配置信息，这些信息主要包括主从站的具体配置、EtherCAT 特定状态转变后的初始化命令、输入输出映射的配置以及循环命令等；XML 文件可以在线装载，也可在离线状态下通过配置工具创建。XML 配置文件通常由 4 个主要标签构成，即＜Master＞、＜Slave＞、＜Cyclic＞和＜Processlmage＞。

＜Master＞标签用来描述 EtherCAT 命令数据帧的主站源 MAC、目的 MAC 地址、主站设备的站地址、数据帧类型、初始化命令配置及从站数据通信模式等信息。若主从站支持 EOE 协议，还需配置虚拟交换机的相关信息。

＜Slave＞标签用来描述各从站设备的版本号、产品代码、设备地址、发送和接收的过程数据长度和映射地址、从站初始化命令以及通信方式相关配置。

＜Cyclic＞标签主要描述主站发送的循环 EtherCAT 命令，包括在特定状态下的控制命令、数据长度、发送命令的目的地址、工作计数器以及命令注释等信息。

＜ProcessImage＞标签用来描述 EtherCAT 数据帧的输入输出过程映射，包括输入输出的位长度，在映射中的位置偏移量以及各变量数据类型。

控制器 ET1100 内存区前 4KB 空间是配置寄存器，在从站系统通信运行前要通过主站配置文件 XML 初始化配置这些寄存器。具体程序如下：

```
<xml version= "1.0"encoding= "IS08859- 1"> < EtherCATConfig>
<Config>
<Master>
主站信息(帧头定义)
广播寻址信息(初始化命令)</Master>
<Slave>
从站信息(通信信息)
类型定义(Mailbox/ ProcessData)从站初始化信息
</Slave>
<Cyclic> < Cyclic> < fConfig>
<fEtherCATConfig>
```

表 9-3 为本设计中设置的＜Cyclic＞目录下关于周期性数据帧的配置。

从表 9-3 可以看到在 EtherCAT 一个通信周期中，主站通过发送一个 EtherCAT 数据帧就能实现控制命令数据和反馈状态数据的交换。控制报文与反馈报文数据长度均为 80 位，采用逻辑寻址的方式，输入输出映射区的地址偏移量均为 0。

表 9-3　主站循环发送的数据帧

控制报文	反馈报文
<Cmd>	<Cmd>
<Stave>SAFEOP</State>	<Stave>SAFEOP</State>
<Stave>OP<State>	<Stave>OP<State>
<Comment>	<Comment>
<! [CDATA[cyclic cmd]]>	<! [CDATA[cyclic cmd]]>
</Comment>	</Comment>
<Cmd>11</Cmd>	<Cmd>10</Cmd>
<Addr>65536<Addr>	<Addr>69632<Addr>
<DataLength>80</DataLength>	<DataLength>80</DataLength>
<Cnt>1</Cnt>	<Cnt>1</Cnt>
<OutputOffs>0</OutputOffs>	<OutputOffs>0</OutputOffs>
</Cmd>	</Cmd>

在<Slaver>标签下，通过发送初始化数据帧对 SyncManager 单元和 FMMU 单元进行具体配置，SyncManager 具体配置为周期性方式传输数据，2、3 通道分别配置为输入传递方式和输出传递方式；FMMU 的逻辑起始地址和映射的物理地址均为 10Bytes，作为控制命令帧逻辑地址与反馈状态帧逻辑地址的映射。

1. 控制系统架构搭建

控制系统主要包括主站和从站，具体搭建的软硬件步骤如下：

(1)选用一台装有 Windows XP 操作系统的电脑，然后安装 NIC 网卡，最后在 PC 机上安装 TwinCAT2 软件，此时在 TwinCAT2 上进行一系列组态配置就能实现主站的功能；微控制器 PIC24H 的编程软件采用 MPLAB。

(2)对于控制系统从站的搭建，主要是将通信控制板和通信驱动板通过 SPI 接口进行连接。

(3)对于应用执行元件，控制系统主要采用日本三菱公司的 MR-J2S-10A 驱动器、自身包括编码器的 HC-KFS13 系列 AC 伺服电机一整套。

(4)除以上的设备，还包括一些辅助性设备，具体有杜邦线若干、5V 的开关电源、一根 RJ45 网线、万用表、PIC KIT3 烧录器等。

2. 整个控制系统的硬件平台搭建

整个控制系统的硬件平台搭建的具体接线如下：

(1)EtherCAT 通信驱动板和 EtherCAT 通信控制板 FB1111-0141 之间根据 SPI 串行接口协议进行接线，由此组成从站的核心模块。

(2)EtherCAT 从站驱动板和伺服驱动器按照速度控制模式进行接线。

(3)伺服驱动器和伺服电机按照驱动器的参考手册进行接线。

(4)从站通信控制板 FB1111-0141 和主站通过一根 RJ45 网线相连接。

(5)当硬件接线完成过后，通信驱动板通过 USB 接口给芯片供电，通信控制板则使用一个 5V 的开关电源供电。

本次设计的主站程序包括两个任务，即通信配置初始化和周期性过程数据传输。通信配置初始化主要完成通信参数的配置、初始化主站类，并启动定时器中断，系统采用定时器中断的方式定时传输周期性过程数据。主站软件流程及中断处理流程分别如图 9-22 和 9-23 所示。

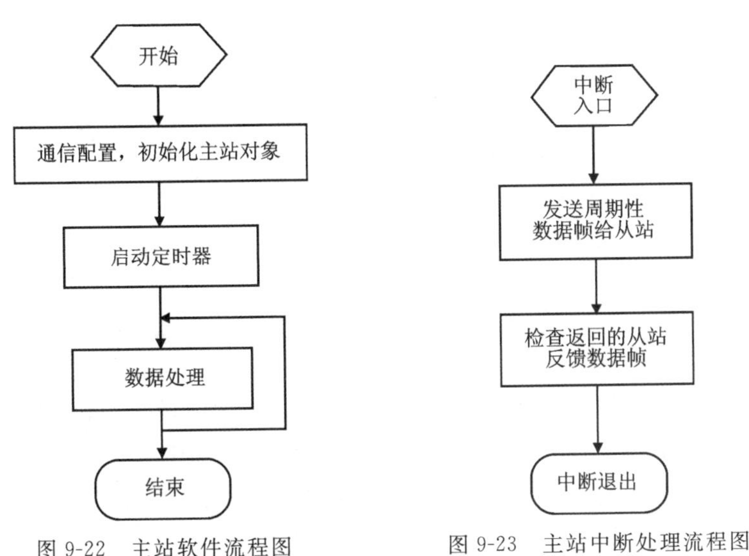

图 9-22　主站软件流程图　　图 9-23　主站中断处理流程图

3. 主站和从站 EtherCAT 通信测试

此部分实验最重要的目的是验证主从站之间是否可以进行准确的 EtherCAT 通信，还有就是验证从站通信控制板与从站通信驱动板 SPI 串行数据传输的性能，主要的测试方法和操作如下：

(1)EtherCAT 从站通信控制板和通信驱动板通过 SPI 串行接口相连接，以此实现微控制器 PIC24H 与 ESC 之间的串行数据传输。

(2)依据本书第四章对从站设备配置文件的介绍，由此对本控制系统从站配置文件进行编写，命名为 PIC24H-ET1100.xml，最后将配置文件放到路径为 C:\TwinCAT\Io\EtherCAT 的文件夹中。

(3)主站 PC 与从站通信控制板 FB1111-0141 的“IN”端口通过 RJ45 网线相连接，PIC24H 通过 PIC KIT3 烧录器和主机相连接；从站采用的供电源是＋5V 的开关电源。

(4)在对所有的硬件设备的接线检查完毕和确认没有错误过后，主站和从站设备依次上电。

(5)打开 MPLAB IDE，对从站应用软件进行编写，当编译成功过后，烧录进微控制器

PIC24H;接着打开 TwinCAT2,此时组态软件应该工作在 Config Mode 下,首先,在 I/O Configuration下点击 I/O Devices,然后选中 Scan Devices,此时组态软件将扫描到控制系统的从站。

(6)将之前编写完成的从站设备配置文件通过 TwinCAT2 写进 ESC 的 EEPROM 中。

(7)在从站配置文件写入 EEPROM 成功以后,此时主站和从站都应该重新启动,最后重复操作(6)。

(8)在 TwinCAT PLC Control 中用 ST 语言设计测试程序,包括设置开关量输入变量和 LED 输出变量。

然后把程序添加进 TwinCAT2 里,将需要使用的输入变量和输出变量一一进行链接。最终主要验证主站能否和从站相互进行收发数据,具体程序如下:

```
PROGRAM LED_FlickerVAR
LED1 AT % Q* :BOOL;Switch1 AT % I* : BOOL;END_VAR
IF Switch1= 1 THENLED1:= 1 ;
ELSE(* 如果开关没按下,则灯都不亮* )
LED1 := 0;
END_IF
```

在完成一系列配置过后,使 TwinCAT2 工作在“Free Rtun”模式下。先验证主站是否能给从站设备发送数据。在 TwinCAT2 组态软件里给其中一个 LED 输出变量写 1,此时从站设备上相应的 LED 就会亮;如果对 LED 输出变量置 0,那么从站设备上相应的 LED 就会熄灭。此时就可验证出主站能对从站实现发送数据的功能。

第十章　基于总线的运动控制系统设计

第一节　运动控制系统的概述

一、运动控制系统简介

运动控制通常是指在复杂条件下，将预定的控制方案、规划指令转变成期望的机械运动，实现机械运动的精密控制。随着制造业的快速升级，降低人工成本和缩减制造成本的需求与日俱增，促使着工业运动控制技术不断进步，出现了诸如全闭环交流伺服驱动系统、直线电机驱动技术、可编程计算机控制器、运动控制器、运动控制卡等许多先进的实用技术。现代运动控制技术在各个行业的应用飞速发展，典型应用场合如数控机床、机器人、胶印设备、绕线机、玻璃加工机械和包装机械、医疗设备等。

一个典型的运动控制系统主要由上位计算机、运动控制器、驱动器、伺服(步进)电机、执行机构和反馈装置来构成，如图 10-1 所示。

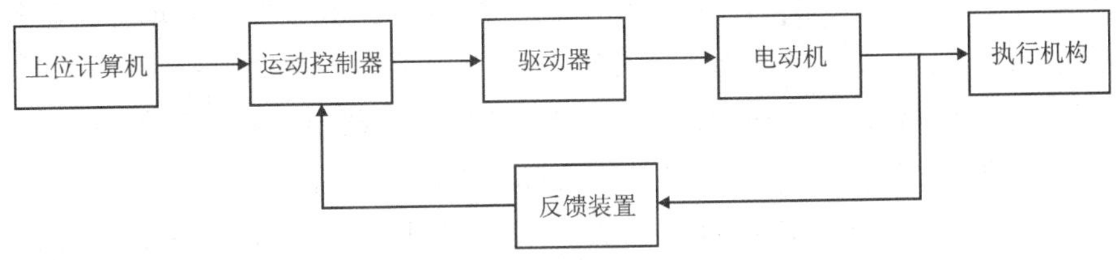

图 10-1　运动控制系统结构图

运动控制器是以中央逻辑控制单元为核心、以传感器为信号元件、以电机/动力装置和执行单元为控制对象的一种控制装置，主要用于对机械传动装置的位置、速度进行实时的控制管理，使运动部件按照预期的轨迹和规定的运动参数完成相应的动作。

与传统的数控装置相比，运动控制器具有以下特点：

(1)技术更新，功能强大，可实现多种运动轨迹控制，是传统数控装置的换代产品。

(2)结构形式模块化，方便相互组合，建立适用不同场合、不同功能需求控制系统。

(3)操作简单，在 PC 端经简单编程即可实现运动控制，不一定需要专门数控软件。

目前，运动控制技术由面向传统的数控加工行业专用运动控制技术逐渐发展为具有开放结构、能结合具体应用要求而快速重组的先进运动控制技术。与此相适应，运动控制器从以单片机、微处理器为核心或以专用芯片(ASIC)为核心处理器的运动控制器,发展到了基于PC总线的以DSP和FPGA作为核心处理器的开放式运动控制器。这种开放式运动控制器充分利用DSP的计算能力,进行复杂的运动规划、高速实时多轴插补、误差补偿和运动学、动力学计算,使得运动控制精度更高、速度更快、运动更加平稳;充分利用DSP和FPGA技术,使系统的结构更加开放,可根据用户的应用要求进行客制化的重组,设计出个性化的运动控制器。基于PC总线的开放式运动控制器已成为当今自动化领域应用最广、功能最强的运动控制器,并且在全球范围内得到了广泛的应用。传统的基于PC的运动控制器虽然有着较好的开放性,但其在扩展性和兼容性方面略有不足,而且传统的运动控制器基本都是采用PCI总线或者ISA总线进行数据通信,存在长距离传输信号易受干扰、成本昂贵、实时性差等问题。

传统运动控制系统采用脉冲+方向的位置闭环控制,在复杂系统中如机器人驱动系统中,动力线和反馈线很多导致走线非常复杂。工业4.0、智能制造、工业互联等概念的深入推广与逐步落地,极大地推动了运动控制产品在工业以太网、模块化及分布式伺服驱动器、深度软件开发等领域的发展。因此,使运动控制器系统网络化并拥有良好的人机交互接口成为新的趋势。总线型伺服控制已成为现在主流发展趋势,特别在工业机器人中应用广泛,大大简化了现场布线,也使得故障率大大降低。

总线型伺服驱动器具有很强的灵活性和很高性价比,与传统脉冲+方向控制方案相比的优势为:①节约布线成本,减少布线时间,减小出错几率。控制器的一个总线通信口可以连接多台伺服,伺服之间用简单的RJ45口插接即可,缩短施工周期。②信息量更大。全数字信息交互,可以双向传输很多参数、指令和状态等数据;脉冲方式只能单向传送位置或速度信息,无法获取伺服的更多状态或参数。③精度高,数字式通信方式无信号漂移问题,指令和反馈数据精度可达32bit。④可靠性更高,抗干扰能力更强,不会出现丢脉冲现象。脉冲/方向控制在高速脉冲时,会不可靠。⑤降低系统总成本,当超过两台伺服时,不用调整运动控制器配置,而传统方案需要增加脉冲或轴控模块,伺服台数较多时甚至需要改用更高等级的运动控制器硬件才能满足要求。⑥可开发软件功能更强大的设备,而无需额外硬件或接线,运动控制器能够实时通过总线监视伺服电机出现的故障,并在HMI上显示出来。同时运动控制器还可以监视伺服电机实际位置、实际速度等信息,也可以根据需要由程序自动调整伺服参数。可实现在HMI中设定伺服参数,而不用到伺服面板修改,简洁直观不易出错。⑦采用标准的运动功能块库,提高编程调试效率,采用总线系解决统方案,避免了传统脉冲方向控制方式的编程量大、调试复杂等问题,提高了效率,节省了成本和时间。⑧可以实现远距离控制,在生产线设备很长,或伺服数量较多时十分方便、安装成本低。⑨可扩张性更强,当设备有可选轴或后期可能增加轴时十分方便,同时PLC配置不用增加硬件,接线十分简单。⑩可维护性更强,有更多的状态信息和诊断信息。数控和运动控制采用总线控制目前在欧美非常流行。

EtherCAT的优势有:①结构简单、拓扑结构灵活、数据传输高效,长距离传输时信号不易受干扰;②EtherCAT总线技术是在传统商用以太网技术的基础上改造而来的,因此与标准以太网有着很好的兼容性;③具有良好的同步性能,同步精度可小于1μs,同步抖动可达到20ns以下,这对于自动化控制领域来说有着举足轻重的优势。

二、工业以太网介绍

在以太网中，所有的节点都在同一条传输介质中传输。为了避免报文之间的冲突，以太网采用了 CSMA/CD 方式实现传输介质的有序访问。而 CSMA/CD 采用的是争用型方案，即如果两个节点同时访问空闲的介质时会造成双方的数据帧损坏，节点需要在等待一段时间后再次对介质进行争用，重新发送该数据帧。这种介质访问方式造成了数据传输的非确定性，不能满足工业现场总线的实时性要求。正是由于以太网技术在实时性方面的缺陷，在相当长的一段时间内制约了以太网技术在工业领域的应用。而随着工业以太网技术的不断发展，出现了许多克服以太网数据传输不确定性的方案，大致可分为 3 种类型(图 10-2)。

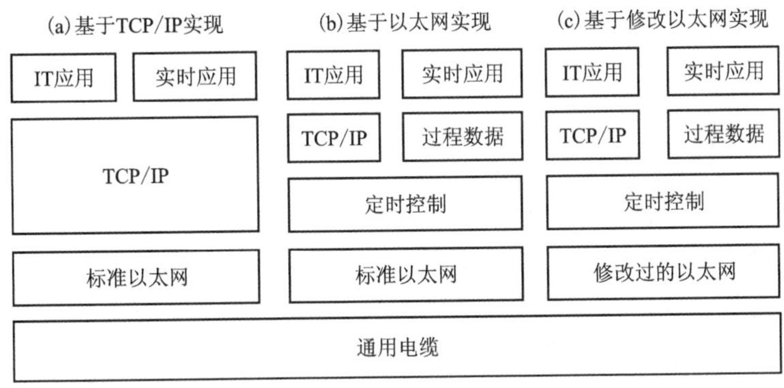

图 10-2　工业以太网通信模型

1. 基于 TCP/IP 的实现

这种实现方式不改变标准的以太网硬件，并且依然通过 TCP/IP 协议进行数据传输，因此能够和商用以太网之间进行无缝通信。为达到工业控制中对实时性的要求，这种方式设计了特殊的应用层协议，通过应用层的合理调度来解决通信中可能出现的非确定因素。但这种方式只能够实现 10ms 左右的软实时，不适用于对实时性要求很高的应用场合。

2. 基于以太网的实现

同第一种实现方式相似，这种方式也不对以太网硬件进行修改，但是这种方式在 MAC (media access control)层定义了一种特殊的数据传输协议用于实时性数据的传输。这种方式下 TCP/IP 协议和实时数据传输协议通过分配时间片的方式轮流访问以太网资源。这种方式的实时性高于第一种实现方式，可以实现 5～10ms 的软实时。

3. 基于修改以太网的实现

以上两种方式都采用了软实时的方法传输过程数据。基于修改的以太网的实现方式对从站的 MAC 层硬件进行了修改，使用专门的硬件处理数据链路层信息，避免了与非实时数据报文的冲突。而非实时数据仍然按照原来的链路通过 TCP/IP 传输。这种方式能够实现小于 1ms 的硬实时。

目前市场上的工业以太网类型众多，Ethernet/IP、Modbus/TCP、EPA，Ethernet Powerlink 和 EtherCAT 是市场上比较主流的 5 种工业以太网技术。其中罗克韦尔公司开发的 Ethernet/IP 和施耐德公司开发的 Modbus/TCP 基于 TCP/IP 协议，与标准的以太网协议完全兼容，属于第一类工业以太网。2001 年贝加莱公司推出了 Powerlink 协议，Powerlink 采用标准的以太网硬件，但是在数据链路层增加了一个用于实时性传输的通道，属于第二类工业以太网，EPA 也属于第二类工业以太网。EtherCAT 由德国倍福公司，它们从站的数据链路层使用专门的硬件芯片实现，属于第三类工业以太网。除了这 5 种工业以太网外，还有广泛应用于运动控制领域的 SercosⅢ协议，由日本东芝公司开发的 TCnet 协议等，也都在市场中有一定的占有量。上述介绍的几种工业以太网协议都已经加入国际标准 IEC61158 中。

三、EtherCAT 技术简介

（一）EtherCAT 技术原理

传统以太网的通信过程是每个节点接收、处理、转发数据包按次序进行。EtherCAT 改造了这个过程，在特殊硬件 IP 核的帮助下，EtherCAT 可以同时传输和处理以太网数据包。每个从站节点都有现场总线内存管理单元 FMMU（fieldbus memory manage unit），FMMU 的功能是对经过从站节点的数据包进行地址分析，如果发现该数据包中有属于本节点的数据则会读取该数据并同时转发报文至下一个设备。同样地，在报文经过的时候也可以插入数据。读取→插入→转发数据的整个过程都由硬件来完成，因此报文传输的实时性将由具体物理层器件的性能决定。通常报文在每个节点处只有几纳秒的延迟，这使得通信的循环周期时间大大缩短，系统整体的通信效率不再受到从站所采用的处理器的响应时间影响。

EtherCAT 巧妙利用了以太网全双工通信的特点，最终形成了主从式的环形逻辑拓扑结构。实质上，每个 EtherCAT 网段都可以看作一个可以接收并发送以太网报文的独立的以太网设备，只不过它没有类似的以太网控制器和处理器，取而代之的是按照特定拓扑结构级联的 EtherCAT 从站。每个 EtherCAT 从站在接收到的报文中提取或者插入用户数据，然后将处理好的报文发送到下一个 EtherCAT 从站。报文在依次被所有从站处理之后由最后一个 EtherCAT 从站回传，并由第一个从站作为响应报文返回给 EtherCAT 主站控制单元。整个过程基于以太网的全双工模式，通过 Tx 线发送出去的报文会从 Rx 线返回，因此在 EtherCAT 通信系统中，任何物理拓扑结构在逻辑上永远是环形。EtherCAT 的每个从站设备对过程数据的大小几乎没有限制，可以从 1 比特到 60K 字节不等，如果有需要还可以使用多个以太网帧来传输。同一个以太网帧中可以嵌入多个 EtherCAT 命令数据，每个数据对应独立的从站设备或从站的内存区域。

为了让数据的处理和传输直接在标准以太网帧中进行，EtherCAT 做了相应的优化，并且将标准以太网帧的 Ethertype 值修改为 0x88A4。在图 10-3 中，一个 EtherCAT 数据包可以由多个 EtherCAT 子报文组成。数据包的顺序不一定与网络上设备实体的物理顺序相对应，从站设备的寻址可以按任何顺序。主站和从站的通信可以是广播通信、多播通信，从站之间也可以通信，但是必须由主站发起。EtherCAT 从站通信控制器只能识别 Ethertype 值为 0x88A4 的数据帧，不会改变其他类型的以太网数据帧。形象地来说，以太网数据帧就是一辆高速行驶的和谐号动车，EtherCAT 报文是动车车厢，过程数据是高铁乘客，高铁乘客(过程数据)在合适的站台(从站)上下车，整个高铁不停歇地行驶在它既定的路线上，贯穿所有站台，在最后一个站台调头，反向行驶。EtherCAT 可以实现非常短的收敛周期，其中一个重要的原因为过程数据的交换工作不需要处理器来完成，全部交给硬件来执行。EtherCAT 保证了带宽利用率的最大化，每个从站节点的数据不需要使用单独的以太网帧来传输。利用全双工通信的优势，EtherCAT 可以实现超过 100Mbps 的数据速率。一个 EtherCAT 网络最多可以连接 65 535 个从站设备，每个 EtherCAT 以太网帧可容纳多达 1486B 的过程数据，刷新周期可达 300μs。此外 EtherCAT 技术是可扩展的，并没有固定在百兆以太网的基础上，未来还会扩展到千兆以太网。

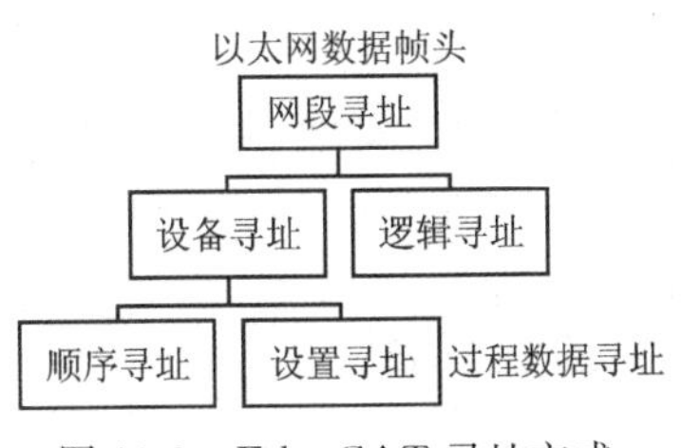

图 10-3　EtherCAT 寻址方式

(二)EtherCAT 寻址方式

一个基本的 EtherCAT 通信过程包括 3 个步骤：主站发送读写命令帧、EtherCAT 子报文寻找到目标从站设备、从站响应子报文中的命令。其中 EtherCAT 报文寻找从站设备的方式在不同阶段有不同的表现，如图 10-3 所示是 EtherCAT 支持的网络寻址方式。网段寻址是指主站根据以太网数据帧头中的 MAC 地址寻找特定的网段，段内寻址是根据 EtherCAT 子报文头中的 32 位地址寻找网段内的设备，具体又可分为设备寻址和逻辑寻址。EtherCAT 子报文通过设备寻址最多只能找到一个从站，即通过设备寻址只能访问某一个单独的从站。设备寻址有顺序寻址和设置寻址两种，顺序寻址依据的是设备在环路上的连接位置，设置寻址依据的是从站被设置的站点号。与设备寻址不同，采用逻辑寻址的子报文可以同时读写多个从站设备，类似于多播通信。

第二节　三维总线式运动控制实验平台组成和基本结构

一、三维总线式立体加工平台

该实验装置由三轴 XYZ＋旋转主轴三维雕刻机械、电气部分、控制部分三部分组成。

1. 三维雕刻系统机械部分

机械部分主要结构参数如表 10-1 所示。

表 10-1　结构参数表

工作行程	400mm×300mm×100mm
最大加工速度	4000mm/min
最大进料高度	150mm
加工精度	±0.02～0.05mm
重复定位	±0.01～0.02mm
工作电压	AC220V50～60Hz
机架重量	约 38kg
台面尺寸	540mm×400mm
传动单位	TBI1605 滚珠丝杆，导程 5mm
滑动单位	*XY* 轴为 20 直径镀铬加硬光轴，*Z* 轴为 16 直径镀铬加硬光轴
主轴功率	800W(循环水冷)
主轴转速	0～3000RPM/min
刀具安装直径	ER11-1～7mm(默认 3.175 夹头)
主轴尺寸	158mm×65mm
电压电流	AC220V(必须使用变频器输出电压)5A

雕刻机由 *XYZ* 三轴滚珠丝杠＋导轨组成，滚珠丝杠把伺服电机的旋转运动变成直线运动。丝杠旋转一圈的运动距离是 5mm(丝杠导程)。图 10-4 为雕刻机结构示意图。滚珠丝杠是工具机械和精密机械上最常使用的传动元件，其主要功能是将旋转运动转换成线性运动，或将扭矩转换成轴向反复作用力，同时兼具高精度、可逆性和高效率的特点。由于具有很小的摩擦阻力，滚珠丝杠被广泛应用于各种工业设备和精密仪器。

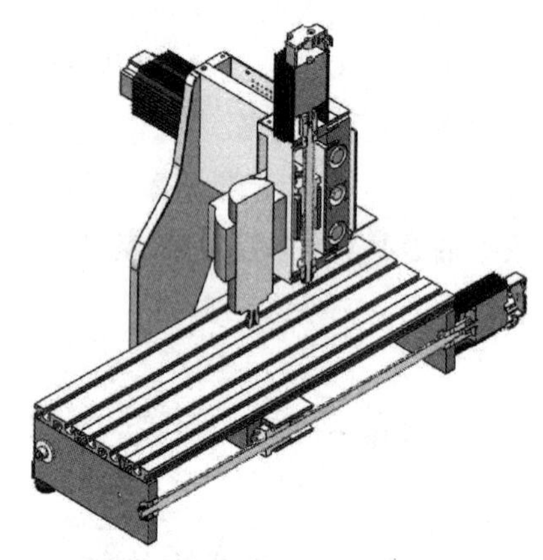

图 10-4　雕刻机结构示意图

图 10-5 为雕刻机 *Y* 轴和 *Z* 轴滚珠丝杠与螺母的装配结构，图中丝杠由伺服电机带动旋转，丝杠带动螺母旋转造成螺母座的直线运动。

2. 三维雕刻系统电气部分

电气部分包含 3 个迈信 EP3E-GL1A8-EC 总线型伺服驱动器，2 个 200W 伺服电机，1 个带抱闸伺服电机。西门子变频器 6SL3210-5BB17-5UV1＋800W 高速主轴电机。急停开关、门限位开关，XYZ 三轴左右限位开关。3 个伺服电机编码器旋转一周产生 217 个脉冲。

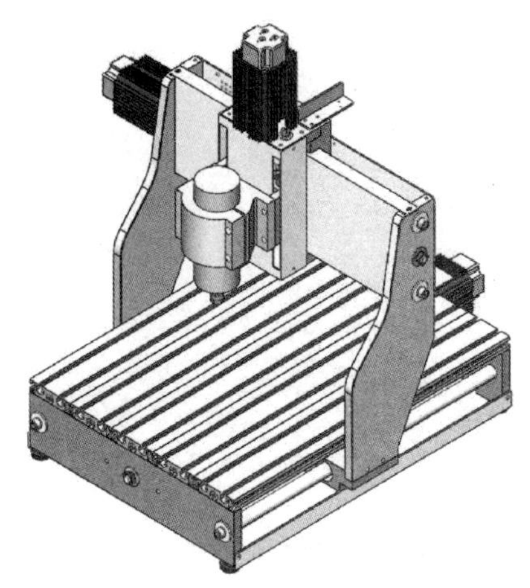
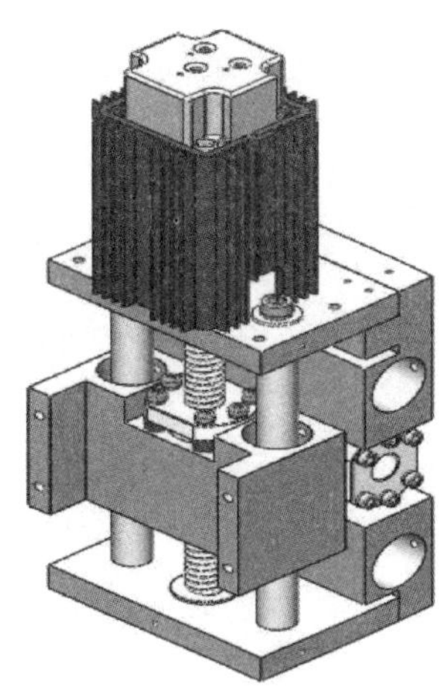

图 10-5　Y、Z 轴滚珠丝杠传动结构示意图

3. 三维雕刻系统控制部分

正运动 EtherCAT 运动控制器，支持 60/30 个 EtherCAT/RTEX 数字伺服轴，支持 EtherCAT/RTEX/脉冲 3 种类型轴混合插补。支持 ZBasic 多任务编程，支持直线插补、圆弧插补、螺旋线插补、空间圆弧、支持速度前瞻，电子齿轮、电子凸轮、运动叠加、比较输出、支持多任务，多轴组，多机械手协同运动。图 10-6 为外部输入信号接线图。

二、数控加工机床坐标系

在数控编程时为了描述机床的运动，简化程序编制的方法及保证记录数据的互换性，数控机床的坐标系和运动方向均已标准化，ISO 和我国都拟定了命名的标准。机床坐标系(machine coordinate system)是以机床原点 O 为坐标系原点并遵循右手笛卡尔直角坐标系建立的由 X、Y、Z 轴组成的直角坐标系。机床坐标系是用来确定工件坐标系的基本坐标系，是机床上固有的坐标系，并设有固定的坐标原点。图 10-7 为右手笛卡尔坐标系示意图。

1. 坐标原则

(1)遵循右手笛卡儿直角坐标系。

(2)永远假设工件是静止的，刀具相对于工件运动。

(3)刀具远离工件的方向为正方向。

2. 坐标轴

1)确定 Z 轴

(1)传递主要切削力的主轴为 Z 轴。

(2)若没有主轴，则 Z 轴垂直于工件装夹面。

(3)若有多个主轴，选择一个垂直于工件装夹面的主轴为 Z 轴。

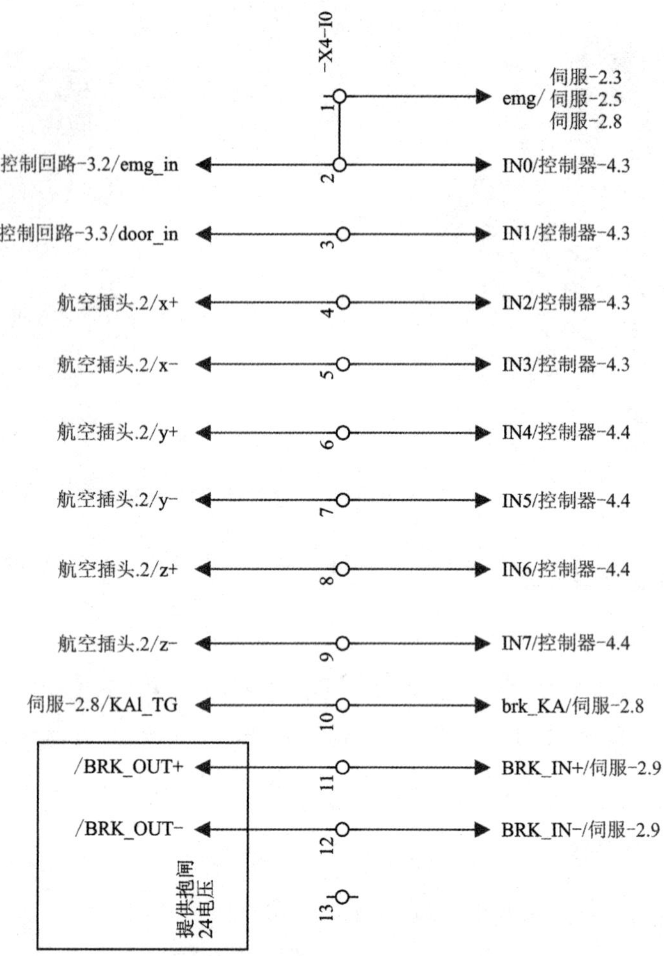

图 10-6　外部输入信号接线图

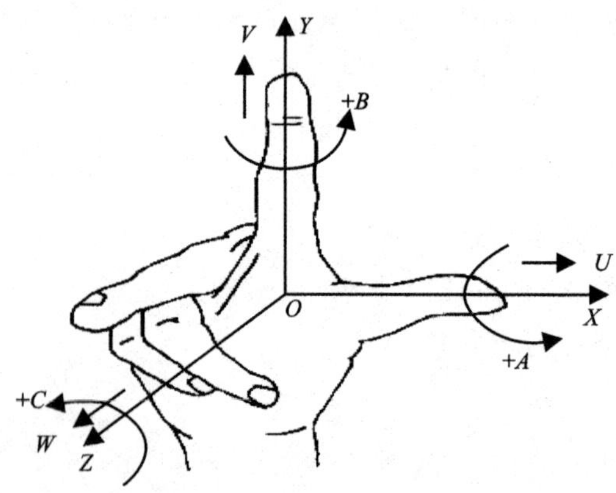

图 10-7　右手笛卡尔坐标系

2)确定 X 轴(X 轴始终水平,且平行于工件装夹面)

(1)没有回转刀具和工件,X 轴平行于主要切削方向(牛头刨)。

(2)有回转工件,X 轴是径向的,且平行于横滑座(车、磨)。

(3)有刀具回转的机床,分以下 3 类:①Z 轴水平,由刀具主轴向工件看,X 轴水平向右;②Z 轴垂直,由刀具主轴向立柱看,X 轴水平向右;③龙门机床,由刀具主轴向左侧立柱看,X 轴水平向右。

3)确定 Y 轴

按右手笛卡儿直角坐标系确定。图 10-8 为数控雕刻机机床坐标系示意图。

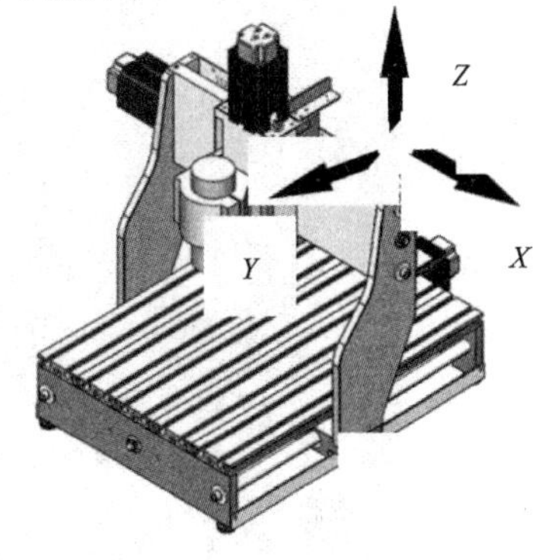

图 10-8　数控雕刻机机床坐标系

第三节　运动控制平台基本组成

1. 控制平台连接结构示意图

运动控制器通过 EtherCAT 总线分别与 PC 及伺服驱动器连接,实现与上位机的信息交互,同时对三轴电机进行运动控制。图 10-9 为控制平台连接结构示意图。控制器与变频器通过 RS485 接口连接,通过设定变频器参数,调节变频电机交流输入信号的频率,从而控制变频电机的转速。

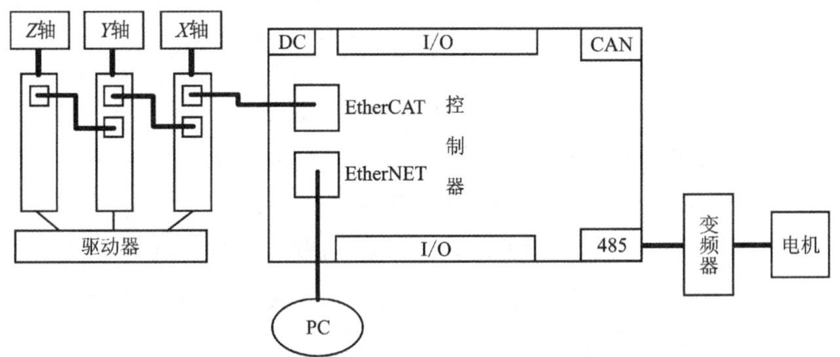

图 10-9　控制平台连接结构示意图

2. 运动控制器

图 10-10 上的标注可以非常清楚地看到控制器资源,控制器采用 DC 24V 供电,主要包含:①两路网口(ETHERNET、ETHERCAT);②RS232 串口,连接其他外设;③485 接口,此运动平台采用 485 接口连接变频器来控制主轴电机;④CAN 接口,支持通过 ZCAN 协议来连接扩展模块,如 CAN 温度检测模块;⑤多路输入输出,可以作为限位开关、原点开关、操作按钮等信号连接接口;⑥DA 信号输出,控制部分特殊电机。

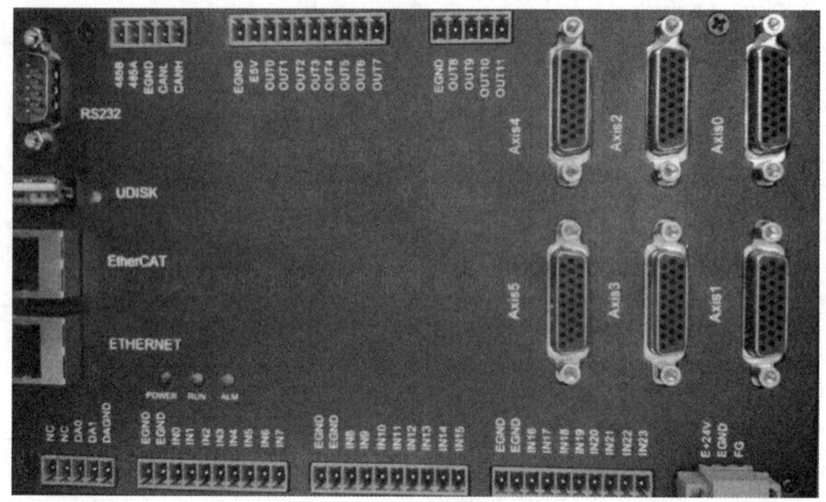

图 10-10　运动控制器实物图

3. 伺服驱动器

伺服驱动器又称伺服控制器，是用来控制伺服电机的一种控制器，它类似于变频器作用于普通交流马达，属于伺服系统的一部分，主要应用于高精度的定位系统。一般是通过位置、速度和力矩 3 种方式对伺服电机进行控制，实现高精度的传动系统定位，目前是传动技术的高端产品。本系统采用 Maxsine 的伺服驱动器驱动 3 个步进电机，实现对三轴机械臂的运动控制。Maxsine 伺服驱动器具有高性能、低价格、低噪音、平衡性极好等特点，且细分精度高。

4. 西门子 V20 变频器

变频器(variable-frequency drive，VFD)是应用变频技术与微电子技术，通过改变电机工作电源频率方式来控制交流电动机的电力控制设备。变频器主要由整流(交流变直流)、滤波、逆变(直流变交流)、制动单元、驱动单元、检测单元微处理单元等组成。图 10-11 为西门子 V20 变频器示意图。变频器靠内部 IGBT 的开断来调整输出电源的电压和频率，根据电机的实际需要来提供其所需要的电源电压，进而达到节能、调速的目的。此外，变频器还有很多的保护功能，如过流、过压、过载保护等。

图 10-11　西门子 V20 变频器实物图

第四节　EtherCAT 协议总线型控制器

EtherCAT 现场总线协议作为实时工业以太网现场总线协议中的一种，具有良好的开放性、灵活的拓扑结构、高实时性、高效率等特点，因此在工业自动化系统中应用广泛。

一、EtherCAT 总线工作原理

EtherCAT 总线的工作原理为系统控制周期由主站发起，主站发出下行电报，电报的最大有效数据长度为 1498 字节。数据帧遍历所有从站设备，每个设备在数据帧经过时分析寻址到本机的报文，根据报文头中的命令读入数据或写入数据到报文中指定位置，并且从站硬件把该报文的工作计数器(WKC)加 1，表示该数据被处理。整个过程会产生大约 10ns 的时间延迟。数据帧在访问位于整个系统逻辑位置的最后一个从站后，该从站把经过处理的数据帧作为上行电报直接发送给主站。主站收到此上行电报后，处理返回数据，一次通信结束。EtherCAT 通信模型如图 10-12 所示。

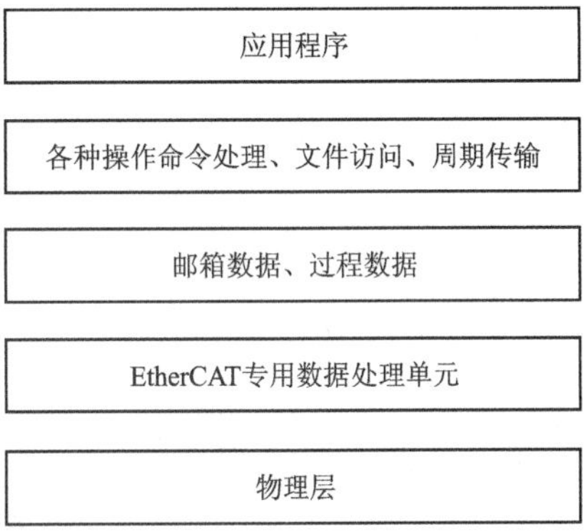

应用程序
各种操作命令处理、文件访问、周期传输
邮箱数据、过程数据
EtherCAT专用数据处理单元
物理层

图 10-12　EtherCAT 通信模型框图

EtherCAT 技术的主要特点如下：①适用性广泛，主站可由任何包含普通以太网控制器的设备实现，从站为专用硬件；②与以太网标准相符合，可兼容其他以太网设备及协议；③无须从属子网，简单的 I/O 节点和复杂节点均可配置为从站；④高效率、刷新周期短，最大化利用以太网带宽传输数据，可以达到小于 100μs 的数据刷新周期；⑤优秀的同步性能，采用分布时钟使各从站同步精度可达 1μs；⑥支持多种应用层协议，如 CoE(CANopen over EtherCAT)、SoE(Servo Driver over Ether CAT)、EoE(Ethernet over EtherCAT)、FoE(File Acess Over EtherCAT)等。

二、EtherCAT 总线的读写

EtherCAT 设备包含 4 种状态，负责协调主站和从站应用程序在初始化和运行时的状态关系，状态转换框如图 10-13 所示。

EtherCAT 不同的状态支持的动作内容如表 10-2 所示。

从初始化状态向运行状态转化时，必须按照初始化→预运行→安全运行→运行的顺序转化，不可以越级。从运行状态返回时可以越级转化。状态的转化操作和初始化过程如表 10-3 所示。

Zmotion 的总线型运动控制器作为“全集成自动化”的一个重要组成部分，将运动控制技术和总线技术完美结合，可以连接远程 I/O、智能仪表、伺服/步进驱动等。通过 EtherCAT 一致性测试，该控制器可应用于自动化多个行业和领域，如机器人、包装机械、手机检测设备、自动化生产线、电池设备、自动化装配设备、舞台灯光设备等。

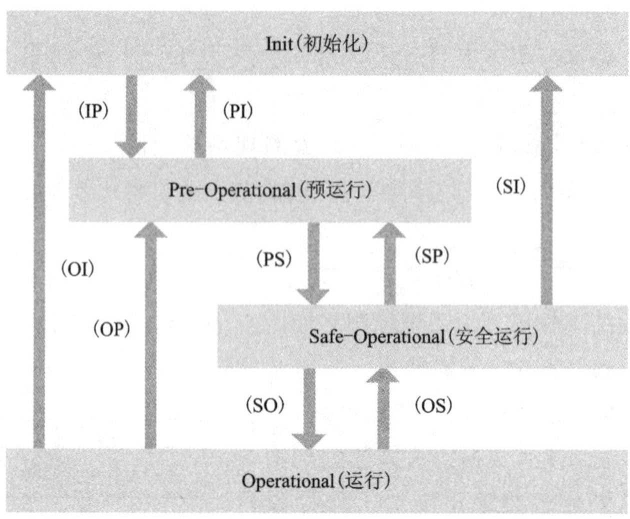

图 10-13　EtherCAT 状态机

表 10-2　状态内容

状态	说明
Init(初始化)简写为 I	驱动器在上电后成功完成初始化,且无任何错误发生,此状态中仍无法传送封包
Pre-Operational(预运行)简写为 P	可经由 SDO 交换数据。若伺服驱动器发生异警,将会传送紧急信息通知上位机
Safe-Operational(安全运行)简写为 S	可使用 SDO 和 TxPDO 数据封包与上位机交换数据
Operational(运行)简写为 O	此状态可进行所有的数据交换包括 SDO 和 PDO (TxPDO 及 Rx-PDO)

表 10-3　状态转换过程表

状态和状态转化	操作
初始化(I)	应用层没有通信,主站只能读写 ESC 寄存器
IP	主站配置从站站点地址;配置邮箱通道;配置 DC 分布时钟;请求"预运行"状态
预运行(P)	应用层邮箱数据通信(SDO)
PS	主站使用邮箱初始化过程数据映射;主站配置过程数据通信使用的 SM 通道;主站配置 FMMU;请求"安全状态"
安全运行(S)	有过程数据通信,但是只允许读输入数据,不产生输出信号(SDO、TPDO)
SO	主站发送有效的输出数据;以请求运行状态
运行状态(O)	输入和输出全部有效仍然可以使用邮箱通信(SDO、TPDO、RPDO)

Zmotion 运动控制器作为主站与第三方 EtherCAT 外设数据词典的读写方式指令如表 10-4所示。

表 10-4　数据词典的读写方式指令

命令	含义	说明	适用范围
SDO_READ	数据字典读取	通过设备号和槽位号进行 SDO 读取	EtherCAT 接口
SDO_READ_AXIS	数据字典读取	通过轴号进行 SDO 读取	EtherCAT 接口
SDO_WRITE	数据字典写入	通过设备号和槽位号进行 SDO 写入	EtherCAT 接口
SDO_WRITE_AXIS	数据字典写入	通过轴号 SDO 写入	EtherCAT 接口

三、运动控制器连接相关函数

在对控制器进行操作时必须先调用链接函数链接控制器，当链接成功后方可通过返回的句柄操作对应的控制器。在关闭应用程序时要调用断开链接函数释放链接。控制器相关函数如表 10-5 所示。

表 10-5　控制器连接相关函数

函数名	功能
ZAux_OpenCom	串口链接控制器
ZAux_SetComDefaultBaud	串口通信参数设置
ZAux_OpenEth	以太网链接控制器
ZAux_SearchEthlist	搜索当前网段下的控制器 IP
ZAux_Close	关闭控制器链接

第五节　总线型数字伺服系统设计实例

应用实例：基于 EtherCAT 总线的珠宝智能加工系统设计

一、系统实现的主要功能

(1)采用最新 EtherCAT 总线技术构建三轴运动控制平台，实现控制系统与底层伺服控制器、主轴变频器全流程信息监控与交互。

(2)构建一套加工间接力反馈智能化珠宝加工系统，有效解决了珠宝加工特别是玉石加工中材质硬度不一致造成的崩缺问题，通过加工中实时主轴电机电流变化监控，动态调整加工参数适应不同硬度材质变化。

(3)设计一套数控系统伺服 PID 参数自整定算法，通过 EtherCAT 总线与伺服控制器的全流程信息交互，监控标准加减速过程电流变化曲线，可自适应设定运动轴 PID 参数匹配不同惯量的工作台。

(4)设计一套界面友好、功能强大的数控雕刻控制系统，具有动态轨迹显示、输入输出监控、标准G代码解析以及完善的多级报警机制等功能。

(5)采用前瞻小线段处理对加工轨迹进行优化处理，避免了产生过切现象，有效提升了雕刻质量，特别适合应用在印章雕刻中。

二、控制系统总体设计

数控雕刻机作为CNC和传统雕刻工艺相结合的产物，主要工作方式为通过数控系统执行所对应的加工程序代码来控制雕刻机实现响应快，精度高的加工任务。本项目所研制的基于EtherCAT总线的珠宝智能加工系统能方便快捷地在各种软性材料(有机玻璃、板材、木材、橡胶、PVC等)和硬性材料(铝、不锈钢、黄紫铜等)上雕刻出精致、保存时间长的二维图形、文字及三维立体浮雕。系统主要由上位机人机交互界面与下位机三轴运动控制平台组成，系统的结构框图如图10-14所示。

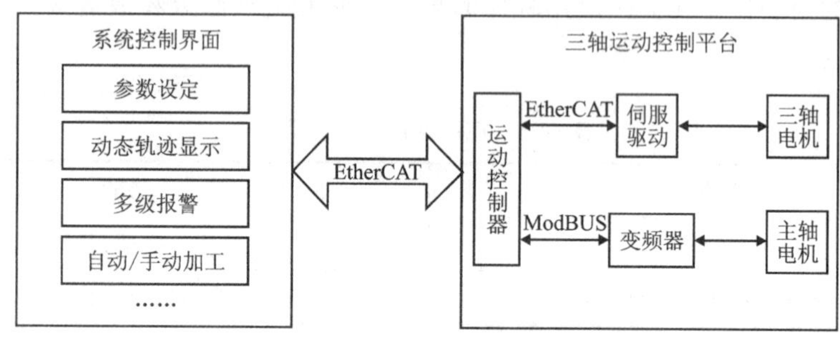

图10-14　系统结构框图

在上位机系统控制界面中可实现对三轴运动电机的参数设置、动态轨迹显示、自动/手动加工、多级报警等功能。对导入的图形加工文件进行G代码解析与编译，并通过EtherCAT总线将相应的参数设定与运动控制命令输至运动控制器中。运动控制器通过EtherCAT总线与伺服驱动器连接，对三轴电机进行运动控制。运动控制器与变频器基于Modbus协议进行通信，通过设定变频器参数，控制变频电机的转速。

此外，系统实时监控加工过程中主轴电机的电流变化，动态调整加工参数以适应不同硬度材质变化。同时，系统监控标准加减速过程电流变化曲线，根据PID参数自整定算法自适应设定运动轴PID参数，可匹配不同惯量的工作台。

三、控制系统软件设计

由于开发和运行控制系统软件对操作系统的高度依赖性，操作系统的适配性对软件开发的难度以及后续的实际运行的便利有重大的影响，同时也要考虑运动控制器所能支持的操作系统类型。综合比较后，采用Windows 10操作系统作为软件开发和运行的环境。Windows 10操作系统兼容性好，限制较少，支持Visual Studio开发工具，并且在工业控制领域应用范围较广，成功的案例颇为丰富。

借助 Visual Studio 软件的强大编程能力和丰富的开发资源，本设计在 Windows 10 的开发环境下进行控制系统上位机的开发，控制系统的上位机界面如图 10-15 所示，主要包括控制区、运动状态显示区、动态轨迹与电流曲线显示区。

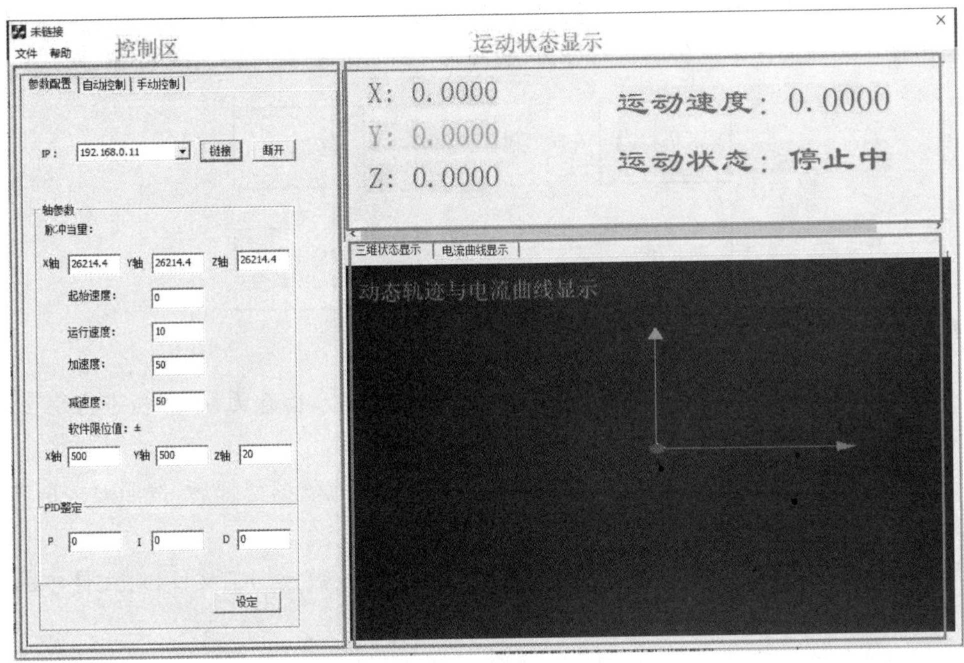

图 10-15　控制系统的上位机界面

根据功能，本系统可分为通信模块、译码模块、显示模块、辅助模块，具体的功能模块如图 10-16所示。

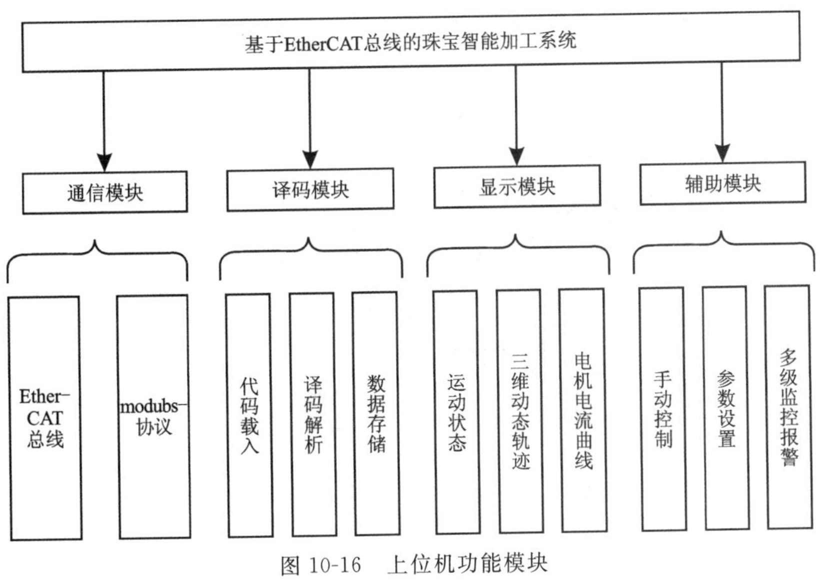

图 10-16　上位机功能模块

四、译码模块

译码模块是控制系统中的重要功能模块,它将数控加工代码"翻译"成计算机能够识别的语言。该功能模块主要对数控加工代码进行相关的处理。为了提高开发的简便性,本系统采用了通用性比较高的逐字比较法进行译码,数控加工代码的译码过程如图 10-17 所示。

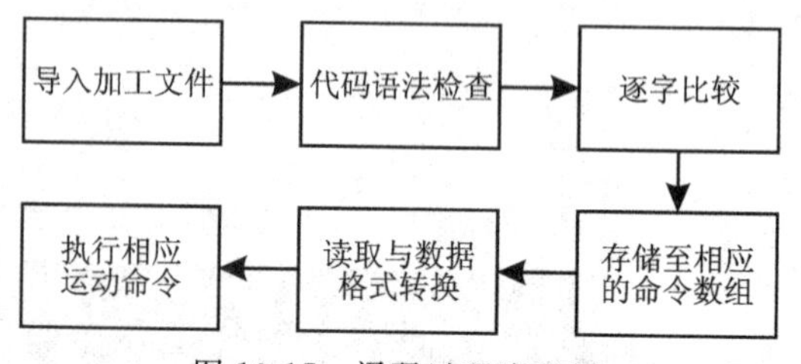

图 10-17　译码过程流程图

(1)将 G 代码读入到相关的程序里进行代码语法的检查,检查无误之后,进行逐字比较,生成相应的信息,并将其储存到相应的数组中。

(2)将数组中的相关信息读出,进行数据格式转换,完成数据处理后,按照对应的各种命令类型,控制执行器进行加工工作。

加工代码的执行情况如图 10-18 所示,在上位机中导入数控加工文件,对文件中的 G 代码进行解析,并执行对应命令。

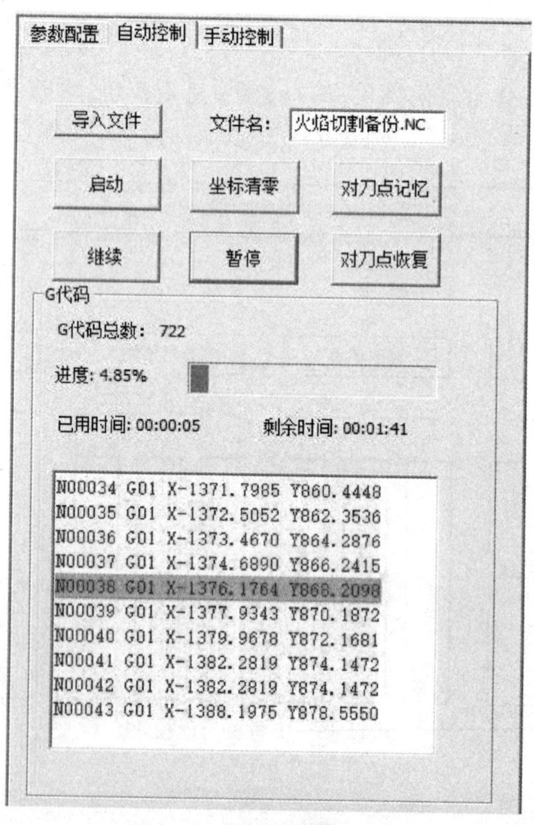

图 10-18　上位机解析加工文件

五、显示模块

显示模块是控制系统的人机交互友好的重要体现，本系统主要包含三轴运动平台运动状态、动态轨迹与电机电流曲线等信息的显示。

基于 EtherCAT 总线读取三轴运动平台的运动信息，可实时显示当前运动的速度、位置与启停情况，运动信息显示如图 10-19 所示。

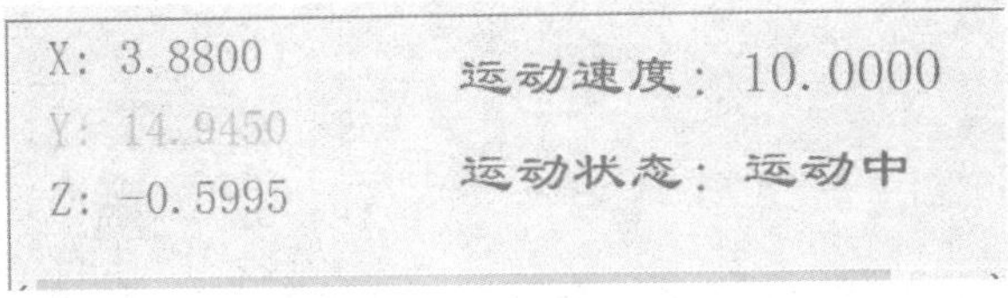

X: 3.8800　　运动速度：10.0000
Y: 14.9450
Z: -0.5995　　运动状态：运动中

图 10-19　运动信息显示

对于三维动态轨迹的显示，本设计采用开源的 OpenGL 渲染库为基础进行相应的投影转换，在二维平面上呈现出三维效果。OpenGL 渲染库提供了大量的函数，无须在一些基本的投影转换与数据存储上做大量的工作，可以将仿真显示的重点放在加工仿真的处理与显示上。

OpenGL 是一款功能强大的程序库且具有 3D 程序接口，独立于硬件环境与窗口操作系统，具备了通用性、共享、开放式等特点，调用方便，可用于建立三维模型，在虚拟技术等领域具有广泛的应用。图 10-20 是 OpenGL 处理的流程图，首先将待加工的材料模型图处理成一些由几何顶点数据组成的模型，之后通过显示列表将所有的几何图形描述为顶点及图元，再经过光栅化处理为片元，最后在传送至帧缓冲器之前还需对处理后的片元逐个进行操作。

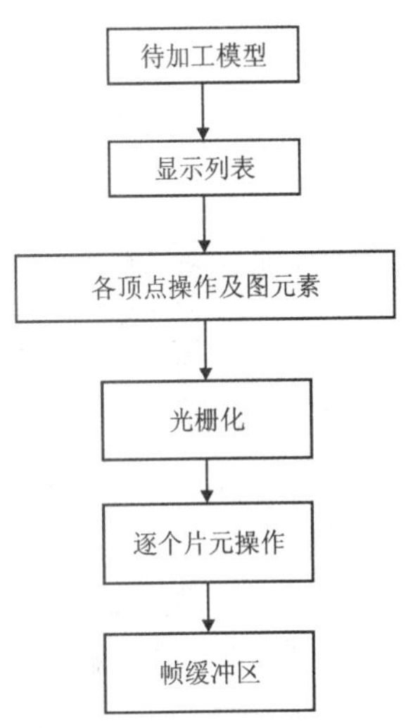

图 10-20　OpenGL 处理的流程图

如图 10-21 所示，三维轨迹显示区中实时显示了当前所加工的图形。

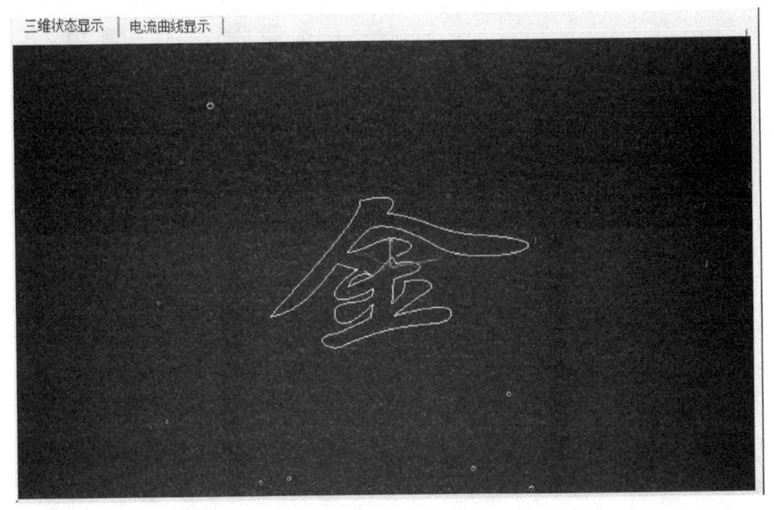

图 10-21　OpenGL 仿真显示技工图像

对于电流曲线显示，本系统以 100Hz 的频率对主轴电机与运动电机的电流值进行采样，并基于 MFC 的 Active 控件将采样值绘制成电流曲线，如图 10-22 所示。

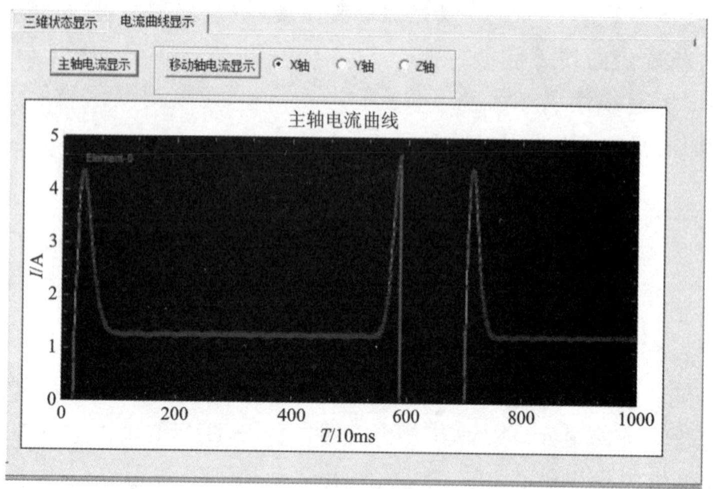

图 10-22 电流曲线

六、辅助模块

辅助模块主要进行控制系统的辅助功能设计。控制系统上位机除了主要的仿真显示、译码和通信等主要功能模块外，还需要手动控制、参数设置以及多级监控报警等辅助功能。辅助模块的设计丰富了系统的功能，提高了系统的操作性与人机交互能力，保障了控制系统高效稳定的运行。VS2010 开发环境提供的强大设计功能为辅助模块的开发奠定了良好的基础。上位机辅助功能模块如图 10-23 所示，其中包括了伺服电机轴参数的设定、手动控制按键以及紧急制动、门限位、轴限位的多级报警机制。

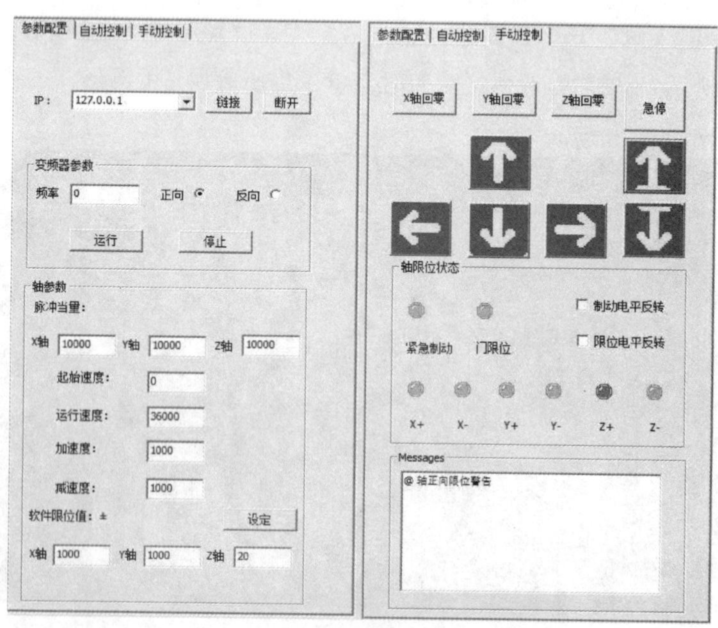

图 10-23 上位机辅助功能模块

七、图形实例加工

在系统控制界面的自动加工模块中导入加工文件，使用手动控制功能时实现对刀操作，并设定 Z 零平面。启动加工，系统对 G 代码进行解析，将运动指令添加到运动缓存中，控制三轴运动平台完成加工。控制系统的加工完成界面如图 10-24 所示。

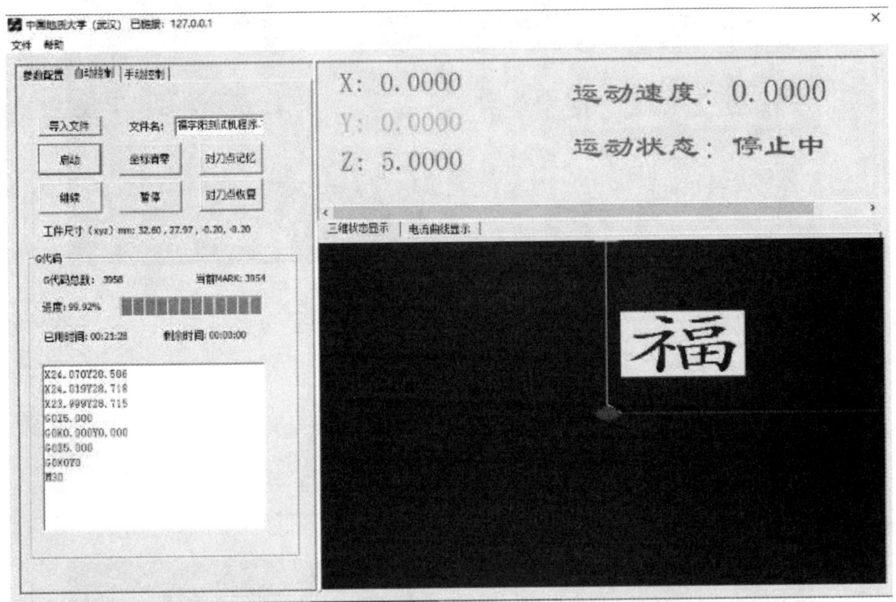

图 10-24　控制系统加工完成界面

系统加工时，三维状态显示区域实时显示刀头的加工轨迹，图 10-24 中，可见雕刻的图形为“福”字。运动状态显示区域实时显示三轴运动平台的运动状态。G 代码区域显示加工的进度、已用时间、剩余时间、当前所执行的 G 代码等信息。

八、电机电流监控

以 100Hz 的频率对主轴电机与三轴运动电机的电流值进行采样，绘制成的主轴电机电流曲线与伺服电机电流曲线分别如图 10-25、图 10-26 所示。

如图 10-25 所示，当主轴变频器开启时，主轴电机电流快速升高，到达峰值后快速下降，最后稳定在 1.4A 左右。此时，根据当前材质、加工速度、进刀深度等加工信息，基于专家系统数据表预测主轴电机电流，并根据控制策略表，进行加工的参数控制，解决加工材料崩缺的问题。

如图 10-26 所示，当伺服电机处于加减速过程时，电流曲线变化明显，通过 PID 参数自整定算法，可自适应设定运动轴 PID 参数，从而匹配不同惯量的工作台。

九、加工成果

机床加工成果如图 10-27 和 10-28 所示。

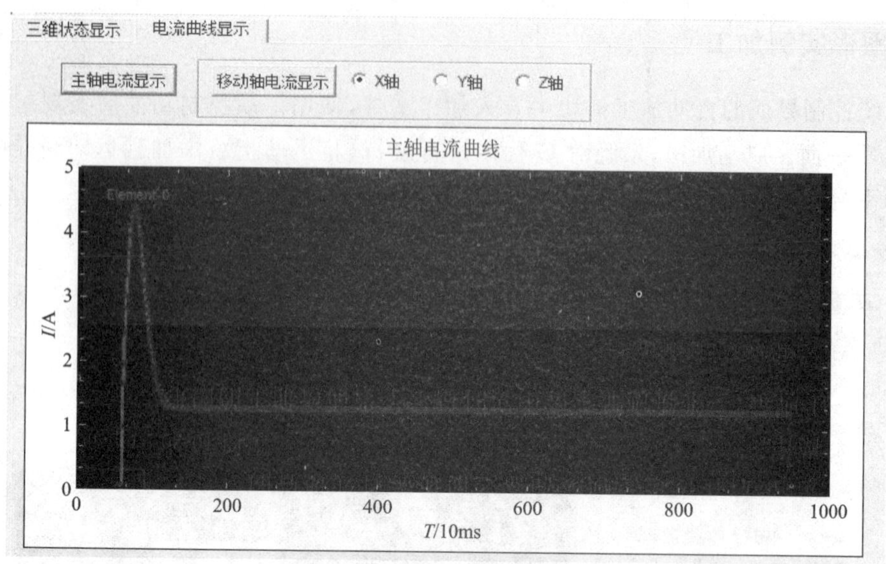

图 10-25　主轴电机电流曲线

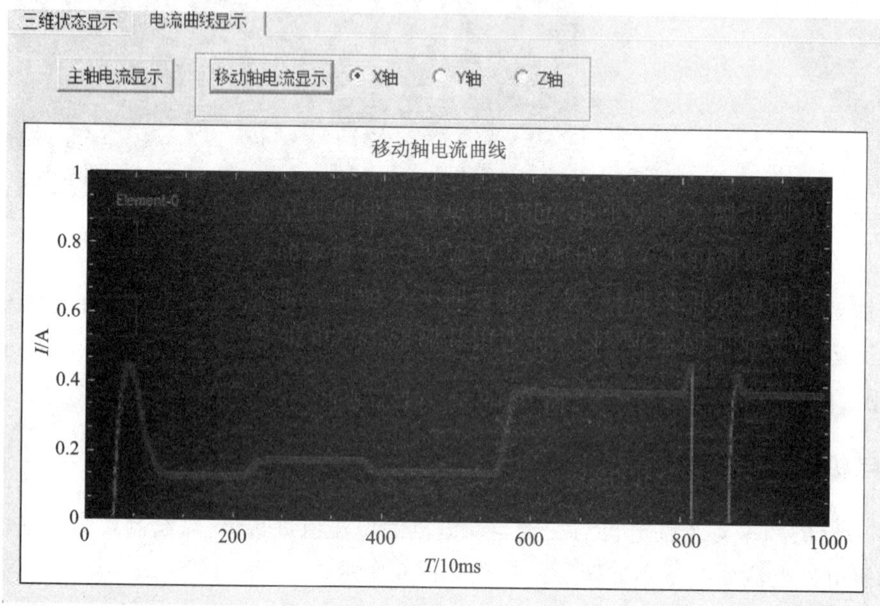

图 10-26　伺服电机电流曲线

图 10-27　木材刻字作品

图 10-28　金属与玉石雕刻作品

主要参考文献

陈荣,2009.永磁同步电机控制系统[M].北京:中国水利水电出版社.

陈亚爱,周京华,2019.电机与拖动基础及 MATLAB 仿真学习指导与习题解答[M].北京:机械工业出版社.

辜承林,陈乔夫,熊永前,2023.电机学[M].4 版.武汉:华中科技大学出版社.

洪乃刚, 2010.电力电子、电机控制系统的建模和仿真[M].北京:机械工业出版社.

花为,黄文涛,2024.电动汽车用永磁电机模型预测控制[M].武汉:华中科技大学出版社.

黄玉平,仲悦,郑再平,2015.基于 FPGA 的伺服数字控制技术[M].北京:中国电力出版社.

李发海,王岩,2012.电机与拖动基础[M].4 版.北京:清华大学出版社.

卢志刚,吴杰,吴潮,2007.数字伺服控制系统与设计 [M].北京:机械工业出版社.

阮毅,陈维钧,2006.运动控制系统 [M].北京:清华大学出版社.

阮毅,杨影,陈伯时,2016.电力拖动自动控制系统——运动控制系统 [M].5 版.北京:机械工业出版社.

宋文祥,2024.运动控制系统 [M].2 版.北京:清华大学出版社.

汤天浩,谢卫,2018.电机与拖动基础[M].北京:机械工业出版社.

肖倩华,杨莉,2023.电机与电力拖动基础[M].2 版.北京:清华大学出版社.

阎治安,苏少平,崔新艺,2016.电机学[M].3 版.西安:西安交通大学出版社.

杨文,2008.电机与拖动基础[M].西安:西安电子科技大学出版社.

姚玉清,雷慧杰,2016.电机与拖动基础[M].北京:科学出版社

袁雷,2016.现代永磁同步电机控制原理及 MATLAB 仿真[M].北京:北京航空航天大学出版社.

张家生,邵虹君,郭峰,2017.电机原理与拖动基础[M].3 版.北京:北京邮电大学出版社.

LOAN D LANDAU, GIANKUCA ZITO,2016.数字控制系统——设计、辨识和实现[M].齐瑞云,陆宁云,译.北京:科学出版社.